工业和信息化部“十四五”规划教材
碳达峰碳中和系列教材

魏一鸣　总主编

碳减排管理概论

刘兰翠　刘丽静　编著

中国人民大学出版社
· 北京 ·

图书在版编目（CIP）数据

碳减排管理概论 / 刘兰翠，刘丽静编著 . -- 北京 :
中国人民大学出版社，2023. 5
碳达峰碳中和系列教材 / 魏一鸣总主编
ISBN 978-7-300-31651-2

Ⅰ. ①碳… Ⅱ. ①刘… ②刘… Ⅲ. ①二氧化碳－减
量－排气－研究－中国 Ⅳ. ①X511

中国国家版本馆 CIP 数据核字（2023）第 077844 号

工业和信息化部“十四五”规划教材
碳达峰碳中和系列教材
魏一鸣　总主编
碳减排管理概论
刘兰翠　刘丽静　编著
Tanjianpai Guanli Gailun

出版发行	中国人民大学出版社		
社　　址	北京中关村大街 31 号	**邮政编码**	100080
电　　话	010－62511242（总编室）		010－62511770（质管部）
	010－82501766（邮购部）		010－62514148（门市部）
	010－62515195（发行公司）		010－62515275（盗版举报）
网　　址	http://www.crup.com.cn		
经　　销	新华书店		
印　　刷	北京密兴印刷有限公司		
开　　本	787 mm×1092 mm　1/16	**版　　次**	2023 年 5 月第 1 版
印　　张	20 插页 1	**印　　次**	2023 年 5 月第 1 次印刷
字　　数	348 000	**定　　价**	59.00 元

总 序

2020年9月，国家主席习近平在第七十五届联合国大会上宣布中国"二氧化碳排放力争于2030年前达到峰值，努力争取2060年前实现碳中和"。这是我国政府经过深思熟虑作出的重大战略部署，也是我国积极应对全球气候变化的庄严承诺。实现"双碳"目标，是基于我国现行社会经济体系进行的一场广泛而深刻的系统性变革，一方面需要加强整体谋划和顶层设计，另一方面也需要各地方各部门紧密协调、统筹配合，细化时间表和路线图。在这场系统性变革中，为了有效解决"双碳"人才紧缺这一问题，教育部于2022年4月19日印发《加强碳达峰碳中和高等教育人才培养体系建设工作方案》，旨在大力推进"双碳"高等教育体系建设，提高我国"双碳"人才培养规模和质量。同时，学科交叉融合是当前科学技术发展的显著特征和趋势，更是建设科技强国、人才强国、美丽中国的内在要求。碳达峰与碳中和作为典型的多学科交叉领域，是新思想、新技术、新原理的重要突破口，也是培养高层次创新型、复合型、应用型人才的重要基础。因此，教育部高度重视"双碳"领域交叉学科建设，于2021年7月12日印发的《高等学校碳中和科技创新行动计划》中明确提出要推动碳中和相关交叉学科与专业建设。

我和北京理工大学能源与环境政策研究中心的同事们积极响应国家和教育部号召，针对国家重大战略需求，围绕碳达峰碳中和领域创新型、复合型、应用型人才培养的新要求，基于我们在能源和碳减排领域科学研究和人才培养等方面的长期积累，组织编写了"碳达峰碳中和系列教材"。目前，《碳减排管理概论》、《碳金融学》和《碳减排技术经济管理》等已相继完成。《碳减排管理概论》围绕碳减排管理的基础问题展开介绍，系统回答了为什么要实施碳减排管理、碳从哪里来、如何管理以及管理会带来什么影响等问题；《碳金融学》立足于中国碳金融发展现实背景，系统介绍碳金融学理论、碳排放权交易体系、碳金融工具、碳金融风险、碳金融监管等关键内容；《碳减排技术经济管理》以碳密集型行业为对象，重点介绍了行业发展现状、相关产品生产工艺流程、碳减排技术概况及相关政策措施，并对碳减排技术经济管理理论与方法进行阐释。三本教材内容都由浅入深，从基础理论到综合体系，充分体现了工学、管理学、经济学、地学等多学科门类间的交叉融合，涵盖碳达峰碳中和领域专业基础知识，符合碳达峰碳中和领域对高素质人才的培养要求，有助于启迪和培养相关学科学生的自主学习能力、创新意识和创新能力。

我自 20 世纪 90 年代末围绕能源与气候变化问题着手开展探索碳减排管理领域科学研究和人才培养工作，回想起来，时光飞逝，岁月如流，已近 30 载。2006 年我带领团队在原中国科学院科技政策与管理科学研究所成立能源与环境政策研究中心，2009 年受时任北京理工大学校长胡海岩院士邀请，团队主要成员与我一同加盟北京理工大学，成立北京理工大学能源与环境政策研究中心，在国内建设了首个以“能源与气候经济”命名的交叉学科，并于 2013 年开始招收“能源与气候经济”交叉学科的硕士、博士研究生。我和我的同事们见证了碳减排从一个小众且冷门的领域成为今天举国上下关注的热门，也深切体会到，坚守在科研和教学一线的科教工作者就应该坚持做正确的事情，做祖国和人民需要的研究，培养国家富强急需的人才。期望这套教材能够为“双碳”人才培养发挥作用，为中华民族的伟大复兴贡献微薄力量。

魏一鸣

2023 年 1 月 1 日

前 言

全球气候变化深刻影响着人类的生存与发展，是世界各国共同面临的重大挑战之一。2015 年，《联合国气候变化框架公约》（UNFCCC）第 21 次缔约方会议在巴黎气候变化大会上通过了《巴黎协定》，要求将全球平均气温较工业化前水平升高幅度控制在 2℃之内，并要为把升温控制在 1.5℃之内而努力；同时，在全球温室气体排放达峰的基础上，21 世纪下半叶实现温室气体净零排放。当前全球气候变暖正在加剧，全球平均气温较工业化前已经升高了 1℃，如果各国不加速减排，严格执行其自主减排承诺，21 世纪末升温很有可能突破 2℃。全球气候变暖的影响是长期的、深远的，而且很大程度上是灾难性的和不可逆的，即使在当前升温 1℃的基础上额外升温 0.5℃，也可能会造成极端天气、干旱和强降水的显著增加，从而导致与气候相关的健康、生计、粮食安全、供水、人类安全和经济增长等方面的风险增加。因此，全球气候治理迫在眉睫，温室气体减排，尤其是以碳中和为关键特征的大规模深度减排，成为世界各国面临的挑战，100 多个国家和地区做出了 21 世纪中叶实现碳中和的明确承诺。

碳中和背景下的温室气体减排是实现碳排放或温室气体排放与经济增长的绝对脱钩，也就是使保证社会经济可持续发展目标的碳排放或温室气体排放总量下降至固碳技术能够吸收的碳平衡状态，使温室气体总量在未来 30～50 年这一相对较短时间内大规模减少。这意味着未来各国需要统筹社会经济发展与温室气体减排的关系，亟须系统科学的碳减排管理来指导碳中和背景下的碳减排，科学规划与厘清温室气体排放与社会经济之间的复杂关联关系，进而识别驱动力，综合研判减排路径及其对应的减排技术、减排政策及其综合影响，以科学系统稳定高效有序推进碳中和，避免“运动式”减碳对社会经济的不利冲击。

我国人口规模庞大，是遭受气候变化影响最为严重的国家之一。同时，作为最大的发展中国家和碳排放国，我国在全球气候治理中发挥着关键作用。我国政府一直高度重视气候变化问题，把积极应对气候变化作为国家经济发展的重大战略。2020 年 9 月，国家主席习近平在第七十五届联合国大会一般性辩论上向全世界郑重宣布，中国“二氧化碳排放力争于 2030 年前达到峰值，努力争取 2060 年前实现碳中和”。碳中和目标的实现涉及能源、社会、经济、技术等多系统的调整，是一场广泛而深刻的经济社会系统变革，因此，实施碳减排管理是做好碳达峰碳中和工作的必由之路。

碳减排管理是以减缓气候变化、实现人类可持续发展为根本目标，综合运用行政、经济、技术、法律等手段调控社会经济发展与温室气体排放的关系，实现碳排放与社会经济、环境保护等的协同发展。这本《碳减排管理概论》教材面向全球实现 2℃甚至 1.5℃温控目标，以及我国 2030 年前实现碳达峰、2060 年前实现碳中和的重大战略目标，系统介绍和研究为什么要实施碳减排管理、碳从哪里来、如何管理以及管理的影响等碳减排管理的基础问题。

本书由魏一鸣负责总体设计、策划、组织和统稿，包括 8 章内容，具体分工如下：第 1 章由魏一鸣、袁潇晨、刘兰翠、刘丽静、易琛、魏思宜、姜昕旸、刘思妤完成；第 2 章由魏一鸣、廖华、刘兰翠、彭莹、米志付、曹怀术、刘亚男完成；第 3 章由魏一鸣、刘兰翠、陈炜明、闫昊本完成；第 4 章由魏一鸣、梁巧梅、陈炜明、刘丽静、王伟正完成；第 5 章由魏一鸣、康佳宁、彭崧、戴敏、纪一卓完成；第 6 章由魏一鸣、梁巧梅、刘丽静、张坤、姜洪殿、吉嫦婧完成；第 7 章由魏一鸣、余碧莹、赵光普完成；第 8 章由魏一鸣、唐葆君、陈俊宇完成。魏一鸣、刘兰翠、刘丽静进行了全书的统稿及校对工作。本书是北京理工大学能源与环境政策研究中心集体智慧的结晶。

刘兰翠

目　录

第 1 章　碳减排管理的由来 ······ 001

第 1 节　为什么要实施碳减排管理 ······ 002
第 2 节　碳减排管理的基本概念与理论 ······ 023
第 3 节　碳减排管理的必要性与意义 ······ 031
第 4 节　碳减排管理的对象与基本内容 ······ 036

第 2 章　碳排放的演变特征 ······ 040

第 1 节　全球碳排放的演变特征 ······ 041
第 2 节　不同经济体碳排放的演变特征 ······ 044
第 3 节　不同行业碳排放的演变特征 ······ 050
第 4 节　不同能源品种碳排放的演变特征 ······ 053

第 3 章　碳排放核算 ······ 058

第 1 节　区域层面碳排放核算 ······ 058
第 2 节　行业层面碳排放核算 ······ 068
第 3 节　企业层面碳排放核算 ······ 077

第 4 章　碳排放的社会经济关联机理 ······ 083

第 1 节　碳排放驱动因素 ······ 084

第 2 节　碳排放与社会经济的关联 …… 096
第 3 节　碳排放与国际贸易 …… 116
第 4 节　碳排放与城镇化 …… 130

第 5 章　碳减排技术 …… 145

第 1 节　主要的碳减排技术 …… 146
第 2 节　碳减排工程技术智能预见方法 …… 175
第 3 节　碳捕集、利用与封存技术布局分析方法与应用 …… 185

第 6 章　碳减排政策 …… 201

第 1 节　碳减排政策概述 …… 201
第 2 节　碳减排政策分析方法 …… 232
第 3 节　碳税政策评估与模拟 …… 239
第 4 节　碳排放交易政策评估与模拟 …… 246

第 7 章　碳减排路径设计 …… 252

第 1 节　碳减排路径分析模型介绍 …… 253
第 2 节　中国应对气候变化进展概述 …… 258
第 3 节　碳中和情景设置与参数假设 …… 260
第 4 节　碳中和约束下全国碳排放路径 …… 263
第 5 节　实现我国碳中和的启示 …… 267

第 8 章　区域碳减排管理 …… 268

第 1 节　区域碳排放达峰研究方法 …… 269
第 2 节　区域碳排放特征 …… 272
第 3 节　区域碳排放管理案例 …… 277
第 4 节　城市碳排放管理案例 …… 285

参考文献 …… 296

第1章

碳减排管理的由来

本章要点

本章针对碳减排管理的由来，从气候变化的定义、事实、影响、原因以及未来变化趋势等方面介绍碳减排管理的必要性、内涵及对象与基本内容等。通过本章的学习，读者可以回答如下问题：

- 什么是气候变化？
- 气候变化的影响有哪些？
- 哪些因素导致了全球气候变化？
- 未来气候变化的趋势如何？
- 减缓气候变化与碳减排管理之间的关系是怎样的？
- 碳减排管理的内涵是什么？
- 碳减排管理在实现“双碳”目标中的作用是什么？

全球气候变化已经成为不争的事实，它影响着地球上的每个角落，受到社会各界越来越多的关注。减缓气候变化是当前人类共同面临的刻不容缓的全球性重大问题，针对人类如何行动以积极有效减缓气候变化的问题，本章通过对气候变化的影响及原因、未来气候变化的趋势等内容的介绍，揭示碳减排管理与减缓气候变化的关系，并对碳减排管理的基本概念、必要性与意义以及对象与基本内容进行全面介绍。

第 1 节　为什么要实施碳减排管理

近年来，人们从各类媒体上了解到很多与全球气候变暖相关的消息，如全球气温升高，北极或南极冰川融化，极端高温袭击了北半球，以及关于未来能举办冬奥会城市数量的预测等。2022 年 7—8 月，北半球多个国家遭遇了长时间的极端高温，并伴随着干旱，我国也受到了高温的影响，这引发了人们对气候变化的高度关注。这些说明气候变化已是事实，而且得到了一系列能够观测到的气候指标的证实。

一、气候变化的事实

气候变化是较长时间气候状态的变化。当前已有的观测数据表明，全球气候出现了以变暖为主要特征的变化，具体表现为地表气温上升、海平面上升、降水分布变化等。1850 年以后全球气候变暖的速度更是前所未有。气候档案显示，全球地表温度自 1970 年以来的 50 年内的上升速度比过去 1 000 年间的任意 50 年都要快。

1. 地表温度升高

地表温度，就是地面的温度。太阳辐射到达地面后，一部分能量被反射，一部分能量被地面吸收，使地面增热，对地面的温度进行测量后得到的数值就是地表温度。影响地表温度变化的因素较多，比如地表湿度、气温、光照强度、地表材质（比如草坪、裸露土地、水泥地面，或者沥青地面）等。自 1850 年以来，全球范围内的地表温度一直呈显著、持续的升高趋势，如图 1－1 所示。

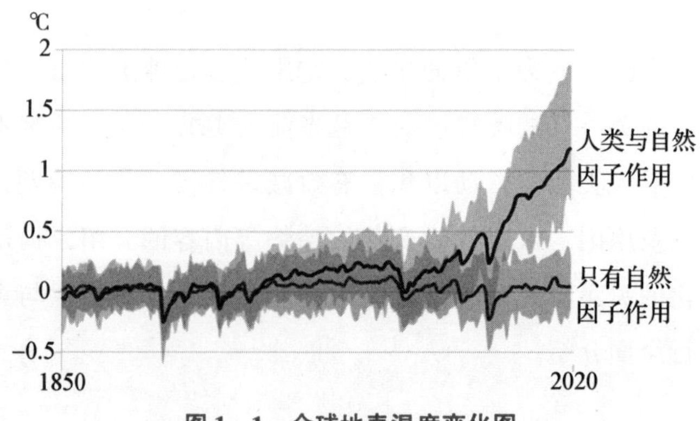

图 1－1　全球地表温度变化图

资料来源：IPCC，2021.

联合国政府间气候变化专门委员会（IPCC）报告进一步确认了地表气温上升的范围，如表1-1所示。

表1-1　IPCC报告关于地表气温上升的结论

报告	气温上升范围
IPCC第一次评估报告	在过去100多年里，全球平均气温已经上升了0.3～0.6℃，并且全球平均最暖的5个年份都出现在20世纪80年代
IPCC第二次评估报告	自19世纪以来，全球平均地表温度上升了0.3～0.6℃，北欧、东亚、南非、北美和澳大利亚等地区温度上升更为明显，平均约上升0.8～1℃
IPCC第三次评估报告	1901—2000年全球平均地表温度上升了0.6℃。在过去的50年里，全球平均地表温度每10年增长0.13℃，全球气候变暖速度相当于过去100年的两倍
IPCC第四次评估报告	1995—2006年的全球平均气温是自1850年以来最暖的12年，在1906—2005年的100年里，全球平均地表温度上升了0.74℃，远高于第三次评估报告的0.6℃，其中亚洲平均地表温度上升最快
IPCC第五次评估报告	20世纪50年代以来，许多观测到的全球气候系统变暖在过去数十年至几千年尺度上都是前所未有的。1880—2012年全球平均地表温度上升了约0.85℃，1983—2012年可能是过去1 400年来最热的30年
IPCC第六次评估报告	20世纪50年代以来，许多观测到的全球气候系统变化在过去许多个世纪至数千年尺度上都是前所未有的。2001—2020年的全球平均地表温度比1850—1900年高0.99℃

从未来20年的平均温度变化预估来看，全球升温预计将达到或超过1.5℃。在考虑所有排放的情景下，至少到21世纪中叶，全球地表温度将继续升高。

2. 海平面上升

大量的观测数据证实海平面在不断上升，如图1-2所示。

全球平均海平面的上升速度自1900年以来比过去3 000年中任何世纪都快（高信度①）。1901—2018年，全球平均海平面上升了0.20米。1901—1971年，全球平均海平面的上升速度为1.3毫米/年，而1971—2006年间增长至1.9毫米/年，并在2006—2018年进一步增长至3.7毫米/年（高信度）（IPCC，2021）。至少自

① 基于对潜在证据和协定的评估，现有IPCC评估报告使用"非常低""低""中等""高""非常高"定性表达主要结论的可信水平。

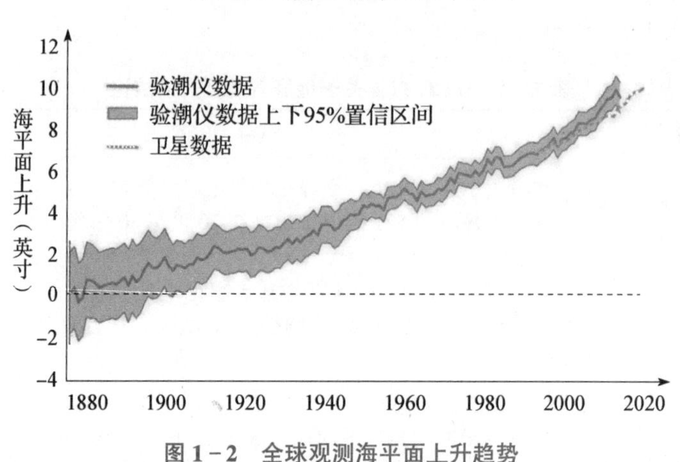

图 1－2　全球观测海平面上升趋势

1971 年以来，人类影响很可能是这些增长的主要驱动力。海平面上升有两个主要原因：热膨胀与陆地上冰的融化。热膨胀的出现是由于不同温度、盐度和压力水平引起的水密度变化。平均而言，随着海洋变暖，水密度将降低，从而抬高海平面。冰川和冰盖的融冰对海平面上升的影响地区差异性较大，如格陵兰冰盖和南极洲西部的冰盖可能锁定大量的水。

由于海平面对海岸系统和靠近海岸的人类居住地的潜在影响，生态学家特别关注其上升的影响。海平面上升使沿海地区灾害性热带气旋和风暴潮更为频繁，洪涝灾害加剧，增加对沿海城市的洪涝威胁，引发海水入侵，导致土壤盐渍化、海岸被侵蚀，造成沿海湿地损失，影响沿海地区的红树林和珊瑚礁生态系统，破坏生态平衡，同时导致沿海城市市政排污工程的排污能力下降，减弱港口功能，对环境和人类活动造成威胁，严重影响沿海经济和社会发展。

3. 全球降水量重新分配

在几十亿年的地球生态演变过程中，各个地区形成了相对稳定的热量和降水模式。然而，随着全球气候变暖，原有的相对稳定的全球气候模式被打破，相应地，全球各地的降水量也被重新分配，从根本上影响了不同地区的水资源总量。

影响地区降水的因素非常复杂，包括海陆位置、大气环流、地形、洋流、植被、水文、人类活动等。气候变暖主要通过大气环流和洋流两个因素影响全球降水。全球气候变暖改变了全球大气热量分布模式，在新的全球热量平衡模式下，原有的相对稳定的大气环流模式被破坏，新的大气环流模式逐渐形成。大气环流模式的改变，影响了大气中水汽的流向，最终影响全球降水模式。

根据 IPCC 第六次评估报告，自 20 世纪 50 年代以来，在观测数据足以进行趋势分析的大部分陆地区域，强降水事件的频率和强度有所增加，而人为引起的气候变化可能是主要驱动因素（IPCC，2021）。人为活动对北美、欧洲、亚洲强降水事件的频率和强度增加具有影响（高信度）。因此，随着全球变暖的加剧，在全球增温背景下，21 世纪全球陆地的年平均降水将增加，大部分地区的强降水事件很可能会加剧并变得更加频繁，呈现出显著的区域性和季节性差异（高信度）。高纬度地区和热带海洋降水很可能增加，副热带大部分地区降水可能减少。除了北美季风区，大部分季风区降水可能增加。陆地大部分地区降水的年际变率将增强（中信度）。

根据 IPCC 第六次评估报告，在全球范围内，气温每升高 1℃，极端日降水事件预计将增加约 7%（高信度）（IPCC，2021）。随着全球变暖，强热带气旋（4～5 类）的比例和超强热带气旋的峰值风速预计将在全球范围内增加（高信度）。近期降水预估结果存在不确定性，主要受气候系统内部变率、模式不确定性以及自然和人为气溶胶排放不确定性的影响（中信度）。在近期预估结果中，不同共享社会经济情景（SSP）下，降水变化不存在明显差异（高信度）。21 世纪可能至少会发生一次大型的火山爆发，使全球平均陆地降水减少。

二、气候变化的影响

气候变化的影响是全方位的，既包括正面影响又包括负面影响，其中负面影响包括海平面上升、沿海洪涝和风暴潮、内陆洪水、农业生产力下降、生物多样性受到威胁、水资源分布失衡、灾害性气候事件频发、冻土融化等，这一系列不利影响更受关注。如果当前不采取积极有效的减缓措施，到 2100 年，全球平均地表温度相对于工业化前将升高约 4℃，届时全球将面临巨大的气候风险，包括不同程度的粮食安全、生态环境破坏、海平面上升等问题。下面主要介绍气候变化对农业、水资源、基础设施与人体健康等更为突出的影响。

1. 对农业的影响

农业是对气候最敏感，也是最有可能受到气候变化影响的部门。气候变化对种植业、林业、渔业和水产养殖业的影响日益增长，正逐渐阻碍农业满足人类需求的能力。

一方面，气候变化引起的热量资源增加，总体上导致物候改变，使作物生长期延长、生育期提前并缩短，也改变了开花和昆虫出现等关键生物事件的分布、种植区域适宜性和时机，影响了食品质量和收获稳定性（Tao et al.，2013；Lesk et al.，2016）。在低纬度地区，温度超过植物耐受上限的可能性更大，导致农作物与其他植物更易出现热应激，对作物和草地质量以及收成稳定性产生负面影响，减缓了农业生产力的增长。在高纬度地区，气候变暖使多熟作物种植边界向高纬度、高海拔区域扩展。这扩大了潜在种植面积，但也可能导致植物与所需传粉媒介在出现时间上不匹配从而影响作物正常授粉、病虫害发生面积扩大和危害程度加重、耕地质量下降、化肥实际利用效率降低等问题，使粮食总体上减产。温暖和干燥的自然条件也使温带、寒带生物群落的树木死亡率增加，火灾等森林扰动事件频发，对自然资源的供给产生负面影响。海洋变暖降低了一些野生鱼类种群的可持续产量。海洋酸化和变暖已经影响养殖水生物种的生存。

另一方面，日益频繁的极端天气事件同样带来威胁。极端天气引发的灾害可能对作物和粮食系统基础设施造成显著破坏，有可能破坏粮食系统的稳定并威胁当地乃至全球的粮食供给，对粮食安全及依赖农业生产的经济产生极大的负面影响。高温热浪可能导致正在发育或将要成熟的植物种子出现热应激，阻碍营养物质合理分配致使种子质量下降或减产等（Grass et al.，1995），或直接毁坏农田，导致粮食供应减少和粮食价格上涨，威胁到数百万人的粮食安全、营养和生计（Nelson et al.，2014；de Winne et al.，2021）。据估计，全球玉米产量在升温2℃情景下出现损失的可能性为7%，而在升温4℃情景下，出现损失的可能性上升至86%（Tigchelaar et al.，2018）。即使在干旱期的概率保持不变的情况下，极端温度的变化也可能导致全球主要种植区遭受极端干旱和高温事件影响的联合概率增加（Sarhadi et al.，2018）。

如图1-3所示，过去20～50年气候变化的影响因作物和地区而异。气候变化对中亚地区的水稻、东南亚及北欧的小麦种植呈现积极影响。在非洲撒哈拉以南地区、拉丁美洲与加勒比地区、南亚、西欧和南欧，气候变化的影响则以负面为主。影响农业长期产量趋势的气候因素因地区而异。在西非，全球升温1℃导致极端高温和降水事件增加，小米减产10%～20%，高粱减产5%～15%（Sultan et al.，2019）；而在澳大利亚，降水减少与升温使小麦的单产潜力降低27%（Hochman et al.，2017）。

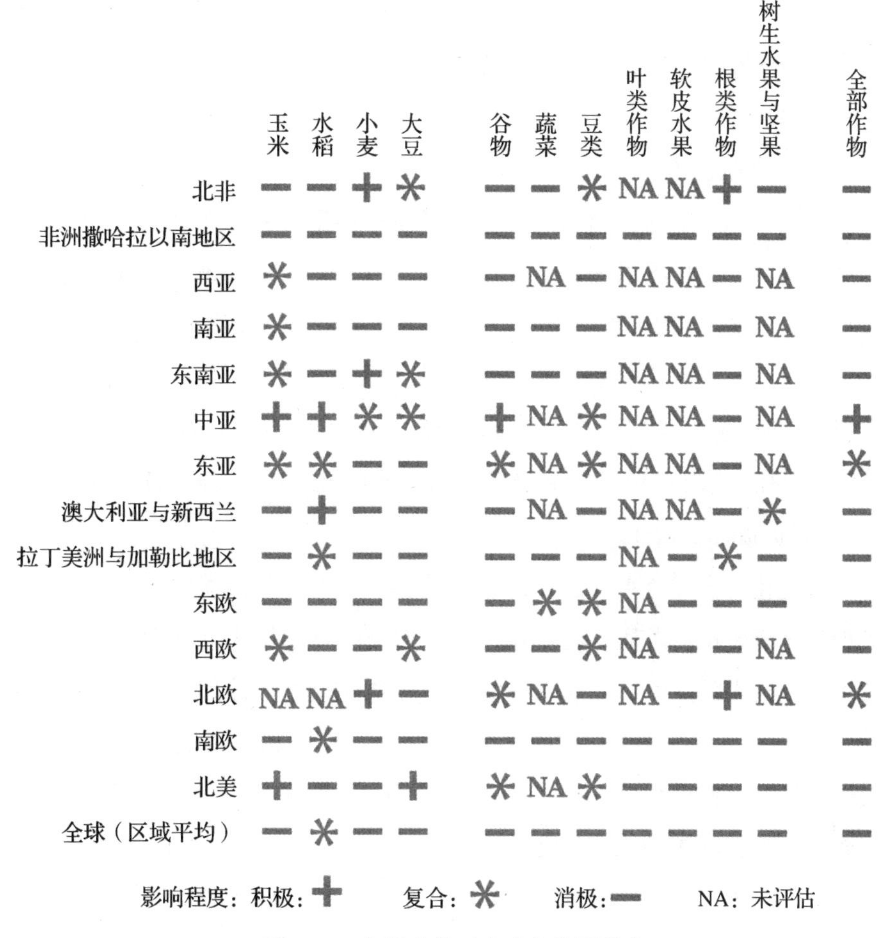

图1-3　气候变化对全球农业的影响

资料来源：IPCC，2022.

对于养殖业，气候变暖可能导致部分敏感的动物调节机制受限，削弱免疫系统活力，使各类疾病发病率增高（Hales，1973；Joseph et al.，1991；Koko，2004；Joksimović-Todorović et al.，2011），造成畜牧业损失。高温导致美国畜牧业年度经济损失约16.9亿～23.6亿美元，其中乳制品行业的损失达到了8.97亿～15亿美元，肉牛、肉猪养殖业的损失分别约3.7亿美元和3.1亿美元（St-Pierre et al.，2003）。特别是热带、亚热带地区的牛，拉丁美洲部分地区、非洲、亚洲大部分地区的山羊及欧洲中纬度地区、东亚、北美的猪将受到高温较大的影响。据估计，全球升温1.5℃和2℃可能会超过家畜正常体温调节的极限，到21世纪末，美国、英国和西非部分地区因热应激导致的牛奶产量损失约为1%～17%（Hristov et al.，2018；Fodor et al.，2018；Wreford et al.，2020；Rahimi et al.，2020）。热带、亚热带许多地区热应激导致乳制品和牛肉生产的损失要大得多，在高温室气体排放情景（SSP5-8.5）下，到21世纪末，乳制品的损失可能达每年220亿美元，牛肉的损失约达每年380亿美元，以2005年不变价格计算，分别约占全球产值的7%与20%。

2. 对水资源的影响

水是自然界最重要的基础物质之一，贯穿一切生命和生产活动，是人类维持生活质量的基本品。世界水理事会（World Water Council）将水安全定义为“拥有足够数量和质量的水以维持社会经济发展、生产生活、福祉健康和生态系统”。因此，拥有充足的水资源满足农业生产活动特别是粮食安全、对淡水生态系统进行合理管理以保证可持续发展、在全球及区域范围内有效分配使单位水资源价值提高是经济繁荣、社会稳定、高质量和谐共生的必然要求（UN Sustainable Development Knowledge Platform，2017）。

当气候变化对全球淡水资源总体以不利影响为主，如使淡水储量减少、水质恶化等加剧水资源供需矛盾，与水相关的自然灾害逐渐增多，社会系统的各个子系统都将面临巨大的威胁。当前水资源失调导致的死亡人数约占因自然灾害致死总人数的70%，全球约有1亿人所在区域平均海拔低于洪水高潮位10米以下。若以代表性浓度路径情景（RCP8.5）预测未来全球洪灾风险，百年一遇的洪灾发生频率可能会翻番，到2050年及2100年分别有约3.4亿及6.3亿人遭受洪水威胁，且在21世纪末欧洲地区与此相关的经济损失与受灾人口分别增加约200%（Lorenzo et al.，2015；Smith et al.，2019）。同一时期在全球40%的地区百年一遇的洪水出现频率将翻倍，约4.5亿人与43万平方千米的土地更易受到洪水的威胁（Arnell et al.，2016；冯爱青等，2016）。

在这种趋势下，对已经脆弱的地下水资源过度开采导致地下水枯竭可能诱发淡水危机，已有研究表明，到21世纪中叶，全球42%～79%的流域内水量会因此减少到为维持生态系统健康所能承受的极限（de Graaf et al.，2019；Perrone et al.，2019）。而在沿海地区，近海及三角洲地区含水层咸化会进一步加剧水资源冲突，符合质量要求的地下水储量减少会导致更多地区地下水超采，相应的处理利用成本快速上升，生活用水不达标则可能引起一系列健康危机（Jasechko et al.，2017；Ghosh et al.，2020）。

3. 对基础设施的影响

基础设施是经济社会发展的基石。高质量、可持续、抗风险、价格合理、包容可及的基础设施，有利于各国充分发挥资源禀赋，更好融入全球供应链、产业链、价值链，实现联动发展。

气候变化背景下极端天气事件的强度和频次明显增加，极大影响了基础设施。一方面，高温热浪或长期高温干旱引发的野火及城市火险会导致设施内部结构形变，或直接焚毁设施。低温与降雪、霜冻及冰冻融解过程则可能导致架空线路和信号设备损坏、隧道结冰、铁轨路面开裂坑洼、道路结冰，并引起交通安全问题。极端天气导致的洪水、滑坡、泥石流、雪崩、风暴潮、沙尘暴等影响着基础设施结构及安全运营，对交通和信息等基础设施造成严重危害。暴雨洪水冲毁路基桥梁、信号基站，淹没道路、仓库、建筑物、电子设备等设施，引起电线杆倒塌错位，导致树木或其他高大建筑物倒塌砸毁公共设施。长期高温干旱加剧地下水开采，而地下水位下降会导致铁路公路、光纤电缆等设施结构沉降。冻土融化造成冻土带的路面设施结构破坏，如气候变暖引起的多年冻土热状态和空间分布变化，对我国青藏铁路工程产生了直接影响，2006—2010 年间青藏铁路沿线活动层厚度平均每年增加约 6. 3 厘米。在阿拉斯加，2015—2099 年间，若没有采取有效的适应措施，RCP4. 5 与 RCP8. 5 情景下气候相关的基础设施损失可能分别达 42 亿和 55 亿美元（Melvin et al. , 2017）。另一方面，气候变化背景下土地利用方式的改变，如多部门间对土地这一生产要素的竞争必然会影响基础设施的建设维护与使用，而土地管理系统本身也可以认为是一种基础设施，对土地进行有效管理以应对气候变化可以带来更广泛的经济、社会和环境效益（Bennett et al. , 2013）。

4. 对人体健康的影响

人类生存发展依赖于地球生态与生物物理系统，但气候变化使气候系统、生态系统及人类社会系统完整性与稳定性遭到破坏，进一步威胁人类的健康和福祉。气候变化导致了更多极端天气事件，改变了传染病传播的模式与人口流动情况，由此导致的公共卫生与健康问题影响着最脆弱的人群，这也进一步加剧了公平性问题（IPCC，2014；Watts et al. , 2021a）。

早在有文字记载之前，就有人注意到人体健康、疾病发生与气候之间微妙的相互作用。在我国先秦时代，诸多医者从病因病理的角度阐明了气象条件的作用及流行病季节变化的特征，如《黄帝内经 · 素问 · 痹论》中记载有“风寒湿三气杂至合而为痹也。其风气胜者为行痹，寒气胜者为痛痹，湿气胜者为著痹也”，《黄帝内经 · 素问 · 阴阳应象大论》又有“风胜则动，热胜则肿，燥胜则干，寒胜则浮，湿胜则濡泻”，这些都是对气象与疾病间联系的初步认识。18—19 世纪的许多阐述气候变化与人体健康间密切关系的研究成果逐步推动健康与气候这一课题成为公众讨论的焦点（Rose et al. ，1752；Clark，1846；Hingston，1884）。19世纪末期至20世纪末期，特定气候条件是疫病传播不可或缺因素的观点与民众对于当下医学手段能治愈大部分疾病的自信相碰撞，使相关研究逐渐退出主流领域，气候变化对人体健康的影响一度被人们忽视（Diaz，2001）。直到近年来，基于气象条件预测疾病发病率的成功，使人们再度聚焦于这一领域。而在气候变化影响日益突出的今天，环境变化影响人体健康已成为全球科学与卫生界所要思考的重要问题，并引起众多学者与国际组织的重视与研究，其中最具代表性的是《柳叶刀》(*Lancet*) 牵头的“柳叶刀倒计时”（Lancet Countdown）倡议。

基于已有研究，目前气候变化对人体健康的影响主要可归纳为以下几点：

（1）高温等极端天气事件引发的健康问题。如高温直接导致的人体体温调节内源性机制障碍或间接引起的精神应激（Dematte et al. ，1998）。有研究表明，在高温高湿的工作环境下，工人注意力、反应力与逻辑思维能力都明显下降，导致动作出错率明显增加，造成日常工作生活中潜在危险因素增多（Ramsey et al. ，1983）。此外，热应激下长期食欲不振造成的低血糖，严重时会引起神经系统病变与脑损伤（Gardner et al. ，2001）。

（2）疾病传播与易发区域、易感人群的变化。如气温升高使各类蚊虫生活区域改变或繁殖周期加快、生命周期延长，导致某种疾病传播范围增大且高危发病周期延长，贫困国家、低收入群体是应对登革热、疟疾等传染病时最需要关注的区域及人群（Hagenlocher et al. ，2013）。“柳叶刀倒计时”2021年发布的报告中明确指出：1950—2019年间，在人类发展指数低的高原地区，适合疟疾传播的月数增加了39%。

（3）粮食安全与营养不良问题。全球气候变化对农牧业生产的影响最终可能导致严重的食物短缺，从源头上造成人类未来可能营养不良的风险性升高。而对工作受到影响的人而言，无法承担食品的开支也可能导致营养不良。

（4）气候变化导致的生活质量降低，特别是工作时间损失带来的经济问题。如高温作为威胁工人身体与心理健康的突出物理因素之一，已被越来越多的学者与决策者所重视。过高的温度环境不仅会降低工作效率，带来安全隐患（Ioannou et al. ，2017)，更可能导致严重的疾病与精神问题，如诱发肾脏病变（Tawatsupa et al. ，2012)、损害生殖系统及负面情绪不断积累而焦虑抑郁。此外，在过去40年间，由于高温无法进行安全户外锻炼的时间有所延长，2020年，低人类发展指数国家的居民平均每天损失3～7小时的安全锻炼时间（Romanello et al，2021)。

三、气候变化的原因

全球气候系统是一个由大气圈、水圈、岩石圈、冰雪圈和生物圈组成的高度复杂的系统，这些部分之间存在明显的相互作用，任意圈层的任何变化都会通过相互作用造成气候系统的变化。影响其变化的因素既包括自然因素，如太阳辐射变化、地球轨道变化、火山活动、大气与海洋环流的变化等，也包括人为因素，主要是工业革命以来人类生产生活导致的过多温室气体排放。过去的各种气候变化，即从“无冰”到“雪球地球”主要由自然因素驱动；现在的气候变化更多是由于人类的活动，即化石燃料燃烧排放的温室气体。

1. 碳循环

在气候系统的各圈层相互作用过程中，主要进行水、碳和氧的交换与循环过程，其中对气候变化影响较大的是碳循环。碳循环是指碳元素在地球上的生物圈、岩石圈、水圈及大气圈中发生的明显且复杂的交换，并随地球的运动循环不止的现象。如图 1－4 所示，碳循环决定着大气中碳的浓度，碳循环中的植物光合作用的碳吸收效率、呼吸作用的碳转化效率，以及海洋与大气间碳流动的效率，决定了大气中二氧化碳的浓度，从而显著影响气候变化。

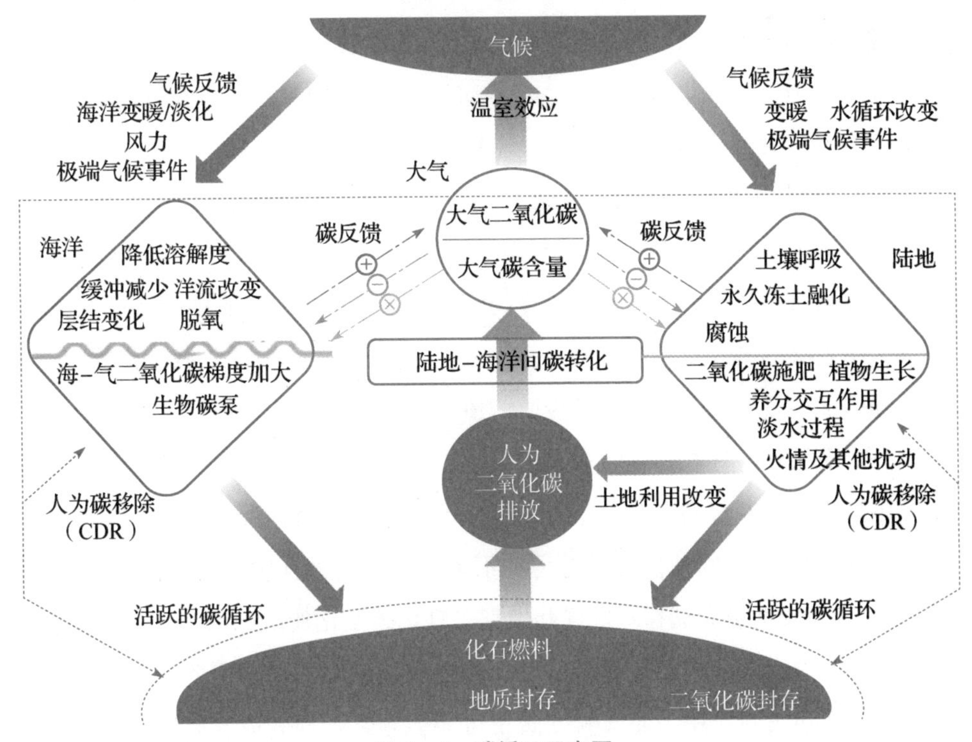

图 1－4　碳循环示意图

资料来源：IPCC，2021.

工业革命前，碳主要在大气、海洋和陆地植被三个碳储存主体之间进行循环流动，每个储存主体的碳储存量很大，且储存主体之间的循环通量也很大。同时，化石燃料也是一个储存主体，在自然循环的情况下，化石燃料没有参与碳循环。然而，工业革命后，人类对化石能源的开发利用使得化石燃料中储存的碳发生了流动，虽然排放的一部分碳被植被和海洋吸收，但是与自然排放不同，不能实现通量平衡，这使得大气中二氧化碳浓度增加，强化了温室效应，影响辐射强迫，从而引起气候变暖。

辐射强迫是指由于气候系统内部变化（如二氧化碳浓度变化）或太阳辐射的变化等外部强迫引起对流层顶垂直方向上的净辐射变化，单位为瓦特/平方米。在稳定的气候系统中，地球从太阳接收的能量与以反射阳光和热辐射的形式损失到太空的能量大致平衡。而温室气体或气溶胶的增加，会干扰这种平衡，正强迫使地球表面增暖，负强迫则使其降温。与 1750 年相比，2019 年的人为辐射强迫为 2. 72 瓦特/平方米，而其中二氧化碳辐射强迫为 2. 16 瓦特/平方米（见图 1－5）。辐射强迫的明显增加使气候系统变暖。这种变暖主要是由于温室气体浓度的增加。

人为碳排放导致大气中二氧化碳浓度增加，而海洋和陆地与大气圈之间的碳循环可一定程度上减缓气候变化。IPCC 第六次评估报告表明，1750—2019 年，化石燃料的燃烧和土地利用变化导致 7 000 亿吨碳释放到大气中，其中约 41%±11% 至今仍在大气中（IPCC，2021；Friedlingstein et al.，2020），这也充分表明海洋和陆地碳汇在调节大气碳浓度方面的核心作用（Ciais et al.，2019；Gruber et al.，2019）。工业时代大气中二氧化碳浓度的持续上升无疑是由于人类活动的排放，而海洋和陆地碳汇减缓了大气中二氧化碳浓度的上升，但其吸收二氧化碳的效率逐渐降低。在高排放情景下，陆地和海洋碳汇吸收的二氧化碳比低排放情景下更多，但从大气中去除的排放比例会降低（高信度），这意味着排放的二氧化碳越多，海洋和陆地碳汇的效率就越低（高信度）（IPCC，2021）。

因此，碳循环与气候变化间存在着反馈作用。温室气体浓度是影响气候变化的重要因素之一，而温室气体在大气中的积累是由陆地和海洋上的人为排放碳、人为移除碳和物理-生物地球化学等源和汇动态之间的平衡决定的。由于陆地-大气和海洋-大气碳通量和储存对气候和大气二氧化碳变化的敏感性，碳循环提供了额外的气候反馈。大气中二氧化碳的增加将导致陆地和海洋碳吸收增加，从而对气候变化产生负反馈作用，而气候变暖很可能会导致陆地和海洋碳吸收减少，起到正反馈作用（IPCC，2021）。碳循环与气候间的反馈可以通过改变陆地和海洋源和汇的变化来影响大气中二氧化碳积累的速率，从而加剧或抑制气候变化（Raupach et al.，2014；Williams et al.，2019）。

2. 温室气体排放

温室气体排放是影响气候变化的主要因素。IPCC 第六次评估报告指出，累计的人为二氧化碳排放与它们造成的全球变暖之间存在着近线性的关系，如图 1－5 所示。每 1 万亿吨的累计二氧化碳排放，可能导致全球地表温度升高 0.27～0.63℃，最佳估计为 0.45℃（IPCC，2021）。

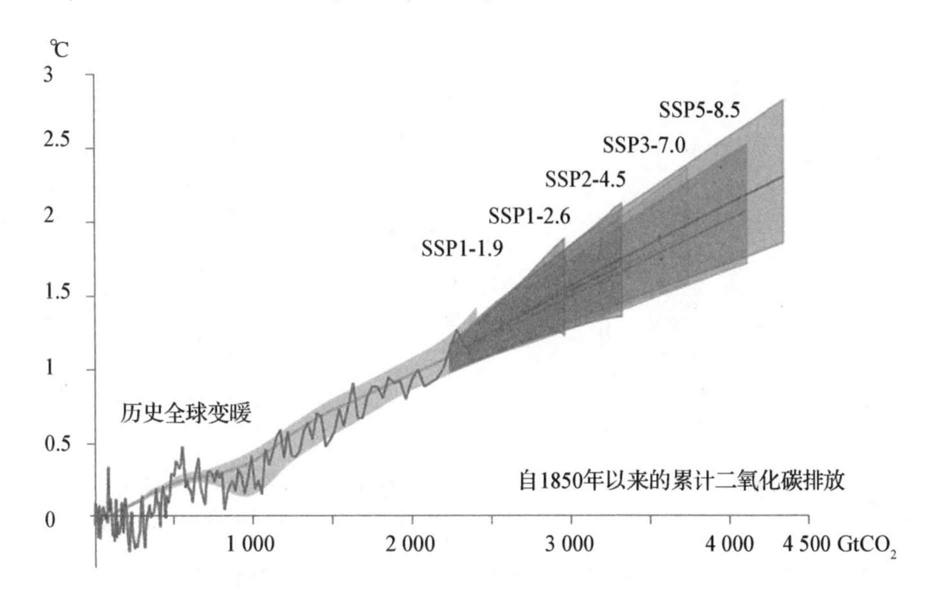

图 1－5　累计二氧化碳排放与全球地表温度升高呈近线性关系

资料来源：IPCC，2021.

工业革命后，人为活动（化石燃料的使用以及土地利用的改变）导致的二氧化碳排放打破了自然界原有的碳循环平衡，从而极大地增加了大气中的二氧化碳浓度，由工业革命前的 280ppm 增加到 2020 年的 413ppm，强化了温室效应，辐射强迫明显增加，导致全球气候变暖。

已有研究表明，人类活动对于气候系统以及全球地表温度上升的影响都是显著的。IPCC 第五次评估报告中指出，1951—2010 年间全球平均地表温度的上升非常有可能（可信度 95%）是由人为温室气体浓度上升及其他人类活动引起的（IPCC，2014）。IPCC 第六次评估报告中进一步明确，1850—2019 年间，人类活动产生的温室气体造成地表可能增温范围为 0.8～1.3℃，最佳估计为 1.07℃（IPCC，2021），如图 1－6 所示，人类活动的二氧化碳排放是影响大气二氧化碳浓度、全球气候变化的重要因素。

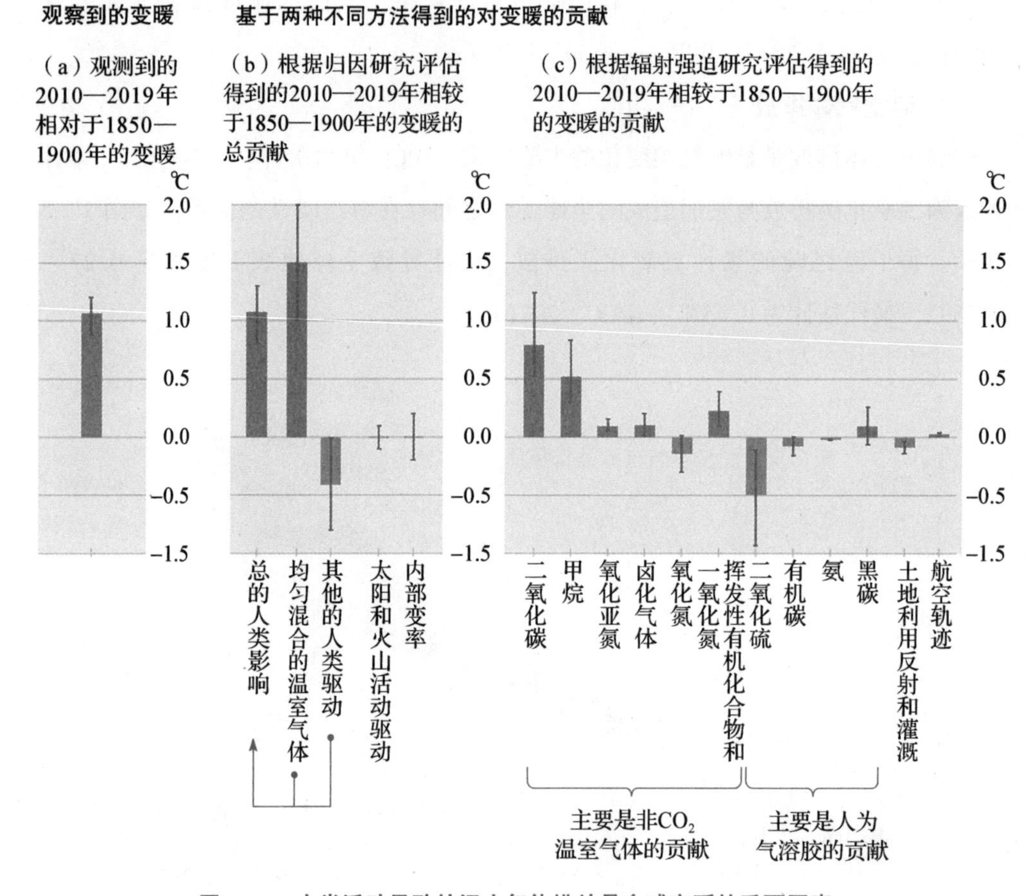

图 1-6　人类活动导致的温室气体排放是全球变暖的重要因素

资料来源：IPCC，2021.

人为造成的温室气体排放在导致气候变暖的同时，也带来一系列气候变化，如当前全球表层海水酸化、格陵兰冰盖表面融化以及极端天气事件。全球海平面上升速率从 1901—1971 年间的 1.3 毫米/年，增加至 1971—2006 年间 1.9 毫米/年，并在 2006—2018 年增加至 3.7 毫米/年，这些变化也很有可能来自人类活动的驱动。若气候进一步变暖，将加剧永久冻土融化，以及季节性积雪、陆地冰和北极海冰的消失。人为活动碳排放引起的气候变化除了对大气、海洋等存在较为缓慢的影响，也导致了全球的许多极端天气事件，例如极端高温、海洋热浪、干旱、强降水、热带气旋等。

人为碳排放很有可能继续影响未来的气候走向。有证据清楚地表明，虽然其他温室气体和空气污染物也能影响气候，但二氧化碳仍然是气候变化的主要驱动因素。而且人为活动导致的二氧化碳排放进入碳循环可能使陆地和海洋碳汇在减缓大气中二氧化碳的积累方面作用减弱，效率降低，这将导致排放的二氧化碳留在大气中的比例更高。

3. 气候变化的经济根源

全球变暖是一个自然科学问题，它涉及气候系统的碳循环、温室效应、气候模式改变、热浪、冰盖融化、干旱和风暴等各种问题。的确，全球变暖已经在自然科学领域得到广泛讨论。但是，在现实中，最终的方案以及解决办法是在社会科学领域中（Nordhaus，2019）。

为什么气候变化是一个经济问题？主要原因是气候变化与经济息息相关。在工业革命之前，经济增长速度慢，许多以碳为基础的燃料还没有得到大规模开发与利用，所带来的碳排放对气候的影响并不大，可以通过自然的调节恢复平衡。但工业革命以后，人口剧增，经济高速增长，伴随着以碳为基础的燃料大量使用，排放的二氧化碳进入大气中积累，导致大气二氧化碳浓度越来越高。因此，气候问题起源于人类经济增长。

人为温室气体过度排放，与市场失灵、政府失灵等密切相关。第一，排放温室气体是免费的。尽管温室气体排放导致了全球气候变暖，然而引起排放的人却不用为此支付费用，受到不利影响的人也没有得到补偿，产生了负外部性，而且是全球最大的负外部性。这种负外部性使得化石燃料的生产者和消费者毫无节制地生产和使用化石燃料，排放过量的温室气体（Medalye，2010）。第二，温室气体过量排放源于产权界定不清晰。在气候政策缺位的情况下，既没有明确化石燃料的生产者和消费者具有排放温室气体的权利，也没有明确受到气候变暖不利影响的当代人们以及未来的子孙后代应该得到补偿的权利。因此，生产者和消费者在追求利润最大化和效用最大化的前提下，以私人成本而不是社会成本决定产品供给量和消费量。第三，温室气体过度排放还与全球大气的公共物品属性密切相关。全球大气的温室气体排放空间作为公共物品，既没有排他性，也没有竞争性，任何人都可以从减少温室气体排放而得到的减缓气候变化中受益，无法把其他人排除在外。也就是说，当某些国家采取低碳技术减少全球温室气体排放量，付出一定成本减缓全球气候变暖时，其他没有采取减排行动的国家也会从中受益，从而出现了“搭便车”行为。因此，难以避免温室气体的过度排放。

从气候变化的影响来看，地球气候系统的紊乱能够引起如极端天气事件频发、海平面上升导致居住地丧失等潜在影响，从而造成社会经济损失。而为了减缓气候变化，一方面减少化石燃料使用可能会抑制经济增长，另一方面应用可再生能源等低排放的能源可能面临更高的经济成本。因此，减缓气候变化也需要付出经济成本。

综上所述，减缓气候变化背景下的温室气体减排是一个社会、经济、政治等多学科交叉的复杂问题，气候变化问题的解决除了基于自然科学的碳循环视角，更多是基于社会科学的政策制度视角。作为全球的公共问题，由于市场失灵、政府失灵以及“搭便车”等情况的存在，气候治理需要在全球合作框架下进行，需要所有国家共同努力，依靠单一或者部分国家力量应对气候变化是不可行的。世界各国需建立全球国际合作，基于气候环境治理这一共同目标或利益，携手应对气候变化。

四、未来的气候变化趋势

未来的气候变化趋势，除了与大气中的温室气体浓度以及当前的温室气体排放有关，更取决于未来的温室气体排放量。排放情景为学者们提供了一个温室气体排放、浓度以及辐射响应的对应情景以分析在不同气候政策下的可能后果。各国政府需要充分了解气候变化带来的严重后果，积极采取措施使气候变化造成的损失最小化，为全球的气候目标实现做出贡献。

1. 气候变化未来趋势预测

IPCC 第六次评估报告预估（2021—2040 年），相较于 1850—1900 年的平均值，在 SSP5-8. 5 情景下，全球平均地表气温的 20 年平均值很有可能升高 1. 5℃，这一温升在 SSP2-4. 5 和 SSP3-7. 0 情景下也可能发生，在 SSP1-1. 9 和 SSP1-2. 6 情景中多半可能发生（IPCC，2021）。到 2030 年，相对于 1850—1900 年，在以上考虑的情景中，任何一年的全球平均地表气温都可能升高超过 1. 5℃，可能性为 40%～60%（中等信度）。相较于最近几十年（1995—2014 年），2081—2100 年间的全球地表气温平均值很可能在低排放情景 SSP1-1. 9 中升高 0. 2～1. 0℃，在高排放情景 SSP5-8. 5 中升高 2. 4～4. 8℃。

在全球升温背景下，21 世纪全球陆地的年平均降水将增加（高信度）。基于目前可获取的 CMIP6 模式结果，2081—2100 年相对于 1995—2014 年，全球陆地的年平均降水量在低排放情景（SSP1-1. 9）下将增加-0. 2%～4. 7%，高排放情景（SSP5-8. 5）下将增加 0. 9%～12. 9%。在全球增温背景下，陆地大部分地区降水的年际变率将增强（中等信度）。降水近期预估结果存在不确定性，主要受气候系统内部变率、模式不确定性以及自然和人为气溶胶排放不确定性的影响

（中等信度）。在近期预估结果中，不同 SSP 情景下，降水的变化不存在明显差异（高信度）。

IPCC 第六次评估报告采用 2100 年以后的扩展情景，预估结果显示在 SSP1-2. 6 和 SSP5-8. 5 情景下，2300 年相对于 1850—1900 年，分别可能会增暖 1. 0～2. 2℃和 6. 6～14. 1℃。在 2300 年，短暂超出长期目标的 SSP5-3. 4-OS 情景（该情景中，2040 年的排放仅比最坏情景（SSP5-8. 5）低，但是 2040 年后随着大量负排放的增加，排放量迅速减少）下，增暖幅度会从 2060 年的峰值减弱到类似 SSP1-2. 6 情景的水平（IPCC，2021）。在 SSP5-8. 5 情景下，陆地降水会持续大幅增多。

在 SSP2-4. 5、SSP3-7. 0 和 SSP5-8. 5 情景下，2081—2100 年的 9 月份，北冰洋可能会变成无冰状态（海冰的覆盖面积<106 平方千米）。几乎可以确定的是，全球海平面高度在整个 21 世纪将会持续升高。相对于当前气候，SSP3-7. 0 和 SSP1-2. 6 情景下，2081—2100 年全球海平面高度可能分别升高 0. 46～0. 74 米和 0. 30～0. 54 米（中信度）。

2. 未来气候变化的影响预估

针对未来气候变化趋势预估的可能情况，IPCC 第六次评估报告指出，尽管发生概率较小，但气候临界点一旦被突破，就可能造成破坏性影响（IPCC，2022）。灾害性后果包括冰原崩溃、海洋环流突变、复杂的极端天气事件和远超预期的全球变暖幅度。尽管可能性较小，但这类事件不容忽视，必须纳入风险评估之中。

当下，全球一半人口每年至少有一个月的用水得不到保障。在许多地区，野火的波及面积达到新高，致使自然景观不可逆地受损。更高的气温也为传染病蔓延肆虐提供了温床，比如西尼罗河病毒、莱姆病、疟疾等的传播风险都将大大增加。具体而言，全球升温超过 1. 5℃越多，就越可能面临难以预测的严峻风险。这些“临界点”事件可能在全球和地区范围内发生，即使全球升温保持在可接受的幅度内，也不能完全排除气候系统到达“临界点”、发生剧变的可能性，如南极冰盖迅速融化和森林枯萎。

在 IPCC 第六次评估报告中，科学家表示，人为造成的气候变化正给自然界带来危险广泛的破坏，并影响着全球数十亿人的生活（IPCC，2022）。由于气候变化，疾病向更多地区扩张；更多物种灭绝；动植物种群死亡或迁移，不可逆转地改变着当地的生态系统；由于干旱和热浪，植物和哺乳动物大量死亡；过去的碳汇，如亚马孙热带雨林和北极永久冻土，转变为温室气体排放源。最不具备应对能力的人群和生态系统受到的打击最严重。人类的健康、生活和生计以及财产和重要基础设施，正日益受到热浪、风暴、干旱和洪水带来的灾害以及海平面上升等的不利影响。

五、实现温控目标的碳中和减排要求

上述关于气候变化的影响以及原因分析均表明，温室气体减排是减缓气候变化实现温控目标的根本，因此，亟须碳减排管理理论以实现温室气体的深度、高效、低成本、公平减排。

1. 气候变化谈判

气候变化是一项紧迫且长期的任务，事关人类生存环境和各国发展前途，需要国际社会携手合作，开展集体决策下的共同行动。此外，气候变化是典型的全球外部性问题，如果其他国家不采取减缓气候变化的行动，单一国家不会有主动减少温室气体排放的动力，减缓气候变化的效果也是收效甚微的。因此，国际社会构建了一系列多层次、多区域、多主体、长周期的制度安排。自 20 世纪 90 年代以来，世界各国一直为应对气候变化做出努力，并制定了《联合国气候变化框架公约》（UNFCCC）及《京都议定书》。UNFCCC 是气候变化谈判的总体框架，《京都议定书》则是第一份具有法律效力的气候法案。

UNFCCC 的目标是“将大气中温室气体的浓度稳定在防止气候系统受到危险的人为干扰的水平上”，并明确规定发达国家和发展中国家之间负有“共同但有区别的责任”。表 1－2 是全球气候变化谈判的进程。

表 1－2　全球气候变化谈判的进程

时间	地点	事件
1992 年	巴西 里约热内卢	首届联合国环境与发展大会召开。《联合国气候变化框架公约》签署。明确了发达国家和发展中国家之间负有“共同但有区别的责任”，但大会未能就发达国家应提供的资金援助和技术转让等问题达成具体协议。
1997 年	日本 京都	《联合国气候变化框架公约》第 3 次缔约方大会举行。《京都议定书》通过，规定了第一承诺期（2008—2012 年）主要工业发达国家的温室气体量化减排指标，并要求它们向发展中国家提供减排所需的资金及技术支持。
2001 年	美国 华盛顿	美国总统布什宣布美国退出《京都议定书》。

续表

时间	地点	事件
2007 年	印度尼西亚 巴厘岛	《联合国气候变化框架公约》第 13 次缔约方大会举行。大会通过“巴厘岛路线图”，启动《公约》下的长期合作特设工作组和《京都议定书》特设工作组谈判并行的“双轨制”谈判。
2009 年	丹麦 哥本哈根	《联合国气候变化框架公约》第 15 次缔约方大会召开。由于各方在减排目标、“三可”（可测量、可报告和可核实）问题、长期目标、资金等问题上分歧较大，《哥本哈根协议》最终没有被大会通过。
2010 年	墨西哥 坎昆	《联合国气候变化框架公约》第 16 次缔约方大会召开。尽管会议未能完成“巴厘岛路线图”的谈判，但发达国家推进并轨的步伐继续加快，关于技术转让、资金和能力建设等发展中国家关心问题的谈判取得了不同程度的进展。最终，在玻利维亚强烈反对的情况下，缔约方大会强行通过了《坎昆协议》。
2011 年	南非 德班	《联合国气候变化框架公约》第 17 次缔约方大会召开。会议形成德班授权，开启了 2020 年后国际气候制度的谈判进程。
2012 年	卡塔尔 多哈	《联合国气候变化框架公约》第 18 次缔约方大会召开。明确了执行《京都议定书》第二承诺期，包括美国在内的所有缔约方就 2020 年前减排目标、适应机制、资金机制以及技术合作机制达成共识，并形成长期合作行动工作组决议文件。
2014 年	秘鲁 利马	《联合国气候变化框架公约》第 20 次缔约方会议召开。中国政府代表表示，2016—2020 年中国将把每年的二氧化碳排放量控制在 100 亿吨以下，中国承诺其二氧化碳排放量将在 2030 年左右达到峰值。
2015 年	法国 巴黎	《联合国气候变化框架公约》第 21 次缔约方会议召开。由包括美国、中国在内的各方大力推动而达成的《巴黎协定》基本明确了 2021—2030 年期间国际气候治理的制度安排和合作模式。
2019 年	西班牙 马德里	《联合国气候变化框架公约》第 25 次缔约方大会召开。完成了《巴黎协定》实施细则谈判，国际气候治理由此转入以《巴黎协定》履约为主的实施进程。
2021 年	英国 格拉斯哥	《联合国气候变化框架公约》第 26 次缔约方大会召开。在“加时”一天后，大会达成《巴黎协定》实施细则一揽子决议，开启国际社会全面落实《巴黎协定》的新征程。

2. 气候治理趋势与要求

（1）美国回归全球气候治理。2019 年 11 月 4 日，美国突然宣布退出《巴黎协定》。这在当时被认为是全球气候治理的一大挫折。拜登当选美国总统以来，从拜登政府带领美国强势回归国际气候治理，以及 2021 年以来的密集行动和行动效果来看，美国作为全球唯一的超级大国，在全球气候治理进程中的影响力和领导力不容置疑。气候变化问题是美国两党政治中存在认知分歧的问题，一定程度上已经成为显示执政党影响力的象征打上了政治的烙印，而不只是一个科学认知的问题。因此，拜登政府希望持续扩大民主党在美国国内、国际议程中的影响力，也会积极推动其国内和国际气候治理进程，巩固其大选中的基本盘，并通过强化舆论宣传和政策行动，拓展更多选民支持。因此，可以预见，在拜登政府任期内，无论是拜登本人还是民主党政府都将继续大力推动美国国内气候议程。2022 年 8 月 7 日，美国的《通胀削减法案》最终在参议院以 51 票赞成、50 票反对的微小优势获得通过；随后，该法案在 8 月 12 日以 220 票赞成、207 票反对在众议院“过关”，并在 8 月 16 日经拜登签署生效。法案计划在接下来 10 年内投资 3 690 亿美元用于能源安全和气候变化领域，并鼓励整个经济体通过减少碳排放来支持美国的能源生产。不少专家将该法案誉为美国有史以来规模最大的气候投资法案。习惯了做世界领袖的美国，也必然将其国内进程与国际进程关联，要求世界各国配合或者参与美国引领的气候行动，在形式上实现共同减排。因此，在拜登政府任期内，全球气候治理的热度不太会衰减，这就需要我们研究当气候议题持续成为热点问题时，对我国可能形成的影响。

（2）全球各国减排目标不断提升。2021 年的格拉斯哥会议相对 2019 年之前的气候协议，更加凸显了对 1.5℃ 目标以及减煤退煤目标的关注，写入了 1.5℃ 目标的相关表述和“削减甚至退出煤炭使用”的表述，国际社会对于各国提升减排目标的呼声越来越高。一方面，这反映了随着全球经济、技术的发展，之前各方分歧较大的问题诸如减排责任分担、国家间转移支付和低碳技术转移等正逐步走向形成共识；另一方面，欧盟、小岛屿国家联盟等也必将站在 1.5℃ 目标的角度，要求各国提出更具雄心的减排目标，或是与 1.5℃ 目标匹配的全球和各国的减排目标。这导致了目前以《巴黎协定》中提及的 2℃ 目标为主要行动方案的缔约方，可能面临大幅提高减排目标的压力，这种压力将会是持续的，并且伴随着减排目标的不断提升越来越大。

（3）发展中国家责任与义务明显提升。与《多哈气候协议》《京都议定书》等阶段性执行协议的特征相比，《巴黎协定》规定发达国家和发展中国家共同承诺、共同行动，且发展中国家承担的责任和义务相比之前的协议明显有了提升。从发展中国家的情况来看，1990—2020 年，发展中国家国内生产总值（GDP）全球占比由 18.3% 提升到 41.0%，碳排放全球占比由 34.5% 提升到 66.8%，经济实力有了明显提升，开展气候治理的能力和意愿也都有了相应提升。因此，发展中国家在《巴黎协定》谈判以及提交《巴黎协定》更新国家自主贡献进程中，都提出了更加积极的行动计划和目标。未来全球温室气体排放的绝大部分增量将由发展中国家产生，实现全球温室气体减排控制的大部分压力也将在发展中国家体现，因此，发展中国家在未来全球气候治理进程中将要承担的责任和义务也将不断增大。

（4）诉求差异导致集团重组，博弈格局更加复杂。由于全球经济发展的差异性，在不同集团内部产生了更小的利益共同体，在发展中国家集团内部产生了代表新兴经济体的立场相近国家集团（LMDC）、最不发达国家集团、小岛屿国家联盟、非洲国家集团等次一级国家集团。这些集团由于不同的利益诉求，在不同议题上已经出现立场分歧，如小岛屿国家联盟因为面临被淹没的灭顶之灾，更加倾向于从发达国家获得资金的转移支付，而一些非洲国家等较为贫困的发展中国家则更希望能获得发达国家的技术转移。传统意义上的发达国家集团和发展中国家集团的分类也出现一些调整。如土耳其已经连续多次在缔约方大会上要求大会同意调整其所属国家集团，希望从附件 I 国家也就是传统认为的发达国家集团调整到非附件 I 也就是发展中国家集团，以减轻其减排义务；俄罗斯等虽然没有在大会上表达调整所属集团的立场，但在谈判中实际支持和所持立场已经与发展中国家更为接近。因此，在当前的国际气候谈判中，南北国家立场分界线已经逐步模糊，在减排、资金等许多议题上，已经难以形成发达国家或者发展中国家的整体立场，各国根据自身谈判诉求，在不同议题上形成新的立场联合体，导致气候治理中各方博弈格局复杂化、具体化。这种立场分化的趋势，对谈判能力较强的国家相对有利，对于国力较弱、谈判能力也相对较弱的国家尤其是发展中国家来说，如果失去发展中国家整体立场，单个国家各自争取自身诉求将变得非常困难。发展中国家立场离散，有经济发展差异的客观原因，也是一些发达国家乐见甚至是主动推动的结果，未来还可能保持同样的趋势，全球气候治理博弈格局的复杂性将保持或者加剧。

（5）以碳中和为主要特征的全球深度减排成为共识。IPCC 建议全球气候安全阈值是将全球升温限制在 1.5℃，为实现这一目标，到 21 世纪中叶实现碳中和至关重要。碳中和（carbon neutrality）是指企业、团体或个人测算在一定时间内，通过植树造林、节能减排等形式，抵消自身产生的二氧化碳排放，实现二氧化碳的“零排放”。而碳达峰则指的是碳排放进入平台期后，进入平稳下降阶段。简单地说，碳中和就是让二氧化碳排放量“收支相抵”，意味着在大气中排放碳和吸收碳之间取得平衡。

截至 2021 年，全球已有 136 个国家和地区制定了净零排放或碳中和的目标（《博鳌亚洲论坛可持续发展的亚洲与世界 2022 年度报告》），但与此同时，还有很多国家没有制订减排计划。另外，发达国家往往通过国际贸易实现碳排放的转移，这使得其实际承担的减排责任十分有限。总的来看，国际减排的现实情况与全球各国通力合作的愿景还有很大差距。因此，气候谈判需要准确把握各国在气候变化过程中的损益，既要促使更多国家制定更强的减排目标，也要督促已经制订了减排计划的国家信守减排承诺，落实减排责任。

2020 年 9 月 22 日，国家主席习近平在第七十五届联合国大会上明确提出，中国“二氧化碳排放力争于 2030 年前达到峰值，努力争取 2060 年前实现碳中和”。这一战略目标是符合我国经济社会发展规律的长远规划，更是构建人类命运共同体的必然选择。2021 年《政府工作报告》也将做好碳达峰、碳中和工作作为报告重点，指出要扎实做好碳达峰、碳中和各项工作，制定 2030 年前碳排放达峰行动方案，优化产业结构和能源结构。2022 年 8 月 18 日，科技部、国家发展改革委、工信部、生态环境部、住建部、交通运输部、中科院、工程院、国家能源局联合发布《科技支撑碳达峰碳中和实施方案（2022—2030 年）》，通过十大科技创新支撑碳达峰碳中和。该方案提出了支撑 2030 年实现碳达峰目标的科技创新行动和保障措施，为 2060 年实现碳中和做好技术研发储备。其中包括 10 项具体行动：能源绿色低碳转型科技支撑行动，低碳与零碳工业流程再造技术突破行动，建筑交通低碳零碳技术攻关行动，负碳及非二氧化碳温室气体减排技术能力提升行动，前沿颠覆性低碳技术创新行动，低碳零碳技术示范行动，碳达峰碳中和管理决策支撑行动，碳达峰碳中和创新项目、基地、人才协同增效行动，绿色低碳科技企业培育与服务行动，碳达峰碳中和技术创新国际合作行动。

第 2 节　碳减排管理的基本概念与理论

一、气候变化

理解气候变化，需要首先了解什么是气候。气候是指一个地区大气的多年平均状况，主要的气候因素包括光照、气温和降水等。气候与随时变化的气温不同，它具有稳定性，其时间尺度一般为月、季、年、数年到数百年以上。它通常以冷、暖、干、湿等特征来衡量，以某一较长时间中天气状况的平均值和离差值作为表征。

气候变化则是指气候平均状态随时间的变化，即气候平均状态和离差两者中的一个或两个一起出现了统计意义上的显著变化。平均值的升降，表明气候平均状态的变化。因此，气候变化泛指各种时间尺度气候状态的变化，范围从最长的几十亿年到较短的年际变化。在地球运动的漫长历史中，气候总在不断变化，其原因既包括自然的气候波动，也包括人为因素的影响。

UNFCCC 将“气候变化”定义为：经过相当一段时间的观察，在自然气候变化之外由人类活动直接或间接地改变全球大气组成所导致的气候改变。这就将因人类活动而改变大气组成的气候变化与归因于自然原因的气候变化区分开来。这一定义强调气候变化是人类活动所引起的气候改变。IPCC 的“气候变化”定义是指气候状态的变化，而这种变化可以通过其特征的平均值和/或变率的变化予以判别（如利用统计检验）。气候变化具有一段延伸期，通常为几十年或更长时间。UNFCCC 对气候变化的提法不同于 IPCC 的定义，前者专指人类活动引起的变化。

二、温室气体

温室气体是指大气中能吸收地面反射的长波辐射，并重新发射辐射的一些气体。它们的作用类似于温室，能够截留太阳辐射，并加热大气层内空气，这种使得地球变得更温暖的影响称为“温室效应”。

根据《京都议定书》，温室气体主要指二氧化碳（CO_2）、氧化亚氮（N_2O）、甲烷（CH_4）、六氟化硫（SF_6）、全氟碳化物（PFCs）、氢氟碳化物（HFCs）等，其中，受人类活动影响较大的温室气体是由于化石燃料燃烧产生的二氧化碳。

根据 IPCC 的温室气体排放清单（IPCC，2019），二氧化碳主要来源于化石及生物质燃烧、水泥生产、毁林等；甲烷主要来源于煤炭、石油和天然气生产、动物肠道发酵、水稻、废弃物处理等；氧化亚氮主要来源于农业土壤、牲畜饲养、废水处理、工业源等；六氟化硫主要来源于电力、激光、制冷、化工、有色冶金等；全氟碳化物主要来源于微电子工业薄膜材料蚀刻、电子器件表面清洗、太阳能电池生产、印刷电路去污等；氢氟碳化物主要来源于冰箱、空调和绝缘泡沫生产以及常用制冷剂等。

三、外部性理论

外部性一般认为最早由英国经济学家阿尔弗雷德·马歇尔（Alfred Marshall）在其经典著作《经济学原理》一书中提出，外部性又称溢出效应、外部影响、外差效应或外部效应、外部经济，通常指一个人或一群人的行动和决策使另一个人或一群人受损或受益的情况。经济外部性是经济主体（包括厂商或个人）的经济活动对他人和社会造成的非市场化影响，即社会成员（包括组织和个人）从事经济活动时其成本与后果不完全由该行为人承担。

外部性分为正外部性和负外部性。正外部性是某个经济行为个体的活动使他人或社会受益，而受益者无须花费代价，如科技进步对人类社会一般是正外部性。负外部性是某个经济行为个体的活动使他人或社会受损，而造成负外部性的人却没有为此承担成本，如工厂对周围居民的污染是一种负外部性。

在气候变化问题中，尽管温室气体排放导致了全球气候变暖，影响了温室气体排放的生产商和消费者以外的第三者，然而引起排放的人却不用为此支付费用，而受到不利影响的人也没有得到补偿，因此，气候变化是一种负外部性，而且是全球最大的负外部性。这种负外部性使得化石燃料的生产者和消费者毫无节制地生产和使用化石燃料，排放过量的温室气体（Medalye，2010）。

解决外部性的基本思路是外部性内部化，即通过选择合适的制度安排使得经济主体和经济活动所产生的社会收益或社会成本，转化为私人收益或私人成本，使技术上的外部性转为金钱上的外部性，在某种程度上强制实现原来并不存在的货币转让。其核心原理是改变激励，使人们考虑自身行为的外部效应。针对外部性的解决办法有以下几种：

1. 命令与管制

政府可以通过规定或禁止某些行为来解决外部性。然而，对于此种方式，政府管制者需要了解有关某特定行业以及这些行业可以采用的各种技术的详细信息。

但政府管制者要得到这些信息往往是困难的。

2. 征税与补贴

外部性扭曲了市场主体成本与收益的关系，会导致市场无效率甚至失灵。因此，可以对负的外部性征收税费，对正的外部性给予补贴。征税可以抑制产生负外部性的经济活动，而补贴可以激励产生正外部性的经济活动。以汽车运输必然会产生废气污染环境的负外部性为例，这种负外部性若不能得到遏制，经济发展所赖以生存的环境将持续恶化，最终将使经济失去发展的条件。缓解环境污染负外部性的税收称作庇古税（Pigouvian tax）。庇古税在经济活动中已经得到了广泛的应用。基础设施建设领域所采用的“谁受益谁投资”的政策、环境保护领域所采用的“谁污染谁治理”的政策，都是庇古理论的具体应用。排污收费制度已经成为世界各国环境保护的重要经济手段，其理论基础也是庇古税。

3. 自由交易

如果存在产权划分，交易成本较低且参与人数较少的时候，人们可以通过私下谈判来解决外部性问题。科斯定理（Coase theorem）认为，如果私人各方可以无成本地就资源配置进行协商，那么他们就可以自己解决外部性的问题。无论最初的权利如何分配，各相关方总可以达成一种协议，在这种协议中，每个人的状况都可以变好，而且结果是有效率的。

四、公共物品

根据经济学家保罗·萨缪尔森（Paul Samuelson）的经典定义，若任何一个人对某种物品的消费都不会减少其他人对这种物品的消费，这种物品就是公共物品。一方面，任何一个消费者消费的都是整个公共物品，个人消费无法阻碍其他人的消费；另一方面，公共物品在个人之间是不可拆分的，消费的对象是全部公共物品，而不能类似私人物品只消费其中的一部分。可见，公共物品也是一种特殊的公共外部性。

公共物品具有三方面特征：第一，效用不可分性。不同于私人物品的相对性收益，公共物品的受益人不仅仅局限于个体消费者或群体消费者，而是面向所有人，如国防。第二，消费的非竞争性。对于私人物品而言，一个人消费了这种物品，其他人将无法消费；对于公共物品而言，每个人对这种物品的消费不会影响任何其他人的消费。第三，受益的非竞争性。对于私人物品而言，消费者支付成本购买某种物品后，便可获得该物品的所有权，同时可排除他人对该物品的消费；公共物品一旦被生产，可被多人共同消费或联合消费，不会排除他人对该公共物品的消费。

全球变暖是由大气中二氧化碳和其他温室气体浓度的不稳定导致的，大气相当于一种社会先行资本，既不属于私人拥有，也不便在市场上交易。因此，全球大气的温室气体排放空间作为公共物品，既没有排他性，也没有竞争性，任何人都可以从减少温室气体排放而得到的气候变化减缓中受益，无法把其他人排除在外。公共物品的三大属性决定了可能存在的“搭便车”问题或“过度使用”问题，由此导致温室气体的过度排放和全球变暖。也就是说，当某些国家采取低碳技术减少全球温室气体排放量，付出一定成本减缓全球气候变暖时，其他没有采取减排行动的国家却从中获益，出现了“搭便车”行为。因此，难以避免温室气体的过度排放。

五、碳减排成本

在气候政策缺位的情况下，既没有明确界定化石燃料的生产者和消费者具有排放温室气体的权利，也没有明确受到气候变暖不利影响的当代人以及将来的子孙后代应该得到补偿的权利。因此，生产者和消费者在追求利润最大化和效用最大化的前提下，以私人成本而不是社会成本决定了产品供给量和消费量。没有气候政策，排放温室气体是免费的。

温室气体排放成为典型负外部性问题的原因主要是，生产者或消费者产生的温室气体排放到大气中，导致气候变化并造成社会福利损失，而这种损失未能完全反映在各企业的生产成本中，即市场无法对企业的排放行为进行约束，从而造成市场失灵。

解决气候变化负外部性的思路之一是将外部性内部化，即对碳排放进行定价，将二氧化碳排放的成本纳入企业的生产成本，使得市场对减排重新生效。基于此原理，碳减排的两大手段是碳税和碳交易市场。第一，碳税由庇古税演化而来，通过给碳排放确定一个价格，将碳排放的外部成本转化为企业的生产成本。碳税由政府直接为外部性定价，碳价等于碳税，属于价格手段。第二，碳交易市场由科斯定理演化而来，企业根据碳价调整自身的生产经营行为，推动企业减排。在碳交易市场上，政府给定碳减排目标和排放总量，碳价由市场竞争定价，属于数量手段。有了气候政策，排放不再免费，需要付出成本。

六、气候情景

未来的气候变化程度具有一定的不确定性，需要从长远的角度对未来的可能性进行多种多样的展望。而情景分析为人们提供了一个组织信息以及探讨未来发展各种可能性的结构化工具。每个减缓情景描述了一个特定的未来世界，包括特定的经济、社会和环境特性，以及隐含或清晰地包含有关发展、公平和可持续性方面的信息。

早在 1995 年的 IPCC 第二次评估报告中已经出现了一般的减缓情景介绍。该报告从 188 个资料来源中考虑了 519 个量化的排放情景结果，覆盖了全球排放，时间跨度为整个 21 世纪。在所有的一般减缓情景中，技术进步是一个关键性的要素。根据减缓类型，这些情景又分为四大类：浓度稳定情景、排放量稳定情景、安全排放通道情景和其他减缓情景。在评估的情景中，所采取的政策选择考虑了能源系统、工艺过程和土地利用，这些政策的选择依赖于根本性的模型结构。所有评估的情景都包括与能源活动相关的二氧化碳排放量，部分情景也包括来自土地利用变化和工艺过程的温室气体排放。大部分情景模型都简单引入了碳税或有关排放量、浓度水平的约束。

IPCC 气候变化情景的发展阶段与应用情况如表 1－3 所示。

表 1－3　IPCC 气候变化情景的发展阶段与应用情况

阶段	情景概述	社会经济假设	特点/变化	应用情况
SA90 情景	考虑 CO_2 倍增或递增，特别是 CO_2 加倍试验，包括 A、B、C、D 四种情景	人口和经济增长假设相同，能源消费不同	最早使用的全球情景，简单的 CO_2 浓度变化描述和假设	用于第一次评估报告及之前的气候模拟
IS92 情景	包含六种不同排放情景（IS92a～IS92f），考虑单位能源的排放强度	分别考虑高、中、低三种人口和经济增长及不同的排放预测	考虑与能源、土地利用等相关的 CO_2、CH_4、N_2O 和硫排放，能较合理地反映排放趋势	用于第二次评估及气候模式
SRES 情景	由 A1、A2、B1、B2 四个情景系列组成，包含六组解释型情景（B1、A1T、B2、A1B、A2 和 A1F1），共 40 个温室气体排放参考情景	建立四种可能的社会经济发展框架，考虑人口、经济、技术、公平原则、环境等驱动因子；其中 A1 和 A2 强调经济发展，B1 和 B2 强调可持续发展	温室气体排放预测与社会经济发展相联系。情景表示有着相似的人口特征、社会、经济、技术变化的多个情景组合	用于第三次和第四次评估，成为气候变化领域的标准情景

续表

阶段	情景概述	社会经济假设	特点/变化	应用情况
RCPs 情景	以 RCPs 描述辐射强迫，包括 RCP8.5、RCP6、RCP4.5 和 RCP3-PD（通常取 2.6）四种典型路径，其中 RCP8.5 为持续上涨的路径，RCP6 和 RCP4.5 为没有超过目标水平达到稳定的两种不同路径，RCP3-PD 为先升后降达到稳定的路径	基于 RCPs 定义共享社会经济路径（SSPs），体现辐射强迫和社会经济情景的结合，每一个 SSP 代表一类相似社会经济发展路径，包括人口、经济、技术、环境、政府管理等因素和指标	SSPs 包含了已有情景中的社会经济假设，可用于全球、区域和部门，可以更好地进行脆弱性分析，满足气候变化适应与减缓研究的需求	用于第五次评估，为更好地分析、评估减排等气候政策的影响，选择合适的减排技术和政策提供研究平台

在 IPCC 第三次评估报告中，以叙述为基础的全球未来情景也与温室气体排放和可持续发展相关。全球未来情景并不是专门或唯一考虑温室气体排放，而是对可能的未来世界的综合故事型描述。由于此类情景考虑了一些难以量化的因素，如管理、社会结构和制度，因此，它们能够补充更为量化的排放情景评估。在全球未来情景中，温室气体减排主要来源于管理方面的改进，加强了公平和政治的参与，减少了冲突，并且改善了环境质量。这些情景也体现出了提高能源效率、非化石能源替代、转向后工业经济（以服务业为基础的经济）、人口倾向于稳定在比较低的水平、妇女权利和机会得到改善等方面的可持续发展情况。

另外，根据 IPCC《特别排放情景报告》（IPCC，2000），IPCC 还开发了六个温室气体排放参考情景组（不包括主动的气候政策），组成了四个情景系列（A1、A2、B1 和 B2）。情景系列中的 A1 和 A2 强调经济发展，但在经济和社会收敛程度上有所不同；情景系列 B1 和 B2 强调可持续发展，但在有关收敛程度上同样存在不同。具体而言，A1 情景框架描述的是经济增长非常迅速的未来世界，全球人口到 21 世纪中叶达到顶峰，之后开始下降，而且新的高效技术快速引入。主要的根本性假设是区域趋同假设，即区域间人均收入差距的实质性减少，能力建设、文化与社会的交互作用加强。A2 情景框架描述一个非常不均衡的世界。根本性的假设是保持自给自足和区域特性。不同区域之间的人口出生率收敛得非常缓慢，导致人口的持续上升。经济发展主要是区域导向的，人均经济增长和技术改变相对于其他情景框架更为零碎和缓慢。B1 情景框架描述了一个收敛的世界，全球人口到 21 世纪中叶达到顶峰后开始下降，与 A1 情景框架相同，但其经济结构朝着服务和信息经济方向快速转变，并伴随原材料强度的下降和清洁且资源高效利用技术的引入。B2 情景框架描述了一个经济、社会和环境具有可持续性的世界，全球人口继续增长，增长率低于 A2 情景框架，经济发展处于中间水平，技术变化比 B1 和 A1 情景框架更快、更多样化。该情景框架也朝着环境保护和社会公平方向发展，并集中于区域层面。

自 IPCC 报告发布以来，先后发展了 SA90、IS92、SRES 等情景，应用于历次评估报告。随着气候变化影响评估的发展，SRES 情景的不足逐步显现，为此，IPCC 调整了情景的发展方法和过程，发展了新的情景框架，于 2007 年发布典型浓度路径（representative concentration pathways，RCPs）来描述温室气体浓度，并在 RCP 情景的基础上发展共享社会经济路径（shared socio-economic pathways，SSPs）来构建社会经济新情景。最近两次针对气候变化情景的描述是在 2013 年 IPCC 第五次评估报告采用了 CMIP5 中的气候模式，在 2021 年发布的 IPCC 第六次评估报告使用了 CMIP6 中新的气候模式，其中开发的一套由不同社会经济模式驱动的新排放情景——SSPs），代替了 CMIP5 中四个典型浓度路径（RCPs），是 CMIP6 情景中一个重要的提升。

如图 1－7 所示，SSP1 情景代表了一个实现可持续发展、气候变化挑战较低的世界。在该情景下，可持续发展和千年发展目标的优先级别较高，经济发展与能源使用脱钩，同时社会发展对于化石能源的依赖也快速降低。

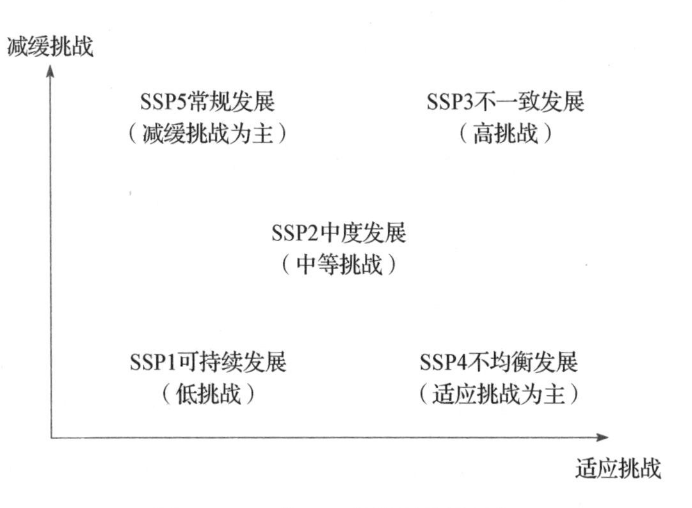

图 1－7　五种 SSP 的发展路径示意

资料来源：Popp et al.，2017.

SSP2 情景代表了一个中度发展，面临中等气候变化挑战的世界。环境系统经历了退化，但有一些改善，而且总的来说资源和能源使用强度下降了。在该情景下，千年发展目标将延迟几十年实现。

SSP3 情景代表了局部发展或不一致发展，面临高的气候变化挑战。在该情景下，世界被分为极端贫穷国家、中等富裕国家和努力保持新增人口生活标准的富裕国家，它们之间缺乏协调，区域分化明显，全球发展目标未能实现。

SSP4 情景代表了不均衡发展，以适应挑战为主。在该情景下，国际和国内都高度不均衡发展。人数相对少且富裕的群体产生了大部分的排放量，在工业化和发展中国家，大量的贫困群体排放较少且很容易受到气候变化的影响。

SSP5 情景代表了一个常规发展的情景，以减缓挑战为主。在该情景下，强调传统的经济发展导向。能源系统以化石燃料为主，带来大量温室气体排放，面临较高的减缓挑战。

RCPs 是一系列综合的浓缩和排放情景，用作 21 世纪人类活动影响下气候变化预测模型的输入参数（Moss et al.，2010），以描述未来人口、社会经济、科学技术、能源消耗和土地利用等方面发生变化时，温室气体、污染物气体、气溶胶的排放量，以及大气成分的浓度。RCPs 包括一个高排放情景（RCP8.5），两个中等排放情景（RCP6.0 和 RCP4.5）和一个低排放情景（RCP2.6）。其中 RCP8.5 导致的温度上升最多，其次是 RCP6.0 和 RCP4.5，RCP2.6 对全球变暖的影响最小。四种不同的情景模式中一个重要的差异是对未来土地利用规划的不同（Hurtt et al.，2011）。

RCP8.5 是在无气候变化政策干预时的基线情景，特点是温室气体排放和浓度不断增加，在此情景下，随着全球人口大幅增长、收入缓慢增长以及技术变革和能源效率改变导致的化石燃料消耗变大，到 2100 年，大气中的二氧化碳将增加至 936ppm，甲烷增至 3 751ppb，氧化亚氮增至 435ppb。根据有关预测，依据 RCP8.5 的排放情景，到 2050 年全球人口将突破 100 亿，2100 年达到 120 亿，那时为满足不断增长的食物和能源需求，全球林地面积减少，耕地面积将显著增加，尤其在非洲和南美洲地区。相应地，化肥使用不断增加和农业生产集约化提升增加温室气体排放，更多的牲畜和水稻生产也产生更多的温室气体排放，加剧大气中温室气体浓度（Riahi et al.，2011）。

RCP6.0 是政府干预下的气候情景，总辐射强迫在 2100 年之后稳定在 6.0 瓦特/平方米，大气中的二氧化碳浓度增加至 670ppm，甲烷在一定程度上减少，氧化亚氮增加至 406ppb（Masui et al.，2011）。在此情景下，2100 年人口将增至 100 亿。各种政策和战略的制定减少了温室气体的排放，然而与 RCP2.6 和 RCP4.5 相比，排放量缓解程度依然较低。此外，耕地面积的增长对森林面积的影响程度较小。

RCP4. 5 是另一种政府干预下的气候情景，总辐射强迫在 2100 年后稳定在 4. 5 瓦特/平方米，大气中二氧化碳浓度增至 538ppm，甲烷减少，同时氧化亚氮增加至 372ppb（Thomson et al.，2011）。全球人口总量最高达到 90 亿，随后开始减少。此外，由于可再生能源和碳捕集系统的使用以及化石燃料使用的不断减少，再加上森林面积增加后碳储量增加，温室气体排放量也显著降低。另外，由于植树造林政策的实施和作物单产量的增加，RCP4. 5 是唯一的耕地面积减少的排放模式。

RCP2. 6 是温室气体浓度非常低的情景模式（van Vuuren et al.，2011）。总辐射强迫顶点约为 3 瓦特/平方米，2100 年降至 2. 6 瓦特/平方米，此时二氧化碳浓度为 421ppm，甲烷浓度低于 2 000ppb，氧化亚氮浓度 334ppb。在此期间，全球范围内能源消费的显著改变，使温室气体排放显著减少。RCP2. 6 是全球作物面积增加最大的排放情景。

为了方便科研工作者在进行未来气候预测时有更多选择，CMIP6 不仅将 RCP2. 6、RCP4. 5、RCP6. 0 和 RCP8. 5 升级为 SSP1-2. 6、SSP2-4. 5、SSP4-6. 0 和 SSP5-8. 5，同时新的排放模式还包括 SSP1-1. 9、SSP4-3. 4、SSP5-3. 4OS 和 SSP3-7. 0。在 CMIP5 中只有 RCP8. 5 可以代表“无政策干预”的基线情形，它在某种程度上是一种最坏的预期，使预测过于绝对，无法对“无政策干预”的趋势进行细化。为此，在 CMIP6 情景模式中增添了 SSP3-7. 0，用于表示能源系统模型产生的中等程度的基线结果，与 SSP5-8. 5（最坏情形）、SSP4-6. 0（较为乐观的情形）一起来模拟无气候政策干预下的全球变暖趋势。

第 3 节　碳减排管理的必要性与意义

温室气体减排是减缓气候变化的根本途径。全球气候变化是世界各国共同面临的严峻挑战，如本章前两节所述，气候变化的代表性特征是全球变暖，由此引发地表温度升高、海平面上升、降水量及降水模式变化。若不采取积极的减缓措施，气候变化将给农业、水资源、基础设施和人体健康带来不可避免的伤害。基于气候变化的主要原因和形成机理，减缓气候变化的核心手段是大力促进二氧化碳及其他温室气体的减排。

推进碳减排的首要任务是确立气候目标和合作机制。为应对气候变化和进行全球气候治理，联合国政府间谈判委员会达成了《联合国气候变化框架公约》（UNFCCC），该公约是世界上第一个为全面减少二氧化碳等温室气体排放、控制全球气候变暖、减缓其给人类经济和社会带来不利影响而制定的国际公约，也是国际社会在应对全球气候变化问题上的国际合作基本框架。《京都议定书》和《巴黎协定》等关键的气候治理机制均在此框架下形成。《京都议定书》于1997年通过，2005年生效，明确了发达国家整体率先减排的目标和受管控的温室气体类型，并确立了排放贸易、共同履行、清洁发展机制三种基于市场的灵活履约机制。《巴黎协定》于2015年达成，提出了控制全球温升不超过2℃并努力实现1.5℃的长期目标，并就国家自主贡献目标、减缓、适应、损失损害、资金、技术、能力建设、透明度、全球盘点等内容做出了全面平衡的安排。

一、碳减排管理的意义

严格的国际/国内减排目标，要求对碳减排行动进行科学的设计与管理。为落实《巴黎协定》的目标，很多国家提出了针对自身的碳中和长期愿景目标，目的是使得国家或区域内部产生的二氧化碳或温室气体排放总量能够被吸收或抵消，抵消方式是植树造林、负排放技术，以及碳捕集、封存与利用技术等，最终实现相对“零排放”。例如，美国在2021年宣布将扩大美国政府的减排承诺，到2030年将美国的温室气体排放减少50%（与2005年相比），到2050年实现碳中和目标；欧盟和日本也分别在2018年和2020年发布了到2050年实现净零排放的长期愿景。作为碳排放大国和负责任的发展中大国，我国一直高度重视气候变化与碳减排问题。2020年国家主席习近平在联合国大会上提出的二氧化碳排放力争于2030年前达到峰值，努力争取2060年前实现碳中和的目标，展现了我国积极参与全球气候治理的决心与态度。特别是我国碳中和目标的实现比其他国家更为艰难，碳达峰目标与碳中和目标之间仅相隔30年，而很多发达国家目前已实现了自身的碳达峰。因此，面对严格的国际国内降碳目标，对碳减排行动进行科学的设计与管理至关重要。

碳减排涉及能源、经济、技术等多维度的调整，具有高度复杂性。首先，二氧化碳排放主要源于化石燃料的燃烧，而化石燃料的燃烧在很大程度上满足了经济增长对能源的需求，因此，能源结构的调整是碳减排的最直接方式之一。减少化石能源的使用，并大力推动零碳或低碳的可再生能源发展已成为全球的共识。然而，发展风能、太阳能等可再生能源存在资源需求、稳定性等额外挑战。其次，实施碳减排必然伴随着经济成本和社会代价，无论是碳减排的政策工具（如碳排放交易和碳税）还是低碳技术的推广应用，均需要企业、政府和社会付出一定的经济成本。因此，良好的碳减排管理将有助于节约减排的经济成本，提高碳减排的积极性。再次，在当前严峻的气候形势下，多种负碳技术（如碳捕集、利用与封存技术，空气直接捕集技术，生物质耦合碳捕集与封存技术等）不可或缺，然而，上述各类技术的开发与大规模应用仍是一大难题。除此之外，产业结构、消费、投资、生产、生活等全方位全过程的绿色低碳设计与管理也是推进实施碳减排的必要方式。例如，我国 2021 年的《政府工作报告》指出，扎实做好碳达峰、碳中和各项工作，要优化产业结构和能源结构；国务院《关于加快建立健全绿色低碳循环发展经济体系的指导意见》指出要大力推行绿色规划、绿色设计、绿色投资、绿色建设、绿色生产、绿色流通、绿色生活、绿色消费，使发展建立在高效利用资源、严格保护生态环境、有效控制温室气体排放的基础上，统筹推进高质量发展和高水平保护，确保实现碳达峰、碳中和目标。综上所述，碳减排的高度复杂性要求实施碳减排管理，从而更好地促进能源、经济、技术等多维度的碳减排。

碳减排是一个涉及科学、政治、经济、外交等多方面的综合性问题。碳排放核算和排放责任分担是碳减排管理的重要内容，也是推进全球碳减排的重要前提。国际气候谈判与国际政治博弈的主要任务之一是碳排放权与碳排放责任的分配，而国际贸易中隐含碳排放责任的归属是其争论的焦点。无论是生产者责任原则还是消费者责任原则，贸易隐含碳排放问题都将因生产国和消费国的不同而在核算和减排责任分担方面存在争议。因此，如何准确地核算隐含碳排放量、合理地界定生产者和消费者的责任是碳排放管理的关键问题。此外，我国是最大的发展中国家，隐含碳排放量位居世界首位，对隐含碳排放的管理有助于缓解我国在国际气候谈判中的压力，更好地统筹做好应对气候变化对外斗争与合作，不断增强国际影响力和话语权，维护我国发展权益。

针对我国自身国情，实施碳减排管理是我国做好碳达峰、碳中和工作的必然要求。一方面，我国是最大的碳排放国家，并正处于经济迅速发展阶段，碳减排与经济增长、社会发展等多重压力并存，在统一的框架中纳入多种目标的碳减排管理能够帮助决策者协调经济与环境的关系，实现两者的双赢。另一方面，我国幅员辽阔，各区域在经济发展水平、资源禀赋、发展定位、技术水平、产业结构、碳排放特征等多方面均存在明显的差异，在全国一盘棋的前提下，如何安排和布局各区域的减排目标与减排行动、在重点领域和区域开展自下而上的试点探索与创新对于我国“双碳”目标的实现具有决定性的意义。因此，考虑区域异质性的碳排放管理将有助于各区域的碳减排行动的精准部署和有效开展，有助于稳健推进碳达峰、碳中和的工作。

我国的碳减排管理需要重点关注能源供应安全和经济结构转型两大问题。从能源供应安全来看，我国的能源消耗以化石能源为主，2021 年化石能源占比高达 84.3%左右，其中煤炭消费比重占 56.9%，石油消费比重占 19.3%，天然气消费占比 8.1%。可以看出，煤炭消费总量占我国能源消费总量的一半以上。另外，我国是油气进口第一大国，油、气资源对外依存度较高，2020 年对外依存度分别攀升到 73%和 43%。在社会主义现代化建设的过程中，必须调整能源消费结构，提高绿色低碳能源占比，降低能源对外依存度，保证能源供应安全。然而，低碳转型并非一蹴而就，一旦清洁能源的发展跟不上化石能源退出的速度，就会出现能源危机。因此，如何在能源低碳转型的过程中，借助政策工具，让传统能源逐渐退出，清洁能源逐步发展，最终平稳有序地降低碳排放，需要实施碳排放管理。从经济结构转型来看，我国六大高耗能行业（火电、钢铁、非金属矿产品、炼油焦化、化工、有色金属）的总能耗占我国能源消费总量的 50%以上，二氧化碳排放占比接近 80%。实施碳减排需要降低上述行业的产业比重，并鼓励其节能减排、提高生产效率。然而，高耗能行业承载了大量的社会就业，一旦不能合理引导相关企业有序关停、转型，必然会导致大量企业倒闭，工人失业。而且，高耗能行业往往涉及广而深的上下游产业链，其转型升级产生的产能空白、成本提高，可能会产生各种复杂的间接影响。因此，如何科学合理地安排高耗能企业转型升级，并准确评估影响，是碳排放管理的又一重要使命。

二、碳减排管理的前提

碳减排管理的重要前提是符合国家的相关目标、规划和战略部署。

第一，在全球气候治理和碳减排行动中，我国作为一个整体获得国际气候话语权，参与国际气候谈判，维护本国利益。气候系统的全球联动性、稀缺性和公共性要求世界各国都需做出减排贡献，然而，各国在碳减排过程中承担多少义务始终是各国争论的焦点。在此背景下，我国需在权衡自身的责任与义务、维护自身的发展权益的基础上，参与国际气候博弈，制定本国的减排目标和政策。因此，碳减排管理应在符合国家的相关目标和规划下开展和实施。

第二，立足国内，碳减排行动不仅需要中央层面的宏观性统筹和规划，还需要各地区的参与与落实。鉴于我国各地区的地理位置、经济发展程度、能源资源禀赋、碳排放量等有很大的差别，只有通过慎重的规划、部署和决策，才能合理分配各地区的碳排放额度，达到不仅保障各地区的发展潜力和利益，而且实现全国整体目标的目的。因此，国内各地区的碳减排管理应符合国家的整体规划和部署。

三、碳减排管理的基本原则

碳减排的基本原则包括统筹发展和减排、整体和局部、长远目标和短期目标、政府和市场等的关系。

第一，碳减排需要统筹发展和减排的关系。一个国家或地区的长期经济发展，不仅取决于一定时期的经济增长速度，更取决于其经济增长速度的可持续性以及经济增长的质量。国内外经济增长经验表明，单纯依赖生产要素投入实现经济扩张，只能在一定时期内实现经济高速增长，不具有可持续性。经济发展不仅要求速度，更要求质量。要用最小的资源消耗、最低的环境代价来换取尽可能高的经济发展，并让尽可能多的人享受到发展的成果。特别是世界上的发展中国家正面临着发展国家经济、应对气候变化和治理环境污染的多重挑战。例如，我国正处在工业化、城镇化发展的快速阶段，发展不平衡不充分的问题仍然突出，促进经济平稳增长、消除贫困、改善民生仍是我国的首要目标。然而，经济发展引发的能源使用和消耗在一段时期内还将保持刚性增长，导致温室气体排放量增加。因此，碳减排的实施需要同时兼顾经济发展和减排，长期坚持节能减排和生态优先的发展方式。

第二，碳减排需要统筹整体和局部的关系。在实现全球温控目标或气候目标的过程中，需要全球各个国家或地区的积极参与和通力合作。然而，各国的经济发展水平、能源消费水平、能源结构等可能存在较大的差异，导致不同经济体的自身利益有所差别，在参与碳减排的过程中需要兼顾区域间的公平性，统筹整体的减排目标和局部的减排责任。同理，在我国制定碳减排目标的过程中，各个地区都是参与者和执行者，然而，由于各地区的资源禀赋、经济基础、发展阶段等差异较大，在全国整体中的功能定位也不同，部分地区的节能降碳目标与经济发展存在较大的矛盾。此外，从地理位置来看，我国人口分布在东南沿海地区，能源和资源分布、生产与消费结构均存在一定的错配，而且，我国经济发展的空间结构正在发生深刻变化，区域经济分化、极化现象突出，区域一体化发展成为新特征。因此，碳减排行动必须坚持全国一盘棋，并结合区域实际情况，做好各地区减排规划部署，处理好整体和局部的关系。同时，各地区既要结合自身情况推进碳减排，也要与全国乃至各地区做好衔接与合作。

第三，碳减排需要统筹长远目标和短期目标的关系。实施碳减排管理、减缓气候变化是一项长期的工作，需要循序渐进、徐徐图之。为此，很多国家设定了短期的减排目标和中长期的愿景目标。对我国而言，要在 2030 年前（即利用不到 10 年的时间）实现碳达峰，在 2060 年前（即利用不到 30 年的时间）实现碳中和，既要制定远景目标和长期规划，又要设置阶段性任务和短期目标，以长远规划引领阶段性任务，以战术目标的实现支撑战略目标的达成。一方面，从短期来看，各地区各行业要立足当下，结合实际科学设置目标，明确碳达峰、碳中和的时间表、路线图、施工图，鼓励节能并遏制高污染、高耗能项目的发展；另一方面，从长期来看，我国需转变经济发展方式，推动产业结构和能源结构转型，促进经济社会系统性变革，从而建立清洁低碳的能源体系。

第四，碳减排需要统筹政府和市场的关系。气候变化具有外部性特征，与其他经济活动领域不同，依赖“自由市场”或“信息提供”不太可能产生令人满意的结果，因为企业没有足够的动机在不存在政府干预的情况下将外部性内部化。相反，有些部门可能适合政府直接交付——军队通常由政府部门直接管理（即使某些职责外包给军事承包商），并直接由政府提供大量基础设施，反映了在区域、国家或国际层面对基础设施进行规划和协调的必要性。然而，政府命令与控制的方式也可能导致运营决策更加政治化，降低经济效率，并且可能需要大量通常无法获得的信息。因此，无论是“自由市场”还是“国有化”的环境保护方法都不太可能产生最佳结果。碳减排管理需要兼顾政府和市场的双重手段，组合发力。

第 4 节　碳减排管理的对象与基本内容

气候变化的复杂归因决定了应对气候变化是一个高度复杂的问题。一方面，温室气体排放与气候变化之间在时间维度上存在过去、现在和未来的权衡关系，在空间维度上存在世界各国社会经济发展和减排之间的权衡，两者关系仍具有较大的不确定性；另一方面，气候变化问题不仅与化石能源利用导致的过度排放有关，更是与生产和消费模式、技术利用等直接相关，需要从碳排放影响因素、与社会经济关联关系、减排政策的社会经济影响、技术成本等角度综合分析，这对碳减排管理提出了要求，以实现温室气体的深度、高效、低成本、公平减排。

一、碳减排管理的对象

以二氧化碳为主的温室气体人为排放与社会经济发展、人口增长、能源使用、消费模式、生活行为、能源开采、工农业生产等密切相关。

第一，温室气体排放主要来源于化石燃料燃烧、工业过程、能源开采、畜禽养殖、水稻种植、垃圾处理等。由此可以看出，温室气体排放源较多，而且具有很大的不同，由此导致的减排成本及其减排影响也有很大的异质性。

第二，温室气体排放除了来源于上述不同的人为生产活动，更是与社会经济发展、人口增长、技术进步等宏观因素密切相关。一般来说，社会经济增长是温室气体排放增长的主要驱动力，而技术进步抵消了部分社会经济增长拉动的温室气体排放增长量，抵消的程度取决于技术进步的程度以及经济增长程度。从全球来看，由于人口增长趋势较缓，人口对温室气体排放的影响导致了温室气体排放的较小增长；但是，人口增长对温室气体排放的影响在不同的国家、不同的时间范围上存在较大的差异，主要与人口增速、人口结构等密切相关。此外，经济结构、能源结构、消费结构等对温室气体排放的影响也较大。因此，温室气体减排的影响是广泛的，不仅包括经济影响，也包括社会影响等。

第三，温室气体排放不仅是生产侧的排放，更与消费侧的需求驱动密切相关。社会经济中的生产是为了满足人类高质量的生活需求，因此，化石能源电力、食品加工制造等生产过程的温室气体排放则是由最终消费需求驱动的，这些最终需求包括居民消费需求、投资需求、政府需求、出口等，是拉动温室气体排放的消费侧驱动力。由此可知，与投资、居民消费、政府消费等有关的消费模式及其消费行为都影响着温室气体的排放，消费侧的减排也是温室气体减排的关键。

第四，温室气体排放与社会经济高度交织。由于不同行业之间产品供应链的上下游关系，温室气体排放与社会经济存在复杂的关联关系，其减排不仅受到宏观经济政策的影响，也受到行业政策以及微观企业和家庭的影响。因此，温室气体减排是一个涉及企业、家庭、宏观经济、行业、技术进步等的复杂巨系统，需要系统、科学、深入研究。

第五，温室气体减排不是某个国家或某几个国家的任务，而是需要世界各国共同努力。气候变化是全球性问题，由于世界各国发展不均衡和减缓气候变化“搭便车”行为的存在，各国面临着发展和减排、长期和短期目标的权衡，以及国家间的减排博弈。因此，温室气体减排还涉及国际气候合作以及气候变化谈判等问题。

综合上述分析，碳减排管理是基于环境学、管理学、经济学的理论与方法，针对以二氧化碳为主的温室气体排放的关键影响因素、减排政策、减排技术、国际合作机制、减排影响等开展的系统深入研究。碳减排管理以减缓气候变化、实现人类可持续发展为根本目标，综合运用行政、经济、法律、技术等手段调控社会经济发展与温室气体排放的关系，实现碳排放与社会经济、环境保护等的协同发展。

二、碳减排管理的基本内容

碳减排管理的基本内容包括四个方面：碳管理“源”分析、碳管理的技术和政策、碳管理的影响、碳中和路径设计。

第一，碳管理“源”分析，即核算不同视角的碳排放，揭示碳排放与行业、生产和消费的复杂关系，识别温室气体排放的主要影响因素。具体包括生产侧、消费侧、收入侧等不同视角，以及行业与企业层面的碳排放核算方法及排放；在此基础上，进一步介绍经济增长、城镇化、国际贸易、产业关联对碳排放的影响机理及其方法。

第二，碳管理的技术和政策，即碳减排技术和政策。碳减排技术包括可再生能源，能效提高，碳捕集、利用与封存，负排放等减排技术；碳减排政策包括碳税、碳排放交易政策。

第三，碳管理的影响，即碳减排的影响。针对碳减排技术和碳减排政策，开展情景设置、减排贡献、时空布局、成本-效益分析、减排的社会经济影响研究，提出实施碳减排管理的建议。

第四，碳中和路径设计，即面向碳中和的路径研究。针对我国 2060 年前实现碳中和，从社会经济需求、技术发展、减排需求等角度，开展面向碳中和的综合集成路径研究。

习题

1. 简述气候变化的定义。
2. 简述全球气候变化的主要原因。
3. 简述气候变化的主要影响。
4. 简述气候治理的主要发展过程。
5. 简述碳减排管理。

第 2 章

碳排放的演变特征

本章要点

本章针对全球气候变化的主要原因，即人类活动所造成的二氧化碳排放的时空特征，从来源、分布格局和强度变化趋势等方面介绍全球及各地区二氧化碳的排放情况。通过本章的学习，读者可以回答如下问题：

- 全球二氧化碳排放如何变化？
- 二氧化碳排放在国家和行业间的分布如何？
- 二氧化碳排放的主要来源是什么？
- 二氧化碳排放强度的演变是怎样的？

人类活动导致的大量累积碳排放是全球气候变化的主要原因。气候变化正在并将在未来很长的时期内对社会、经济、环境等各个方面产生不同程度的影响，成为制约人类社会可持续发展的重要因素之一。气候变化问题已受到广泛关注，真锅淑郎（Syukuro Manabe）和克劳斯·哈塞尔曼（Klaus Hasselmann）更是凭借对地球气候进行建模、量化可变性并可靠地预测全球变暖的研究，荣获 2021 年诺贝尔物理学奖。其中，克劳斯·哈塞尔曼的部分研究已被用于证明大气温度的升高是由人类排放的二氧化碳引起的。减少二氧化碳排放，做好碳减排管理，正成为当今世界各国应对气候变化的重要途径，也是全人类的必然选择。

根据《巴黎协定》，不仅要将全球平均气温升高水平控制在较工业化前的 2℃之内，而且要为控制在 1.5℃内努力；同时，在全球温室气体排放达峰的基础上，21 世纪下半叶实现温室气体净零排放。大量削减温室气体排放成为世界各国面临的共同挑战。二氧化碳排放是温室气体主要排放源，占比超过 70%（WRI，2021）。准确把握二氧化碳排放的时空特征和历史规律，可以为明确未来的碳减排目标、科学制定碳减排规划提供经验支撑。本章将从全球、主要经济体、行业以及能源品种等多个维度，对碳排放量及强度的演变特征进行分析。

第 1 节　全球碳排放的演变特征

一、全球碳排放总量

工业革命以来全球二氧化碳排放量急剧增长。工业革命带来了全球经济的飞速发展，同时也导致了化石燃料消耗的急剧增长。以电力广泛应用和内燃机为标志的第二次工业革命，拉开了二氧化碳排放快速增长的序幕。在这一时期，电力、钢铁、石油等新兴工业部门引致了大量的化石能源（煤炭、石油和天然气）需求，导致二氧化碳排放迅速增长。如图 2 - 1 所示，全球二氧化碳排放量从 1860 年的 3 亿吨增长到 1920 年的 35 亿吨。20 世纪六七十年代，发达国家处于工业化发展完成阶段，重化工业在行业发展中占据主导地位，工业化进程也导致二氧化碳排放量急剧增加，40 年间（1940—1980 年）增长了 145 亿吨。进入 20 世纪末，发达国家基本完成工业化，而发展中国家正处于工业化快速发展阶段，二氧化碳排放量仍持续增加。1980—2020 年，全球二氧化碳排放量增长 155 亿吨。至 2020 年，全球二氧化碳排放量已达到 348 亿吨。

2010 年之后碳排放增速放缓但减排压力不减。从图 2 - 1 可以发现，2010 年之后碳排放增长速度在波动中下降，尤其 2019 年之后增速降为零甚至负值，这既体现了能源结构清洁低碳化转型的成效，也与新冠疫情对经济的冲击有关。2020 年开始，新冠疫情在全球迅速蔓延，大范围停工停产对经济发展造成巨大冲击，也相应降低了能源需求，导致二氧化碳排放较 2019 年出现明显下降。2020 年全球二氧化碳排放降低 5%，降幅为近半个世纪以来最大值。然而，这种不确定性冲击导致的二氧化碳排放下降只是暂时性的，随着疫情趋缓，各国加快复产复工进程。在复产复工和工业化发展的双重推动下，二氧化碳排放也出现反弹。因此，从长远来看，全球仍面临着较大的碳减排压力。

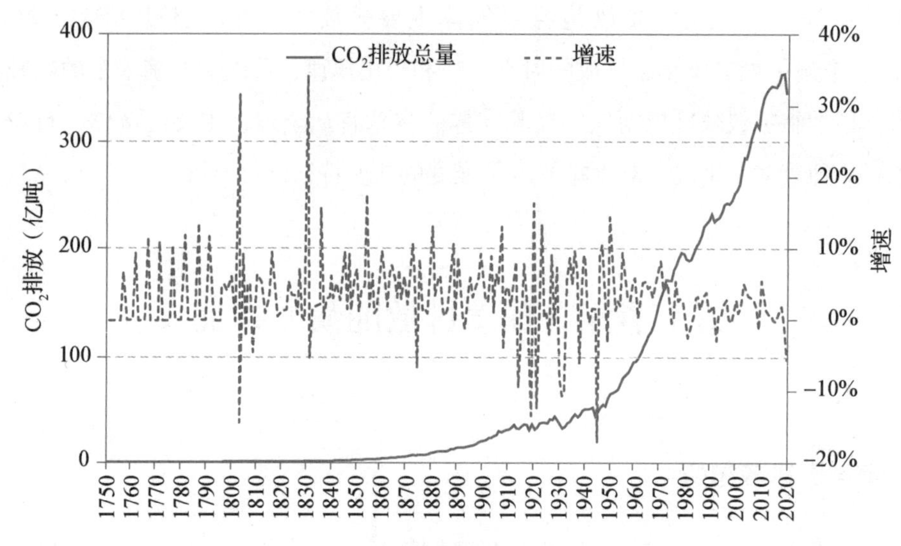

图 2－1　全球二氧化碳排放（1750—2020 年）

资料来源：Our World in Data，https://ourworldindata.org.

减少二氧化碳排放以缓解气候变化已成为全球共识，各国陆续将“碳中和”目标提上日程。为迅速减少二氧化碳排放，英国、挪威、加拿大、日本等发达国家和欧盟均提出了 21 世纪中叶达到碳中和的目标。全球气候变化的应对不仅需要发达国家率先减排，发展中国家也应承担实质性的减排任务。2020 年，中国面向世界公开承诺“双碳”目标，中国政府也正围绕这一目标积极行动。2021 年 10 月发布的《关于完整准确全面贯彻新发展理念做好碳达峰碳中和工作的意见》进一步明确，到 2030 年，单位 GDP 二氧化碳排放比 2005 年下降 65% 以上；非化石能源消费比重达到 25% 左右，二氧化碳排放量达到峰值并实现稳中有降。

二、全球人均碳排放

全球人均碳排放持续增长，但其增速低于经济增速。总体来看，1971—2018 年全球人均二氧化碳排放和人均 GDP 均呈增长趋势，除个别年份，人均二氧化碳排放随着人均 GDP 的增长而增长。如图 2－2 所示，1971—2018 年全球人均二氧化碳排放量由 1971 年的 3.7 吨增长到 2018 年的 4.4 吨，年均增速 0.4%；人均实际 GDP 由 6 883 美元增长到 16 891 美元，年均增速 2%。由此可以看出，1971—2018 年全球人均二氧化碳和人均实际 GDP 均处于增长阶段，但二氧化碳的增长速度远小于人均实际 GDP。

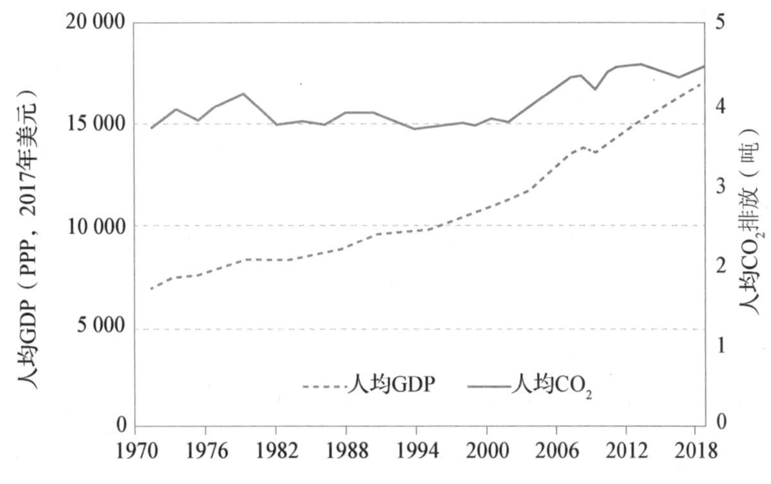

图 2－2　全球人均二氧化碳排放与人均 GDP（1970—2018 年）

资料来源：IEA，https://www.iea.org.

三、全球碳排放强度

全球碳排放强度持续下降。1970 年以来，全球经济快速发展，人均 GDP 从 6 883 美元增长到 16 981 美元。经济发展必然会带来能源需求大幅上涨，但在结构调整、技术进步以及发展中国家后发优势的多重作用下，碳排放的增长速度远低于经济增速，1971—2018 年全球人均碳排放年均增速仅为 0.4%。由于碳排放增速远低于经济增速，尽管全球碳排放总量以及人均排放呈现增长趋势，但单位 GDP 的碳排放（2015 年不变价，下同）总体持续下降，如图 2－3 所示，由 1971 年的 5.4 吨 CO_2/万美元下降到 2018 年的 2.6 吨 CO_2/万美元，下降幅度达到 52%。碳排放强度的下降反映了 1971 年以来全球能源效率的不断提高和能源结构的不断优化。

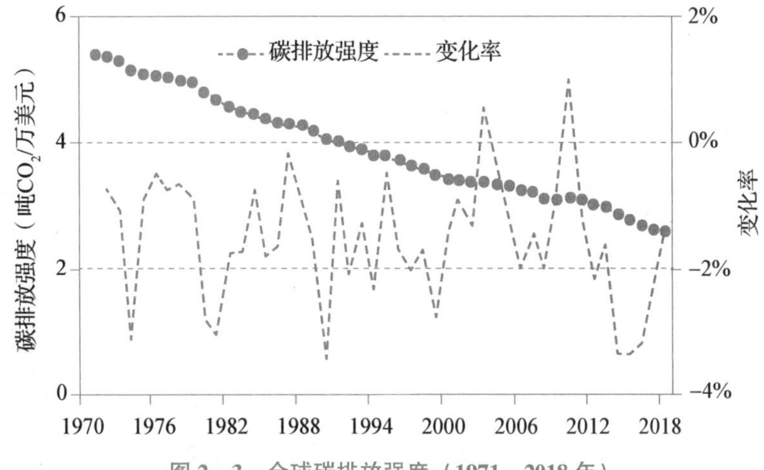

图 2－3　全球碳排放强度（1971—2018 年）

资料来源：IEA，https://www.iea.org.

第 2 节　不同经济体碳排放的演变特征

一、不同经济体碳排放总量

发达经济体陆续出现二氧化碳排放总量峰值平台期。过去半个多世纪以来，发达经济体二氧化碳排放总量总体上进入峰值平台期，并呈现下降趋势。经济合作与发展组织（OECD）国家碳排放量明显越过峰值点开始下降，非 OECD 国家碳排放量还在持续快速增长，如图 2－4 所示。

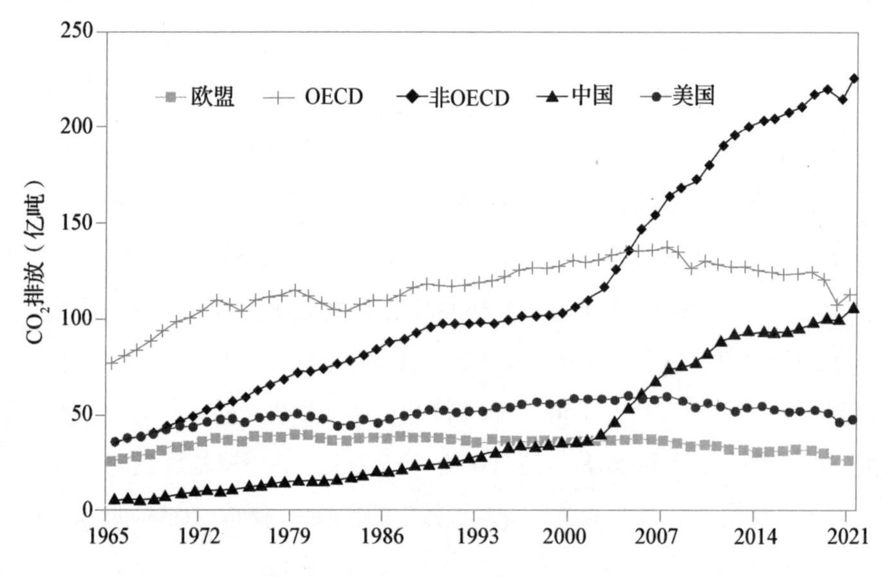

图 2－4　全球主要经济体二氧化碳排放（1965—2021 年）

注：根据 BP（2022）数据，图中的欧盟不包括 1985 年之前的爱沙尼亚、拉脱维亚和立陶宛以及 1990 年之前的克罗地亚和斯洛文尼亚。

资料来源：BP（2022），http://www. bp. com/statisticalreview.

1965—2005 年，美国碳排放量虽增速缓慢，但总量仍在增加，仅在两次石油危机前后出现过短暂波动。2005 年前后，美国碳排放总量开始进入峰值平台期，峰值点约为 59 亿吨二氧化碳。2008 年金融危机带来了美国碳排放量的再一次下滑，此后缓慢下降。1985 年之前欧盟的波动趋势与美国类似，但峰值平台期出现得比美国更早，大约在 1978 年左右即进入了达峰阶段，峰值点约为 39 亿吨二氧化碳。1985 年以后，欧盟碳排放率先开始下降，与美国的碳排放差距也逐渐拉大，到 2020 年欧盟碳排放总量仅为 25 亿吨二氧化碳。相比之下，OECD 国家碳排放量整体波动幅度较美国和欧盟稍大，但仍表现出较强平台期特征，达峰时间基本在2007年左右，峰值点为137亿吨二氧化碳。

与发达经济体的变化趋势不同，发展中国家碳排放总量仍处于增长阶段。根据增速的变化，非OECD国家的碳排放大致可划分为两个阶段。如图2-4所示，1965—2000年碳排放持续上涨，年均增量2亿吨；2000—2020年增长速度加快，年均增量5.3亿吨，比过去35年年均增量的两倍还多。中国碳排放总量变化趋势与非OECD国家总体趋势基本一致。根据BP（2022）数据，中国碳排放量增长迅速，于2005年超过了美国碳排放峰值，2021年二氧化碳排放总量已经达到了105亿吨。主要原因是经济快速发展导致化石能源需求大幅上涨。

中国和印度是当前碳排放总量和增量的主要贡献国。从化石燃料燃烧的碳排放总量来看，2021年最大的碳排放经济体分别为中国（31%）、美国（14%）、欧盟（8%）及印度（8%），上述四个经济体的碳排放量占全球碳排放的一半以上，如图2-5所示。中国排放总量与美国、欧盟和印度的排放总和相当。全球的化石能源消费主要集中在美国、欧盟等发达国家和地区以及中国、印度等人口大国和新兴国家，这些国家和地区都是二氧化碳排放的主要经济体。

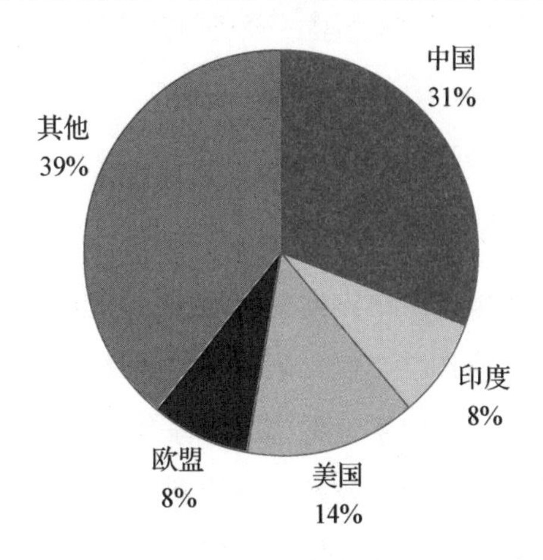

图2-5　主要经济体二氧化碳排放占全球比重（2021年）

注：根据BP（2022）数据，图中的欧盟不包括1985年之前的爱沙尼亚、拉脱维亚和立陶宛及1990年之前的克罗地亚和斯洛文尼亚。

资料来源：BP（2022），http://www.bp.com/statisticalreview.

根据BP（2022）的数据，1965—2021年全球化石燃料燃烧排放的二氧化碳增量约为227亿吨，中国和印度是全球碳排放增量的主要贡献国，贡献率达到了55%。其中，中国的增量最高，达100亿吨，贡献率达44%；印度的二氧化碳增量为24亿吨，贡献率为11%。美国增量为13亿吨，占世界碳排放总增量的5.5%。如

图 2-6 所示。其余的碳排放增量则主要来自其他发展中国家。这主要是因为发展中国家仍处在工业化进程中，对化石能源存在大量需求。未来二氧化碳的排放增量也将主要来自发展中国家。中国、印度已分别做出了 2060 年、2070 年实现碳中和的承诺。从当前的碳排放发展趋势看，减排任务艰巨。

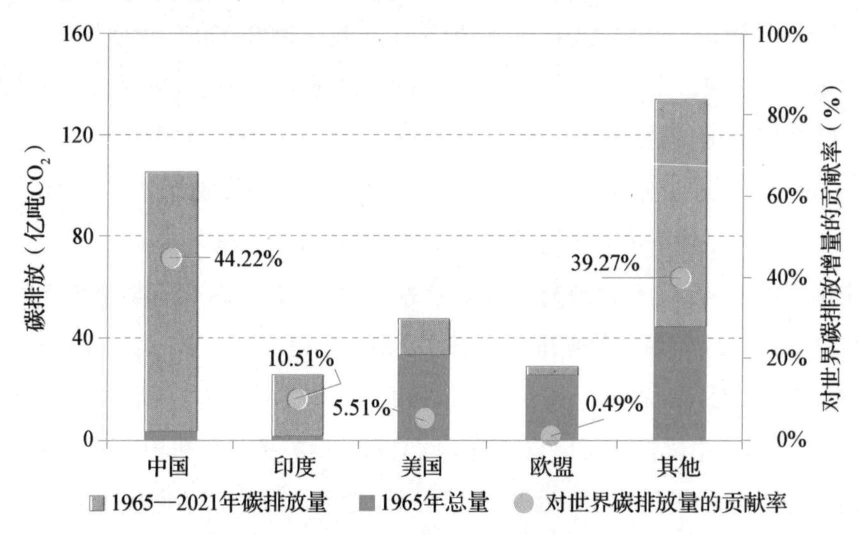

图 2-6 全球主要经济体碳排放增量及贡献率（1965—2021 年）

注：根据 BP（2022）数据，图中的欧盟不包括 1985 年之前的爱沙尼亚、拉脱维亚和立陶宛及 1990 年之前的克罗地亚和斯洛文尼亚。

资料来源：BP（2022），http://www.bp.com/statisticalreview.

二、不同经济体历史累计碳排放

发达国家在历史累计碳排放中占据主要地位。气候变化是一个长期过程，全球气候变暖取决于随着时间推移二氧化碳排放的累计量，因此气候变化不仅受当前碳排放量的影响，而且是历史累计碳排放的综合反馈。当前发展中国家碳排放较高，主要归因于其经济发展起步较晚，正处于工业化快速发展阶段。而发达国家早就完成了其工业化进程，已经经历了二氧化碳排放大幅增长阶段。因此，现阶段呈现出碳排放增量主要由发展中国家贡献、发达国家已经实现碳排放达峰并开始下降的特征。然而，如果将视野拓展至 1800 年以来，发达国家在全球历史累计碳排放中的责任更大。根据 Our World in Data 公布的数据，自 1750 年以来全球已经累计排放了近 1.7 万亿吨二氧化碳，如图 2-7 所示。美国是全球二氧化碳累计排放最大的责任国，自 1750 年以来美国的二氧化碳排放量约为 4 200 亿吨，在全球历史排放量中所占份额最大，约占 25%；欧盟的 27 个国家加上英国的累计排放为 3 680 亿吨二氧化碳，占 22%；中国的累计排放为 2 360 亿吨二氧化碳，占

14%。发展中国家和发达国家都应为碳减排努力，但发达国家在历史排放中的责任更大。

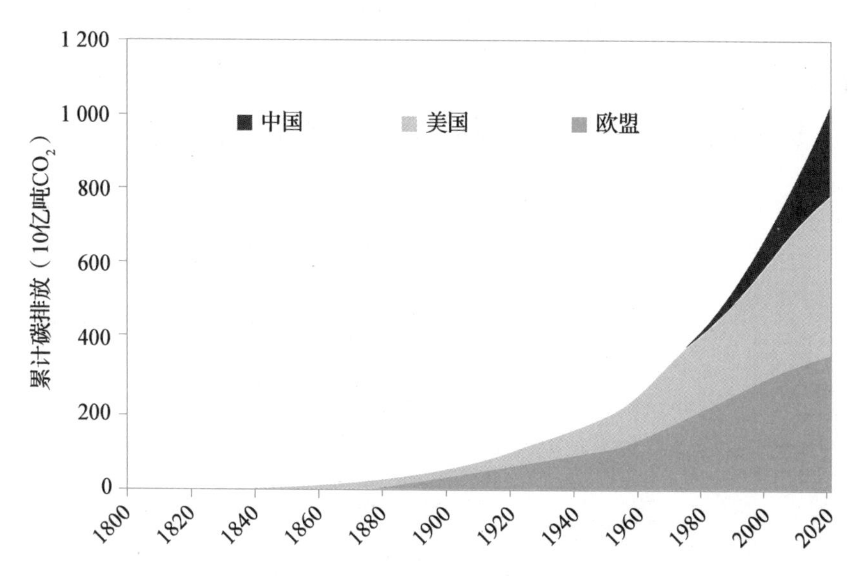

图 2-7　全球主要经济体历史累计碳排放（1800—2020 年）

资料来源：Our World in Data，https://ourworldindata.org.

三、不同经济体人均碳排放

世界各国经济发展和碳排放不均衡，总体而言，碳排放呈现出高收入国家高人均排放低增长、低收入国家低人均排放高增长的趋势。美国、加拿大、日本等发达国家人均 GDP 和人均碳排放均高于中国、印度、巴西等发展中国家，碳排放增速却远低于发展中国家。

与发达国家相比，大部分发展中国家的经济发展水平和碳排放水平均较低。2018 年印度人均 GDP 为 6 367 美元，人均碳排放量为 1.7 吨，而美国人均 GDP 为 62 274 美元，人均二氧化碳排放量高达 15 吨，均为印度的 9 倍左右。即使人均 GDP 相同或相近的国家，人均二氧化碳排放也呈现出相当大的差异。例如，2018 年意大利、日本和韩国的人均 GDP 均为 40 000 美元左右，但人均二氧化碳排放量依次为 5 吨、8.5 吨和 12 吨，韩国的人均二氧化碳排放量约为意大利的 2.4 倍。

高收入国家的碳排放增速远低于低收入国家。1971—2018 年，在 10 个主要排放国家中，中国和印度的年均增长率最高，为 5.5%，如图 2-9 所示。巴西的年均增长率虽然仅为 3.3%，但仍高于美国等发达国家，也远高于世界平均水平（1.9%）。20 世纪 60—70 年代，韩国抓住发达国家受劳动力成本上升和能源危机影响的产业升级机遇，实施出口导向型发展战略。以产业为导向的发展政策带来能源需求快速上涨，从而出现了韩国的人均碳排放年均增长率高达5.3%的局面。加拿大、美国、日本和意大利的年均增长率依次递减，分别为1%、0.8%、0.3%和0.2%，均远低于全球平均水平。英国、法国等发达国家均出现了负增长。上述分析表明，1970年以来发展中国家对世界碳排放增长的贡献增加。

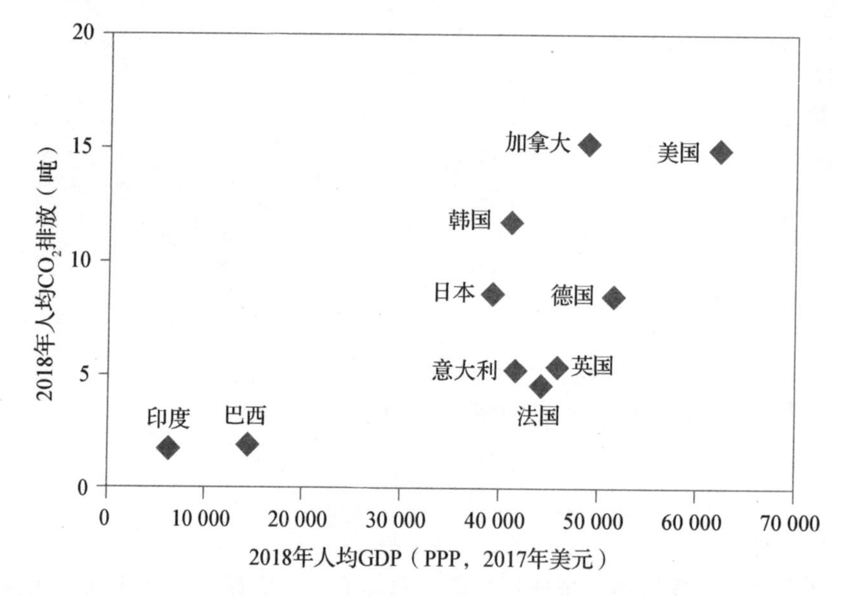

图2-8　全球主要国家人均二氧化碳排放与人均GDP（2018年）

资料来源：人均CO_2和人均GDP数据来源于IEA（2020）和PWT10。

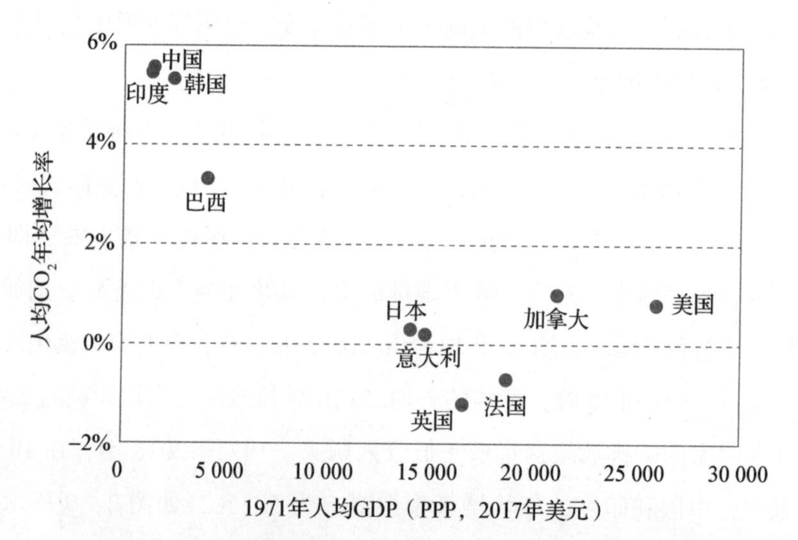

图2-9　全球主要国家人均GDP与人均二氧化碳排放增速

注：人均CO_2增长率为1971—2018年人均CO_2排放的年均增长率。

资料来源：IEA，2020.

四、不同经济体碳排放强度

发达国家与发展中国家的碳排放强度变化不同。发达国家工业化完成较早，且在能源效率和减排技术方面掌握先发优势，其碳排放总量早早进入了峰值平台期。随着经济的不断发展，发达国家碳排放强度持续下降，过去 50 年，OECD 国家碳排放强度下降了 65%，如图 2－10 所示。美国的变化趋势与 OECD 国家类似，但下降幅度略大，1960—2019 年，美国的碳排放强度下降了 70%。

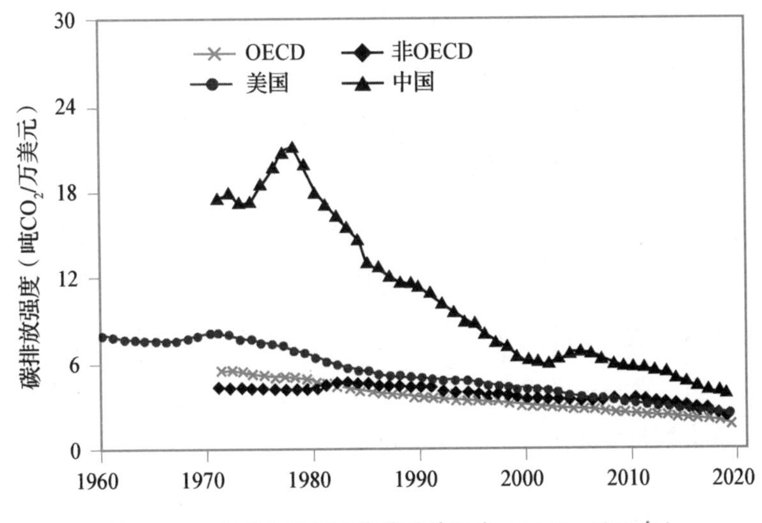

图 2－10　全球主要经济体碳排放强度（1960—2020 年）

资料来源：IEA，2020.

发展中国家碳排放强度呈现先上升后下降的特征。这主要与发展中国家工业化进程对化石能源需求大幅上涨有关。中国碳排放强度的变化趋势最典型。1978 年以前，中国的碳排放强度还处于上升阶段。1978 年中国的碳排放强度是同期美国的 3 倍。1978—2000 年，中国经济处于飞速发展时期，年均增速达到了 10%，但碳排放增速远低于经济增速，年均仅以 4% 的速度增长。这一增速差异也换来了碳排放强度的快速下降，从 1978 年的 21 吨二氧化碳/万美元下降到 2000 年的 6.2 吨二氧化碳/万美元，相当于 1980 年美国的碳强度水平。2000 年以后，虽然降速放缓，但总体仍呈下降趋势。截至 2019 年，中国的碳排放强度比 1971 年下降了 77%。可以发现，发达国家和发展中国家在优化能源结构和提升能源效率等方面都做出了重要贡献。不可忽视的是，随着碳排放强度的不断降低，其下降空间也逐步缩小，全球仍面临着较大的减排压力。

第 3 节　不同行业碳排放的演变特征

一、不同行业碳排放总量

二氧化碳排放总量和增量主要集中在工业行业。二氧化碳排放的主要行业包括工业、交通、居民、商业和公共服务以及农业和其他，1971 年这些行业碳排放占比分别为 58%、21%、11%、6% 和 4%。如图 2－11 所示，可以发现，二氧化碳排放总量主要来源于工业，且这一比重持续上升，截至 2018 年，工业的碳排放比重达到了 65%。这一变化主要与发展中国家经济快速发展以及对化石能源的依赖有关。近年来，主要发展中国家和新兴经济体正处于经济快速发展阶段，经济增速较高，中国年均增速接近 10%，印度超过 5%。如图 2－12 所示，1971—2018 年全球工业贡献了 70% 的碳排放增量。发展中国家的工业化进程增加了工业碳排放量，加快推进工业清洁低碳化转型是控制碳排放的重要途径。交通对全球碳排放增量的贡献也不容忽视，占比达到了 28%。

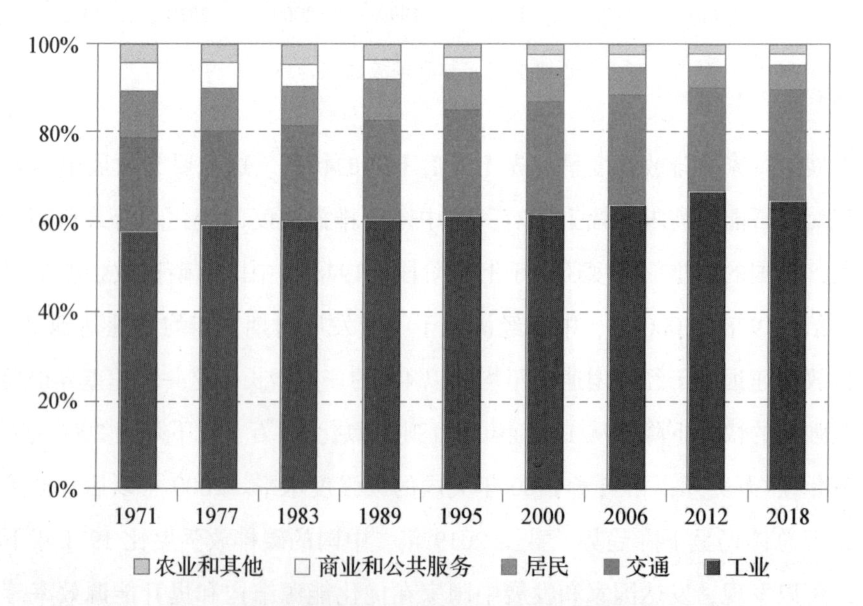

图 2－11　全球不同行业碳排放（1971—2018 年）

注：工业碳排放为制造业和建筑业、电力和热力生产以及其他能源行业自用的总和。
资料来源：IEA，https://www.iea.org.

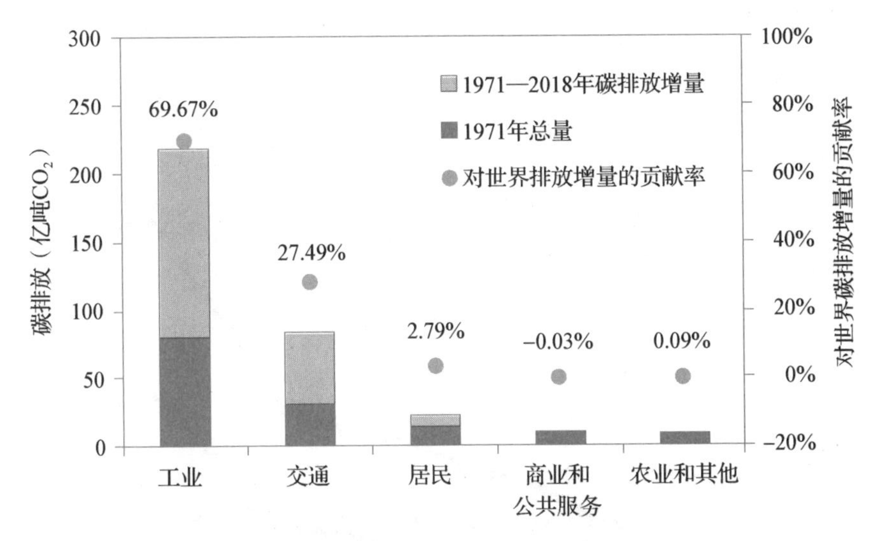

图 2－12　全球主要行业碳排放增量及贡献率（1971—2018 年）

注：工业碳排放为制造业和建筑业、电力和热力生产以及其他能源行业自用的总和。

资料来源：IEA，https://www.iea.org.

二、工业碳排放总量

发达国家和发展中国家的工业碳排放比重差异明显。发达国家在 2000 年左右基本进入工业碳排放达峰或平台期。如图 2－13 所示，1960—1973 年，美国工业碳排放量翻了一番，从 15 亿吨增长到 30 亿吨。此后的 25 年时间里（1973—2008 年），美国工业碳排放量基本保持在 30 亿吨上下波动，并于 2000 年进入峰值平台期，峰值点约为 34 亿吨二氧化碳。2000 年以前，中国工业终端用能增幅较缓，2000 年后增长迅速，从 25 亿吨快速增长至 2018 年的 79 亿吨，为同期美国的 3 倍。OECD 国家工业碳排放的变化趋势较美国波动稍大，基本于 2008 年进入峰值平台期，而非 OECD 国家则与中国大致相同。发达国家与发展中国家碳排放变化存在明显差异。

发达经济体工业碳排放占比稳中有降，发展中国家占比仍较高。如图 2－14 所示，2010 年后，OECD 国家工业碳排放占全部碳排放比重呈现明显的下降趋势，2018 年已降至 55%，美国下降到 50% 左右。近年来，发展中国家工业碳排放比重出现明显下降趋势，但与 OECD 国家相比，仍存在较大差距。2018 年发展中国家工业碳排放占比仍高达 74%，中国占比更高，超过 80%。工业排放量大与中国重化工业比重高、世界加工厂的工业发展直接相关。高耗能产品如水泥、钢铁、平板玻璃等产量连续多年位居世界第一。2019 年中国粗钢产量 10 亿吨，占全球总量的53%；水泥产量22.8亿吨，占全球总量的55%。这些都是推高工业碳排放的主要原因，未来中国工业碳减排任重道远。

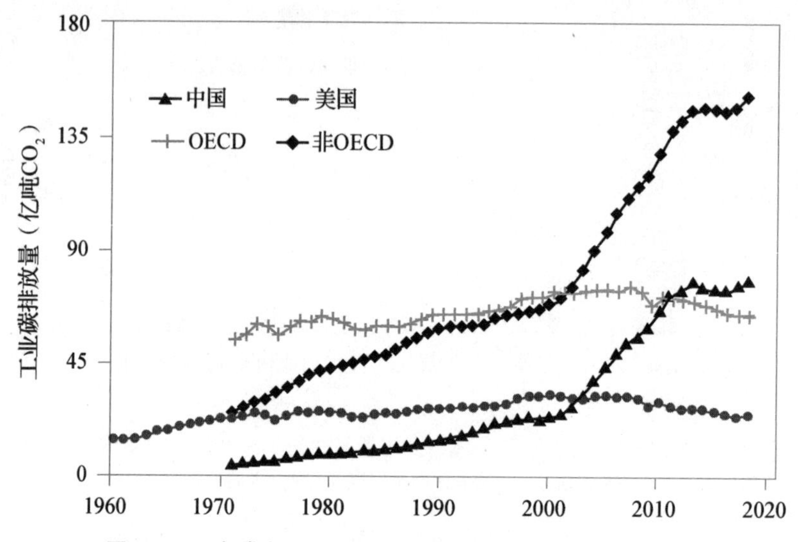

图 2-13　全球主要经济体工业碳排放量（1960—2020年）

注：工业碳排放为制造业和建筑业、电力和热力生产以及其他能源行业自用的总和。
资料来源：IEA，https://www.iea.org.

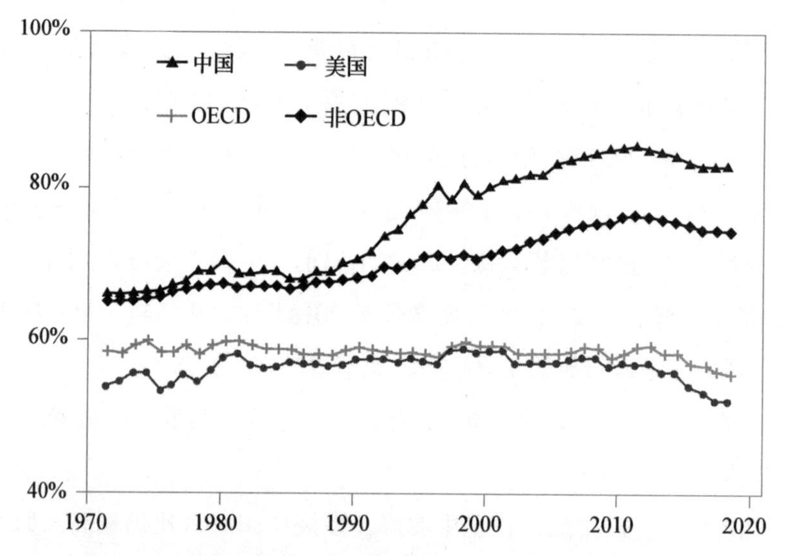

图 2-14　全球主要经济体工业碳排放比重（1960—2020年）

注：工业碳排放为制造业和建筑业、电力和热力生产以及其他能源行业自用的总和。
资料来源：IEA，https://www.iea.org.

三、工业行业碳排放强度

发达经济体的工业碳排放强度远低于发展中国家。从工业碳排放强度绝对值看，自2000年以来，非OECD国家的工业碳排放强度始终为OECD国家的两倍多，如图 2－15 所示。类似地，中国与美国的工业碳排放也是类似情况，但两者的差距略有缩小，这说明中国的工业碳排放强度下降速度快于美国。从工业碳排放强度的变化趋势看，OECD 国家工业碳排放强度整体呈下降趋势，截至 2018 年，OECD 国家的工业碳排放强度较 2000 年下降了 29%。美国的变化趋势与 OECD 国家整体类似，2000—2018 年美国工业碳排放强度下降了 37%。虽然发展中国家整体的工业碳排放强度也在下降，但其下降幅度低于 OECD 国家，2000—2018 年工业碳排放强度下降了 20%。究其根本在于，发达国家早已完成了工业化阶段，而发展中国家正处于工业化快速发展阶段，尤以中国最为典型。随着工业化进程的加快，中国工业碳排放强度在 2000—2005 年还处于上升阶段，2005 年之后开始下降。党的十八大以来，我国高度重视生态文明建设和生态环境保护，2012—2018 年短短六年时间我国工业碳排放强度下降了 31%，扭转了碳排放快速增长的态势。

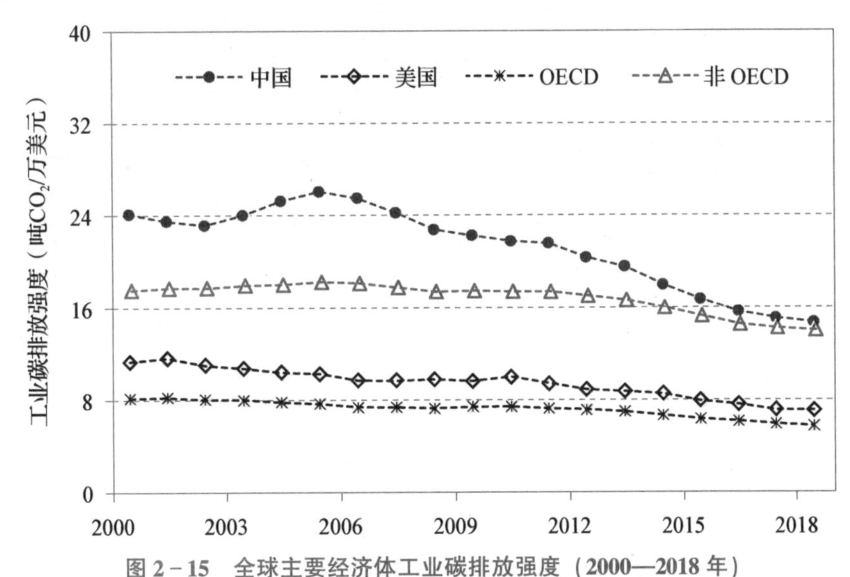

图 2－15　全球主要经济体工业碳排放强度（2000—2018 年）

注：工业碳排放为制造业和建筑业、电力和热力生产以及其他能源行业自用的总和。

资料来源：IEA，https://www.iea.org；世界银行，https://data.worldbank.org.

第 4 节　不同能源品种碳排放的演变特征

一、不同能源品种的碳排放

煤炭、石油是主要碳排放源。工业革命以来，煤炭、石油、天然气、水电、核能与可再生能源等相继大规模地进入了人类活动领域。能源结构的演变推动并反映了世界经济发展和社会进步，同时也极大地影响了全球二氧化碳排放量。煤炭、石油等化石能源的利用是导致二氧化碳排放的主要原因，1971 年，煤炭、石油燃烧产生的碳排放占二氧化碳排放总量的 85%，如图 2－16 所示。化石能源中煤炭、石油导致的碳排放在碳排放总量中的占比呈下降趋势，2019 年占全球二氧化碳排放的比重降到了 78%。这一比重下降主要归因于石油需求减少。在石油危机冲击下，世界石油产量骤减，迫使世界主要工业国积极寻找替代能源。石油相关碳排放也从 1971 年的 48% 下降到了 2019 年的 34%。

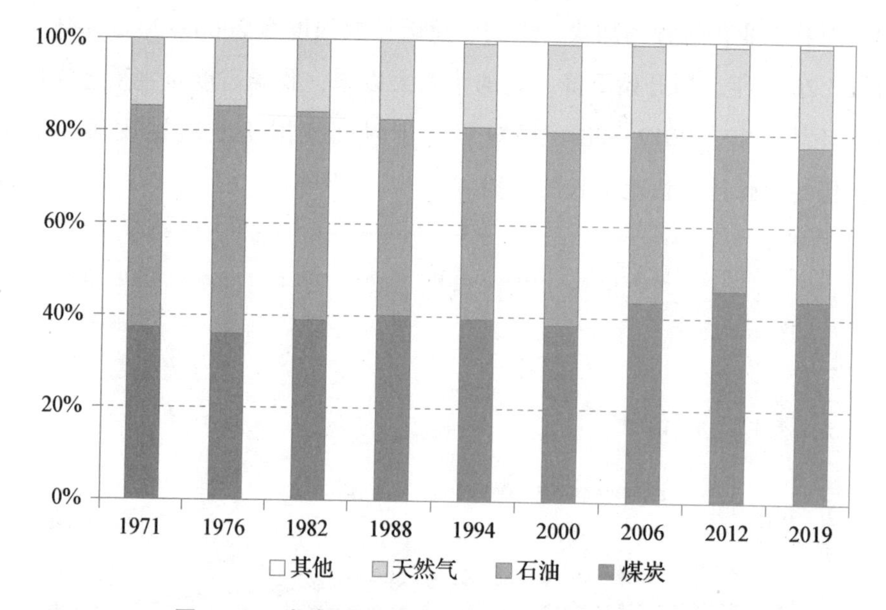

图 2－16　全球二氧化碳排放结构（1971—2019 年）

资料来源：IEA，https://www.iea.org.

与石油相反，煤炭燃烧导致的碳排放在全球碳排放总量的比重不断上升，并在 2004 年超过石油，成为全球最大的碳排放源。2012 年，煤炭消费产生的二氧化碳占世界碳排放的比重升高到 46%。这一比重升高与发展中国家经济快速发展导致的对煤炭需求上涨有关。经济的迅速发展导致能源需求快速增长，依托于煤炭资源丰富的自然优势，中国、印度等国家煤炭消费在一次能源消费中所占比重仍持续上升，中国 2018 年煤炭消费量仍接近 60%。1971—2012 年，中国碳排放年均增长 6.1%，其中煤炭消费贡献了 84% 的碳排放增量；印度碳排放年均增长 5.8%，由煤炭消费引起的碳排放增量占全部碳排放增量的比重达 71%。发达国家已经完成了工业化进程，对煤炭的依赖程度较低。

天然气相关碳排放的占比随能源结构优化而上升。受环境因素制约，能源结构不断优化，清洁低碳化进程不断推进，天然气作为相对清洁低碳的化石能源，其消费量快速增长，天然气消耗引起的碳排放比重也持续上升，2019 年天然气相关碳排放占比已超过 20%。

二、能源消费的碳强度

能源消费与碳排放高度相关，能源碳强度呈波动中下降的变化趋势。总体来看，1971—2018 年全球人均二氧化碳排放和人均能源消费呈同步变动趋势。如图 2 - 17 所示，2018 年全球人均二氧化碳排放量为 4. 4 吨，比 1971 年增长了约 20%；人均能源消费由 1. 47 吨标准油增长到 1. 88 吨标准油，增长了约 30%。尤其 2000 年以来，能源消费与碳排放增长趋势明显。此外，1971—2018 年间人均二氧化碳排放与人均能源消费共出现了五次明显下降，其中 1973—1975 年、1979—1983 年、1990—1994 年三个阶段恰是三次世界石油危机爆发期间，高油价和低迷的经济使能源消费受到严重影响，导致二氧化碳排放量降低；2009 年以及随后的 2012—2015 年，全球能源消费与碳排放量再次出现较大幅度的下降。

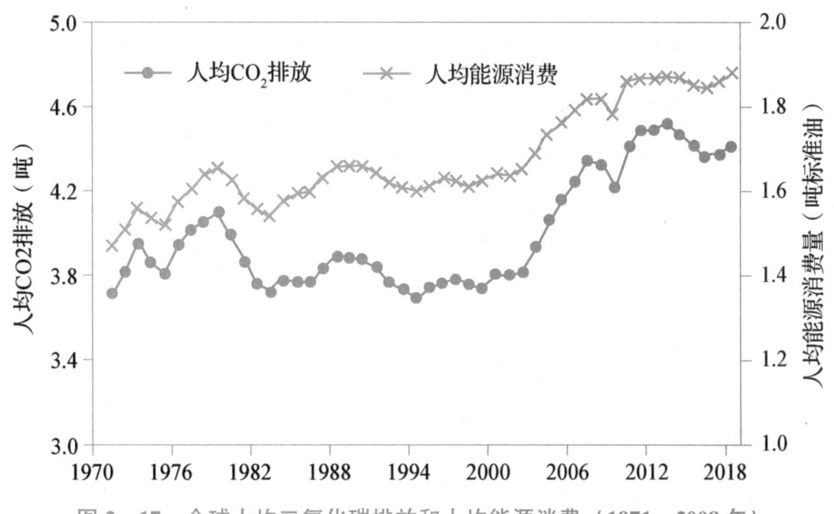

图 2 - 17　全球人均二氧化碳排放和人均能源消费（1971—2008 年）

注：能源消费为一次能源消费量。

资料来源：IEA，https://www. iea. org.

全球单位能源消费的二氧化碳排放变化大致分为三个阶段。如图 2 - 18 所示，1971—2000 年，全球单位能源消费的二氧化碳排放呈现明显的下降趋势，从 1971 年的 2. 52 吨二氧化碳下降到 2000 年的 2. 32 吨二氧化碳，下降幅度达到了 8%。2000—2012 年，单位能源消费的二氧化碳排放量出现了小幅的上升，2012 年单位能源消费的二氧化碳排放量比2000年增加了0.1吨二氧化碳。随后的2012—2018年，全球单位能源消费的二氧化碳排放量又开始下降。

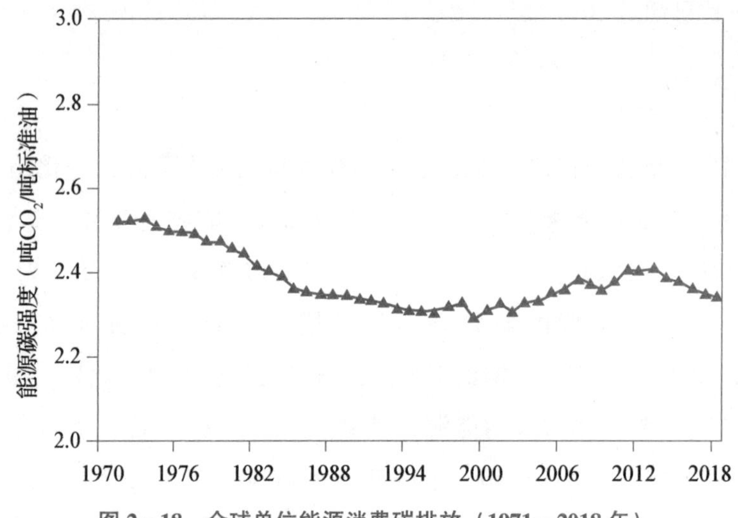

图2-18　全球单位能源消费碳排放（1971—2018年）

资料来源：IEA，https://www.iea.org.

单位能源消费碳排放量的下降离不开能源结构的优化。在资源禀赋约束和环境因素制约的双重约束下，全球对煤炭、石油等化石能源的依赖度逐渐降低，两者在一次能源消费中的比重从1971年的70%下降到2018年的58%，如图2-19所示。天然气作为相对清洁低碳的化石能源，在能源清洁低碳化转型中扮演着重要角色，其占能源消费的比重也从16%增加到了23%。此外，随着可再生能源迅速发展，全球可再生能源装机规模不断扩大，其在一次能源消费中的占比也越来越高。

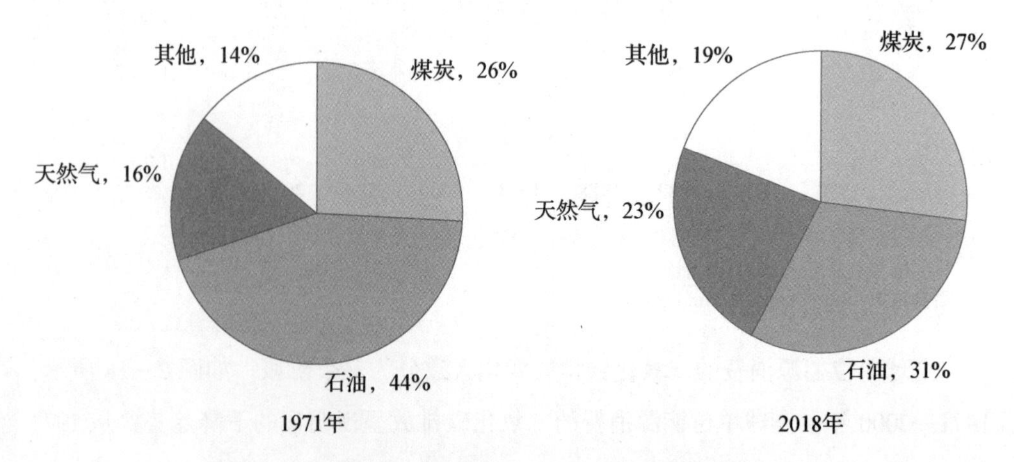

图2-19　全球一次能源消费结构（1971年和2018年）

资料来源：IEA，https://www.iea.org.

习题

1. 哪些国家的碳排放量较大？
2. 哪些行业的碳排放量较大？
3. 历史上哪些国家在碳排放中的贡献更大？
4. 简要阐述单位 GDP 的二氧化碳排放的意义。
5. 不同国家单位 GDP 的二氧化碳排放存在怎样的差异？

第3章

碳排放核算

本章要点

本章针对碳减排管理的基础，即碳排放核算，详细介绍了不同层面的碳排放核算方法，包括区域层面、行业层面和企业层面。区域层面的核算方法可进一步细分为生产侧、消费侧和收入侧，行业层面的核算方法包括直接排放、间接排放和过程排放，企业层面的核算方法包括基于物料守恒和基于生产工艺两大类。在此基础上，本章给出了相应的案例分析。通过本章的学习，读者可以回答如下问题：

- 碳排放核算方法有哪些？
- 不同类别的碳排放核算方法有什么区别？
- 如何运用各种碳排放核算方法？

第1节　区域层面碳排放核算

区域层面碳排放核算包括国家、省级乃至地市层面的碳排放核算。其中，国家层面碳排放核算不仅是各国制定相关减排政策的依据，也是联合国应对气候变化谈判以及国际碳减排责任划分的主要依据，省市级碳排放核算则是相关国家掌握国内区域排放特征，进而统筹国内区域发展及制定碳达峰、碳中和路径的依据。由于不同区域层面碳排放核算的基本原理大体上一致，因此本章在对相关方法进行介绍的过程中，不作具体区域分类。

区域间广泛存在的各类贸易活动，使得商品生产与消费分离，由此带来隐含碳排放（商品生产过程中直接排放的二氧化碳）的跨区域转移。这种转移给区域层面碳排放的核算带来诸多挑战。具体而言，在国际气候谈判当中，若只考虑各国生产过程中直接产生的碳排放，忽视商品的最终消费者对碳排放的影响，则容易高估中国这类出口大量碳密集型产品的发展中国家的减排责任，而忽视美国、欧洲等发达地区的责任；反之亦然。同样，若只考虑生产过程直接产生的碳排放及消费拉动的间接碳排放，而忽视劳动力、资本等各类初级投入要素对自身及下游产业碳排放的驱动作用，则容易低估澳大利亚、沙特阿拉伯、俄罗斯等能源与矿产资源出口大国的减排责任。因此，从全供应链视角看，碳排放不仅可以看作生产端的直接排放，还可看作由最终需求端拉动的排放和由初级投入端驱动的排放，从而给碳排放归属的界定及碳不平等程度的测度带来不确定性。如图 3－1 所示，本章将基于全供应链视角，分别介绍区域层面基于生产侧、消费侧、收入侧的碳排放核算方法。此外，本节所核算的碳排放均为各区域化石能源消费产生的碳排放，不包括能源消费之外其他工业过程产生的碳排放。

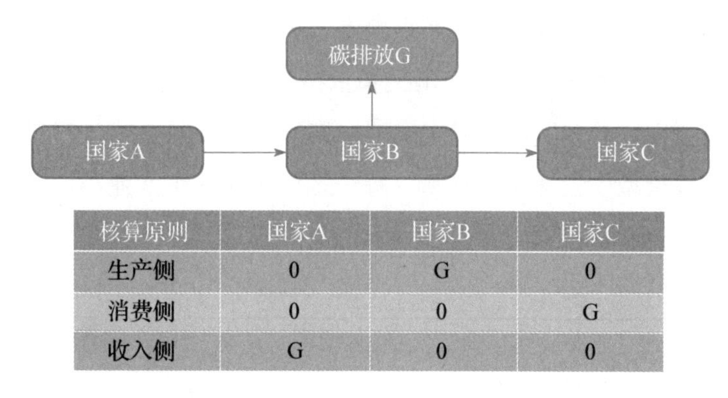

核算原则	国家A	国家B	国家C
生产侧	0	G	0
消费侧	0	0	G
收入侧	G	0	0

图 3－1　不同核算原则下的区域碳排放差异

一、基于生产侧的碳排放核算

所谓生产侧碳排放，即各区域在使用各类能源过程中所产生的直接碳排放。因此，当前国内外碳排放核算的数据基础是相应区域分部门的详细能耗数据。

假设区域 r 共有 n 个产业部门，第 i 部门生产消耗 t 种能源，对每种能源的消耗量分别为 e^1，e^2，…，e^t，每种能源的碳排放因子（即燃烧每一单位能源释放的二氧化碳）为 b^1，b^2，…，b^t。则该部门生产侧碳排放可通过如下方法计算：

$$PC_i^r = e^1 b^1 + e^2 b^2 + \cdots + e^t b^t \tag{3-1}$$

将某一区域各部门生产侧碳排放进行加和汇总，即可得到该区域基于生产侧的碳排放总量：

$$PC^r = \sum_{i=1}^{n} PC_i^r \tag{3-2}$$

二、基于消费侧的碳排放核算

所谓基于消费侧的碳排放，即各区域由消费、投资等最终需求所拉动的碳排放，通常也称“碳足迹”。消费侧碳排放核算的基本思路是基于经济系统的供需关系，追溯各类最终需求活动导致的上游相关产品或服务的生产与供应部门碳排放，即在经济系统各产业部门间追溯产品或服务的供需与传导关系，进而追溯隐含碳排放在产业部门间的传导关系，最后在需求端对隐含碳排放进行汇总，得到消费侧碳排放（碳足迹）。由于投入产出表可以系统全面地反映经济系统各产业部门间的供需关系，投入产出模型则可以基于复杂的产业传导关系核算各部门最终需求对整个经济系统的经济产出或环境消耗量，因此，本节所介绍的分区域消费侧碳排放核算的模型基础为多区域投入产出模型。多区域投入产出模型是利用不同区域间的商品流动，将各区域投入产出关系依照贸易往来进行连接而形成的模型。基于该模型编制而成的多区域投入产出表详细反映了不同区域各部门间相互投入产出关系。假设模型中包含 m 个区域，每个区域包含 n 个产业部门，则该模型的基本框架如表 3-1 所示。

表 3-1　多区域投入产出模型的基本框架

			中间使用			最终使用	总产出
			区域 1	…	区域 m		
			部门 1 … 部门 n	…	部门 1 … 部门 n		
中间投入	区域 1	部门 1 ⋮ 部门 n	Z^{11}	…	Z^{1m}	F^1	X^1
	⋮	⋮	⋮	⋮	⋮	⋮	⋮
	区域 m	部门 1 ⋮ 部门 n	Z^{m1}	…	Z^{mm}	F^m	X^m
初始投入（增加值）			$V^{1\prime}$	…	$V^{m\prime}$		
总投入			$X^{1\prime}$	…	$X^{m\prime}$		

根据表 3－1，各行可表示为：

$$x_i^r = (z_{i1}^{r1}+\cdots+z_{in}^{r1})+(z_{i1}^{r2}+\cdots+z_{in}^{r2})+\cdots+(z_{i1}^{rm}+\cdots+z_{in}^{rm})+f_i^r$$
$$= \sum_{s=1}^{m}\sum_{j=1}^{n} z_{ij}^{rs} + f_i^r \qquad (3-3)$$

各列可表示为：

$$x_i^r = (z_{1i}^{1r}+\cdots+z_{ni}^{1r})+(z_{1i}^{2r}+\cdots+z_{ni}^{2r})+\cdots+(z_{1i}^{mr}+\cdots+z_{ni}^{mr})+v_i^r$$
$$= \sum_{s=1}^{m}\sum_{j=1}^{n} z_{ji}^{sr}+v_i^r \qquad (3-4)$$

式中，x_i^r 表示 r 区域 i 部门的总产出，z_{ij}^{rs} 表示 r 区域 i 部门对 s 区域 j 部门的中间投入，f_i^r 表示 r 区域 i 部门的最终需求，v_i^r 表示 r 区域 i 部门的最初投入。

令

$$a_{ij}^{rs} = \frac{z_{ij}^{rs}}{x_j^s} \qquad (3-5)$$

表示直接消耗系数，即每单位 s 区域 j 部门的总产出所需要的 r 区域 i 部门对其的中间投入。

因此公式（3－3）可表示为：

$$x_i^r = \sum_{s=1}^{m}\sum_{j=1}^{n} a_{ij}^{rs}x_j^s + f_i^r \qquad (3-6)$$

写成矩阵形式即

$$\boldsymbol{X}=\boldsymbol{AX}+\boldsymbol{F} \qquad (3-7)$$

$$\boldsymbol{X}=(\boldsymbol{I}-\boldsymbol{A})^{-1}\boldsymbol{F} \qquad (3-8)$$

其中，$\boldsymbol{A}=\begin{bmatrix} A^{11} & \cdots & A^{1m} \\ \vdots & \ddots & \vdots \\ A^{m1} & \cdots & A^{mm} \end{bmatrix}$，子矩阵 $\boldsymbol{A}^{rs}=\begin{bmatrix} a_{11}^{rs} & \cdots & a_{1n}^{rs} \\ \vdots & \ddots & \vdots \\ a_{n1}^{rs} & \cdots & a_{nn}^{rs} \end{bmatrix}$是 r 区域到 s 区域的直接消耗系数矩阵，$\boldsymbol{F}=[F^1, F^2, \cdots, F^m]'$表示最终需求矩阵，$\boldsymbol{X}=[X^1, X^2, \cdots, X^m]'$表示总产出矩阵。

令

$$\boldsymbol{D}=(\boldsymbol{I}-\boldsymbol{A})^{-1}=\left[I-\begin{bmatrix} A^{11} & \cdots & A^{1m} \\ \vdots & \ddots & \vdots \\ A^{m1} & \cdots & A^{mm} \end{bmatrix}\right]^{-1}=\begin{bmatrix} D^{11} & \cdots & D^{1m} \\ \vdots & \ddots & \vdots \\ D^{m1} & \cdots & D^{mm} \end{bmatrix} \qquad (3-9)$$

$$\hat{\boldsymbol{F}}=\begin{bmatrix} F^1 & \cdots & 0 \\ \vdots & \ddots & \vdots \\ 0 & \cdots & F^m \end{bmatrix} \tag{3-10}$$

$\boldsymbol{D}=(\boldsymbol{I}-\boldsymbol{A})^{-1}$ 即多区域投入产出模型中的列昂惕夫逆矩阵（Leontief，1936；Isard，1951），$\hat{\boldsymbol{F}}$ 即最终需求矩阵 $\boldsymbol{F}$ 的对角阵，则公式（3－10）可转化为：

$$\boldsymbol{CX}=\begin{bmatrix} CX^{11} & \cdots & CX^{1m} \\ \vdots & \ddots & \vdots \\ CX^{m1} & \cdots & CX^{mm} \end{bmatrix}=\begin{bmatrix} D^{11} & \cdots & D^{1m} \\ \vdots & \ddots & \vdots \\ D^{m1} & \cdots & D^{mm} \end{bmatrix}\begin{bmatrix} F^1 & \cdots & 0 \\ \vdots & \ddots & \vdots \\ 0 & \cdots & F^m \end{bmatrix} \tag{3-11}$$

至此，我们便得到了各区域之间的基于最终需求的总产出相互拉动关系矩阵 $\boldsymbol{CX}=\begin{bmatrix} CX^{11} & \cdots & CX^{1m} \\ \vdots & \ddots & \vdots \\ CX^{m1} & \cdots & CX^{mm} \end{bmatrix}$，子矩阵 $\boldsymbol{CX}^{rs}$ 表示 s 区域的最终需求所拉动的 r 区域的总产出。

接下来我们引入直接碳排放系数 e_j^r 和直接碳排放系数矩阵 E^r，直接碳排放系数 e_j^r 表示 r 区域 j 部门每单位总产出所产生的碳排放，等于该部门直接碳排放量 w_j^r 与该部门总产出 x_j^r 的比值，其中 w_j^r 可通过统计数据直接计算得出：

$$e_j^r=\frac{w_j^r}{x_j^r},\quad E^r=[e_j^r] \tag{3-12}$$

令

$$\hat{\boldsymbol{E}}=\begin{bmatrix} E^1 & \cdots & 0 \\ \vdots & \ddots & \vdots \\ 0 & \cdots & E^m \end{bmatrix} \tag{3-13}$$

表示直接碳排放系数对角阵。

将直接碳排放系数对角阵 $\hat{\boldsymbol{E}}$ 与公式（3－13）计算所得的基于最终需求拉动的区域间总产出相互拉动矩阵相乘便可得到基于最终需求拉动的区域间碳排放相互拉动关系矩阵：

$$\boldsymbol{CC}=\begin{bmatrix} CC^{11} & \cdots & CC^{1m} \\ \vdots & \ddots & \vdots \\ CC^{m1} & \cdots & CC^{mm} \end{bmatrix}=\begin{bmatrix} E^1 & \cdots & 0 \\ \vdots & \ddots & \vdots \\ 0 & \cdots & E^m \end{bmatrix}\begin{bmatrix} CX^{11} & \cdots & CX^{1m} \\ \vdots & \ddots & \vdots \\ CX^{m1} & \cdots & CX^{mm} \end{bmatrix}$$

$$
= \begin{bmatrix} E^1 CX^{11} & \cdots & E^1 CX^{1m} \\ \vdots & \ddots & \vdots \\ E^m CX^{m1} & \cdots & E^m CX^{m1} \end{bmatrix} \tag{3-14}
$$

每个子矩阵 $\boldsymbol{CC}^{rs} = E^r CX^{rs}$ 表示 s 区域最终需求拉动的 r 区域的碳排放，因此 s 区域基于消费侧的碳排放可表示为：

$$
\boldsymbol{CC}^s = CC^{1s} + CC^{2s} + \cdots + CC^{ss} + \cdots + CC^{ms} = \sum_{r=1}^{m} CC^{rs} \tag{3-15}
$$

三、基于收入侧的碳排放核算

所谓基于收入侧的碳排放，即各区域初级投入所驱动的碳排放。收入侧碳排放的计算同样基于上述投入产出表。在表 3－1 基础上，定义直接分配系数如下：

$$
h_{ji}^{sr} = \frac{z_{ji}^{sr}}{x_j^s} \tag{3-16}
$$

即每单位 s 区域 j 部门的总产出中对 r 区域 i 部门的中间投入。将该系数代入公式（3－4）可表示为：

$$
x_i^r = \sum_{s=1}^{m} \sum_{j=1}^{n} h_{ji}^{sr} x_j^s + v_i^r \tag{3-17}
$$

表示成矩阵形式，即

$$
\boldsymbol{X} = \boldsymbol{H}'\boldsymbol{X} + \boldsymbol{V} \tag{3-18}
$$

$$
\boldsymbol{X} = (\boldsymbol{I} - \boldsymbol{H}')^{-1}\boldsymbol{V} \tag{3-19}
$$

经过简单的矩阵变换可得到：

$$
\boldsymbol{X}' = \boldsymbol{V}'(\boldsymbol{I} - \boldsymbol{H})^{-1} \tag{3-20}
$$

式中，$\boldsymbol{H} = \begin{bmatrix} H^{11} & \cdots & H^{1m} \\ \vdots & \ddots & \vdots \\ H^{m1} & \cdots & H^{mm} \end{bmatrix}$ 为直接分配系数矩阵；子矩阵 $\boldsymbol{H}^{rs} = \begin{bmatrix} h_{11}^{rs} & \cdots & h_{1n}^{rs} \\ \vdots & \ddots & \vdots \\ h_{n1}^{rs} & \cdots & h_{nn}^{rs} \end{bmatrix}$ 为 r 区域到 s 区域的直接分配系数矩阵；$\boldsymbol{H}' = \begin{bmatrix} H^{11'} & \cdots & H^{m1'} \\ \vdots & \ddots & \vdots \\ H^{1m'} & \cdots & H^{mm'} \end{bmatrix}$ 为直接分配系数的转置矩阵。$\boldsymbol{V}' = [V^1, V^2, \cdots, V^m]'$，子矩阵 $\boldsymbol{V}^r = [v_1^r, v_2^r, \cdots, v_n^r]$ 是 r 区域的最初投入矩阵。仿照上面消费侧核算的方法，令

$$G=(I-H)^{-1}=\left[I-\begin{bmatrix}H^{11} & \cdots & H^{1m}\\ \vdots & \ddots & \vdots\\ H^{m1} & \cdots & H^{mm}\end{bmatrix}\right]^{-1}=\begin{bmatrix}G^{11} & \cdots & G^{1m}\\ \vdots & \ddots & \vdots\\ G^{m1} & \cdots & G^{mm}\end{bmatrix} \tag{3-21}$$

$$\hat{V}'=\begin{bmatrix}\hat{V}^{1\prime} & \cdots & 0\\ \vdots & \ddots & \vdots\\ 0 & \cdots & \hat{V}'^{m}\end{bmatrix} \tag{3-22}$$

矩阵 $G=(I-H)^{-1}$ 也即所谓的 Ghosh 逆矩阵（Gosh，1958；Oosterhaven，1996）。仿照上述消费侧核算方法，我们可以得到各区域之间的基于最初投入的总产出相互拉动关系矩阵 $\begin{bmatrix}IX^{11} & \cdots & IX^{1m}\\ \vdots & \ddots & \vdots\\ IX^{m1} & \cdots & IX^{mm}\end{bmatrix}$，令其为 IX：

$$IX=\begin{bmatrix}IX^{11} & \cdots & IX^{1m}\\ \vdots & \ddots & \vdots\\ IX^{m1} & \cdots & IX^{mm}\end{bmatrix}=\begin{bmatrix}\hat{V}'^{1} & \cdots & 0\\ \vdots & \ddots & \vdots\\ 0 & \cdots & \hat{V}'^{m}\end{bmatrix}\begin{bmatrix}G^{11} & \cdots & G^{1m}\\ \vdots & \ddots & \vdots\\ G^{m1} & \cdots & G^{mm}\end{bmatrix} \tag{3-23}$$

但与上面含义有所不同的是，基于分配系数的定义子矩阵 IX^{rs} 表示 r 区域的最初投入所推动的 s 区域的总产出。

将 IX 与直接碳排放系数对角阵 $\hat{E}$ 相乘便可得到基于最初投入推动的区域间碳排放相互拉动矩阵：

$$IC=\begin{bmatrix}IC^{11} & \cdots & IC^{1m}\\ \vdots & \ddots & \vdots\\ IC^{m1} & \cdots & IC^{mm}\end{bmatrix}=\begin{bmatrix}IX^{11} & \cdots & IX^{1m}\\ \vdots & \ddots & \vdots\\ IX^{m1} & \cdots & IX^{mm}\end{bmatrix}\begin{bmatrix}E^{1} & \cdots & 0\\ \vdots & \ddots & \vdots\\ 0 & \cdots & E^{m}\end{bmatrix}=\begin{bmatrix}IX^{11}E^{1} & \cdots & IX^{1m}E^{1}\\ \vdots & \ddots & \vdots\\ IX^{m1}E^{m} & \cdots & IX^{m1}E^{m}\end{bmatrix} \tag{3-24}$$

每个子矩阵 $IC^{rs}=IX^{rs}E^{r}$ 表示 r 区域最初投入所推动的 s 区域的碳排放，因此 r 区域基于收入侧的碳排放可表示为：

$$IC^{r}=IC^{r1}+IC^{r2}+\cdots+IC^{rr}+\cdots+IC^{rm}=\sum_{s=1}^{m}IC^{rs} \tag{3-25}$$

四、案例分析

1. 基于生产侧的碳排放核算

我国已建立较为完善的能源统计体系，国家及各省级统计部门均会逐年发布分行业分品种能源消费数据。下面以北京市为例，根据《北京统计年鉴 2021》中能源相关统计数据，展示基于生产侧的碳排放计算方法与过程。表 3-2 是经合并简化后的 2020 年北京市分行业分品种能源消费量数据。

表 3-2 2020 年北京市分行业分品种能源消费量

	煤炭（万吨）	汽油（万吨）	煤油（万吨）	柴油（万吨）	燃料油（万吨）	液化石油气（万吨）	液化天然气（万吨）	天然气（亿立方米）
第一产业	1.70	2.23		1.74		0.04		0.03
第二产业	97.21	13.62	0.04	24.42	0.11	10.60	2.09	138.41
第三产业	0.24	76.63	457.84	86.39	0.16	7.62	16.91	34.84

根据《IPCC 国家温室气体清单编制指南（2006）》，各能源碳排放因子分别约为：煤炭 2.53（$kgCO_2/kg$），汽油 3.14（$kgCO_2/kg$），煤油 3.20（$kgCO_2/kg$），柴油 3.22（$kgCO_2/kg$），燃料油 3.06（$kgCO_2/kg$），液化石油气 3.01（$kgCO_2/kg$），液化天然气 5.18（$kgCO_2/kg$），天然气 1.96（$kgCO_2/m^3$）。

根据公式（3-1），北京基于生产侧的碳排放为：

第一产业：$(1.70\times2.53)+(2.23\times3.14)+(1.74\times3.22)+(0.04\times3.01)+(0.03\times10^8\times1.96\times10^{-7})=17.6$（万吨）

第二产业：$(97.21\times2.53)+(13.62\times3.14)+(0.04\times3.20)+(24.42\times3.22)+(0.11\times3.06)+(10.60\times3.01)+(2.09\times5.18)+(138.41\times10^8\times1.96\times10^{-7})=3\,123.4$（万吨）

第三产业：$(0.24\times2.53)+(76.63\times3.14)+(457.84\times3.20)+(86.39\times3.22)+(0.16\times3.06)+(7.62\times3.01)+(16.91\times5.18)+(34.84\times10^8\times1.96\times10^{-7})=2\,778.4$（万吨）

碳排放合计：$17.6+3\,123.4+2\,778.4=5\,919.4$（万吨）

2. 基于消费侧的碳排放核算

不仅国家统计局会发布全国投入产出表，各省份统计部门也会不定期发布本省份投入产出表。在各省份投入产出表基础上，结合省份区间分部门省际贸易数据，可编制得到全国省份区间投入产出表。下面以我国多区域投入产出表为例展示基于消费侧的碳排放核算方法与过程。表 3-3 是经简化后的 2017 年中国多区域环境扩展投入产出表，表格中碳排放数据根据上述基于生产侧的碳排放核算方法计算得到（过程略），且由于本节核算方法主要针对同一经济体内部不同区域，不考虑各区域与国外的贸易往来，因此表格中各区域总产出与总投入不等。

表 3-3　2017 年中国多区域环境扩展投入产出表

单位：百亿元

		中间使用						最终使用						总产出	碳排放（亿吨）
		华北	东北	华东	中南	西南	西北	华北	东北	华东	中南	西南	西北		
中间投入	华北	1 337	38	190	132	47	32	808	33	61	71	31	25	2 804	20.93
	东北	40	543	90	56	22	15	20	365	35	72	19	12	1 289	9.45
	华东	177	69	4 987	262	106	69	81	87	2 372	127	52	49	8 438	29.11
	中南	98	43	217	2 769	94	53	56	35	107	1 733	43	46	5 294	18.77
	西南	31	11	64	63	939	18	20	13	47	44	770	43	2 063	8.76
	西北	29	10	59	62	26	418	9	9	40	12	9	381	1 064	10.26
初始投入		1 108	533	3 082	2 185	859	466								
总投入		2 819	1 248	8 688	5 528	2 093	1 070								

注：因表中数据存在舍入误差，一些数据总计有出入。

基于表 3－3，可得到直接消耗系数矩阵（见公式（3－5））、最终需求矩阵、直接碳排放系数矩阵（见公式（3－12））分别如下：

$$A=\begin{bmatrix}0.474 & 0.030 & 0.022 & 0.024 & 0.022 & 0.030\\ 0.014 & 0.435 & 0.010 & 0.010 & 0.011 & 0.014\\ 0.063 & 0.055 & 0.547 & 0.047 & 0.051 & 0.064\\ 0.035 & 0.034 & 0.025 & 0.501 & 0.045 & 0.050\\ 0.011 & 0.009 & 0.007 & 0.011 & 0.449 & 0.017\\ 0.010 & 0.008 & 0.007 & 0.011 & 0.012 & 0.391\end{bmatrix}$$

$$F=\begin{bmatrix}808 & 33 & 61 & 71 & 31 & 25\\ 20 & 365 & 35 & 72 & 19 & 12\\ 81 & 87 & 2\,372 & 127 & 52 & 49\\ 56 & 35 & 107 & 1\,733 & 43 & 46\\ 20 & 13 & 47 & 44 & 770 & 43\\ 9 & 9 & 40 & 12 & 9 & 381\end{bmatrix}$$

$$E=[0.746\quad 0.733\quad 0.345\quad 0.355\quad 0.424\quad 0.965]'$$

根据公式（3－8）和公式（3－12），可得到 2017 年我国六大区域间由最终需求拉动的隐含碳排放转移矩阵如下：

$$CC=\hat{E}(I-A)^{-1}F=\begin{bmatrix}1\,180 & 94 & 306 & 267 & 114 & 83\\ 67 & 484 & 143 & 162 & 56 & 37\\ 167 & 116 & 1\,989 & 281 & 124 & 93\\ 94 & 53 & 205 & 1\,271 & 90 & 67\\ 35 & 19 & 81 & 76 & 599 & 46\\ 53 & 32 & 149 & 104 & 54 & 614\end{bmatrix}$$

将该矩阵每列分别求和，可得到各区域基于消费侧的碳排放量：华北 15.96 亿吨，东北 7.98 亿吨，华东 28.73 亿吨，中南 21.61 亿吨，西南 10.37 亿吨，西北 9.40 亿吨。

3. 基于收入侧的碳排放

基于收入侧的碳排放核算方法仍以投入产出模型为基本框架，下面继续借助 2017 年中国多区域环境扩展投入产出表（见表 3－3）展示相关核算方法与过程。

基于表 3－3，可得到直接分配系数矩阵（见公式（3－16））与初级投入矩阵分别如下：

$$
\boldsymbol{H}=\begin{bmatrix} 0.477 & 0.014 & 0.068 & 0.047 & 0.017 & 0.011 \\ 0.031 & 0.421 & 0.070 & 0.043 & 0.017 & 0.012 \\ 0.021 & 0.008 & 0.591 & 0.031 & 0.013 & 0.008 \\ 0.019 & 0.008 & 0.041 & 0.523 & 0.018 & 0.010 \\ 0.015 & 0.005 & 0.031 & 0.031 & 0.455 & 0.009 \\ 0.027 & 0.009 & 0.056 & 0.058 & 0.024 & 0.393 \end{bmatrix}
$$

$$
\boldsymbol{V}=[1\,108 \quad 533 \quad 3\,082 \quad 2\,185 \quad 859 \quad 466]
$$

根据公式（3－20）和公式（3－24），可得到表格当中六大区域间由初级投入驱动的隐含碳转移矩阵如下：

$$
\boldsymbol{IC}=\hat{\boldsymbol{V}}(\boldsymbol{I}-\boldsymbol{H})^{-1}\hat{\boldsymbol{E}}=\begin{bmatrix} 1\,606 & 45 & 140 & 91 & 37 & 51 \\ 51 & 680 & 65 & 39 & 17 & 23 \\ 261 & 95 & 2\,659 & 205 & 92 & 121 \\ 150 & 59 & 187 & 1\,657 & 75 & 89 \\ 44 & 15 & 52 & 44 & 673 & 27 \\ 39 & 13 & 45 & 40 & 19 & 747 \end{bmatrix}
$$

将上述隐含碳转移矩阵的每行分别求和，可得到各区域基于收入侧的碳排放量：华北 19.70 亿吨，东北 8.75 亿吨，华东 34.33 亿吨，中南 22.17 亿吨，西南 8.55 亿吨，西北 9.03 亿吨。

第 2 节　行业层面碳排放核算

《中共中央　国务院关于完整准确全面贯彻新发展理念做好碳达峰、碳中和工作的意见》中明确提出“制定能源、钢铁、有色金属、石化化工、建材、交通、建筑等行业和领域碳达峰实施方案”。对行业进行碳排放核算是在行业层面实施碳减排管理，推动行业实施碳达峰、碳中和重大战略的技术基础，也是开展碳排放权交易的必要步骤。目前国际上所有国家对行业碳排放的核算主要基于《2006 年 IPCC 国家温室气体清单指南》（以下简称《IPCC 指南》），根据本国行业发展实际情况确定行业层面的核算边界、核算方法、排放因子，制定行业碳排放核算方法与报告指南，为各行业碳排放的核算、报告和验证提供依据。

自我国在《“十二五”控制温室气体排放工作方案》（国发〔2011〕41 号）中提出“研究制定重点行业、企业温室气体排放核算指南”“构建国家、地方、企业三级温室气体排放基础统计和核算工作体系”以来，国家发展改革委（以下简称“发改委”）依据我国国民经济行业分类，自 2013 年以来分三批发布了 24 个行业企业碳排放核算方法与报告指南（以下简称《行业指南》）①，涉及发电、电网、钢铁、化工、电解铝、镁冶炼、平板玻璃、水泥、陶瓷、民航、石油天然气生产、石化、焦化、煤炭生产、造纸、电子设备制造、机械设备制造、矿山、食品、公共建筑、陆上交通、氟化工等多个行业。另外，北京、天津、上海、重庆、广东、浙江、湖北等省市还根据本地区的实际情况发布了地方行业碳排放核算报告指南。

本章主要依据《IPCC 指南》《行业指南》以及已有相关研究，聚焦于如图 3－2 所示的农林牧渔业、工业、交通业、建筑业中的各重点行业。各行业排放基本可以按照公式（3－26）分为直接碳排放、间接碳排放、生产过程碳排放三部分，这三部分分别代表国家或省级碳排放核算相关平台中的现有项目可直接获取化石燃料燃烧、工业生产过程、净购入电力和热力三个领域的碳排放量。本节也将按照这三部分简述行业碳排放的核算方法。

$$CO_2 = CO_{2\text{直接}} + CO_{2\text{间接}} + CO_{2\text{生产过程}} \tag{3-26}$$

一、直接碳排放核算

1. 核算原理

直接碳排放也称为“范围 1”排放，主要指该行业涉及的生产生活过程中直接使用煤炭、油品、天然气等化石能源燃烧产生的碳排放量。

目前国内外对行业直接碳排放的核算主要采用排放因子法，其基本原理为碳排放量等于活动水平乘以排放因子。其中活动水平数据量化了造成碳排放的能源活动，例如燃烧消耗的煤炭、油品、天然气等；排放因子是指单位活动水平所对应的碳排放量。依据排放因子法，某行业的直接碳排放量可以如公式（3－27）所

① 三批分别为国家发改委办公厅《关于印发首批 10 个行业企业温室气体排放核算方法与报告指南（试行）的通知》（发改办气候〔2013〕2526 号）、国家发改委办公厅《关于印发第二批 4 个行业企业温室气体排放核算方法与报告指南（试行）的通知》（发改办气候〔2014〕2920 号）、国家发改委办公厅《关于印发第三批 10 个行业企业温室气体核算方法与报告指南（试行）的通知》（发改办气候〔2015〕1722 号）。

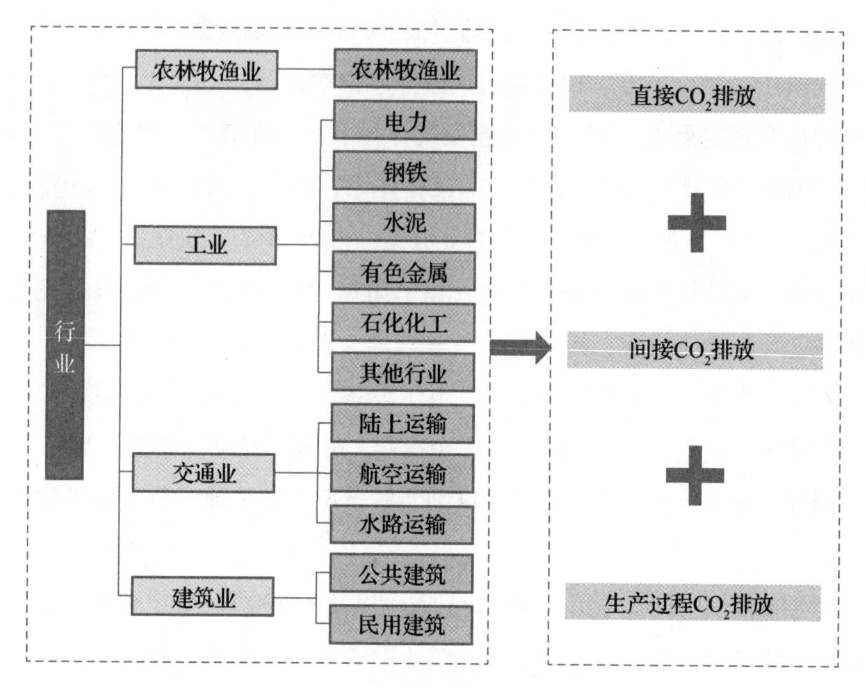

图 3-2 主要行业与核算范围

示根据不同种类能源的消费量和碳排放因子计算得到。

$$E_{i直接} = \sum_j A_{ij} \times EF_j \tag{3-27}$$

式中，$E_{i直接}$为 i 行业直接碳排放，单位为吨二氧化碳（tCO_2）；A_{ij} 为 i 行业第 j 类化石能源（包括煤炭、油品、天然气等）的活动数据，单位为吉焦（GJ）；EF_j 为第 j 类化石能源的碳排放因子，单位为吨二氧化碳/吉焦（tCO_2/GJ）；i 为不同的行业，如钢铁、水泥、电力等；j 为不同的能源品种，如原煤、油品、天然气等。

将公式（3-27）进一步展开，可得到

$$E_{i直接} = \sum_j AF_{ij} \times NCV_j \times CC_j \times OF_j \times \delta \tag{3-28}$$

式中，AF_{ij} 为 i 行业第 j 类化石能源的消费量，其中固体或液体燃料单位为吨（t），气体燃料单位为万标准立方米（10^4Nm^3）；NCV_j 为第 j 类化石能源的低位发热量，其中固体或液体燃料单位为吉焦/吨（GJ/t），气体燃料单位为吉焦/万标准立方米（$GJ/10^4Nm^3$）；CC_j 为第 j 类化石能源的单位热值含碳量，单位为吨碳/吉焦（tC/GJ）；OF_j 为第 j 类化石能源的碳氧化率，单位为百分比（%）；δ 为二氧化碳与碳的转换因子，为二氧化碳与碳的相对分子质量之比，取 44/12；i 为不同的行业，如钢铁、水泥、电力等；j 为不同的能源品种，如原煤、油品、天然气等。

2. 活动水平数据

在行业直接碳排放核算中，活动水平数据主要量化了该行业造成碳排放的能源活动，由公式（3－27）和公式（3－28）可知，i 行业第 j 类化石能源活动水平数据 A_{ij} 可以表示如下：

$$A_{ij} = AF_{ij} \times NCV_j \tag{3-29}$$

对于特定行业而言，公式（3－29）中第 j 类化石能源的低位发热量 NCV_j 作为重要参数，可以采用相关研究和行业协会数据，也可以采用表 3－4 中所示的缺省值。

表 3－4　常用化石燃料相关参数缺省值

能源名称	计量单位	低位发热量（吉焦/吨，吉焦/万标准立方米）	单位热值含碳量（吨碳/吉焦）	碳氧化率（%）
原煤	吨	26.70	0.0336	99
洗精煤	吨	26.34	0.0254	90
其他煤制品	吨	17.46	0.0336	90
焦炭	吨	28.45	0.0295	93
原油	吨	41.82	0.0201	98
燃料油	吨	41.82	0.0211	98
汽油	吨	43.07	0.0189	98
煤油	吨	43.07	0.0196	98
柴油	吨	42.65	0.0202	98
液化石油气	吨	50.18	0.0172	98
炼厂干气	吨	46.00	0.0182	98
天然气	万标准立方米	389.31	0.0153	99
焦炉煤气	万标准立方米	173.54	0.0121	99
高炉煤气	万标准立方米	33.00	0.0708	99
转炉煤气	万标准立方米	84.00	0.0496	99
其他煤气	万标准立方米	52.27	0.0122	99

资料来源：国家发改委．省级温室气体清单编制指南；生态环境部．企业温室气体排放核算方法与报告指南．

i 行业第 j 类化石能源的消费量 A_{ij} 可以采用“自上而下”和“自下而上”两种方式获取。其中“自上而下”的能源消费量可以从区域统计年鉴、能源统计年鉴、行业协会等处获得。当行业分类能源消费量缺失时，可以通过对行业内各类企业开展调研或抽样调查获取企业能源消费数据，并依据企业消费数据“自下而上”地核算行业分类能源消费量。特别是若行业被碳排放权交易市场全面覆盖时，如被欧盟碳排放权交易市场（EU-ETS）覆盖的行业，则可以通过“自下而上”的方法基于行业内企业数据获得企业能源消费数据。在各行业中，国内外对交通领域的陆上运输、航空运输、水路运输等行业能源消费数据的核算大部分基于车辆行驶里程（VMT）自下而上计算并进行校正。

3. 排放因子选取

排放因子是指单位活动水平所对应的碳排放量，由公式（3－27）和公式（3－28）可知，第 j 类化石能源的碳排放因子 EF_j 可以表示如下：

$$EF_j = CC_j \times OF_j \times \delta \tag{3-30}$$

行业的第 j 类化石能源的单位热值含碳量 CC_j 和第 j 类化石能源的碳氧化率 OF_j 可以采用相关研究和行业协会数据，也可以采用表 3－4 所示的缺省值。如果要计算某特定区域行业直接碳排放量，部分排放因子可能会受区域影响，如我国不同省份所用煤炭种类不同，其所含水分、热值不同，这些会对排放因子造成影响。

二、间接碳排放核算

1. 核算原理

间接碳排放主要指行业净调入电力和热力隐含的碳排放①，该部分排放实际上发生在生产电力或热力的行业，但由行业的能源消费活动引起。按照调入电力和热力活动水平乘以电力与热力排放因子的核算原理，行业的间接碳排放可以表示为：

$$E_{i间接} = AD_{i电} \times EF_{电} + AD_{i热} \times EF_{热} \tag{3-31}$$

式中，$E_{i间接}$为 i 行业直接碳排放，单位为吨二氧化碳（tCO_2）；$AD_{i电}$ 为净调入电量，单位为兆瓦时（MWh）；$EF_{电}$为电力供应的排放因子，单位为吨二氧化碳/兆瓦时（tCO_2/MWh）；$AD_{i热}$为净调入热量，单位为吉焦（GJ）；$EF_{热}$为热力供应的排放因子，单位为吨二氧化碳/吉焦（tCO_2/GJ）；i 为不同的行业，如钢铁、水泥、电力等。

① 国际上某些核算方法中间接碳排放还包括净调入冷气，本章按照《省级温室气体清单编制指南》和《企业温室气体排放核算方法与报告指南》只考虑净调入电力和热力。

2. 活动水平数据

与化石能源消费活动水平相似，行业净调入电量和热量数据也可以采用“自上而下”和“自下而上”两种方式获取。其中“自上而下”的行业净调入电量和热量数据可以从区域统计年鉴、能源统计年鉴、行业协会、电网公司等处获得。当数据缺失时，可以通过对行业内各类企业开展调研或抽样调查获取企业净调入电量和热量数据，并依据企业数据“自下而上”地核算行业净调入电量和热量数据。

3. 排放因子选取

行业间接碳排放核算中使用的电力供应的排放因子 $EF_{电}$ 和热力供应的排放因子 $EF_{热}$ 应主要参考主管部门的最新发布数据进行取值。按照《关于加强企业温室气体排放报告管理相关工作的通知》（环办气候〔2021〕9 号），电力供应的碳排放因子可以采用 0.610 1 吨二氧化碳/兆瓦时或生态环境部发布的最新数值；按照《关于印发第三批 10 个行业企业温室气体核算方法与报告指南（试行）的通知》（发改办气候〔2015〕1722 号），热力供应的碳排放因子可以采用 0.11 吨二氧化碳/吉焦。

三、生产过程碳排放核算

根据《IPCC 指南》和《行业指南》，除了直接碳排放和间接碳排放，部分行业的工业生产过程由于化石燃料燃烧之外的化学反应过程和物理变化过程，还会产生过程排放（如石灰行业石灰窑燃料燃烧产生的排放属于直接碳排放，石灰石分解产生的排放则属于生产过程碳排放）。总体而言，生产过程的碳排放集中在工业领域的钢铁、水泥、石灰、电石等行业。下面简述这四个行业生产过程的碳排放核算方法。

1. 钢铁行业

钢铁行业生产过程的碳排放主要来自炼铁熔剂的高温分解和炼钢降碳两个过程。炼铁熔剂的高温分解主要指常用的炼铁熔剂石灰石和白云石中含有的碳酸钙和碳酸镁等成分在高温下会分解释放二氧化碳，其核算原理为消耗的炼铁熔剂数量乘以排放因子；炼钢降碳是指钢铁生产过程中会在高温下用氧化剂将生铁中过多的碳和其他杂质氧化成二氧化碳或炉渣除去，核算原理是通过计算生铁和钢产品的含碳量的差别来计算碳排放。按照以上核算原理，可以将钢铁行业生产过程中的碳排放量写为：

$$E_{sp}=AD_{sl}\times EF_{sl}+AD_{sd}\times EF_{sd}+(AD_{sr}\times CC_{sr}-AD_{sc}\times CC_{sc})\times\delta \qquad (3-32)$$

式中，E_{sp} 为钢铁行业生产过程的碳排放量，单位为吨二氧化碳；AD_{sl} 为钢铁行业消费的作为熔剂的石灰石的数量，单位为吨；EF_{sl} 为钢铁行业作为熔剂的石灰石消耗的排放因子，单位为吨二氧化碳/吨石灰石；AD_{sd} 为钢铁行业消费的作为熔剂的白云石的数量，单位为吨；EF_{sd} 为钢铁行业作为熔剂的白云石消耗的排放因子，单位为吨二氧化碳/吨白云石；AD_{sr} 为炼钢用生铁的数量，单位为吨；CC_{sr} 为炼钢用生铁的平均含碳率，单位为百分比；AD_{sc} 为炼钢的钢材产量，单位为吨；CC_{sc} 为炼钢用钢材的平均含碳率，单位为百分比；δ 为二氧化碳与碳的转换因子，为二氧化碳与碳的相对分子质量之比，取44/12。

公式（3－32）所示方法也是《省级温室气体清单编制指南》推荐的核算方法。按照公式（3－32），核算钢铁行业生产过程碳排放所需要的活动水平数据包括钢铁行业石灰石和白云石的年消耗量，以及钢铁行业炼钢的生铁投入量和钢材产量。数据来源可以从《中国钢铁工业年鉴》和行业协会获得；如果数据缺失，可以采用对各类型企业进行抽样调查“自下而上”获得数据。排放因子数据可以采用《国际钢铁协会二氧化碳排放数据收集指南》或表3－5所示的缺省排放因子，也可以由行业协会或企业组织按照GB/T 3286.9—2014《石灰石及白云石化学分析方法　第9部分：二氧化碳量的测定　烧碱石棉吸收重量法》等相关标准实测获得。

表3－5　工业生产过程缺省排放因子

名称	单位	排放因子
钢铁行业石灰石消耗	吨二氧化碳/吨石灰石	0.430
钢铁行业白云石消耗	吨二氧化碳/吨白云石	0.474
生铁平均含碳率	%	4.100
钢材平均含碳率	%	0.248
水泥行业生产	吨二氧化碳/吨熟料	0.538
石灰行业生产	吨二氧化碳/吨石灰	0.683
电石行业生产	吨二氧化碳/吨电石	0.115

资料来源：国家发改委．省级温室气体清单编制指南．

2. 水泥行业

水泥行业是生产过程碳排放的重要来源。由于硅酸盐水泥生料是用适当比例的石灰石、黏土、少量铁矿石和其他配料配置而成。在水泥生料经高温煅烧后发生一系列物理和化学变化后生成水泥熟料的过程中，石灰石中含有的碳酸钙和碳酸镁会分解排放出二氧化碳。按照上述原理，水泥产业生产过程排放可以写为：

$$E_{cp}=(AD_{cc}-AD_{ac})\times EF_{cc} \tag{3-33}$$

式中，E_{cp} 为水泥行业生产过程的碳排放量，单位为吨二氧化碳；AD_{cc} 为水泥熟料产量，单位为吨；AD_{ac} 为电石生产的水泥产量，单位为吨；EF_{cc} 为水泥行业生产排放因子，单位为吨二氧化碳/吨熟料。

公式（3－33）所示方法也是我国《省级温室气体清单编制指南》和《IPCC指南》推荐的核算方法。按照公式（3－33），核算水泥行业生产过程碳排放所需要的活动水平数据包括水泥熟料数量和电石渣生产的熟料数量。数据来源参考中国水泥协会编写的《中国水泥年鉴》；如果数据缺失，可以采用对各类型企业进行抽样调查“自下而上”获得数据。排放因子数据可以采用表3－5所示的缺省排放因子，也可以由行业协会或企业组织实测获得。

3. 石灰行业

石灰行业生产过程中产生二氧化碳同样来自加热石灰石的过程中碳酸钙与碳酸镁的热分解。按照该原理，其排放的核算可以写为：

$$E_{lp}=AD_{l}\times EF_{l} \tag{3-34}$$

式中，E_{lp} 为石灰行业生产过程的碳排放量，单位为吨二氧化碳；AD_{l} 为石灰产量，单位为吨；EF_{l} 为石灰行业生产排放因子，单位为吨二氧化碳/吨石灰。

公式（3－34）所示方法也是我国《省级温室气体清单编制指南》和《IPCC指南》推荐的核算方法。按照公式（3－34），核算石灰行业生产过程碳排放所需要的活动水平数据为石灰产量。数据来源可以参考行业协会数据；如果数据缺失，可以采用对各类型企业进行抽样调查“自下而上”获得数据。排放因子数据可以采用表3－5所示的缺省排放因子，也可以由行业协会或企业组织实测获得。

4. 电石生产

目前的电石生产工艺包括两个主要环节，首先以石灰石为原料经过煅烧生产石灰，再以石灰和碳素原料如焦炭、无烟煤、石油焦等为原料生产电石。根据《省级温室气体清单编制指南》的要求，为避免重复计算，电石行业生产过程的碳排放主要指第二环节的排放量。因此电石行业生产过程的碳排放可以表示为：

$$E_{ap}=AD_{a}\times EF_{a} \tag{3-35}$$

式中，E_{ap} 为电石行业生产过程的碳排放量，单位为吨二氧化碳；AD_a 为电石产量，单位为吨；EF_a 为电石行业生产排放因子，单位为吨二氧化碳/吨电石。

公式（3－35）所示方法也是我国《省级温室气体清单编制指南》和《IPCC 指南》推荐的核算方法。按照公式（3－35），核算电石行业生产过程碳排放所需要的活动水平数据为电石产量。数据来源可以参考行业协会数据；如果数据缺失，可以采用对各类型企业进行抽样调查“自下而上”获得数据。排放因子数据可以采用表 3－5 所示的缺省排放因子，也可以由行业协会或企业组织实测获得。

四、案例分析

考虑到钢铁行业的碳排放既包括直接碳排放和间接碳排放，又包括生产过程碳排放，本章以中国钢铁行业为例，核算 2019 年中国钢铁行业碳排放。

对钢铁行业直接碳排放的核算主要依据公式（3－27），$E_{s直接} = \sum_j A_{sj} \times EF_j$，其中 A_{sj} 为钢铁行业各类化石能源的活动水平，可由 $AF_{sj} \times NCV_j$ 得到，$AF_{钢铁j}$ 数据来自《中国统计年鉴》，2019 年黑色金属冶炼及压延加工业能源消费总量为 6.5 亿吨标准煤，其中电力、天然气、煤炭、焦炭的占比如图 3－3 所示。第 j 类化石能源的低位发热量 NCV_j 数据采用表 3－4 所示的缺省值。EF_j 为第 j 类化石能源的碳排放因子，可由 $CC_j \times OF_j \times \delta$ 得到，其中第 j 类化石能源的单位热值含碳量 CC_j、第 j 类化石能源的碳氧化率 OF_j 采用表 3－4 所示的缺省值，二氧化碳与碳的转换因子 δ 取 44/12。按照以上方法核算可得 2019 年中国钢铁行业碳排放为 15.22 亿吨。

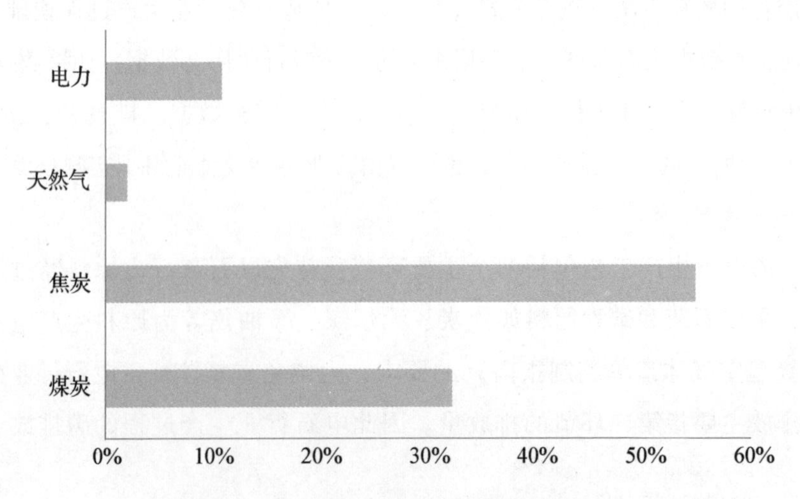

图 3－3 中国钢铁行业各类能源消费占比

资料来源：中国国家统计局相关数据；《碳中和目标下的中国钢铁零碳之路》。

对钢铁行业间接碳排放的核算主要依据公式（3－31），钢铁行业的间接碳排放主要由调入电力产生。钢铁行业调入电力的量 $AD_{s电}$ 采用《中国统计年鉴》的数据，2019 年中国钢铁行业共使用电力 6 459.68 亿千瓦时。排放因子 $EF_{电}$ 主要参考《关于加强企业温室气体排放报告管理相关工作的通知》(环办气候〔2021〕9 号)。经计算可得 2019 年中国钢铁行业间接碳排放量为 3.94 亿吨。

如上文所述，钢铁行业生产过程的碳排放主要来自炼铁熔剂的高温分解和炼钢降碳两个过程。其中炼铁熔剂的高温分解过程中的碳排放通过公式（3－32）中的 $AD_{sl}×EF_{sl}+AD_{sd}×EF_{sd}$ 核算，由于目前已有公开统计口径不包括钢铁行业消费的作为熔剂的石灰石的数量 AD_{sl} 和表示钢铁行业消费的作为熔剂的白云石的数量 AD_{sd}，本章采用的数据主要通过已有研究中吨钢石灰石与云母石消耗和《中国统计年鉴》中我国 2019 年粗钢产量进行估算。钢铁行业作为熔剂的石灰石消耗的排放因子 EF_{sl} 和钢铁行业作为熔剂的白云石消耗的排放因子 EF_{sd} 采用表 3－5 中的缺省排放因子。按照如上计算过程可得 2019 年中国钢铁行业炼铁熔剂的高温分解排放为 0.44 亿吨二氧化碳。炼钢降碳过程中的碳排放通过公式（3－32）中的（$AD_{sr}×CC_{sr}-AD_{sc}×CC_{sc}$）$×\delta$ 核算。炼钢用生铁的数量 AD_{sr} 和炼钢的钢材产量 AD_{sc} 数据来自《中国统计年鉴》，炼钢用生铁的平均含碳率 CC_{sr} 和炼钢用钢材的平均含碳率 CC_{sc} 采用表 3－5 中的缺省排放因子，二氧化碳与碳的转换因子 δ 取 44/12。按照以上计算过程可得 2019 年中国钢铁行业炼钢降碳过程碳排放为 1.12 亿吨。中国钢铁行业炼铁熔剂的高温分解和炼钢降碳两个过程合计排放约为 1.57 亿吨二氧化碳。

综合上述对中国钢铁直接碳排放、间接碳排放、生产过程碳排放的计算可得，2019 年中国钢铁行业碳排放为 20.73 亿吨，其中包括直接碳排放 15.22 亿吨、间接碳排放 3.94 亿吨、生产过程碳排放 1.57 亿吨。

第 3 节　企业层面碳排放核算

2021 年 4 月 22 日，国家主席习近平在“领导人气候峰会”中提出我国将支持有条件的地方和重点行业、重点企业率先达峰。《2030 年前碳达峰行动方案》中也明确提出要建立重点企业碳排放核算、报告、核查等标准。我国碳排放权交易市场的建设和企业层面的应对气候变化行动都需要以企业层面的碳排放核算为基础。目前国际上的企业碳排放核算标准主要建立在世界资源研究所和世界可持续发展工商理事会构建的温室气体核算体系基础上，并形成了科学碳目标倡议（SBTi）、转型路径倡议（TPI）、X度兼容性（XDC）、中小企业气候中心计划（The SME Climate Hub）四种企业碳减排目标标准。国内企业碳排放核算标准主要建立在国家发改委自2013年以来分三批发布的24个行业企业温室气体排放核算方法与报告指南（以下简称“行业指南”）基础上，国家还出台了GB/T 32150—2015《工业企业温室气体排放核算和报告通则》等标准。

按照行业指南的核算边界，本章介绍的企业层面碳排放核算主要以法人企业或视同法人的独立核算单位为企业边界，核算处于其运营控制权之下的所有生产场所和生产设施产生的碳排放。[①] 目前已有的企业层面碳排放核算主要包括基于物料守恒的碳排放核算和基于生产工艺的碳排放核算两类，主要针对的企业类型为生产过程较为复杂的工业企业。

一、基于物料守恒的碳排放核算

1. 核算原理

利用物料守恒核算企业碳排放的基本原理是质量守恒定律，即用企业输入物料中的含碳量减去输出物料中的含碳量进行平衡计算，可以表示为：

$$E_k = \left[\sum_w (M_{kwI} \times CC_{kwI}) - \sum_v (M_{kvO} \times CC_{kvO}) \right] \times \delta \tag{3-36}$$

式中，E_k 为 k 企业碳排放，单位为吨二氧化碳；M_{kwI} 为输入物料的数量，单位根据具体排放源确定；CC_{kwI} 为输入物料的含碳量，单位与输入物料单位匹配；M_{kvO} 为输出物料的数量，单位根据具体排放源确定；CC_{kvO} 为输出物料的含碳量，单位与输出物料单位匹配；δ 为二氧化碳与碳的转换因子，为二氧化碳与碳的相对分子质量之比，取44/12；k 为不同的企业；w 为不同的输入物料；v 为不同的输出物料。

2. 数据需求

如公式（3-36）所示，基于物料守恒的企业碳排放核算其活动数据主要是企业各类物料输入和输出的数量，而采用的企业输入物料和输出物料的含碳量需要

---

① 目前已有部分研究强调供应链上游和下游造成的间接排放，即“范围3”排放，但本书的核算边界仍参照行业指南。

对企业生产过程，化学反应、副反应、污染物处理过程实现全面了解。这意味着尽管通过物料含碳量的核算体现了较强的科学性，但基于物料守恒的企业碳排放核算建立在系统和全面研究企业输入和输出物质的基础上。这需要单个企业的详细数据，工作量较大，适用于数据基础较好的企业。同行业内异质性较低，生产技术较为接近的企业可以互相提供参考。若对企业没有足够了解或企业数据基础较差，采用物料守恒的原理核算企业碳排放容易造成系统误差。而若企业进行了某环节的技术改造与升级，需要重新核算该企业整体的物料输入与输出情况，工作量较大。

二、基于生产工艺的碳排放核算

1. 核算原理

基于生产工艺的企业碳排放核算可以有效考虑不同企业的具体生产工艺和产业链长度，也是《行业指南》对企业碳排放核算采用的主要方法，其主要核算原理仍是建立在碳排放量等于活动水平乘以排放因子的基础上，可以表示为：

$$E_k = \sum_s (E_{ksd} + E_{ksi} + E_{ksp} - E_{ksr}) \tag{3-37}$$

式中，E_k 为 k 企业碳排放，单位为吨二氧化碳；E_{ksd} 为 k 企业 s 环节直接碳排放，单位为吨二氧化碳；E_{ksi} 为 k 企业 s 环节间接碳排放，单位为吨二氧化碳；E_{ksp} 为 k 企业 s 环节生产过程碳排放，单位为吨二氧化碳；E_{ksr} 为 k 企业 s 环节回收利用碳排放或固碳产品隐含排放，单位为吨二氧化碳；k 为不同的企业；s 为不同的生产环节。

表 3－6 初步梳理了钢铁、电解铝、水泥、石灰、电石、石化等行业的生产环节，公式（3－37）所示的基于生产工艺的碳排放核算保证了企业可以根据每个环节的具体生产工艺计算出较为准确的碳排放。如我国的钢铁行业目前主要有高炉炼钢和电炉炼钢两种工艺，同时部分钢铁企业还存在向上游焦化产业和下游深加工产业延伸的情况；水泥产业企业在熟料煅烧阶段采用立窑、回转窑等不同类型的窑炉；电石行业很多企业自己生产作为主要原料的生石灰。基于生产工艺的碳排放核算可以较好地体现不同企业在具体环节的差异，也可以体现企业在节能降碳导向下的技术升级。

表 3-6　重点行业工业企业生产环节示意

企业所属行业	生产环节
钢铁	炼焦→烧结→炼铁→炼钢→轧制→深加工
电解铝	原料生产→电解→轧制→深加工
水泥	破碎→生料制备→预热分解→熟料煅烧→熟料粉磨
石灰	破碎筛分→磨矿分级→提纯加工→煅烧
电石	生石灰等原料加工→高温熔化
石化	催化裂化→催化重整→制氢→焦化→石油焦煅烧→乙烯裂解

资料来源：依据行业指南整理。

公式（3-37）中 k 企业 s 环节直接碳排放 E_{ksd} 和 k 企业 s 环节间接碳排放 E_{ksi} 计算较为简单，可以按照公式（3-27）和公式（3-31）计算 s 环节化石能源燃烧碳排放，以及使用调入热力和调入电力的隐含碳排放。

k 企业 s 环节生产过程碳排放 E_{ksp} 需要根据企业各生产环节的实际生产工艺采用本章第2节中“生产过程碳排放核算”所示方法，采用与生产工艺相对应的活动水平和排放因子进行计算。以企业的熟料生产环节为例，参考《中国水泥生产企业温室气体排放核算方法与报告指南》，水泥企业 k 熟料煅烧环节生产过程碳排放的核算方法如下：

$$E_{kcp}=AD_{kc}\times\rho_k\times(CA_k\times\omega_{kc}\times\delta_c+CM_k\times\omega_{km}\times\delta_m) \tag{3-38}$$

式中，E_{kcp} 为水泥行业 k 企业熟料生产环节的过程碳排放量，单位为吨二氧化碳；AD_{kc} 为 k 企业水泥熟料产量，单位为吨；ρ_k 为 k 企业水泥窑的生产工艺参数，可以基于水泥窑生产的水泥熟料产量、水泥窑排气筒粉尘的重量和水泥窑旁路放风粉尘的重量之间的关系计算得到，单位为百分比①；CA_k 为 k 企业水泥熟料中氧化钙（CaO）的含量，单位为百分比；ω_{kc} 为 k 企业水泥熟料的氧化钙参数，单位为百分比，可以基于水泥熟料中来源于碳酸盐分解的氧化钙含量在总氧化钙中的占比计算得到；δ_c 为二氧化碳与氧化钙的转换因子，为二氧化碳与氧化钙的相对分子质量之比，取 44/56；CM_k 为 k 企业水泥熟料中氧化镁（MgO）的含量，单位为百分比；ω_{km} 为 k 企业水泥熟料的氧化镁参数，单位为百分比，可以基于水泥熟料中来源于碳酸盐分解的氧化镁含量在总氧化镁中的占比计算得到；δ_m 为二氧化碳

① 该参数主要考虑水泥窑中介于未燃烧和完全燃烧之间的水泥窑尘。就整体水泥行业而言，目前我国水泥窑尘大部分在水泥窑内回收后作为熟料掺入水泥，并统计在水泥产量数据中，对整体行业碳排放核算影响较小。但考虑到具体企业仍有部分回收水平较低的立窑，因此在具体企业碳排放核算时设置水泥窑的生产工艺参数。

与氧化镁的转换因子，为二氧化碳与氧化镁的相对分子质量之比，取 44/40；k 为不同的企业。

除了直接碳排放、间接碳排放、生产过程碳排放，对企业碳排放的核算还需要考虑企业回收利用二氧化碳或固碳产品隐含的碳排放 E_{ksr}。以钢铁行业为例，参考《中国钢铁生产企业温室气体排放核算方法与报告指南》，钢铁行业在炼钢环节产出的粗钢和甲醇等产品会有固碳效果，可以表示如下：

$$E_{ksr} = \sum_{n} AD_{ksn} \times EF_{ksn} \tag{3-39}$$

式中，E_{ksr} 为 k 企业 s 环节产出固碳产品所隐含的碳排放量，单位为吨二氧化碳；AD_{ksn} 为 k 企业 s 环节第 n 种固碳产品的产量，单位为吨；EF_{ksn} 为 k 企业 s 环节第 n 种固碳产品的排放因子，单位为吨二氧化碳/吨；k 为不同的企业；s 为不同的生产环节；n 为不同的固碳产品。

2. 数据需求

按照以上分析，基于生产工艺的企业碳排放核算所需的数据主要包括企业各环节各类化石能源消耗量、企业调入电力和调入热力的数量、各类产品产量以及生产工艺相关的排放因子和参数。其中企业各环节各类化石能源消耗量、企业调入电力和调入热力的数量较容易获得；如果缺乏具体环节数据，可以用企业整体各环节各类化石能源消耗量和企业整体调入电力及调入热力的数量核算。

与企业生产工艺相关的排放因子和参数可以按照相关标准实测获得；如果没有实测的条件，可以根据具体生产工艺采用主管部门、行业协会提供的缺省排放因子，也可以采用相近生产工艺企业的已有排放因子。

三、案例分析

相对于基于物料守恒的碳排放核算方法，基于生产工艺的碳排放核算方法所需数据较少，目前应用较为广泛。本章以基于生产工艺的碳排放核算方法为例，参考已有研究，对某机械设备生产企业 A 进行碳排放核算。

该机械设备生产企业 A 主要产品为差速器、换挡器、电子件和车桥，是某大型车企的配套生产企业。A 主要采用的能源为天然气和外购电力，企业缺乏各生产环节的具体数据，但可从企业的生产月报中获取消耗的天然气和外购电力数据。A 的碳排放只包括直接碳排放与间接碳排放，不包括生产过程排放。

A 直接碳排放主要来自生产过程中使用的天然气，采用本章第 2 节中“直接碳排放核算”和公式（3－37）所示方法，2020 年 A 消耗的天然气活动水平 AF_d 为 23.78 万立方米，低位发热量 NCV_d 数据采用表 3－4 所示的缺省值。EF_d 为企业使用天然气的碳排放因子，可由 $CC_d \times OF_d \times \delta$ 得到，其中天然气的单位热值含碳量 CC_d、碳氧化率 OF_d 采用表 3－4 所示的缺省值，二氧化碳与碳的转换因子 δ 取 44/12。计算可得 A 直接碳排放为 514.17 吨。

A 间接碳排放主要来自生产过程中使用电力，采用本章第 2 节中“间接碳排放核算”和公式（3－37）所示方法，可由 $AD_i \times EF_i$ 得到。2020 年 A 消耗的调入电力 AD_i 为 399.89 万千瓦时，排放因子 EF_i 主要采用区域电网排放因子。经计算可得 2020 年 A 间接碳排放为 3 106.75 吨。

综合上述对该机械设备生产企业直接碳排放、间接碳排放计算可得，2020 年该企业碳排放为 3 620.92 吨，其中包括直接碳排放 514.17 吨，间接碳排放 3 106.75 吨。

习题

1. 碳排放核算方法有哪些？
2. 如何计算一个区域的碳排放？
3. 影响行业碳排放的因素或指标有哪些？
4. 区域、行业和企业层面的碳排放核算方法有什么差异？

第4章

碳排放的社会经济关联机理

本章要点

碳排放不仅与化石燃料燃烧、工业生产等直接相关，还受社会、经济、产业、贸易、技术等因素影响。在上一章碳排放核算的基础上，本章针对碳排放的社会经济关联机理，从经济增长、产业关联、国际贸易、城镇化等方面，介绍碳排放与社会经济因素之间关联机理研究的理论、模型方法、应用案例等。通过本章的学习，读者可以回答如下问题：

- 什么是碳排放的社会经济关联？
- 碳排放的驱动因素主要有哪些？
- 产业部门的关联碳排放是如何产生的？
- 什么是国际贸易隐含碳排放？
- 城镇化对碳排放产生了怎样的影响？
- 如何定量分析碳排放的社会经济关联机理？
- 碳排放的社会经济关联机理研究怎样服务于碳减排？

以二氧化碳为主的温室气体排放，主要来自化石能源燃烧、工业过程排放和土地利用变化三个方面。在现代社会复杂而庞大的经济系统中，居民作为商品和服务的消费者和生产者，通过参与社会生产推动经济增长、获得收入提升，同时进一步驱动生产和服务部门的产出总量和结构发生变化。上述生产和消费活动都需要能源作为重要的要素支撑，并产生相应的二氧化碳排放。如图4－1所示。因此，经济社会系统与碳排放之间的影响机理是复杂的、非线性的。实现碳达峰、碳中和，是一场广泛而深刻的经济社会系统性变革。研究探寻碳排放的影响机理，将为接下来的碳减排工作提供科学规律指导和理论支撑。

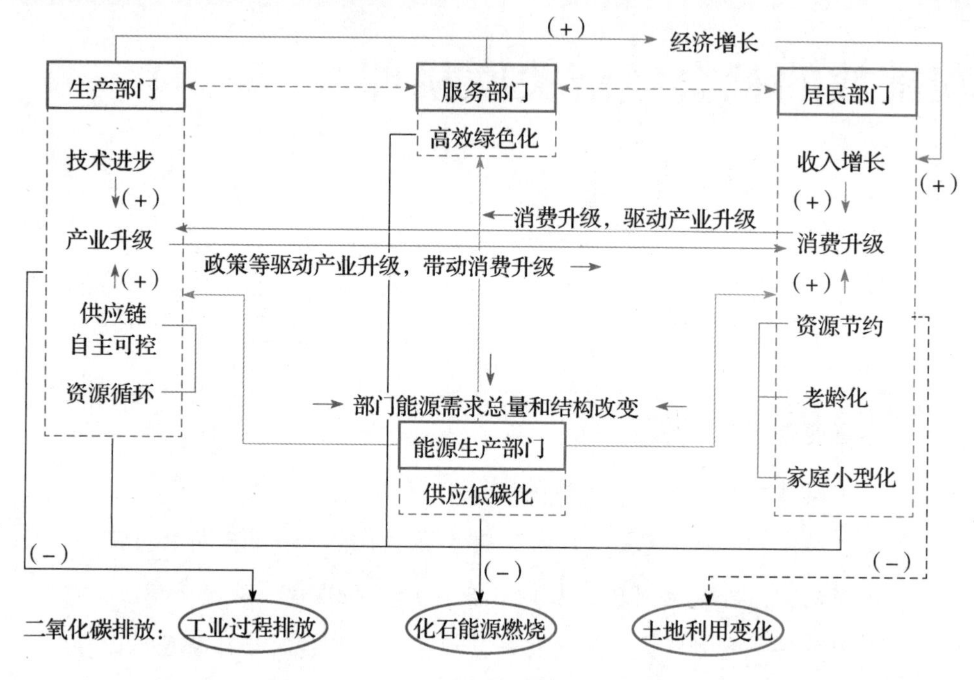

图 4-1　经济社会系统与碳排放作用关系

第 1 节　碳排放驱动因素

碳排放受到经济社会系统中多项因素的共同驱动。在市场与政策对资源的协同配置下，经济增长、产业结构变化、人口规模与结构变化、技术进步、能源效率改进、能源结构变化等因素驱动着碳排放的变化。

1. 经济

从供给侧来看，在产业结构、要素投入、能源效率、能源结构等短期内保持相对稳定的前提下，经济的增长伴随着生产规模的扩大，增加了对能源的需求，产生了更多的碳排放。从需求侧来看，经济增长带来了居民收入水平的提高，促进了居民的消费与碳排放。

从长期来看，经济实现增长的同时，技术的进步、产业的升级、能效的提升和能源结构的优化等将有助于减少碳排放，经济增长与碳排放逐步脱钩。

2. 产业结构

不同的产业部门在生产方式、技术革新、能源消费规模和结构等方面存在较大的差异，产业结构变化的影响会进一步传导至碳排放。一般来看，工业化国家的第一产业增加值占比稳中有降，第二产业增加值占比在工业化完成后开始下降，第三产业增加值占比不断上升。相应地，碳排放在工业化过程中一般呈现先增长后下降的趋势，产业部门通过淘汰落后产能、发展先进制造业和现代服务业等控制能源消费规模、优化用能结构，进而驱动碳排放变化。

3. 人口

人口变化主要通过规模和结构两个方面影响碳排放。一方面，人口规模的增长、人均消费水平的提升会驱动碳排放的增长；另一方面，不同年龄、性别、收入水平、社会群体的人口具有差异化的行为模式和消费结构，因此人口结构的变化（例如老龄化、家庭结构变化等）将通过影响生产、消费的规模与结构进而影响碳排放。

4. 技术

技术进步对碳排放的影响体现在多个方面。首先，技术进步有助于经济社会系统中生产、服务与居民部门的能源效率改进。例如，工业（特别是碳密集行业如钢铁、水泥、化工行业等）、交通、建筑、居民等部门的节能技术应用，可以降低能源消费规模和碳排放。其次，技术进步的同时往往伴随着技术成本的下降。例如，能源部门风电、光伏成本的快速下降，各类减排技术（如碳捕集、利用与封存技术，煤炭清洁高效利用技术等）成本的下降。而减排经济性的提升有助于相应技术的大规模推广布局和碳排放水平的下降。再次，数字化技术的快速发展很大程度上改变了过去的生产生活方式，同时提高了能源与碳减排管理的精细化、智能化水平。最后，技术进步会带来生产和消费规模的扩张，这将进一步导致碳排放的增长。

5. 能源效率

能源效率包括能源物理效率（热力学效率）、能源经济效率（对应于能源强度、单位产值的能源消费量）等多重内涵。在其他因素保持不变的情况下，能源效率的提升有助于减少能源消费量与碳排放。此外，理论与实证研究表明，能源效率改进还可能具有回弹效应，即能源效率的提升降低了能源要素的投入成本，进而导致投入更多的能源进行生产，推高能源消费与碳排放。

6. 能源结构

从终端能源消费来看，能源结构主要由煤炭、石油、天然气、电力、热力消费等部分组成，电力的生产结构又包括了化石能源发电、水电、水电之外的可再生能源发电（如风力、光伏发电）、核电等。能源的碳强度（单位能源消费的碳排放）与能源结构紧密相关。化石能源燃烧是碳排放的最主要来源，因此，提高终端能源消费中二次能源（电力、热力）的消费比重，降低电力生产中化石能源发电的比重，将有助于实现二氧化碳排放的有效和快速下降。

一、碳排放驱动因素研究的相关理论方法

1. 环境影响的人口、经济、技术驱动理论

Ehrlich 和 Holdren 在 1971 年提出的 IPAT 模型被广泛地应用于描述人类活动对环境的影响中。其中，环境影响（I）分解为三个主要驱动因素：人口规模（P）、经济水平（A）和环境不友好的技术水平（T）。此后，在 IPAT 模型的基础上，Dietz 和 Rosa 在 1997 年提出了人口、经济和技术对环境的随机影响 STIRPAT 模型。

STIRPAT 模型是一个可扩展的随机环境影响评估模型，它通过引入变量的指数形式使模型可以反映非比例的影响关系，定量描述了人口、经济和技术对环境的随机影响。通过两边取对数可以将此模型转化为一个线性模型，这种变换使得模型可以方便地扩展其他社会经济因素并进行参数估计。STIRPAT 模型因其理论上的合理性和应用上的可操作性，被广泛地应用于碳排放驱动因素的研究中。

STIRPAT 模型可以表示为以下等式：

$$I_{it}=a_i P_{it}^b A_{it}^c T_{it}^d e_{it} \tag{4-1}$$

式中，I 为环境变量；参数 a 为常数项；b、c 和 d 分别为人口变量 P、经济变量 A 和技术变量 T 的弹性；e 为误差项。下标 $i(i=1, 2, \cdots, N)$ 表示个体，下标 $t(t=1, 2, \cdots, T)$ 表示时间。

对上述方程两边取对数，可以得到 STIRPAT 模型的线性形式：

$$\ln I_{it}=\ln a_i+b\ln P_{it}+c\ln A_{it}+d\ln T_{it}+e_{it} \tag{4-2}$$

2. Kaya 恒等式分解理论

Kaya 在 1990 年将碳排放分解为四个方面的驱动因素：人口、人均 GDP、能源强度和能源碳强度。该理论得到了学界的广泛认可并形成了 Kaya 恒等式。其一般形式如下：

$$C=P\cdot\frac{G\cdot E\cdot C}{P\cdot G\cdot E} \tag{4-3}$$

式中，C 为二氧化碳排放；P 为人口；G 为 GDP；E 为一次能源消费。Kaya 恒等式表示，在一个给定的时间，二氧化碳排放是人口、人均 GDP、能源强度和能源碳强度的乘积。

由于变量之间可能存在非线性影响，四项驱动因素的百分比变化（例如，$(P_y-P_x)/P_x$）将不能直接加总得到二氧化碳排放的百分比变化 $(C_y-C_x)/C_x$。不过一段时间内二氧化碳的相对变化可以通过四项驱动因素的相对变化得到，方程如下：

$$\frac{C_y}{C_x}=\frac{P_y}{P_x}\frac{(G/P)_y}{(G/P)_x}\frac{(E/G)_y}{(E/G)_x}\frac{(C/E)_y}{(C/E)_x} \tag{4-4}$$

式中，x 和 y 为两个不同的年份。

3. 环境库兹涅茨曲线假说

1991 年，Grossman 和 Krueger 针对北美自由贸易区谈判中关于自由贸易可能会恶化贸易方环境的担忧，首次实证了环境质量与人均收入之间的关系，指出环境污染水平在低收入水平上随人均 GDP 的增长而上升，在高收入水平上随人均 GDP 的增长而下降。1992 年世界银行以“发展与环境”为主题的《世界发展报告》，扩大了环境质量与收入水平关系研究的影响。1993 年 Panayotou 借用库兹涅茨于 1955 年提出的收入不平等-人均收入倒 U 形曲线，首次将以上环境质量与人均收入之间的关系扩展为环境库兹涅茨曲线（environmental Kuznets curve，EKC），如图 4－2 所示。EKC 假说揭示出开始时环境质量随着人均收入的增加而退化，在收入水平增长到一定程度后随着人均收入的增加而改善，即环境污染水平与收入水平之间呈现倒 U 形曲线关系。

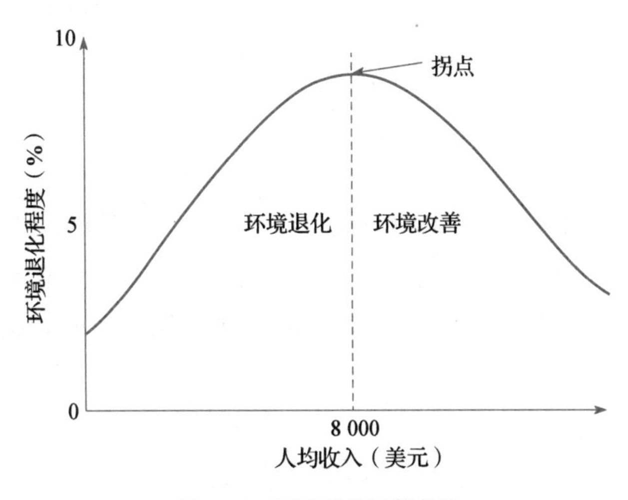

图 4－2　环境库兹涅茨曲线

Grossman 和 Krueger 提出经济增长通过规模效应、技术效应与结构效应三种途径影响环境质量（Grossman & Krueger，1996）。（1）规模效应。经济增长从两方面对环境质量产生负面影响：一方面经济增长要增加要素投入，进而增加对资源的使用；另一方面更多的产出也带来了污染物排放的增加。（2）技术效应。高收入水平与更先进的环保技术、效率提升技术紧密关联。在一国的经济增长过程中，研发支出上升推动技术进步，并产生两方面的影响：一是技术进步提高了生产率，改善资源的利用效率，降低单位产出的要素投入，削弱了生产过程对自然资源的消耗；二是清洁技术不断发展并替代原有技术，加上有效的资源循环利用，降低了单位产出的污染物排放水平。（3）结构效应。随着收入水平的提高，产出结构与投入结构发生变化。在经济发展的早期阶段，经济结构从农业向能源密集型重工业转变，增加了污染排放；随后，经济结构转向低污染的服务业和知识密集型产业，投入结构优化，单位产出的污染排放水平下降，环境质量改善。规模效应侵害环境，而技术效应和结构效应改善环境。在早期的经济发展阶段，资源的使用超过了资源的再生，各类污染物大量产生，规模效应超过了技术效应和结构效应，环境不断恶化；而当经济发展到新阶段，技术效应和结构效应超过规模效应，环境恶化减缓。

环境库兹涅茨曲线提出后，关于环境质量与收入水平关系的理论研究不断涌现。例如，收入水平增长与环境质量需求、环境规制、市场机制、环保投资等之间的理论联系，丰富了对 EKC 的理论解释。基于 EKC 假说，国内外学者研究了碳排放与经济增长之间的关系，如 Stern 验证了部分国家的二氧化碳排放与人均 GDP 存在倒 U 形关系（Stern，2006）；许广月和宋德勇研究认为碳排放库兹涅茨曲线在中国的中东部地区存在，在西部地区不存在（许广月和宋德勇，2010）。

4. LMDI 分解法

对数平均迪氏指数（logarithmic mean Divisia index，LMDI）分解法是迪氏指数分解法在进行因素分解时所得到的一种近似算法，也是国内外学者研究二氧化碳排放的影响因素时常常采用的一种方法。通过把变量分解，可以清楚地看出哪些因素对碳排放产生了影响，并可以对特定因素与碳排放之间的关系进行初步判断。此外，通过对所有相关的影响因素进行比较与分析，可以得到最主要的因素及相关因素与二氧化碳排放之间的关系，对于后续构建实证计量模型与选择控制变量有较大帮助。

一般的碳排放驱动因素分解公式如下：

$$C = \sum_i C_i = \sum_i \frac{C_i}{E_i} \cdot \frac{E_i}{E} \cdot \frac{E}{Y} \cdot Y \tag{4-5}$$

式中，C 为二氧化碳排放总量；C_i 为第 i 种能源的碳排放量；E 为能源消费总量；Y 为 GDP。该表达式中的不同变量组合可以反映不同的因素对于碳排放的影响。具体影响因素可细分为如下几种：能源的碳排放系数 $N_i = C_i/E_i$，可用来表示不同的能源每单位消耗的碳排放量；能源结构因素 $S_i = E_i/E$，可反映不同的能源组合与结构变化产生的影响；能源消耗强度 $Q = E/Y$，可看出单位 GDP 造成的能源消耗量，也可作为反映能耗的技术水平变量。

将公式（4－5）左右两边同时除以人口总数 P，$A = Y/P$ 可以在一定程度上反映经济发展水平对碳排放的影响，则可得到人均碳排放公式：

$$R = \frac{C}{P} = \sum_i \frac{C_i}{E_i} \cdot \frac{E_i}{E} \cdot \frac{E}{Y} \cdot \frac{Y}{P} = \sum_i N_i S_i Q A \tag{4-6}$$

基于上式，运用指数分解的加法形式，可以得到 t 期相对于基期的变化：

$$\Delta R = R^t - R^0 = \Delta N_i + \Delta S_i + \Delta Q + \Delta A + \Delta re \tag{4-7}$$

式中，ΔN_i、ΔS_i、ΔQ、ΔA 分别为能源碳排放系数、能源结构、技术水平、经济发展对碳排放的变化产生的影响；Δre 为分解余项。

根据 LMDI 分解法的基本思路，可以将目标变量分解出的各个因素变量都看成是时间 t 的连续可微函数，然后对时间进行微分，进而分解出各个因素变量的变化对于目标变量的贡献率。

首先，将分解出的因素变量定义为变量 $x_k(k=1, 2, \cdots)$；

然后，对人均碳排放变量 R 进行微分运算：

$$\begin{aligned} \frac{\mathrm{d}R}{\mathrm{d}t} &= \sum_k \sum_i \mathrm{d}(x_{1,i}, x_{2,i}, \cdots, x_{k,i}, \cdots, x_{n,i})/\mathrm{d}t \\ &= \sum_k \sum_i (x_{1,i}, x_{2,i}, \cdots, x_{k-1,i}, x_{k+1,i}, \cdots, x_{n,i})\mathrm{d}x_{k,i}/\mathrm{d}t \\ &= \sum_k \sum_i R_i \mathrm{d}(\ln x_{k,i})/\mathrm{d}t \end{aligned} \tag{4-8}$$

两边同时对时间积分，根据指数分解的加法形式可得：

$$\int_0^T \frac{\mathrm{d}R}{\mathrm{d}t} = \int_0^T \sum_k \sum_i R_i \mathrm{d}(\ln x_{k,i})/\mathrm{d}t$$

$$= \sum_k \int_0^T \sum_i R_i \mathrm{d}(\ln x_{k,i}) / \mathrm{d}t \tag{4-9}$$

进一步得到：

$$\Delta x_{k,i} = \int_0^T \sum_i R_i \mathrm{d}(\ln x_{k,i}) / \mathrm{d}t \tag{4-10}$$

LMDI 分解法是根据积分中值定理，将上式进行分解计算的一种方法。在不存在分解余项，且考虑到能源的碳排放系数在研究的期间内不发生任何变化的情况下，得到各类因素从基期到 t 期的因素分解式如下：

$$\begin{aligned}
\Delta N_i &= \sum_i X_i \ln(N_i^t / N_i^0) \\
\Delta S_i &= \sum_i X_i \ln(S_i^t / S_i^0) \\
\Delta Q &= \sum_i X_i \ln(Q_i^t / Q_i^0) \\
\Delta A &= \sum_i X_i \ln(A_i^t / A_i^0)
\end{aligned} \tag{4-11}$$

式中，$X_i = (R_i^t - R_i^0) / \ln(R_i^t / R_i^0)$。

5. SDA 法

结构分解分析（structural decomposition analysis，SDA）是一种广泛使用的用于估计碳排放和能源消耗变化驱动因素的方法。为了估计排放变化的驱动因素，在公式（4－12）中，碳强度 K 进一步分解为排放系数（O，即单位能源消费的碳排放量）、能源结构（M）、能源效率（T，即单位产出的能源消费）。最终需求 F 进一步分解为消费结构（S）、人均消费（Q）和人口（P）。L 是列昂惕夫逆矩阵，在公式中定义为 $L = (I - A)^{-1}$。因此，贸易中的隐含碳排放变化可以分解为：

$$\begin{aligned}
\Delta C = {} & (\Delta O) MTLSQP + O(\Delta M) TLSQP + OM(\Delta T) LSQP + OMT(\Delta L) SQP \\
& + OMTL(\Delta S) QP + OMTLS(\Delta Q) P + OMTLSQ(\Delta P)
\end{aligned} \tag{4-12}$$

式中，Δ 表示因素的变化量。公式（4－12）中七个项中的每一项表示在其他因素保持不变的情况下，某一个驱动力对排放变化的贡献。上述 SDA 模型中的七个驱动因素对应 7! = 5 040 个一阶分解，不同的程序将会得到不同的结果，一般可以取所有可能的一阶分解的平均值来解决这个问题。但对于 MRIO 模型来说，这种方式非常耗时，因此也可以使用两次极性分解的平均值。分解是通过先改变第一个变量开始的，然后改变第二个和第三个变量等，得到第一个极坐标形式。第二个极坐标形式以相反的方式导出。根据两个极坐标形式取 SDA 结果的算术平均值。

6. 分段计量模型

与多数采用多项式模型的研究方法不同，采用分段线性插值模型和面板数据可以模拟二氧化碳排放随经济发展的演变轨迹。模型描述如下：

$$\ln(C_{it})=\alpha_0+\alpha_i+\gamma_t+f[\ln(y_{it})]+\varepsilon_{it} \tag{4-13}$$

式中，$\ln(\cdot)$ 为自然对数函数；i 和 t 分别为国家和年份；C 为人均二氧化碳排放量；y 为人均国民生产总值；$f[\cdot]$ 为分段线性函数；α_i 为国家固定效应；γ_t 为时间固定效应。

常用的模型函数形式（线性、二次或三次函数）限定了自变量与因变量之间的关系，缺乏理论依据。分段线性函数形式上则更加灵活，具有自适应性。它允许二氧化碳排放量在不同的收入阶段有不同的收入弹性，最终拟合出的“排放-收入”曲线形状变动范围更大，能够更好地拟合数据及处理数据断层、跳跃等情况。使用这一函数形式能够有效回避普遍存在的对潜在相关关系的人为事先限定问题。但这一模型通常需要的数据样本量较大，没有多项式模型精确。这是由于为了较好地拟合真实的因变量-自变量关系，分段数量应该尽量多一些，而每个分段内的观测点个数也应该足够多以使估计量具有统计意义。

除了经济活动，一个国家或经济体的资源禀赋、长期气候条件、历史遗留及文化习俗等也会影响二氧化碳排放，同时这些因素也可能会影响经济发展。使用固定效应模型是为了控制住这些不容易观测的变量，减少收入效应的估计偏差。其中不随时间变化的因素为国家固定效应；全球共同的、随时间变化的因素为时间固定效应，如价格变动、政策趋势及技术进步等。但上述两类固定效应无法完全覆盖能够同时影响经济发展和碳排放的主要因素，因此有必要加入城市化、人口密度、年龄结构等社会经济变量。这样一方面可以检验模型的稳健性，另一方面可以考察其他社会经济因素对碳排放的影响。模型形式如下：

$$\ln(C_{it})=\alpha_0+\alpha_i+\gamma_t+f[\ln(y_{it})]+\beta X+\varepsilon_{it} \tag{4-14}$$

此外，为了考察不同经济部门的碳排放模式，可以进一步对“部门-国家-时间”的三维面板数据分段线性模型进行估计。模型形式如下：

$$\ln(C_{sit})=\alpha_{si}+\gamma_{st}+f[\ln(y_{it})]+\beta X+\varepsilon_{it} \tag{4-15}$$

式中，s 为经济部门；α_{si} 为“国家-部门”固定效应，允许各个国家不同部门具有不同的截距；γ_{st} 为“部门-时间”固定效应，表示部门排放随时间的共同变化。

二、碳排放驱动因素研究案例：Kaya 恒等式分解

基于 Kaya 恒等式，使用国际能源署（IEA）的能源燃烧二氧化碳排放数据库，对全球主要国家的二氧化碳排放驱动因素进行分解研究。模型设定如下：

$$CO_2 = P \cdot \frac{\mathrm{GDP}}{P} \cdot \frac{TES}{\mathrm{GDP}} \cdot \frac{CO_2}{TES} \tag{4-16}$$

式中，CO_2 为能源燃烧产生的二氧化碳排放；P 为人口；GDP/P 为人均国内生产总值；TES/GDP 为一次能源消费强度；CO_2/TES 为一次能源消费的碳强度。GDP 使用 2015 年购买力平价美元。部分结果如表 4-1 所示。

表 4-1　二氧化碳排放驱动因素（Kaya 分解）

指数，基准年（1990）= 100		2014 年	2015 年	2016 年	2017 年	2018 年
全球	CO_2	158	158	158	160	163
	P	137	139	141	142	144
	GDP/P	161	165	168	173	177
	TES/GDP	70	68	66	65	64
	CO_2/TES	102	102	101	101	100
OECD 国家	CO_2	106	106	105	105	105
	P	118	119	120	120	121
	GDP/P	141	144	146	149	151
	TES/GDP	70	68	67	65	64
	CO_2/TES	92	91	90	90	89
中国	CO_2	436	435	433	443	456
	P	120	121	121	122	123
	GDP/P	836	889	944	1 002	1 063
	TES/GDP	34	32	30	29	28
	CO_2/TES	129	127	127	126	125

资料来源：IEA，2020.

Kaya 恒等式可用于讨论二氧化碳排放的主要驱动力。例如，它表明，在全球范围内，人口和人均 GDP 的增长一直在推动二氧化碳排放的上升趋势，远远抵消了能源强度的下降效应。事实上，由于化石燃料（尤其是煤炭）在能源结构中的持续主导地位，以及低碳技术的缓慢应用，能源结构的碳强度几乎没有变化。

此外，应该注意的是，在使用 Kaya 恒等式时有一些重要的注意事项。最重要的是，恒等式右边的四项驱动因素不应被视为其自身的基本驱动力，它们彼此之间也并非完全相互独立。

三、碳排放驱动因素研究案例：SDA

基于中国 2012 年多区域投入产出（MRIO）表，利用环境扩展投入产出分析（EEIOA）得到 2007—2012 年中国区域间和国际贸易中二氧化碳排放流量变化。进一步通过 SDA 法研究隐含碳排放流量变化背后的驱动力（Mi et al.，2017）。根据公式（4－12），将隐含碳排放分解为排放系数、能源结构和能源效率，最终需求进一步分解为消费结构、人均消费和人口。

2007—2012 年，流向东部沿海省份的净排放流量有所下降，尤其是流向中部沿海地区的净排放流量下降 66%。具体而言，2007—2012 年流向中部沿海地区如上海、浙江和江苏三省的净排放流量分别下降 91%、41% 和 45%。2007—2012 年，中部沿海地区的排放流入量下降 8%，这主要是由于生产和消费结构的变化。在其他因素保持不变的情况下，这两个因素分别推动排放流入量增加 5% 和 13%。相比之下，2007—2012 年中部沿海地区的排放流出量增加 63%，这主要是由于消费结构和人均消费水平的变化。这两个因素分别抵消 45% 和 63% 的排放流出量。西南和东北地区从 2007 年的净排放出口地区，转变为 2012 年的净排放进口地区，这主要是由于这些地区的消费快速增长。西南地区是 2007 年的净排放出口地区，净排放流出量为 2 200 万吨。然而，该地区在 2012 年成为净排放进口地区，净排放流入量为 5 400 万吨。在其他因素不变的情况下，2007—2012 年，西南地区人均消费增长带动其排放流入量增加 76%。作为 2007 年净排放流出量 300 万吨的净排放出口地区，东北地区在 2012 年成为净排放进口地区，净排放流入量为 600 万吨。东北地区人均消费的增长使 2007—2012 年的排放流入量增加 65%。相比之下，2007—2012 年，生产结构的变化抵消 24% 的排放流出量。

2007—2012 年，中国的出口隐含碳排放有所下降。2007—2010 年，中国的出口排放水平下降 9.4%；2010—2012 年，出口相关的排放量增加 2.1%。

2007—2012 年，除了西北和南部沿海地区，中国大部分地区的出口排放量均有所下降。2007—2010 年，所有八个地区的出口排放量均有所下降。出口减排量最大的地区主要是东部地区，而其出口对经济发展起到了至关重要的作用。例如，中国最大的两个城市上海和北京的出口排放量 2007—2010 年分别下降 34% 和

30%。2010—2012 年，中国的出口排放量略有增长，其中西部地区贡献了最大的排放增长份额。2010—2012 年，东北、中部、西南三个地区的出口排放量持续下降，分别抵消我国出口排放量的 1.6%、3.0% 和 3.2%。相比之下，相同时期内中国西北地区的出口隐含排放量增加 6 600 万吨，导致中国出口排放量增长 4.9%。例如，2010—2012 年，西北地区新疆和陕西的出口排放量分别增长 29% 和 33%。如图 4-3(a)所示。中国出口隐含碳排放的目的地已部分从发达国家转移到发展中国家。2007—2010 年，中国对发达国家的出口排放量下降，而对大多数发展中国家的出口排放量上升。2010—2012 年，中国一半以上的出口排放来自对发展中国家国际贸易增长。在这一变化之前，中国的出口高度依赖发达经济体的进口需求，尤其是美国和欧洲市场。2007 年，中国向发达国家的出口排放量占总出口排放量的 60% 以上。例如，对北美和西欧的出口隐含排放水平分别为 3.77 亿吨和 3.51 亿吨，分别占总量的 25% 和 23%。然而，全球金融危机后发达经济体的进口需求远弱于发展中经济体。2007—2012 年，中国对北美和西欧的出口排放量分别下降 20% 和 16%。相比之下，2007—2012 年，中国对发展中国家的出口排放量增加 6%，这主要是由于南南贸易的增长。例如，同时期，中国对拉丁美洲和加勒比地区的出口排放量增加 33%，其中对巴西的出口排放量增加 63%。对南亚、东南亚和太平洋地区的出口隐含排放也分别增长 30% 和 25%，其中对印度的出口排放量增长 36%。因此，对发展中国家的出口隐含排放占中国整体出口隐含排放中的比例从 2007 年的 40% 上升到 2012 年的 46%。如图 4-3(b)所示。

2007—2012 年，中国出口隐含碳排放的下降主要是由于生产结构的变化和能源效率的提升。出口量的增长（人均出口量与人口的乘积）是推动中国出口排放量增加的最强因素。在其他因素保持不变的情况下，人均出口量的增长使 2007—2010 年的出口排放量增加 8.5%，2010—2012 年的出口排放量增加 10.6%。2007—2010 年，能源效率提升是抵消中国出口排放的最有力因素，其使得出口排放量减少 11.2%。2010—2012 年，生产结构变化超过能源效率提升成为抵消中国出口排放的最强因素。2010—2012 年，生产结构变化和能源效率提升使出口排放量分别减少 5.5% 和 4.8%。以上结果表明，生产结构变化是抵消 2007—2012 年中国出口隐含排放的重要因素。如图 4-3(c)所示。在经济新常态下，中国一直在努力转变经济发展方式，以高质量的经济增长为目标，即以更高的附加值和更低的资源密集型投入推动增长。中国正在采取多项措施来节约能源、减少碳排放和控制空气污染。

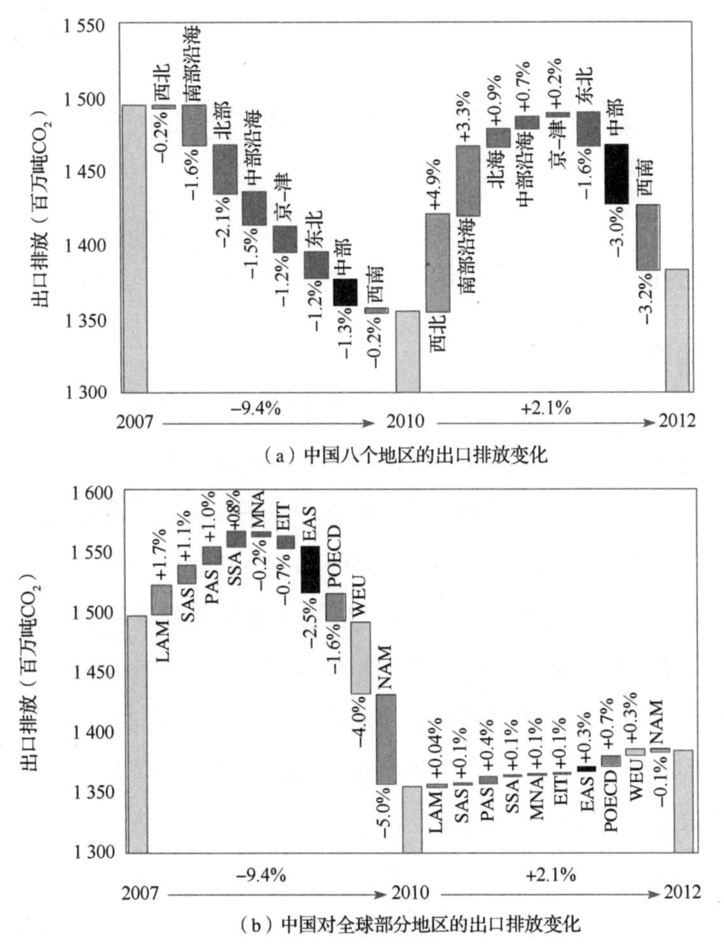

（a）中国八个地区的出口排放变化

（b）中国对全球部分地区的出口排放变化

注：LAM：拉丁美洲和加勒比；SAS：南亚（主要是印度）；PAS：东南亚和太平洋；SSA：撒哈拉以南非洲；MNA：中东和北非；EIT：转型中的经济体（包括东欧和前苏联地区）；EAS：东亚（不包括中国）；POECD：太平洋 OECD-1990 国家（包括日本、澳大利亚和新西兰）；WEU：西欧；NAM：北美（美国和加拿大）。

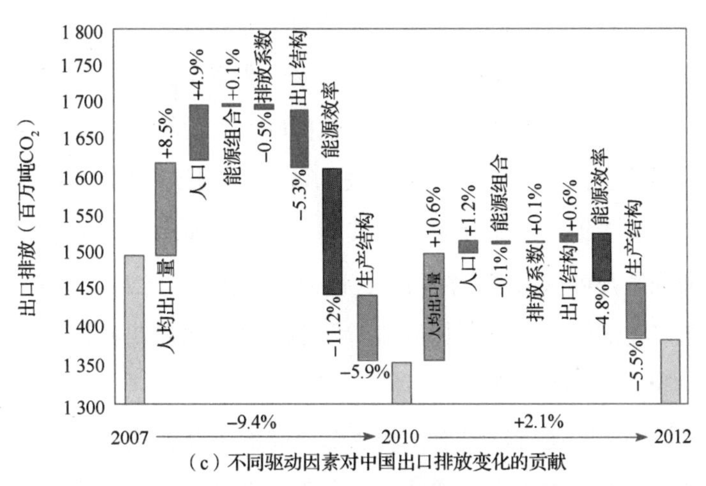

（c）不同驱动因素对中国出口排放变化的贡献

图 4－3　2007—2012 年出口隐含碳排放变化

资料来源：Mi et al.，2017.

第 2 节　碳排放与社会经济的关联

一、碳排放的社会经济关联理论

1. 社会经济关联理论

社会经济关联主要是存在于国民经济各个产业部门之间的技术经济联系，是从“量”的角度分析和发现产业部门间的投入与产出比例关系，从而将产业技术经济关联的“质”与“量”有机结合。产业关联的本质是产业部门间的投入产出关系。在社会化再生产过程中，每个产业部门作为产业链中的一员，一方面依赖其他产业部门的产品和服务供给进行生产，另一方面又依赖其他产业部门对其的产品和服务需求，从而生产出产品供其他部门消费。

在国民经济系统的运转过程中，产业之间的相互联系通过不同的渠道产生，主要包括产品和服务关联、技术关联、价格关联、就业关联和投资关联。产业关联的方式包括三种：第一，双向联系和单向联系。两个部门之间相互消耗、互为对方提供产品的联系为双向联系。例如，电力生产部门与煤炭生产部门表现出的互相消耗、互相供给的联系即为一种双向关联。单方面为后续产业部门提供产品和服务而不接受后续产业部门产品和服务回流的表现形式为单向联系。如图 4 - 4 所示。第二，顺向联系和逆向联系。顺向联系是指在产业链的上下游产品或生产工序的前后工序上，上游产业部门或前一工序的产品和服务为后续产业部门提供要素投入，并且一直延续直至最终产品流入市场。例如，采矿、冶炼、机械加工直至机械设备组装成型之间的依次关系即为顺向联系。后续产业部门为先行产业部门提供产品作为要素投入便形成逆向关联。第三，直接联系和间接联系。直接联系是指产业部门直接提供产品和服务供其消耗，无论是双向联系、单向联系、顺向联系、逆向联系都可认为是直接联系，比如采矿和冶金之间、面料与服装之间。间接联系是指产业部门之间通过其他部门发生联系，如棉花种植与服装制造之间会通过棉纺织等部门产生关联。

在国民经济的实际运行过程中，产业部门间的关联方式多种多样，各种联系互相交叉，形成了网格式或连锁式的复杂关系。此外，产品、服务的供给、需求关系直接生成了传统的产业关联关系，同时各产业部门间产业关联的生成也离不

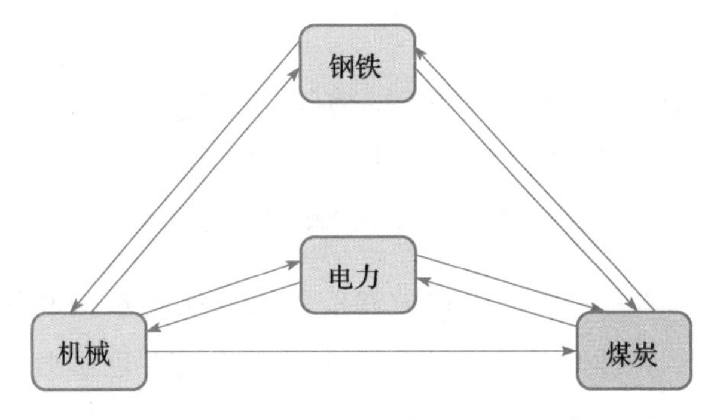

图 4－4　部门生产之间的关联关系示意图

开生产技术、人员等的流动所带来的间接联系。

2. 碳排放的社会经济关联理论

传统的社会经济关联以产业部门间相互提供产品和服务为最基本的依托，同时体现为各部门的生产技术联系、价格联系、劳动就业联系等。各经济部门均投入一定量的劳动力、资本存量和能源消费，经济产出的过程中非经济产出的产生不可避免，即能源消耗所带来的碳排放在此过程中不可避免地出现。当某一产业部门投入产出关系发生变动时，基于产业关联角度解析，其他部门的经济产出和非经济产出势必受到波及，从碳排放的角度来解析，社会经济关联碳排放就此产生。社会经济关联碳排放也具有双向性，主要表现为后向和前向两个方面。后向关联碳排放是指某产业部门作为下游的产业消耗上游产业部门提供的产品过程中吸收了上游产生的碳排放，主要体现为碳排放的输入；前向关联碳排放通常是指某一产业部门作为上游的产业在将本部门的产品提供给下游产业部门时，同时转移碳排放，形成对下游产业的碳排放输出。

如图 4－5 所示，假设有三个经济部门，分别是棉花生产部门、纺织品生产部门和服装生产部门，纺织品生产部门向棉花生产部门提供中间投入产品，棉花生产部门向服装生产部门提供中间投入产品，服装生产部门消耗了其他部门提供的中间产品，完成了相应最终产品的生产。我们以棉花生产部门为例，把生产最终产品的部门定义为前向部门，提供中间产品的部门称为后向部门。那么，在经济部门的发展过程中，若棉花生产部门的生产规模扩张或收缩时，引发了向其提供中间产品的后向部门碳排放的增加或减少，这个过程为后向关联碳效应，相应的排放为棉花生产部门的后向关联碳排放。同时，由于棉花生产部门产品是服装生产部门的中间投入，棉花生产部门的扩张或收缩又引发了服装生产部门碳排放的变化，这个过程为前向关联碳效应，相应的排放为棉花生产部门的前向关联碳排放。

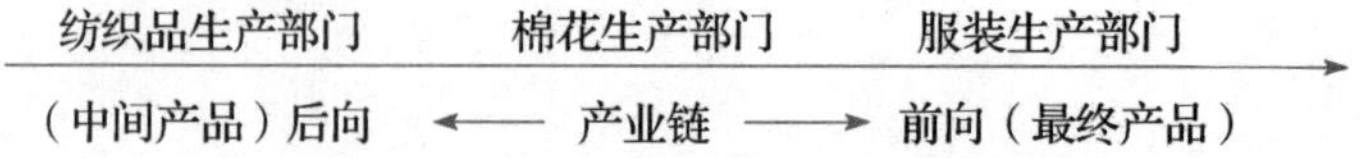

纺织品生产部门　　棉花生产部门　　服装生产部门

（中间产品）后向 ←— 产业链 —→ 前向（最终产品）

图 4-5　国民经济产业链的关联关系

棉花生产部门的后向关联碳排放和前向关联碳排放的和构成了这一部门总的关联碳排放。从供给和需求的角度来看，后向关联碳效应是指棉花生产部门投入产出的变动对供给部门纺织品的碳排放的影响，前向关联碳效应是指棉花生产部门投入产出的变动受需求部门服装影响的碳排放。当某一部门的生产活动发生变化时，会通过国民经济系统中的供给和需求关系与其他部门发生关联，从而影响其他部门的碳排放，因此，这种产品部门的关联碳排放是双向且客观的。

二、碳排放的社会经济关联研究方法

基于前文关于社会经济关联的理论支撑，对产业部门碳排放进行评估不应局限于对单一产业部门的孤立测度，由于在生产、消费、交换等过程中存在着各产业部门之间的需求联系和供给联系，产业部门碳排放的评估成为一个具有关联性的系统性分析。

1. 社会经济关联的基本工具

社会经济关联的基本工具是投入产出（input-output，IO）法。投入产出法产生于20世纪30年代中期，创始人是当时在美国哈佛大学任教的美籍俄裔经济学家华西里·列昂惕夫（Wassily Leontief）。投入产出法是在一定经济理论指导下，编制投入产出表，建立相应的投入产出模型，综合系统分析国民经济各部门、再生产环节之间数量依存关系的一种经济数量分析方法。投入产出法研究国民经济各个部门之间在生产中发生的直接和间接的联系，以国民经济为整体，以产品为对象，把产出和进口作为总资源，把中间消耗、最终使用、资本形成总额、出口作为总资源的使用，从数量上揭示国民经济各个部门之间相互依存、相互制约的关系。

本书以价值型投入产出表（见表 4-2）为例①，说明投入产出模型的基本原理。

---

① 此处示例为单区域投入产出表，可与第 3 章多区域投入产出模型的基本框架对比学习。

表 4－2　价值型投入产出表的结构

投入来源＼分配去向		中间产品				最终产品	总产出
		部门 1	部门 2	…	部门 n		
中间投入	部门 1	x_{11}	x_{12}	…	x_{1n}	y_1	X_1
	部门 2	x_{21}	x_{22}	…	x_{2n}	y_2	X_2
	⋮	⋮	⋮		⋮	⋮	⋮
	部门 n	x_{n1}	x_{n2}	…	x_{nn}	y_n	X_n
初始投入	固定资产折旧	d_1	d_2	…	d_n		
	劳动者报酬	v_1	v_2	…	v_n		
	生产税净额	m_1	m_2	…	m_n		
	营业盈余	n_1	n_2	…	n_n		
总投入		X_1	X_2	…	X_n		

资料来源：刘起运，陈璋，苏汝劼（2011）；向蓉美（2012）.

由于价值表中的数据统一采用货币计量单位，表中行向量和列向量都可以加总。水平方向表示经济部门的产品分配使用的去向，各种产品相加之和等于总产出，其数量关系是：

中间产品+最终产品=总产出

用公式表示为：

$$\sum_{j=1}^{n} x_{ij} + y_i = X_j \quad (i = 1,2,\cdots,n) \tag{4-17}$$

式中，X_j 为 j 部门的总产出；x_{ij} 为 j 部门生产时要消耗 i 部门产品的数量；y_i 为 i 部门产品的最终使用。

投入产出表的垂直方向表示产品生产中的各种投入要素，如固定资产折旧、劳动者报酬、生产税净额和营业盈余等，这些要素的价值之和等于总投入，其数量关系是：

中间投入+初始投入=总投入

用公式表示为：

$$\sum_{j=1}^{n} x_{ij} + N_j = X_j \quad (j = 1,2,\cdots,n) \tag{4-18}$$

式中，N_j 为 j 部门的初始投入。

投入产出模型常借助于直接消耗系数来反映各个产业部门之间的技术经济联系，又称投入系数或技术系数，一般用 a_{ij} 表示，定义为生产每单位 j 产品要消耗 i 部门产品的数量，计算公式为：

$$a_{ij}=\frac{x_{ij}}{X_j} \quad (i,j=1,2,\cdots,n) \tag{4-19}$$

将上式代入公式（4－17），则有

$$\sum_{j=1}^{n} a_{ij}X_j + y_i = X_i \quad (i=1,2,\cdots,n) \tag{4-20}$$

用矩阵表示为：

$$\boldsymbol{AX}+\boldsymbol{Y}=\boldsymbol{X} \tag{4-21}$$

其中，$\boldsymbol{X}=\begin{bmatrix} X_1 \\ X_2 \\ \vdots \\ X_n \end{bmatrix}$，$\boldsymbol{Y}=\begin{bmatrix} Y_1 \\ Y_2 \\ \vdots \\ Y_n \end{bmatrix}$，$\boldsymbol{A}=\begin{bmatrix} a_{11} & a_{12} & \cdots & a_{1n} \\ a_{21} & a_{22} & \cdots & a_{2n} \\ \vdots & \vdots & \ddots & \vdots \\ a_{n1} & a_{n2} & \cdots & a_{nn} \end{bmatrix}$。

经过变换，得到

$$\boldsymbol{X}=(\boldsymbol{I}-\boldsymbol{A})^{-1}\boldsymbol{Y} \tag{4-22}$$

其中，令 $\boldsymbol{L}=(\boldsymbol{I}-\boldsymbol{A})^{-1}$ 为列昂惕夫逆矩阵。该式模拟了国民经济系统总产品与最终产品之间的依存关系。

类似地，以矩阵的形式来表示投入产出的列模型，如下所示：

$$\boldsymbol{A}_c\boldsymbol{X}+\boldsymbol{N}=\boldsymbol{X} \tag{4-23}$$

式中，$\boldsymbol{A}_c$ 为中间投入系数 a_{cj} 组成的对角矩阵，$a_{cj}=\sum_{i=1}^{n} a_{ij}$ 表明 j 部门每生产一单位产出时，中间投入所占的比重。$\boldsymbol{I}-\boldsymbol{A}_c$ 可称为初始投入系数矩阵，即由各部门初始投入占总投入的比重所组成的矩阵。

公式（4－23）经过整理可得到

$$\boldsymbol{X}=(\boldsymbol{I}-\boldsymbol{A}_c)^{-1}\boldsymbol{N} \tag{4-24}$$

该式可以在已知各经济部门最初投入的情况下求得各个部门的总投入。

2. 社会经济关联碳排放的分析模型

社会经济关联的碳排放评估与分析以社会经济关联理论和环境生产技术为基

础，阐述国民经济各部门之间的关联碳排放，突出了各部门中碳排放的隐形流动。基本的研究方法包括环境投入产出模型、完全经济联系分析法、假设抽取法和结构路径分析模型，后三者均是以投入产出数据或投入产出数学模型为基础的扩展模型。

（1）环境投入产出模型。根据环境经济学的观点，资源环境为经济系统的运行源源不断地提供生产所需的原材料及各种促进生产的能量资源，在生产的转化过程中，原材料和能源以一定量的废物、废料等形式回归到自然环境中。环境经济学强调经济与环境的协调发展，因此，经济发展过程中所产生的环境损害被当作外生因素排除在经济发展理论之外是不可取的。基于此，有必要将环境变量作为生产的一个重要组成部分纳入环境经济系统的研究中。

环境投入产出模型是采用投入产出方法进行环境领域相关研究的基础。将环境排放系数引入投入产出模型，可得到环境扩展的投入产出（EE-IO）模型：

$$F=B(I-A)Y=BLY=\gamma Y \tag{4-25}$$

式中，F 是污染物排放总量列向量，其元素 f_i^{pk} 表示 i 产品的第 k 种最终使用产品所直接或间接驱动的 p 类型排放的总量；B 是环境排放系数矩阵，其元素 b_i 表示 i 部门生产一单位产出直接产生的碳排放量。矩阵 $\gamma=B(I-A)^{-1}=BL$ 中的元素是排放乘数，衡量 j 部门的单位外生最终需求引起的环境排放量。

（2）完全经济联系分析法。完全经济联系分析法是在投入产出法的基础上，通过引进各种反映直接和间接联系的经济参数，来表现通常难以观测的经济关系。完全经济联系分析法主要包括基于影响力系数和基于感应度系数的分析。影响力系数反映的是某一产业部门增加一单位最终需求时，该部门对所有部门生产需求的影响。一般来说，影响力系数越大，表明对国民经济各部门生产的需求拉动作用越大。感应度系数通常表示国民经济各部门均增加一个单位的最终需求时，某一部门由此受到的需求感应程度，也就是要求该部门为满足国民经济各部门的生产而提供的相对供给量。一般来说，感应度系数越大，表明对经济发展的瓶颈制约作用也越大。结合各经济部门的碳排放强度，可构建碳排放影响力系数和碳排放感应度系数。

碳排放影响力系数表示当某一部门的单位最终需求发生变化时，由于存在产业间的直接关联和间接关联，不仅会引起对其他产品需求的相对变化，同时也将使得各部门的碳排放发生相对变化。与部门影响力系数相反，碳排放影响力系数越小越好。碳排放影响力系数的计算公式如下：

$$\delta_j^c = \frac{\sum_{i=1}^{n} \gamma_{ij}}{\frac{1}{n}\sum_{j=1}^{n}\sum_{i=1}^{n} \gamma_{ij}} \tag{4-26}$$

式中，δ_j^c 为 j 部门对于整个国民经济系统的碳排放影响力系数；γ_{ij} 为排放乘数矩阵中的元素。

当碳排放影响力系数大于 1 时，说明该部门的生产对其他产业部门碳排放的波及影响程度超过了国民经济各部门的平均水平；当碳排放影响力系数等于 1 时，说明这种碳排放波及影响程度等于国民经济各部门的平均水平；当碳排放影响力系数小于 1 时，说明这种碳排放波及影响程度低于国民经济各部门的平均水平。

碳排放感应度系数反映某一部门为了满足其他部门的需求进行生产时而产生的碳排放，也就是说当各个部门均增加一单位产品时，该部门由此受到的碳排放波及。碳排放感应度系数的计算公式如下：

$$\eta_i^c = \frac{\sum_{j=1}^{n} \gamma_{ij}}{\frac{1}{n}\sum_{j=1}^{n}\sum_{i=1}^{n} \gamma_{ij}} \tag{4-27}$$

式中，η_i^c 为 i 部门对于整个国民经济系统的碳排放影响力系数；γ_{ij} 为排放乘数矩阵中的元素。

当碳排放感应度系数大于 1 时，说明其他产业部门的生产对该部门碳排放的推动作用超过了国民经济各部门的平均水平；当碳排放感应度系数等于 1 时，说明这种推动作用等于国民经济各部门的平均水平；当碳排放感应度系数小于 1 时，说明这种碳排放推动作用低于国民经济各部门的平均水平。

（3）假设抽取法。假设抽取法（hypothetical extraction method，HEM）是由 Schultz（1977）创立的，最早用来分析产业结构变动时所产生的经济影响。假设抽取法的原理是假设从整个经济系统中抽走一个部门，比较这个部门被抽走前后引起该经济系统总产出的变化，从而考察这个部门对整个经济系统所造成的影响，测算该部门所起到的重要作用，并识别出关键部门。

基于投入产出分析的假设抽取法关联碳排放分析的主要思路是通过比较某一

部门被抽取前后的碳排放量变化来分析该部门对于经济系统碳排放产生的关联和影响。具体操作如下：

将经济系统分为 Q_s 和 Q_{-s} 两个产业群，其中，Q_s 表示由某一个部门（或若干性质相近的部门）构成的产业群，Q_{-s} 表示由经济系统剩余部门构成的产业群。根据矩阵分块方法，任意矩阵 Q 可以表示为：

$$Q=\begin{bmatrix} Q_{s,s} & Q_{s,-s} \\ Q_{-s,s} & Q_{-s,-s} \end{bmatrix} \tag{4-28}$$

则产业部门碳排放可以描述为：

$$\begin{bmatrix} C_s \\ C_{-s} \end{bmatrix}=\begin{bmatrix} \overline{C_s} & 0 \\ 0 & \overline{C_{-s}} \end{bmatrix}\begin{bmatrix} \Delta_{s,s} & \Delta_{s,-s} \\ \Delta_{-s,s} & \Delta_{-s,-s} \end{bmatrix}\begin{bmatrix} Y_s \\ Y_{-s} \end{bmatrix} \tag{4-29}$$

式中，C 为产业部门的碳排放；$\overline{C}$ 为碳排放强度，即单位产出的碳排放量；$\begin{bmatrix} \Delta_{s,s} & \Delta_{s,-s} \\ \Delta_{-s,s} & \Delta_{-s,-s} \end{bmatrix}$为列昂惕夫逆矩阵。

现假设 i 部门被抽走后，产业群 Q_s^* 丧失与产业群 Q_{-s}^* 之间的中间供给和消耗关系，最终需求未发生变化，则

$$\begin{bmatrix} C_s^* \\ C_{-s}^* \end{bmatrix}=\begin{bmatrix} \overline{C_s} & 0 \\ 0 & \overline{C_{-s}} \end{bmatrix}\begin{bmatrix} (I-A_{s,s})^{-1} & 0 \\ 0 & (I-A_{-s,-s})^{-1} \end{bmatrix}\begin{bmatrix} Y_s \\ Y_{-s} \end{bmatrix} \tag{4-30}$$

对公式（4－29）和公式（4－30）作差，可得到被抽取产业部门对碳排放的影响：

$$\begin{aligned} C-C^* &=\begin{bmatrix} C_s & -C_s^* \\ C_{-s} & -C_{-s}^* \end{bmatrix} \\ &=\begin{bmatrix} \overline{C_s} & 0 \\ 0 & \overline{C_{-s}} \end{bmatrix}\begin{bmatrix} \Delta_{s,s}-(I-A_{s,s})^{-1} & \Delta_{s,-s} \\ \Delta_{-s,s} & \Delta_{-s,-s}-(I-A_{-s,-s})^{-1} \end{bmatrix}\begin{bmatrix} Y_s \\ Y_{-s} \end{bmatrix} \\ &=\begin{bmatrix} \overline{C_s}(\Delta_{s,s}-(I-A_{s,s})^{-1}) & \overline{C_s}\Delta_{s,-s} \\ \overline{C_{-s}}\Delta_{-s,s} & \overline{C_{-s}}(\Delta_{-s,-s}-(I-A_{-s,-s})^{-1}) \end{bmatrix}\begin{bmatrix} Y_s \\ Y_{-s} \end{bmatrix} \end{aligned}$$

$$=\begin{bmatrix} R_{s,s} & R_{s,-s} \\ R_{-s,s} & R_{-s,-s} \end{bmatrix}\begin{bmatrix} Y_s \\ Y_{-s} \end{bmatrix} \tag{4-31}$$

引入单位行向量 $z'=(1,1,\cdots,1)$，可得产业群 Q_s 的关联碳排放计算公式：

$$TL=z'(C-C^{*}) \tag{4-32}$$

为了更为清晰地反映各个产业群的关联碳排放效应，采用各个产业群的关联碳排放除以各自的算术平均数构建关联碳排放的相对指标，当某一产业群关联碳排放相对指标大于1时，表明与其他产业群相比，该产业群的关联碳排放指标在产业系统中较为显著。

（4）结构路径分析模型。基于前文中的社会经济关联理论，我们知道，各种产品在生产过程中除了有直接联系，还有间接联系，正是这些高度复杂的纵横交叉的间接联系，才把任何局部的最初变动的脉搏，传送到经济体系的各个角落，并形成了产品间的一般联系。相应地，各种产品间的相互消耗，除了直接消耗，还有间接消耗。

结构路径分析模型是在各经济部门间直接和间接消耗的基础上，通过幂级数近似的方式，将列昂惕夫逆矩阵改写为：

$$L=(I-A)^{-1}=I+A+A^2+A^3+A^4+\cdots+A^n,\quad \lim_{n\to\infty}A^n=0 \tag{4-33}$$

其中，加总的每一项代表一个生产层（production layer，PL），即 $PL^n=(A)^n$。

下面通过一个简单的例子来解释结构路径分析模型的经济含义。假设国民经济只有农业（部门1）和工业（部门2）两个部门，它们之间的直接消耗系数矩阵为：

$$\boldsymbol{A}=\begin{bmatrix} a_{11} & a_{12} \\ a_{21} & a_{22} \end{bmatrix}$$

首先，分别计算农业和工业的一次间接消耗系数，如图4-6所示。

根据上面的分析结果，得到这两个部门的一次间接消耗系数的矩阵：

$$\boldsymbol{A}^2=\begin{bmatrix} a_{11}^2+a_{12}a_{21} & a_{12}a_{11}+a_{22}a_{12} \\ a_{11}a_{21}+a_{21}a_{22} & a_{22}^2+a_{12}a_{21} \end{bmatrix}$$

农业产品对农业产品的二次间接消耗为 $a_{11}^3+a_{11}a_{12}a_{21}+a_{12}a_{21}a_{11}+a_{12}a_{22}a_{21}$，如图4-7所示。

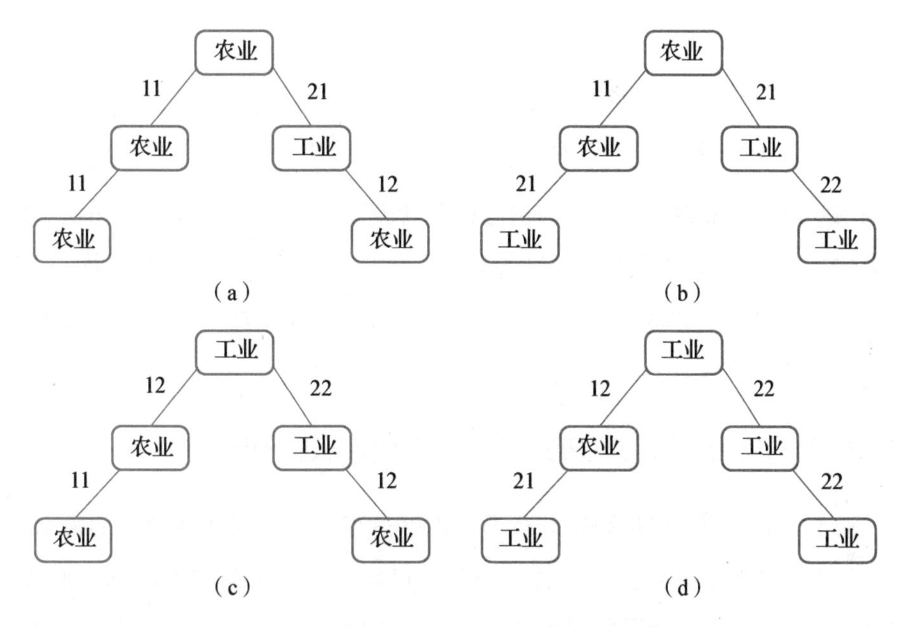

图 4－6　农业产品和工业产品的一次间接消耗

资料来源：刘起运，陈璋，苏汝劼（2011）.

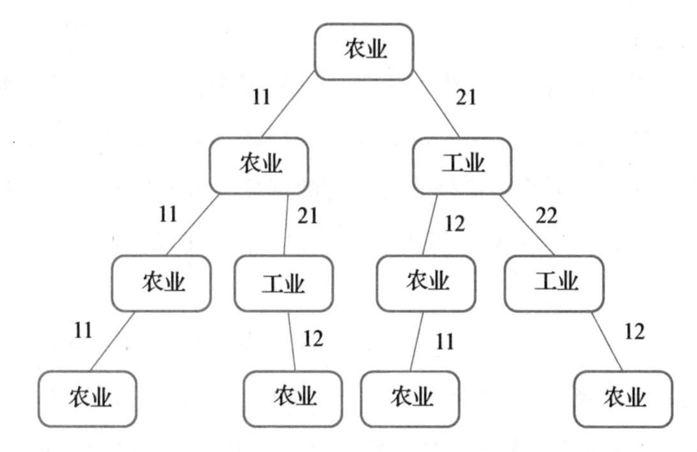

图 4－7　农业产品对农业产品的二次间接消耗

资料来源：刘起运，陈璋，苏汝劼（2011）.

其他二次间接消耗的计算省略。因此，二次间接消耗系数矩阵为：

$$\boldsymbol{A}^3=\begin{bmatrix} a_{11}^3+a_{11}a_{12}a_{21}+a_{12}a_{21}a_{11}+a_{12}a_{22}a_{21} & \cdots \\ \cdots & \cdots \end{bmatrix}$$

依此类推，可以得到 $\boldsymbol{A}^4$，$\boldsymbol{A}^5$……以及三次、四次……间接消耗系数的结果。而且，当 $n\to\infty$ 时，$A^n\to 0$。由此，列昂惕夫逆矩阵的展开式可以刻画最终需求驱动的每个生产层、每条供应链上的生产活动。

在公式（4－33）的基础上，引入排放系数，则可得到每个生产层的环境排放量，可以表示为：

$$
\begin{aligned}
E &= B(I+A+A^2+A^3+A^4+\cdots+A^n)Y \\
&= BIY+BAY+BA^2Y+\cdots+BA^nY
\end{aligned}
\qquad (4-34)
$$

利用此概念，最终需求驱动的供应链蕴含排放能够转化为在生产系统不同点（不同区域和部门）发生的树状排放结构。也就是说，由最终需求直接驱动的部门排放量出现在生产层 PL0 中，而由该部门的直接投入需求所引起的部门排放出现在生产层 PL1 中。

三、碳排放的社会经济关联研究案例：高碳供应链分析

根据上文的介绍，结构路径分析模型能够追踪部门之间相互影响的复杂关联关系，刻画某种要素在产业间的传导特征，进而反映上下游产业间的关联程度。将碳排放指标与结构路径分析模型相结合，可以将各行业产品在生产过程中的环境排放分解为无穷多条流动路径，为经济系统和生产链提供更加详细的社会经济关联信息。

下面的内容以结构路径分析模型为主要研究方法，分析了供应链蕴含的温室气体排放和污染物排放，识别出了高碳供应链和高污染供应链，并对两者的协同控制点进行了分析。根据结构路径分析模型的特征，考察所有的生产层分支是不现实且无意义的，因此这里只计算了前三个生产层（PL0、PL1 和 PL2）的蕴含排放。

考虑中国 30 个省（自治区、直辖市）①、30 个部门以及 11 种环境排放物，共计算了 811 620 900 条路径，包括三个生产层，即 PL0、PL1 和 PL2。2012 年，这三个生产层的总排放占全国相应总排放的比例为 59.9%（CH_4）～77.7%（N_2O 和 NH_3）。为了识别蕴含多种环境排放的关键协同路径，首先分别对每种环境排放的情况进行了初次筛选，将排在前 30 位的路径视为该种排放的重要路径，由此得到分别蕴含各种环境排放的重要路径集。在此基础上，对蕴含温室气体排放的重要路径和蕴含污染物的重要路径取交集，若一条路径同时蕴含了任意一种温室气体和任意一种污染物，则被视为关键协同路径，最终得到同时明显蕴含温室气体和污染物的关键协同路径集。结果显示，无论是蕴含单种排放的重要路径集，还是蕴含多种排放的关键协同路径集，其对应的各层生产活动均发生在同一个地区，不涉及

① 基于数据的可得性，本研究未覆盖港、澳、台及西藏自治区。

跨省的商品或服务流动，这意味着当前污染物治理措施仍要以省内为主。因此，为简单清晰起见，这里在阐述每条路径时不重复提及各层活动所在区域，如上海市的“电力→城市居民消费”路径，表示上海市的城市居民消费驱动了上海市的电力生产。此外，将环境排放发生在 PL0、PL1、PL2 层的路径分别简称为 PL0 路径、PL1 路径、PL2 路径。

明显驱动温室气体和污染物的关键协同路径共有 58 条，如图 4 - 8 所示。

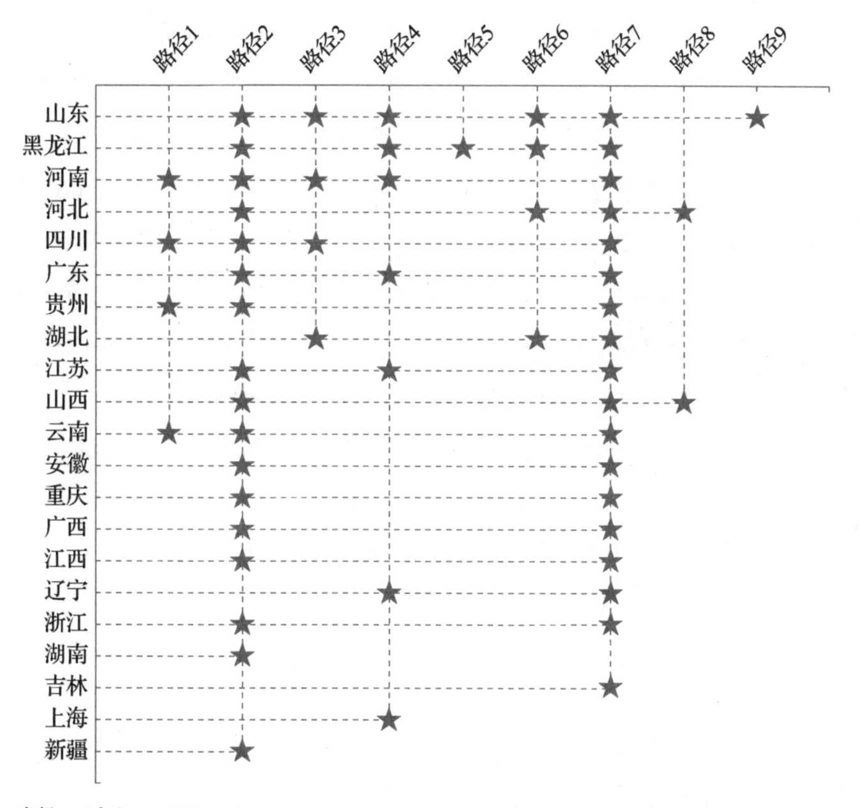

路径1：农业→RHC
路径2：农业→UHC
路径3：农业→食品制造和烟草加工业→UHC
路径4：电力、热力的生产和供应业→UHC
路径5：其他服务业→GC
路径6：农业→FCF
路径7：非金属矿物制品业→建筑业→FCF
路径8：金属冶炼和压延加工业→建筑业→FCF
路径9：农业→食品制造和烟草加工业→FCF

图 4 - 8　共同驱动温室气体与局地污染物的关键供应链

注：RHC 指农村居民消费；UHC 指城市居民消费；GC 指政府消费；FCF 指固定资本形成。

图 4 - 8 中，关键协同路径仅表示蕴含每种气体排放量在前 30 位的共同路径，而不是所有的共同路径，这种做法有助于决策者聚焦未来近期内最为重要的协同控制供应链。值得注意的是，N_2O 的所有 30 条重要路径均为协同路径，相反，NMVOCs 的重要路径中均没有蕴含任意一种温室气体。这说明，对于 NMVOCs 而言，需单独制定具有较强针对性的减排措施。而对于 N_2O，其与结构调整有关的

治理措施都存在明显的协同效应（协同治理的气体包括 CH_4、BC、OC 和 NH_3），因此，减排政策的制定应对其进行统筹考虑，以避免减排效果的低估。

总体而言，关键协同路径具有以下特征：一是地区分布较为分散（涉及 21 个省份），但除了湖南、吉林、上海、新疆，其他地区都至少存在 2 条以上的关键路径，尤其是山东有 6 条，黑龙江和河南有 5 条，河北和四川有 4 条。二是路径分布和生产部门分布较为集中，在不考虑地区因素的情况下，仅包括 9 条路径，以及 7 个行业（农业，食品制造和烟草加工业，电力、热力的生产和供应业，建筑业，非金属矿物制品业，金属冶炼和延压加工业，其他服务业）。三是主要驱动因素为固定资本形成和城市居民消费，前者明显驱动了 NMVOCs 以外的其余所有 10 种气体的排放，后者驱动排放的气体类型包括 CO_2、CH_4、N_2O、SO_2、NOx、BC、OC 和 NH_3。

根据所涉及气体的主要类型，可以将这些路径分为两类：一是 CO_2 与污染物的协同；二是非 CO_2 温室气体与污染物的协同。也即未发现同时明显蕴含 CO_2、非 CO_2 温室气体和污染物的协同路径。除了吉林、辽宁、上海只存在第一类路径，湖南和新疆只存在第二类路径，其他地区都是同时存在两类路径。

明显同时蕴含 CO_2 与空气污染物的路径有 27 条，如图 4－9(a) 所示，其所蕴含的排放量占全国相应总排放量的比例分别为 6.55%（CO_2）、5.77%（SO_2）、5.03%（NOx）、13.01%（$PM_{2.5}$）、7.64%（BC）、7.00%（OC）和 11.32%（CO）。这类关键协同路径具有以下特征：

（1）CO_2 与 NMVOCs、NH_3 之间不存在明显的协同控制潜力（共同路径），与其余 6 种污染物中的一种或多种均具有明显的共同路径。

（2）这些路径主要分布在 PL1 层（20 条），剩余的 7 条路径均为 PL0 路径。

（3）PL1 层的排放全部是由建筑业的固定资本形成驱动的，其中大多数（18 条路径）发生在非金属矿物制品业，少数（2 条路径，分别位于河北和山西）发生在金属冶炼业。这些 PL1 路径都明显蕴含了 CO_2 与多种污染物排放。特别是有 12 个省份的建筑业固定资本形成同时驱动了非金属矿物制品业的 7 种排放（CO_2、SO_2、NOx、$PM_{2.5}$、BC、OC 和 CO）。其中，山东、浙江和江苏的此条路径所蕴含的 7 种排放均排在前五位，占所在省相应排放的比例分别为 3.46%（江苏）～5.69%（浙江）的 CO_2、4.66%（江苏）～8.68%（浙江）的 SO_2、5.57%（山东）～8.59%（浙江）的 NOx、14.92%（江苏）～23.27%（浙江）的 $PM_{2.5}$、9.69%（江苏）～17.88%（浙江）的 BC、9.20%（江苏）～17.54%（浙江）的 OC，以及 11.13%（江苏）～20.27%（浙江）的 CO。

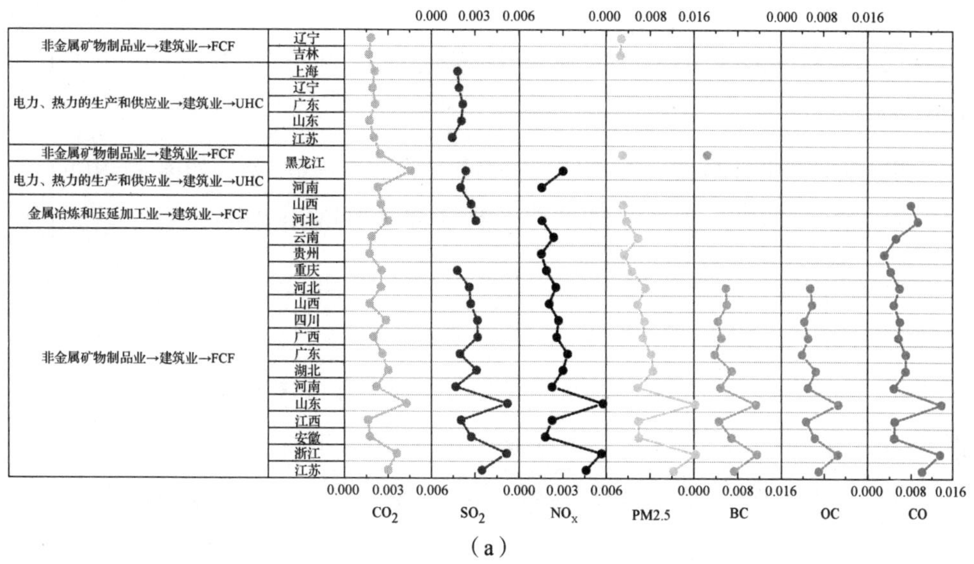

(a)

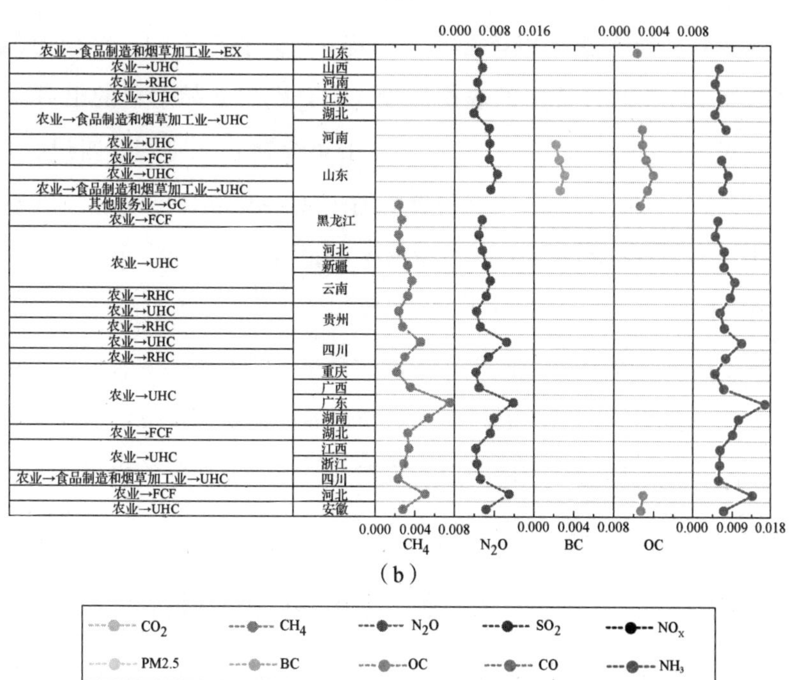

(b)

图 4-9　中国温室气体和空气污染物排放的共同足迹

注：左侧表示中国多个区域均包含相同的生产供应链。右侧的折线图表示相应供应链中每种排放在全国总排放中所占的比例。(a) 展示了 CO_2 和空气污染物排放的协同供应链；(b) 展示了 CH_4、N_2O 和空气污染物排放的协同供应链。RHC 指农村居民消费；UHC 指城市居民消费；GC 指政府消费；FCF 指固定资本形成；II 指存货增加；EX 指出口。

(4) 剩余 7 条 PLO 路径都是“电力→城市居民消费”，大多只明显蕴含 CO_2 和 SO_2 排放，占各省相应排放的比例分别为 1.74%（山东）～5.12%（上海）的 CO_2、1.89%（江苏）～4.63%（上海）的 SO_2。特别是黑龙江和河南的此条

路径同时蕴含了 CO_2、SO_2 和 NOx，相应路径占黑龙江总排放的比例依次分别为 11.66%、9.57% 和 9.03%，占河南总排放的比例依次为 4.86%、4.16% 和 3.26%。

明显同时产生 CH_4 或 N_2O 与空气污染物的路径共有 31 条，如图 4－9(b) 所示，其所蕴含的排放量占全国相应总排放量的比例分别为 7.11%（CH_4）、19.01%（N_2O）、9.67%（BC）[①]、2.52%（OC）和 20.10%（NH_3）。这类关键协同路径具有以下特征：

（1）大多数蕴含 CH_4 和 N_2O 排放的路径同时明显蕴含了 NH_3 排放（28 条），而不存在包括 SO_2、NOx、$PM_{2.5}$、CO 或 NMVOCs 的关键路径。

（2）这些路径所蕴含的排放主要源于农业部门，仅 1 条路径造成的排放来自其他服务业。

（3）大多数共同路径为 PL0 路径（26 条），其余 5 条 PL1 路径均源于食品制造和烟草加工业生产过程中的农产品投入，分别由食品烟草的出口需求（山东）或城镇居民对食品烟草的消费需求（山东、湖北、河南、四川）所驱动。例如，山东省的“农业→食品制造和烟草加工业→城市居民消费”所蕴含的排放类型和占本省的比例为 N_2O（6.36%）、BC（2.45%）、3.26%（OC）和 NH_3（6.20%）。

（4）城市居民对农产品的消费（17 条）是最主要的驱动源头，其次是城市居民对食品烟草的消费（4 条）、农村居民对农产品的消费（4 条）和农业的固定资本形成（4 条）。这意味着此类协同控制应重点关注农业部门的生产方式，以及城市居民和农村居民的农产品消费行为。

四、碳排放的社会经济关联研究案例：高碳供应链影响因素

剖析构成协同路径的地区分布特征，即某条关键协同路径出现在 A 地区而不出现在 B 地区的原因，有助于决策者更好地对所识别出的路径进行利用。通过对关键协同路径相关的社会、经济、技术等因素进行区域比较分析（见表 4－3），可以将原因归为三类。

---

① 对于污染物 BC 而言，CO_2 相关的关键协同路径对其产生的减排效果（58%）明显高于非 CO_2 相关的协同路径（7%），因此，在协同控制污染物 BC 时，优先选择的温室气体宜是 CO_2。

表 4-3　不同地区的最终需求规模

地区	路径	农村人口占比	城镇人口占比	RHC占比	UHC占比			人均RHC	人均UHC			GC占比	FCF占比		EX占比
				农业	农业	食品制造和烟草加工业	电力、热力的生产和供应业	农业	农业	食品制造和烟草加工业	电力、热力的生产和供应业	其他服务业	建筑业	农业	食品制造和烟草加工业
山东	6	2.44%	1.98%	7.30%	★8.05%	★9.32%	★5.27%	2.99	★4.06	★4.70	★2.66	8.15%	★7.75%	★14.11%	★45.79%
黑龙江	5	6.99%	6.80%	1.62%	★2.54%	2.39%	★6.60%	0.23	★0.37	0.35	★0.97	★4.03%	★2.17%	★9.02%	0.27%
河南	5	4.26%	2.31%	★6.04%	★3.31%	★5.25%	★7.38%	★1.42	★1.43	★2.27	★3.19	5.15%	★3.82%	0.36%	0.81%
河北	4	4.18%	2.71%	4.78%	★4.89%	3.29%	6.08%	1.14	★1.80	1.21	2.24	2.96%	★3.71%	★12.84%	2.29%
四川	4	2.19%	1.24%	★10.34%	★6.75%	★4.58%	3.32%	★4.73	★5.44	★3.69	2.67	3.94%	★4.57%	5.31%	0.74%
广东	3	3.13%	4.77%	8.92%	★15.09%	6.16%	★10.80%	2.85	★3.16	1.29	★2.26	9.26%	★6.91%	0.00%	6.96%
贵州	3	3.33%	1.41%	★5.43%	★1.61%	1.55%	1.94%	★1.63	★1.15	1.1	1.38	1.41%	★1.33%	0.72%	0.39%
湖北	3	2.13%	1.81%	2.80%	1.87%	★4.35%	2.81%	1.31	1.03	★2.41	1.56	2.96%	★3.71%	★12.84%	2.29%
江苏	3	2.44%	3.06%	3.96%	★3.36%	5.97%	★5.54%	1.62	★1.10	1.95	★1.81	8.84%	★5.03%	3.39%	2.87%
山西	3	2.11%	1.63%	3.11%	★2.50%	2.74%	1.66%	1.48	★1.53	1.68	1.01	2.23%	★2.36%	1.67%	0.09%
云南	3	1.98%	0.95%	★7.83%	★3.29%	1.84%	1.62%	★3.95	★3.48	1.95	1.71	2.62%	★2.96%	3.61%	0.34%
安徽	2	3.03%	1.94%	2.94%	★3.05%	3.55%	3.60%	0.97	★1.57	1.83	1.85	3.04%	★3.60%	1.80%	0.70%
重庆	2	2.41%	2.35%	2.04%	★2.80%	2.87%	1.75%	0.84	★1.19	1.22	0.74	2.20%	★2.89%	0.03%	0.01%
广西	2	1.81%	1.03%	4.13%	★2.72%	2.26%	1.59%	2.28	★2.64	2.2	1.55	2.39%	★2.95%	1.53%	1.38%
江西	2	2.36%	1.57%	4.05%	★2.45%	1.98%	2.15%	1.71	1.56	1.26	1.37	1.79%	★2.70%	0.64%	0.41%
辽宁	2	2.82%	3.98%	2.63%	4.83%	4.48%	★3.83%	0.93	1.21	1.13	★0.96	2.90%	★4.91%	3.88%	4.45%

续表

地区	路径	农村人口占比	城镇人口占比	RHC占比	UHC占比			人均RHC	人均UHC			GC占比	FCF占比		EX占比
				农业	农业	食品制造和烟草加工业	电力、热力的生产和供应业	农业	农业	食品制造和烟草加工业	电力、热力的生产和供应业	其他服务业	建筑业	农业	食品制造和烟草加工业
浙江	2	3.44%	4.36%	1.80%	★6.30%	5.82%	5.44%	0.52	★1.45	1.34	1.25	5.50%	★6.46%	5.90%	4.25%
湖南	1	2.93%	1.89%	6.01%	★5.30%	3.08%	3.87%	2.05	2.80	1.63	2.05	3.59%	4.53%	0.55%	0.83%
吉林	1	4.49%	3.84%	1.76%	0.81%	0.74%	2.83%	0.39	0.21	0.19	0.74	2.03%	★2.25%	1.32%	1.34%
上海	1	1.68%	10.35%	0.58%	4.29%	7.27%	★3.97%	0.35	0.41	0.7	★0.38	3.15%	2.57%	0.00%	0.97%
新疆	1	2.94%	1.70%	1.95%	★1.92%	1.02%	1.24%	0.67	★1.13	0.6	0.73	2.79%	1.85%	0.21%	0.76%
内蒙古	0	4.70%	4.74%	0.99%	0.95%	2.36%	2.94%	0.21	0.2	0.5	0.62	2.09%	3.26%	0.74%	1.74%
福建	0	3.43%	3.73%	3.26%	3.98%	3.11%	3.38%	0.95	1.07	0.83	0.91	2.33%	3.75%	0.45%	13.25%
北京	0	1.16%	5.33%	0.08%	0.83%	6.07%	1.84%	0.07	0.15	1.14	0.35	5.81%	2.71%	0.13%	0.34%
天津	0	2.44%	7.94%	0.36%	1.26%	2.24%	1.98%	0.15	0.16	0.28	0.25	2.60%	2.65%	0.17%	0.95%
海南	0	2.24%	1.76%	0.89%	1.14%	0.50%	0.44%	0.4	0.65	0.28	0.25	0.64%	0.76%	0.04%	0.55%
陕西	0	2.95%	2.17%	1.35%	1.96%	3.04%	2.35%	0.46	0.9	1.4	1.08	2.46%	3.64%	0.00%	5.37%
甘肃	0	4.29%	2.00%	2.09%	1.00%	1.38%	1.91%	0.49	0.5	0.69	0.96	1.54%	1.46%	0.01%	0.20%
青海	0	13.45%	8.95%	0.19%	0.33%	0.35%	1.56%	0.01	0.04	0.04	0.17	0.56%	0.62%	1.19%	0.01%
宁夏	0	2.24%	1.70%	0.78%	0.82%	0.46%	0.31%	0.35	0.48	0.27	0.18	0.53%	0.74%	0.10%	0.09%

注：为了比较不同地区的最终需求规模，该表展示了各省份的相关参数占全国的比例，以百分比的形式表示，包括农村居民消费（RHC）、城市居民消费（UHC）、政府消费（GC）、固定资本形成（FCF）和出口（EX），以及农村和城市的人口数。另外，农村和城市居民的人均消费列表示各省的人均消费与全国平均人均消费之比。五角星表示在前文内容中识别出的关键路径。

1. 最终需求规模差异

对于农业的固定资本形成而言，2012 年，河北、山东、湖北和黑龙江的农业固定资本形成位于全国各省份的前五，占全国农业总固定资本形成的份额分别达 14%、13%、13%和 9%。

对于建筑业固定资本形成而言，由图 4－8 和图 4－9 可见，建筑业固定资本形成明显驱动了大多数省份的多种环境排放。一般而言，建筑业是国民经济中的支柱产业，而且随着我国新型城镇化的发展和人民生活水平的提高，改善居住条件和完善城镇基础设施的需求使得建筑业的规模在短期内仍将持续扩张。因此，单纯从明显限制建筑业规模发展的角度来利用所识别出的路径潜力很有限。然而，考虑到目前我国各地区建筑业普遍存在的发展方式粗放问题，从环境保护和可持续发展的角度看，不仅应转变生产方式和进行结构转型，也应引导企业理性投资，尽量避免盲目扩建、重复建设和无效投资。特别是山东、浙江和江苏是需要优先关注的省份。一方面，这三个省份的关键协同路径“非金属矿物制品业→建筑业→固定资本形成”所蕴含的各项排放（CO_2、SO_2、NOx、$PM_{2.5}$、BC、OC 和 CO）均排在前五位（见图 4－9），占本省相应总排放的比例分别为 4.36%（CO_2）～15.59%（$PM_{2.5}$）、5.69%（CO_2）～23.27%（$PM_{2.5}$）、3.46%（CO_2）～14.92%（$PM_{2.5}$）；另一方面，从表 4－3 中可知，山东的建筑业固定资本形成规模是最大的，占全国建筑业固定资本形成总额的 7.75%，浙江和江苏的建筑业固定资本形成也排在前五位，占比分别为 6.46%和 5.03%。

对于居民消费而言，山西、新疆和江西的关键协同路径均是“农业→城市居民消费”，然而，这三个省份的城市居民对农产品的消费量均相对较低，占全国城市居民农产品消费总量的比例均不超过 2.5%，在全国各省份中的排序均在第 15 位之后。因此，在影响山西、新疆和江西的该条协同路径的因素中，可首先排除最终消费规模因素。特别是黑龙江和贵州均包括两条与居民消费相关的路径，其中这两个省份的“城市居民消费→农产品”路径也由于消费量较低（占比分别为 2.54%和 1.61%）而排除了最终需求的规模因素。

对于剩余的关键协同路径，居民消费的规模主要由人均消费量和人口规模决定。从表 4－3 中可看出，山东、四川、云南、湖北、广西和湖南六个省份的关键协同路径所蕴含的环境排放均主要由明显较高的人均消费量所致。例如，山东城市人口数占全国城市人口数的比例不到 2%，而其城市居民消费的农产品、食品烟草和电力热力均是蕴含多种环境排放的关键协同路径。从最终需求的角度看，根本原因在于山东城市居民的人均消费明显高于绝大多数其他省份，其中，食品烟草的人均消费量在各省市中居于首位，且是全国人均消费量的近 5 倍。同时，山东省农产品和电力热力的城市居民消费也分别排在第二位和第三位，分别达到相应产品全国人均消费量的 4.1 倍和 2.7 倍。此外，其余五个省份的人口规模甚至都低于山东省人口数，而除了湖南省城市居民对农产品的人均消费排在第六位，其余省份的各项人均消费量均排在前五位。

从表 4-3 中还可看出，由于人口规模大而造成蕴含排放量较大的关键协同路径主要发生在上海、浙江和辽宁，所涉及的消费主体均是城市居民，此外还包括黑龙江的“电力、热力的生产和供应业→城市居民消费”路径。这四个地区的城市人口数在全国各省份中排名靠前，而相应产品的人均消费量均较低。例如，上海市城市居民人口占全国城市总人口的比例约为 10%，而上海市城市居民的人均电力消费非常低，仅排在第 25 位，由此可见，上海市的“电力、热力的生产和供应业→城市居民消费”路径蕴含较高排放的原因主要源于庞大的城镇人口规模。

对其余七个地区（河南、河北、广东、贵州、江苏、安徽和重庆），以及贵州的“农业→城市居民消费”而言，居民消费排放量较大的原因是较高的人均消费和较大的人均规模的共同作用。

对于政府消费而言，黑龙江其他服务业的政府消费蕴含了明显的 CH_4 和 OC 排放。从消费规模来看，虽然黑龙江政府对其他服务业的消费需求占全国政府消费总和的 4% 左右（接近平均水平），排位也较靠前（排在第七位），但这并不足以使其脱颖而出成为唯一一个政府消费驱动的路径。例如，排在前三位的省份的政府消费规模比黑龙江高出 4.12%～5.23%。由此可推断，导致该路径蕴含排放量较大的主要原因不是最终需求的规模，而是其他服务业的排放强度较高。

对于出口而言，山东是全国各省份中食品烟草出口量最大的省份，而且其出口远高于其他省份，占食品烟草总出口的比例高达 46%，这必然是造成该省份“食品制造和烟草加工业→出口”路径蕴含排放量明显偏大的主要原因。然而，在我国积极参与全球化和促进对外贸易发展的大背景下，包括食品在内的各行业产品出口正在被持续鼓励，因此，降低食品烟草的出口规模不是一个减排的可选方案。

2. 上游生产部门的排放强度差异

降低路径顶层部门（起始部门）的排放强度，即单位产出的排放，是减少所在路径蕴含排放甚至减少全国排放的直接方式，而评估和判断相应排放强度的下降空间是首要的步骤。此处上游或下游部门是一个相对的概念，即在同一条路径上，上游部门仅指起始部门，下游部门指末端部门。由图 4－8 可知，路径顶层仅包括 5 个部门，分别是农业，非金属矿物制品业，金属冶炼和压延加工业，电力、热力的生产和供应业，以及其他服务业。

在非 CO_2 和污染物的关键协同路径中，终端生产部门包括农业和其他服务业。河北、湖北和江苏农业部门的相关气体排放强度均低于全国平均值。虽然山西农业部门的 N_2O 和 NH_3 排放强度，以及重庆农业部门的 CH_4、N_2O 和 NH_3 排放强度均高于全国平均值，但这两个地区相关气体的人均排放量在全国各地区中排名落后于大多数省份，即污染程度较低。在这种情况下，若政府采取利于低人均排放（例如收缩和趋同（C&C））的原则在省际分配减排责任，则这些省份将承担较少的责任，甚至被允许增排。因此，高农业排放强度的有效协同路径很可能被忽略。虽然中国目前没有针对 CH_4、N_2O 和 NH_3 的具体控制政策，但相关的紧迫的政策研究与开发正在进行。在这个过程中，决策者需要了解上述关键协同控制路径。值得注意的是，对于河南、贵州、云南和新疆的农业部门，以及黑龙江的其他服务业而言，关键协同路径蕴含的所有气体的排放强度均明显高于全国平均值，而且地区污染程度也较高，特别是新疆农业部门的 CH_4、N_2O 和 NH_3 排放强度分别是全国平均排放强度的 1.7 倍、1.4 倍和 1.4 倍，且人均排放量均排在前三位。

在 CO_2 和污染物的关键协同路径中，终端生产部门包括非金属矿物制品业，金属冶炼和压延加工业，电力、热力的生产和供应业。辽宁、河南和广东的非金属矿物制品业，以及广东的电力行业相对较为清洁，涉及的所有气体排放强度都低于全国平均水平，下降空间有限。广西、贵州和云南的非金属矿物制品业的相关气体排放强度都明显超过了全国平均水平，但广西的 SO_2 人均排放在 30 个省份中排在第 18 位，其余地区的所有气体人均排放更是均在第 20 位之后，地区污染程度较低。需要重点考虑的地区和生产部门包括河北、山西的非金属矿物制品业、金属冶炼和压延加工业，浙江的非金属矿物制品业，以及辽宁、上海和山东的电力行业，不仅所有相关气体的排放强度均明显高于全国平均水平，而且人均排放现状也不乐观。例如，山西省非金属矿物制品业、金属冶炼和压延加工业的各项气体排放强度均超过了全国平均值的两倍，且对于人均排放而言，除了非金属矿物制品业的 NO_x 排在第 6 位，其余气体的人均排放都排在前五位。

在以上列出的特征中，对于终端生产部门的排放强度或人均排放而言，上述省份不同气体的表现情况均较为一致。而其余省份终端生产部门的情况依气体类型不同而有所区别，无法直接得出调整相应排放强度的判断，需进一步根据产生气体的详细活动源进行考察，此处不做深入探究。

3. 生产部门的中间投入结构差异

产生高排放供应链路径的原因还可能在于生产部门的中间投入结构差异。高排放供应链中涉及的中间生产结构主要包括 18 个地区建筑业的非金属矿物制品投入、4 个地区食品制造和烟草加工业的农产品投入，以及 3 个地区建筑业的金属投入（如图 4-9 所示）。对此，可做专门的结构调整模拟和分析，本书在这里不做细致讨论，感兴趣的读者可以进行拓展学习。

通过评估覆盖中国 30 个省份的供应链系统中多种温室气体（CO_2、CH_4 和 N_2O）和空气污染物（SO_2、NOx、$PM_{2.5}$、BC、OC、NH_3、CO 和 NMVOCs）的排放足迹，本案例尝试为协同碳减排管理与污染物管理提供相关信息。根据分析结果，同时蕴含温室气体和污染物的关键协同路径均出现在同一省份。从供应链蕴含排放的角度看，温室气体和污染物的协同控制可分为两大类：CO_2 和污染物（SO_2、NOx、$PM_{2.5}$、BC、OC 和 CO），非 CO_2 温室气体（CH_4 和 N_2O）和污染物（BC、OC 和 NH_3）。CO_2 相关的关键协同路径包括 18 个省份的“非金属矿物制品业→建筑业→固定资本形成”、7 个省份的“电力、热力的生产和供应业→城市居民消费”和 2 个省份的“金属冶炼和压延加工业→建筑业→固定资本形成”。非 CO_2 的温室气体相关的关键协同路径包括由不同最终需求驱动的农业生产，特别是城市居民消费，具体路径为“农业→食品制造和烟草加工业→出口”“农业→食品制造和烟草加工业→城市居民消费”“其他服务业→政府消费”“农业→农村居民消费”“农业→城市居民消费”“农业→固定资本形成”。

第 3 节　碳排放与国际贸易

在各国积极应对气候变化同时，贸易作为一项重要的经济活动，不仅是全球经济增长的重要引擎，带动了各国的经济发展，而且在气候变化问题中扮演的角色也开始引起广泛关注。一方面，由于大量化石能源被用于生产贸易产品，不断攀升的国际贸易总额带动了各国碳排放的快速增长，学界一般将商品生产过程中产生的碳排放称为商品当中的隐含碳排放，目前国际贸易当中的隐含碳排放约占全球碳排放总量的 1/3，因此，国际贸易是各国开展碳减排行动不可忽视的重要因素。另一方面，贸易当中的隐含碳排放会随着商品的流通在不同国家和地区间转移并重新分配，因此，某一国家的碳排放可能被用于满足其他国家的最终消费，这就给碳排放核算及碳减排责任划分带来挑战，若忽视国际贸易当中不同国家间隐含的碳转移，将有可能高估出口大国的碳排放，从而使这些国家面临过大的减排压力，加剧全球经济和减碳责任不公平等问题。

一、国际贸易隐含碳研究方法

1. 世界区域间投入产出模型

世界区域间投入产出模型是区域间投入产出模型的一种（区域间投入产出模型的相关介绍详见第 3 章第 1 节相关内容），即模型主要对象为全球不同国家，因此基于该模型的世界投入产出表也反映了全球各国各部门间的贸易关系。在世界区域间投入产出表中，假设 m 代表国家（地区）数，n 代表部门数，z_{ij}^{rs} 代表 r 国 i 部门对 s 国 j 部门的中间投入，f_i^{rs} 代表 r 国 i 部门提供 s 国的最终使用，v_i^r 代表 r 国 i 部门的最初投入，x_i^r 代表 r 国 i 部门的总投入或总产出。结合第 3 章第 1 节当中关于区域间总产出相互拉动关系的测算方法，可得到国家间总产出相互拉动的关系的计算方法如下：

$$X^{rs} = \sum_{s=1}^{m} B^{rs} F^{ss} = B^{r1} F^{1s} + B^{r2} F^{2s} + \cdots + B^{rm} F^{ms} \tag{4-35}$$

在上述等式中，s 国最终需求对 r 国的总产出拉动也被拆分为 m 个部分，如 $B^{rm} F^{ms}$ 表示 s 国消费的来自 m 国的最终需求对 r 国总产出的拉动，具体拉动途径为：r 国向 m 国出口中间产品，经 m 国加工成最终产品后出口到 s 国被最终消费。

2. 国际贸易隐含碳排放核算

基于上述各国间总产出的拉动关系，借助各国分部门碳排放数据，可以计算各国分部门间的隐含碳排放转移。

令 e_i^r 表示 r 国 i 部门的直接碳排放量，构建该部门的碳排放系数，即单位总产

出的碳排放量，令其为 c_i^r，则根据碳排放系数的定义，有

$$c_i^r = e_i^r / x_i^r \tag{4-36}$$

类似地，可以得到全球直接碳排放系数矩阵：

$$\hat{\boldsymbol{C}} = \begin{bmatrix} \hat{C}^1 & \cdots & 0 \\ \vdots & \ddots & \vdots \\ 0 & \cdots & \hat{C}^m \end{bmatrix} \tag{4-37}$$

式中：

$$\hat{\boldsymbol{C}}^r = \begin{bmatrix} c_1^r & \cdots & 0 \\ \vdots & \ddots & \vdots \\ 0 & \cdots & c_n^r \end{bmatrix} \tag{4-38}$$

因此，各国间贸易隐含碳排放转移的矩阵关系式可计算如下：

$$\boldsymbol{E} = \begin{bmatrix} E^{11} & \cdots & E^{1m} \\ \vdots & \ddots & \vdots \\ E^{m1} & \cdots & E^{mm} \end{bmatrix} = \begin{bmatrix} \hat{C}^1 & \cdots & 0 \\ \vdots & \ddots & \vdots \\ 0 & \cdots & \hat{C}^m \end{bmatrix} \begin{bmatrix} X^{11} & \cdots & X^{1m} \\ \vdots & \ddots & \vdots \\ X^{m1} & \cdots & X^{mm} \end{bmatrix} = \begin{bmatrix} \hat{C}^1 X^{11} & \cdots & \hat{C}^1 X^{1m} \\ \vdots & \ddots & \vdots \\ \hat{C}^m X^{m1} & \cdots & \hat{C}^m X^{m1} \end{bmatrix} \tag{4-39}$$

式中：

$$E^{rs} = \hat{C}^r X^{rs} \tag{4-40}$$

E^{rs} 表示 s 国最终需求拉动的 r 国的碳排放，即 r 国向 s 国转移的隐含碳排放。同理，s 国向 r 国转移的碳排放为：

$$E^{sr} = \hat{C}^r X^{rs} \tag{4-41}$$

r 国向 s 国净转移的碳排放为：

$$\overline{E^{rs}} = \hat{C}^r X^{rs} - \hat{C}^r X^{rs} \tag{4-42}$$

3. 贸易结构变化的碳排放效应核算

为测算贸易结构变化导致的经济环境效应，需要对贸易结构进行量化和剥离替换。首先，构建技术投入系数 a_{ij}^{*s}，a_{ij}^{*s} 表示 s 国 j 部门与 i 部门之间的技术投入系数，即 s 国 j 部门单位总产出需要消耗的 i 部门的产品量，其中 r 国所提供的份额可表示为：

$$d_{ij}^{rs}=a_{ij}^{rs}/a_{ij}^{*s} \tag{4-43}$$

我们可以进一步得到如下 $mn\times mn$ 矩阵：

$$\boldsymbol{D}=\begin{bmatrix} D^{11} & \cdots & D^{1m} \\ \vdots & \ddots & \vdots \\ D^{m1} & \cdots & D^{mm} \end{bmatrix} \tag{4-44}$$

矩阵 $\boldsymbol{D}$ 反映了国家间中间产品贸易结构，如子矩阵 $\boldsymbol{D}^{rs}$ 反映了 r 国向 s 国出口的产品占 s 国中间生产消耗的总产品的比重。在矩阵 $\boldsymbol{D}$ 中，有

$$\sum_{r=1}^{m} d_{ij}^{rs} = \left(\sum_{r=1}^{m} a_{ij}^{rs}\right)/a_{ij}^{*s} = 1 \tag{4-45}$$

即 s 国 j 部门生产单位总产出所需要的 i 产品来自各地区的份额汇总为 1。

根据技术投入系数，构建如下 s 国的 $n\times n$ 技术投入系数矩阵：

$$\boldsymbol{A}^{*s}=\begin{bmatrix} a_{11}^{*s} & \cdots & a_{1n}^{*s} \\ \vdots & \ddots & \vdots \\ a_{n1}^{*s} & \cdots & a_{nn}^{*s} \end{bmatrix} \tag{4-46}$$

以及如下 $mn\times mn$ 矩阵：

$$\boldsymbol{A}^{*}=\begin{bmatrix} A^{*1} & \cdots & A^{*m} \\ \vdots & \ddots & \vdots \\ A^{*1} & \cdots & A^{*m} \end{bmatrix} \tag{4-47}$$

则基于前述地区间投入产出模型及上述中间产品贸易结构矩阵，可以将前面直接消耗系数矩阵改写为以下形式：

$$\boldsymbol{A}=\begin{bmatrix} A^{11} & \cdots & A^{1m} \\ \vdots & \ddots & \vdots \\ A^{m1} & \cdots & A^{mm} \end{bmatrix}=\begin{bmatrix} D^{11}A^{*1} & \cdots & D^{1m}A^{*m} \\ \vdots & \ddots & \vdots \\ D^{m1}A^{*1} & \cdots & D^{mm}A^{*m} \end{bmatrix}=D\cdot A^{*} \tag{4-48}$$

而列昂惕夫逆矩阵为：

$$(I-A)^{-1}=(I-DIA^{*})^{-1} \tag{4-49}$$

通过上述变形，将贸易结构矩阵 $\boldsymbol{D}$ 纳入列昂惕夫逆矩阵的运算公式当中，为后面进行矩阵替换做好铺垫。

接下来，通过同样的方法对最终产品贸易结构进行量化。

首先，令

$$f_i^{*s}=\sum_{r=1}^{m}f_i^{rs} \tag{4-50}$$

仿照前面的方法，可以得到如下 $n\times1$ 矩阵：

$$\boldsymbol{Y}^{rs}=(y_1^{rs},y_2^{rs},\cdots,y_n^{rs})' \tag{4-51}$$

以及 $mn\times m$ 矩阵：

$$\boldsymbol{Y}=\begin{bmatrix} Y^{11},Y^{12},\cdots,Y^{1m} \\ Y^{21},Y^{22},\cdots,Y^{2m} \\ \vdots \quad \vdots \quad \ddots \quad \vdots \\ Y^{m1},Y^{m2},\cdots,Y^{mm} \end{bmatrix} \tag{4-52}$$

该矩阵反映了国家间最终产品的贸易结构。

根据 f_i^{*s} 可以得到 $n\times1$ 矩阵：

$$F^{*s}=(f_1^{*s},f_2^{*s},\cdots,f_n^{*s})' \tag{4-53}$$

以及 $nm\times m$ 矩阵：

$$\boldsymbol{F}^*=\begin{bmatrix} F^{*1} & \cdots & F^{*m} \\ \vdots & \ddots & \vdots \\ F^{*1} & \cdots & F^{*m} \end{bmatrix} \tag{4-54}$$

结合前面最终产品贸易结构矩阵 $\boldsymbol{Y}$，可将最终需求矩阵 $\boldsymbol{F}$ 及其子矩阵 $\boldsymbol{F}^{rs}$ 改写如下：

$$F^{rs}=\begin{bmatrix} f_1^{rs} \\ f_2^{rs} \\ \vdots \\ f_n^{rs} \end{bmatrix}=\begin{bmatrix} y_1^{rs}\times f_1^{*s} \\ y_2^{rs}\times f_2^{*s} \\ \vdots \\ y_n^{rs}\times f_n^{*s} \end{bmatrix}=Y^{rs}F^{*s} \tag{4-55}$$

$$\boldsymbol{F}=\begin{bmatrix} F^{11},F^{12},\cdots,F^{1m} \\ F^{21},F^{22},\cdots,F^{2m} \\ \vdots \quad \vdots \quad \ddots \quad \vdots \\ F^{m1},F^{m2},\cdots,F^{mm} \end{bmatrix}=\begin{bmatrix} Y^{11}F^{*1} & \cdots & Y^{1m}F^{*m} \\ \vdots & \ddots & \vdots \\ Y^{m1}F^{*1} & \cdots & Y^{mm}F^{*m} \end{bmatrix}=Y\cdot F^* \tag{4-56}$$

至此，最终产品贸易结构矩阵被成功纳入最终需求矩阵，为后面替换该贸易结构矩阵做好铺垫。

汇总来看，原计算总产出的公式

$$\boldsymbol{X}=(\boldsymbol{I}-\boldsymbol{A})^{-1}\boldsymbol{F} \tag{4-57}$$

可表示如下：

$$\boldsymbol{X}=(\boldsymbol{I}-\boldsymbol{A})^{-1}\boldsymbol{F}=(\boldsymbol{I}-\boldsymbol{DIA}^{*})^{-1}(\boldsymbol{YYF}^{*}) \tag{4-58}$$

接下来是量化时间 t_0 与时间 t_1 的贸易结构变化导致的经济（增加值）和环境（碳排放、土地、水、稀缺水）效应。为此首先构架两个贸易结构情景：情景 1 为 t_1 年份的实际贸易结构，情景 2 为将 t_0 年贸易结构替换为 t_1 年结构，其他条件不变，包括各国生产技术（各国内部 A 矩阵），各国最终需求总量及结构（各国内部 F 矩阵）均不变。因此，将情景 1 下的结果减去情景 2 得到的结构，即在技术、各国最终需求水平等条件均不变的情况下，仅由于 t_0-t_1 年贸易结构变化导致的经济或环境效应。

下面以碳排放为例，计算 t_0-t_1 年期间贸易结构变化给各国碳排放以及国家间隐含碳转移带来的影响。

情景 1（t_1 年实际情况）下全球各国间隐含碳转移矩阵可计算如下：

$$\begin{bmatrix} E_{t_1}^{11} & \cdots & E_{t_1}^{1m} \\ \vdots & \ddots & \vdots \\ E_{t_1}^{m1} & \cdots & E_{t_1}^{mm} \end{bmatrix}=\begin{bmatrix} \hat{C}_{t_1}^{1} & \cdots & 0 \\ \vdots & \ddots & \vdots \\ 0 & \cdots & \hat{C}_{t_1}^{m} \end{bmatrix}(I-D_{t_1}tA^{*})^{-1}(Y_{t_1}tF^{*}) \tag{4-59}$$

情景 2（将 t_1 年份贸易结构替换为 t_0 年的结构，其他条件不变）：

$$\begin{bmatrix} E_{t_1}^{11}\_\text{Ⅱ} & \cdots & E_{t_1}^{1m}\_\text{Ⅱ} \\ \vdots & \ddots & \vdots \\ E_{t_1}^{m1}\_\text{Ⅱ} & \cdots & E_{t_1}^{mm}\_\text{Ⅱ} \end{bmatrix}=\begin{bmatrix} \hat{C}_{t_1}^{1} & \cdots & 0 \\ \vdots & \ddots & \vdots \\ 0 & \cdots & \hat{C}_{t_1}^{m} \end{bmatrix}(I-D_{t_0}tA^{*})^{-1}(Y_{t_0}tF^{*}) \tag{4-60}$$

因此，t_0-t_1 年期间贸易结构变化导致的 r 国的碳排放及碳足迹变化可表示如下：

$$\sum_{s=1}^{m}E_{t_1}^{rs}\_\text{Ⅱ}-\sum_{s=1}^{m}E_{t_1}^{rs} \tag{4-61}$$

$$\sum_{s=1}^{m}E_{t_1}{}^{sr}\_\text{Ⅱ}-\sum_{s=1}^{m}E_{t_1}^{sr} \tag{4-62}$$

$$A^R=\begin{bmatrix} \dfrac{\dfrac{x_i^r(t_1)\_\mathrm{II}[z_{ii}^{rr}(t_1)+z_{ii}^{sr}(t_1)]z_{ii}^{rr}(t_0)}{x_i^r(t_1)[z_{ii}^{rr}(t_0)+z_{ii}^{sr}(t_0)]}+\dfrac{x_i^r(t_1)\_\mathrm{II}[z_{ii}^{rr}(t_1)+z_{ii}^{sr}(t_1)]z_{ii}^{sr}(t_0)}{x_i^r(t_1)[z_{ii}^{rr}(t_0)+z_{ii}^{sr}(t_0)]}}{x_i^r(t_1)\_\mathrm{II}} & \dfrac{\dfrac{x_j^r(t_1)\_\mathrm{II}[z_{ij}^{rr}(t_1)+z_{ij}^{sr}(t_1)]z_{ij}^{rr}(t_0)}{x_j^r(t_1)[z_{ij}^{rr}(t_0)+z_{ij}^{sr}(t_0)]}+\dfrac{x_j^r(t_1)\_\mathrm{II}[z_{ij}^{rr}(t_1)+z_{ij}^{sr}(t_1)]z_{ij}^{sr}(t_0)}{x_j^r(t_1)[z_{ij}^{rr}(t_0)+z_{ij}^{sr}(t_0)]}}{x_j^r(t_1)\_\mathrm{II}} \\ \dfrac{\dfrac{x_i^r(t_1)\_\mathrm{II}[z_{ji}^{rr}(t_1)+z_{ji}^{sr}(t_1)]z_{ji}^{rr}(t_0)}{x_i^r(t_1)[z_{ji}^{rr}(t_0)+z_{ji}^{sr}(t_0)]}+\dfrac{x_i^r(t_1)\_\mathrm{II}[z_{ji}^{rr}(t_1)+z_{ji}^{sr}(t_1)]z_{ji}^{sr}(t_0)}{x_i^r(t_1)[z_{ji}^{rr}(t_0)+z_{ji}^{sr}(t_0)]}}{x_i^r(t_1)\_\mathrm{II}} & \dfrac{\dfrac{x_j^r(t_1)\_\mathrm{II}[z_{jj}^{rr}(t_1)+z_{jj}^{sr}(t_1)]z_{jj}^{rr}(t_0)}{x_j^r(t_1)[z_{jj}^{rr}(t_0)+z_{jj}^{sr}(t_0)]}+\dfrac{x_j^r(t_1)\_\mathrm{II}[z_{jj}^{rr}(t_1)+z_{jj}^{sr}(t_1)]z_{jj}^{sr}(t_0)}{x_j^r(t_1)[z_{jj}^{rr}(t_0)+z_{jj}^{sr}(t_0)]}}{x_j^r(t_1)\_\mathrm{II}} \end{bmatrix}$$

$$=\begin{bmatrix} [z_{ii}^{rr}(t_1)+z_{ii}^{sr}(t_1)]/x_i^r(t_1) & [z_{ij}^{rr}(t_1)+z_{ij}^{sr}(t_1)]/x_j^r(t_1) \\ [z_{ji}^{rr}(t_1)+z_{ji}^{sr}(t_1)]/x_i^r(t_1) & [z_{jj}^{rr}(t_1)+z_{jj}^{sr}(t_1)]/x_j^r(t_1) \end{bmatrix} \tag{4-63}$$

$$A^S=\begin{bmatrix} \dfrac{\dfrac{x_i^s(t_1)\_\mathrm{II}[z_{ii}^{rs}(t_1)+z_{ii}^{ss}(t_1)]z_{ii}^{rs}(t_0)}{x_i^s(t_1)[z_{ii}^{rs}(t_0)+z_{ii}^{ss}(t_0)]}+\dfrac{x_i^s(t_1)\_\mathrm{II}[z_{ii}^{rs}(t_1)+z_{ii}^{ss}(t_1)]z_{ii}^{ss}(t_0)}{x_i^s(t_1)[z_{ii}^{rs}(t_0)+z_{ii}^{ss}(t_0)]}}{x_i^s(t_1)\_\mathrm{II}} & \dfrac{\dfrac{x_j^s(t_1)\_\mathrm{II}[z_{ij}^{rs}(t_1)+z_{ij}^{ss}(t_1)]z_{ij}^{rs}(t_0)}{x_j^s(t_1)*[z_{ij}^{rs}(t_0)+z_{ij}^{ss}(t_0)]}+\dfrac{x_j^s(t_1)\_\mathrm{II}[z_{ij}^{rs}(t_1)+z_{ij}^{ss}(t_1)]z_{ij}^{ss}(t_0)}{x_j^s(t_1)*[z_{ij}^{rs}(t_0)+z_{ij}^{ss}(t_0)]}}{x_j^s(t_1)\_\mathrm{II}} \\ \dfrac{\dfrac{x_i^s(t_1)\_\mathrm{II}[z_{ji}^{rs}(t_1)+z_{ji}^{ss}(t_1)]z_{ji}^{rs}(t_0)}{x_i^s(t_1)[z_{ji}^{rs}(t_0)+z_{ji}^{ss}(t_0)]}+\dfrac{x_i^s(t_1)\_\mathrm{II}[z_{ji}^{rs}(t_1)+z_{ji}^{ss}(t_1)]z_{ji}^{ss}(t_0)}{x_i^s(t_1)[z_{ji}^{rs}(t_0)+z_{ji}^{ss}(t_0)]}}{x_i^s(t_1)\_\mathrm{II}} & \dfrac{\dfrac{x_j^s(t_1)\_\mathrm{II}[z_{jj}^{rs}(t_1)+z_{jj}^{ss}(t_1)]z_{jj}^{rs}(t_0)}{x_j^s(t_1)*[z_{jj}^{rs}(t_0)+z_{jj}^{ss}(t_0)]}+\dfrac{x_j^s(t_1)\_\mathrm{II}[z_{jj}^{rs}(t_1)+z_{jj}^{ss}(t_1)]z_{jj}^{ss}(t_0)}{x_j^s(t_1)[z_{jj}^{rs}(t_0)+z_{jj}^{ss}(t_0)]}}{x_j^s(t_1)\_\mathrm{II}} \end{bmatrix}$$

$$=\begin{bmatrix} [z_{ii}^{rs}(t_1)+z_{ii}^{ss}(t_1)]/x_i^s(t_1) & [z_{ij}^{rs}(t_1)+z_{ij}^{ss}(t_1)]/x_j^s(t_1) \\ [z_{ji}^{rs}(t_1)+z_{ji}^{ss}(t_1)]/x_i^s(t_1) & [z_{jj}^{rs}(t_1)+z_{jj}^{ss}(t_1)]/x_j^s(t_1) \end{bmatrix} \tag{4-64}$$

$$F^{R}=\begin{bmatrix}\dfrac{[f_{i}^{rr}(t_{1})+f_{i}^{sr}(t_{1})]f_{i}^{rr}(t_{0})}{f_{i}^{rr}(t_{0})+f_{i}^{sr}(t_{0})}+\dfrac{[f_{i}^{rr}(t_{1})+f_{i}^{sr}(t_{1})]f_{i}^{sr}(t_{0})}{f_{i}^{rr}(t_{0})+f_{i}^{sr}(t_{0})}\\ \dfrac{[f_{j}^{rr}(t_{1})+f_{j}^{sr}(t_{1})]f_{j}^{rr}(t_{0})}{f_{j}^{rr}(t_{0})+f_{j}^{sr}(t_{0})}+\dfrac{[f_{j}^{rr}(t_{1})+f_{j}^{sr}(t_{1})]f_{j}^{sr}(t_{0})}{f_{j}^{rr}(t_{0})+f_{j}^{sr}(t_{0})}\end{bmatrix}$$

$$=\begin{bmatrix}f_{i}^{rr}(t_{1})+f_{i}^{sr}(t_{1})\\ f_{j}^{rr}(t_{1})+f_{j}^{sr}(t_{1})\end{bmatrix}\tag{4-65}$$

$$F^{S}=\begin{bmatrix}\dfrac{[f_{i}^{rs}(t_{1})+f_{i}^{sr}(t_{1})]f_{i}^{rs}(t_{0})}{f_{i}^{rs}(t_{0})+f_{i}^{sr}(t_{0})}+\dfrac{[f_{i}^{rs}(t_{1})+f_{i}^{sr}(t_{1})]f_{i}^{sr}(t_{0})}{f_{i}^{rs}(t_{0})+f_{i}^{sr}(t_{0})}\\ \dfrac{[f_{j}^{rs}(t_{1})+f_{j}^{sr}(t_{1})]f_{j}^{rs}(t_{0})}{f_{j}^{rs}(t_{0})+f_{j}^{sr}(t_{0})}+\dfrac{[f_{j}^{rs}(t_{1})+f_{j}^{sr}(t_{1})]f_{j}^{sr}(t_{0})}{f_{j}^{rs}(t_{0})+f_{j}^{sr}(t_{0})}\end{bmatrix}$$

$$=\begin{bmatrix}f_{i}^{rs}(t_{1})+f_{i}^{sr}(t_{1})\\ f_{j}^{rs}(t_{1})+f_{j}^{sr}(t_{1})\end{bmatrix}\tag{4-66}$$

为更加直观地表示贸易结构的替换过程，我们构建了一个两地区两部门的地区间投入产出模型，相关 t_0 和 t_1 年份的表格及对应贸易结构矩阵见图 4－10 和图 4－11。

		区域*R*		区域*S*		区域*R*	区域*S*	总产出
		部门*i*	部门*j*	部门*i*	部门*j*	最终需求		
区域*R*	部门*i*	$z_{ii}^{rr}(t_0)$	$z_{ij}^{rr}(t_0)$	$z_{ii}^{rs}(t_0)$	$z_{ij}^{rs}(t_0)$	$f_i^{rr}(t_0)$	$f_i^{rs}(t_0)$	$x_i^r(t_0)$
	部门*j*	$z_{ji}^{rr}(t_0)$	$z_{jj}^{rr}(t_0)$	$z_{ji}^{rs}(t_0)$	$z_{jj}^{rs}(t_0)$	$f_j^{rr}(t_0)$	$f_j^{rs}(t_0)$	$x_j^r(t_0)$
区域*S*	部门*i*	$z_{ii}^{sr}(t_0)$	$z_{ij}^{sr}(t_0)$	$z_{ii}^{ss}(t_0)$	$z_{ij}^{ss}(t_0)$	$f_i^{sr}(t_0)$	$f_i^{sr}(t_0)$	$x_i^s(t_0)$
	部门*j*	$z_{ji}^{sr}(t_0)$	$z_{jj}^{sr}(t_0)$	$z_{ji}^{ss}(t_0)$	$z_{jj}^{ss}(t_0)$	$f_j^{sr}(t_0)$	$f_j^{sr}(t_0)$	$x_j^s(t_0)$
增加值		$v_i^r(t_0)$	$v_j^r(t_0)$	$v_i^s(t_0)$	$v_j^s(t_0)$			
总投入		$x_i^r(t_0)$	$x_j^r(t_0)$	$x_i^s(t_0)$	$x_j^s(t_0)$			

贸易结构矩阵

$$\begin{bmatrix}\dfrac{z_{ii}^{rr}(t_0)}{z_{ii}^{rr}(t_0)+z_{ii}^{sr}(t_0)} & \dfrac{z_{ij}^{rr}(t_0)}{z_{ij}^{rr}(t_0)+z_{ij}^{sr}(t_0)} & \dfrac{z_{ii}^{rs}(t_0)}{z_{ii}^{rs}(t_0)+z_{ii}^{ss}(t_0)} & \dfrac{z_{ij}^{rs}(t_0)}{z_{ij}^{rs}(t_0)+z_{ij}^{ss}(t_0)} & \dfrac{f_{i}^{rr}(t_0)}{f_{i}^{rr}(t_0)+f_{i}^{sr}(t_0)} & \dfrac{f_{i}^{rs}(t_0)}{f_{i}^{rs}(t_0)+f_{i}^{sr}(t_0)}\\ \dfrac{z_{ji}^{rr}(t_0)}{z_{ji}^{rr}(t_0)+z_{ji}^{sr}(t_0)} & \dfrac{z_{jj}^{rr}(t_0)}{z_{jj}^{rr}(t_0)+z_{jj}^{sr}(t_0)} & \dfrac{z_{ji}^{rs}(t_0)}{z_{ji}^{rs}(t_0)+z_{ji}^{ss}(t_0)} & \dfrac{z_{jj}^{rs}(t_0)}{z_{jj}^{rs}(t_0)+z_{jj}^{ss}(t_0)} & \dfrac{f_{j}^{rr}(t_0)}{f_{j}^{rr}(t_0)+f_{j}^{sr}(t_0)} & \dfrac{f_{j}^{rs}(t_0)}{f_{j}^{rs}(t_0)+f_{j}^{sr}(t_0)}\\ \dfrac{z_{ii}^{sr}(t_0)}{z_{ii}^{rr}(t_0)+z_{ii}^{sr}(t_0)} & \dfrac{z_{ij}^{sr}(t_0)}{z_{ij}^{rr}(t_0)+z_{ij}^{sr}(t_0)} & \dfrac{z_{ii}^{ss}(t_0)}{z_{ii}^{rs}(t_0)+z_{ii}^{ss}(t_0)} & \dfrac{z_{ij}^{ss}(t_0)}{z_{ij}^{rs}(t_0)+z_{ij}^{ss}(t_0)} & \dfrac{f_{i}^{sr}(t_0)}{f_{i}^{rr}(t_0)+f_{i}^{sr}(t_0)} & \dfrac{f_{i}^{sr}(t_0)}{f_{i}^{rs}(t_0)+f_{i}^{sr}(t_0)}\\ \dfrac{z_{ji}^{sr}(t_0)}{z_{ji}^{rr}(t_0)+z_{ji}^{sr}(t_0)} & \dfrac{z_{jj}^{sr}(t_0)}{z_{jj}^{rr}(t_0)+z_{jj}^{sr}(t_0)} & \dfrac{z_{ji}^{ss}(t_0)}{z_{ji}^{rs}(t_0)+z_{ji}^{ss}(t_0)} & \dfrac{z_{jj}^{rs}(t_0)}{z_{jj}^{rs}(t_0)+z_{jj}^{ss}(t_0)} & \dfrac{f_{j}^{sr}(t_0)}{f_{j}^{rr}(t_0)+f_{j}^{sr}(t_0)} & \dfrac{f_{j}^{sr}(t_0)}{f_{j}^{rs}(t_0)+f_{j}^{sr}(t_0)}\end{bmatrix}$$

图 4－10　t_0 年份地区间投入产出表及对应贸易结构矩阵

		区域R		区域S		区域R	区域S	总产出
		部门i	部门j	部门i	部门j	最终需求		
区域R	部门i	$z_{ii}^{rr}(t_1)$	$z_{ij}^{rr}(t_1)$	$z_{ii}^{rs}(t_1)$	$z_{ij}^{rs}(t_1)$	$f_i^{rr}(t_1)$	$f_i^{rs}(t_1)$	$x_i^r(t_1)$
	部门j	$z_{ji}^{rr}(t_1)$	$z_{jj}^{rr}(t_1)$	$z_{ji}^{rs}(t_1)$	$z_{jj}^{rs}(t_1)$	$f_j^{rr}(t_1)$	$f_j^{rs}(t_1)$	$x_j^r(t_1)$
区域S	部门i	$z_{ii}^{sr}(t_1)$	$z_{ij}^{sr}(t_1)$	$z_{ii}^{ss}(t_1)$	$z_{ij}^{ss}(t_1)$	$f_i^{sr}(t_1)$	$f_i^{sr}(t_1)$	$x_i^s(t_1)$
	部门j	$z_{ji}^{sr}(t_1)$	$z_{jj}^{sr}(t_1)$	$z_{ji}^{ss}(t_1)$	$z_{jj}^{ss}(t_1)$	$f_j^{sr}(t_1)$	$f_j^{sr}(t_1)$	$x_j^s(t_1)$
增加值		$v_i^r(t_1)$	$v_j^r(t_1)$	$v_i^s(t_1)$	$v_j^s(t_1)$			
总投入		$x_i^r(t_1)$	$x_j^r(t_1)$	$x_i^s(t_1)$	$x_j^s(t_1)$			

贸易结构矩阵

$$\begin{bmatrix} \frac{z_{ii}^{rr}(t_1)}{z_{ii}^{rr}(t_1)+z_{ii}^{sr}(t_1)} & \frac{z_{ij}^{rr}(t_1)}{z_{ij}^{rr}(t_1)+z_{ij}^{sr}(t_1)} & \frac{z_{ii}^{rs}(t_1)}{z_{ii}^{rs}(t_1)+z_{ii}^{ss}(t_1)} & \frac{z_{ij}^{rs}(t_1)}{z_{ij}^{rs}(t_1)+z_{ij}^{ss}(t_1)} & \frac{f_i^{rr}(t_1)}{f_i^{rr}(t_1)+f_i^{sr}(t_1)} & \frac{f_i^{rs}(t_1)}{f_i^{rs}(t_1)+f_i^{sr}(t_1)} \\ \frac{z_{ji}^{rr}(t_1)}{z_{ji}^{rr}(t_1)+z_{ji}^{sr}(t_1)} & \frac{z_{jj}^{rr}(t_1)}{z_{jj}^{rr}(t_1)+z_{jj}^{sr}(t_1)} & \frac{z_{ji}^{rs}(t_1)}{z_{ji}^{rs}(t_1)+z_{ji}^{ss}(t_1)} & \frac{z_{jj}^{rs}(t_1)}{z_{jj}^{rs}(t_1)+z_{jj}^{ss}(t_1)} & \frac{f_j^{rr}(t_1)}{f_j^{rr}(t_1)+f_j^{sr}(t_1)} & \frac{f_j^{rs}(t_1)}{f_j^{rs}(t_1)+f_j^{sr}(t_1)} \\ \frac{z_{ii}^{sr}(t_1)}{z_{ii}^{rr}(t_1)+z_{ii}^{sr}(t_1)} & \frac{z_{ij}^{sr}(t_1)}{z_{ij}^{rr}(t_1)+z_{ij}^{sr}(t_1)} & \frac{z_{ii}^{ss}(t_1)}{z_{ii}^{rs}(t_1)+z_{ii}^{ss}(t_1)} & \frac{z_{ij}^{ss}(t_1)}{z_{ij}^{rs}(t_1)+z_{ij}^{ss}(t_1)} & \frac{f_i^{sr}(t_1)}{f_i^{rr}(t_1)+f_i^{sr}(t_1)} & \frac{f_i^{sr}(t_1)}{f_i^{rs}(t_1)+f_i^{sr}(t_1)} \\ \frac{z_{ji}^{sr}(t_1)}{z_{ji}^{rr}(t_1)+z_{ji}^{sr}(t_1)} & \frac{z_{jj}^{sr}(t_1)}{z_{jj}^{rr}(t_1)+z_{jj}^{sr}(t_1)} & \frac{z_{ji}^{ss}(t_1)}{z_{ji}^{rs}(t_1)+z_{ji}^{ss}(t_1)} & \frac{z_{jj}^{ss}(t_0)}{z_{jj}^{rs}(t_1)+z_{jj}^{ss}(t_1)} & \frac{f_j^{sr}(t_1)}{f_j^{rr}(t_1)+f_j^{sr}(t_1)} & \frac{f_j^{sr}(t_1)}{f_j^{rs}(t_1)+f_j^{sr}(t_1)} \end{bmatrix}$$

图 4-11　t_1 年份地区间投入产出表及对应贸易结构矩阵

图 4-10 为替换 t_0 年贸易结构之后的 t_1 年份投入产出表，根据这张得出的新表，我们可以计算出表中地区 R 和 S 各自的直接消耗系数矩阵及最终需求矩阵。可以看到，这张新得出的表格所计算出来的各地区的直接消耗系数矩阵（代表生产技术）和最终需求矩阵（代表最终需求水平）与原 t_1 年份的投入产出表所得到的结果完全一致（见图 4-11），即该贸易结构替换过程不改变新表中各国的生产技术和需求水平，只改变了贸易结构。

二、国际贸易隐含碳的排放特征

贸易隐含碳排放出口最大的两个国家是中国和美国，但两者相差悬殊，其中中国隐含碳排放出口达 15.74 亿吨，换言之，我国通过生产出口商品为世界其他国家承担了 15.74 亿吨的碳排放，其他国家因此节约了国内碳排放，环境问题得到改善，而我国相应承担了更高的环境成本。美国这一结果为 5.46 亿吨，仅为中国的 1/3 多。而分别排名第三、第四、第五的俄罗斯、印度和德国，这一结果均在 2 亿～3 亿吨之间。尽管中国出口对国内增加值的拉动与美国和德国相当，但中国出口对国内碳排放的拉动远远高于后者。除此之外，南非、巴西、墨西哥、菲律宾等重要的发展中国家也出口了大量的碳排放。相比之下，一些高度发达的北欧国家出口的碳排放很少，如挪威、瑞典、芬兰等国家隐含碳排放出口均不足 0.5

		区域*R*		区域*S*		区域*R*	区域*S*	总产出
		部门*i*	部门*j*	部门*i*	部门*j*	最终需求		
区域*R*	部门*i*	$\frac{x_i^r(t_1)\_\text{Ⅱ}[z_{ii}^{rr}(t_1)+z_{ii}^{sr}(t_1)]z_{ii}^{rr}(t_0)}{x_i^r(t_1)[z_{ii}^{rr}(t_0)+z_{ii}^{sr}(t_0)]}$	$\frac{x_j^r(t_1)\_\text{Ⅱ}[z_{ij}^{rr}(t_1)+z_{ij}^{sr}(t_1)]z_{ij}^{rr}(t_0)}{x_j^r(t_1)[z_{ij}^{rr}(t_0)+z_{ij}^{sr}(t_0)]}$	$\frac{x_i^s(t_1)\_\text{Ⅱ}[z_{ii}^{rs}(t_1)+z_{ii}^{ss}(t_1)]z_{ii}^{rs}(t_0)}{x_i^s(t_1)[z_{ii}^{rs}(t_0)+z_{ii}^{ss}(t_0)]}$	$\frac{x_j^s(t_1)\_\text{Ⅱ}[z_{ij}^{rs}(t_1)+z_{ij}^{ss}(t_1)]z_{ij}^{rs}(t_0)}{x_j^s(t_1)[z_{ij}^{rs}(t_0)+z_{ij}^{ss}(t_0)]}$	$\frac{[f_i^{rr}(t_1)+f_i^{sr}(t_1)]f_i^{rr}(t_0)}{f_i^{rr}(t_0)+f_i^{sr}(t_0)}$	$\frac{[f_i^{rs}(t_1)+f_i^{sr}(t_1)]f_i^{rs}(t_0)}{f_i^{rs}(t_0)+f_i^{sr}(t_0)}$	$x_i^r(t_1)\_\text{Ⅱ}$
	部门*j*	$\frac{x_i^r(t_1)\_\text{Ⅱ}[z_{ji}^{rr}(t_1)+z_{ji}^{sr}(t_1)]z_{ji}^{rr}(t_0)}{x_i^r(t_1)[z_{ji}^{rr}(t_0)+z_{ji}^{sr}(t_0)]}$	$\frac{x_j^r(t_1)\_\text{Ⅱ}[z_{jj}^{rr}(t_1)+z_{jj}^{sr}(t_1)]z_{jj}^{rr}(t_0)}{x_j^r(t_1)[z_{jj}^{rr}(t_0)+z_{jj}^{sr}(t_0)]}$	$\frac{x_i^s(t_1)\_\text{Ⅱ}[z_{ji}^{rs}(t_1)+z_{ji}^{ss}(t_1)]z_{ji}^{rs}(t_0)}{x_i^s(t_1)[z_{ji}^{rs}(t_0)+z_{ji}^{ss}(t_0)]}$	$\frac{x_j^s(t_1)\_\text{Ⅱ}[z_{jj}^{rs}(t_1)+z_{jj}^{ss}(t_1)]z_{jj}^{rs}(t_0)}{x_j^s(t_1)[z_{jj}^{rs}(t_0)+z_{jj}^{ss}(t_0)]}$	$\frac{[f_j^{rr}(t_1)+f_j^{sr}(t_1)]f_j^{rr}(t_0)}{f_j^{rr}(t_0)+f_j^{sr}(t_0)}$	$\frac{[f_j^{rs}(t_1)+f_j^{sr}(t_1)]f_j^{rs}(t_0)}{f_j^{rs}(t_0)+f_j^{sr}(t_0)}$	$x_j^r(t_1)\_\text{Ⅱ}$
区域*S*	部门*i*	$\frac{x_i^r(t_1)\_\text{Ⅱ}[z_{ii}^{rr}(t_1)+z_{ii}^{sr}(t_1)]z_{ii}^{sr}(t_0)}{x_i^r(t_1)[z_{ii}^{rr}(t_0)+z_{ii}^{sr}(t_0)]}$	$\frac{x_j^r(t_1)\_\text{Ⅱ}[z_{ij}^{rr}(t_1)+z_{ij}^{sr}(t_1)]z_{ij}^{sr}(t_0)}{x_j^r(t_1)[z_{ij}^{rr}(t_0)+z_{ij}^{sr}(t_0)]}$	$\frac{x_i^s(t_1)\_\text{Ⅱ}[z_{ii}^{rs}(t_1)+z_{ii}^{ss}(t_1)]z_{ii}^{ss}(t_0)}{x_i^s(t_1)[z_{ii}^{rs}(t_0)+z_{ii}^{ss}(t_0)]}$	$\frac{x_j^s(t_1)\_\text{Ⅱ}[z_{ij}^{rs}(t_1)+z_{ij}^{ss}(t_1)]z_{ij}^{ss}(t_0)}{x_j^s(t_1)[z_{ij}^{rs}(t_0)+z_{ij}^{ss}(t_0)]}$	$\frac{[f_i^{rr}(t_1)+f_i^{sr}(t_1)]f_i^{sr}(t_0)}{f_i^{rr}(t_0)+f_i^{sr}(t_0)}$	$\frac{[f_i^{rs}(t_1)+f_i^{sr}(t_1)]f_i^{sr}(t_0)}{f_i^{rs}(t_0)+f_i^{sr}(t_0)}$	$x_i^s(t_1)\_\text{Ⅱ}$
	部门*j*	$\frac{x_i^r(t_1)\_\text{Ⅱ}[z_{ji}^{rr}(t_1)+z_{ji}^{sr}(t_1)]z_{ji}^{sr}(t_0)}{x_i^r(t_1)[z_{ji}^{rr}(t_0)+z_{ji}^{sr}(t_0)]}$	$\frac{x_j^r(t_1)\_\text{Ⅱ}[z_{jj}^{rr}(t_1)+z_{jj}^{sr}(t_1)]z_{jj}^{sr}(t_0)}{x_j^r(t_1)[z_{jj}^{rr}(t_0)+z_{jj}^{sr}(t_0)]}$	$\frac{x_i^s(t_1)\_\text{Ⅱ}[z_{ji}^{rs}(t_1)+z_{ji}^{ss}(t_1)]z_{ji}^{ss}(t_0)}{x_i^s(t_1)[z_{ji}^{rs}(t_0)+z_{ji}^{ss}(t_0)]}$	$\frac{x_j^s(t_1)\_\text{Ⅱ}[z_{jj}^{rs}(t_1)+z_{jj}^{ss}(t_1)]z_{jj}^{ss}(t_0)}{x_j^s(t_1)[z_{jj}^{rs}(t_0)+z_{jj}^{ss}(t_0)]}$	$\frac{[f_j^{rr}(t_1)+f_j^{sr}(t_1)]f_j^{sr}(t_0)}{f_j^{rr}(t_0)+f_j^{sr}(t_0)}$	$\frac{[f_j^{rs}(t_1)+f_j^{sr}(t_1)]f_j^{sr}(t_0)}{f_j^{rs}(t_0)+f_j^{sr}(t_0)}$	$x_j^s(t_1)\_\text{Ⅱ}$
增加值		$v_i^r(t_1)\_\text{Ⅱ}$	$v_j^r(t_1)\_\text{Ⅱ}$	$v_i^s(t_1)\_\text{Ⅱ}$	$v_j^s(t_1)\_\text{Ⅱ}$			
总投入		$x_i^r(t_1)\_\text{Ⅱ}$	$x_j^r(t_1)\_\text{Ⅱ}$	$x_i^s(t_1)\_\text{Ⅱ}$	$x_j^s(t_1)\_\text{Ⅱ}$			

图 4－12　将 t_1 年份贸易结构替换为 t_0 年结构后的地区间投入产出表

亿吨。从大洲层面来看，亚洲国家通过出口所获取的增加值与欧洲国家相近，但所付出的碳排放约为后者的两倍（见图 4 - 13），说明亚洲国家出口当中高碳排放产品的比重远高于后者。

进口拉动其他各国碳排放最多的国家是美国，其进口隐含碳排放高达 9.67 亿吨。相比之下，进口额与之相当的中国仅进口了 4.36 亿吨隐含碳，不足前者的 1/2，说明美国进口当中高碳排放产品比较多或大量进口来自碳排放强度较高的地区。除此之外，进口隐含碳较多的国家主要为欧洲的德国、英国、法国、意大利和亚洲的日本、印度（见图 4 - 14）。

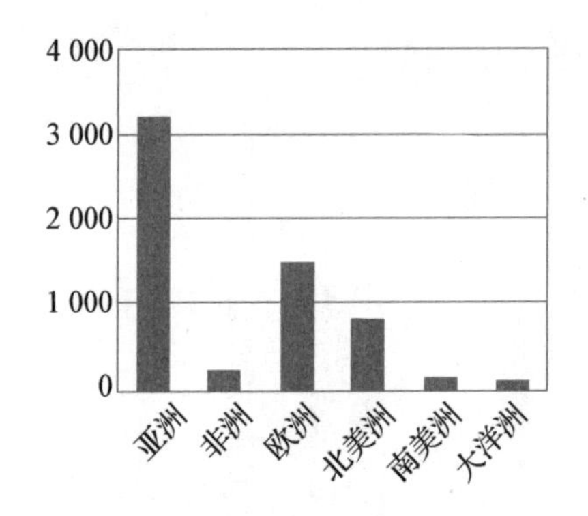

图 4 - 13　各洲贸易隐含碳排放出口（百万吨）

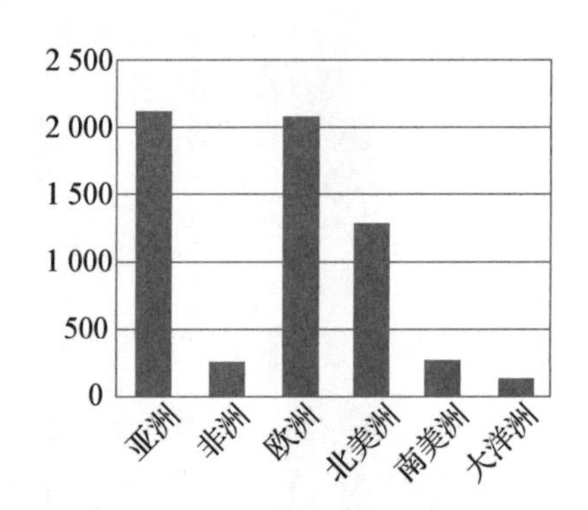

图 4 - 14　各洲贸易隐含碳排放进口（百万吨）

为进一步体现各国在隐含环境贸易上的利得，我们结合出口和进口的数据，计算了各国的隐含碳排放净出口数量。从结果来看，中国净出口了大量的碳排放，高达 11.39 亿吨，从而为世界其他国家节约了大量碳排放，加重了自身碳减排压力。而美国则净进口了 4.24 亿吨隐含碳。从全球层面来看，净进口隐含碳的除了美国和大部分西欧国家，还有大量非洲和南美洲国家，这些国家大多数工业基础比较薄弱，需要从国外进口大量高碳排放产品。上述结果体现在大洲层面则表现为亚洲净出口大量隐含碳，而欧洲、北美洲这两个以发达国家为主的大洲净进口大量隐含碳，此外非洲和南美洲也净进口少量的隐含碳（见图 4 - 15）。

图 4 - 16 展示了各洲贸易隐含碳排放出口占总碳排放的比重。大部分欧洲国家尽管出口隐含碳排放较少，但占其国内环境消耗比例比较高，说明这些国家生产的环境消耗的产品很多被出口到了其他国家。而大部分非洲国家相应的结果都比较低，这与非洲国家目前参与国际贸易的程度较低有关。图 4 - 17 则展示了各洲贸易隐含碳排放进口占总碳足迹的比重。该比值体现了对国外能源消耗或碳排放的依赖程度。对国外碳排放依赖程度较高的有两类国家：一类是欧洲的发达国

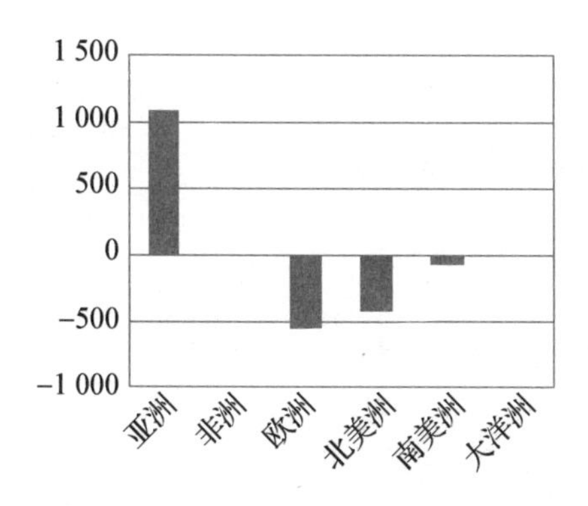

图 4 - 15　各洲贸易隐含碳排放净出口（百万吨）

家，如瑞士、卢森堡、比利时、瑞典、奥地利等；还有一部分为非洲欠发达国家，如赞比亚、几内亚、坦桑尼亚等。这些国家最终需求当中隐含的碳排放高达 60% 以上。前者主要是因为将大部分碳排放外包给了其他国家，从而避免了本国的排放；后者主要是因为经济基础薄弱，大多数高碳产品需要从国外进口，导致国内碳足迹当中来自国外的比重过高。相比之下，中国等亚洲国家则主要依赖自身的碳排放，如中国这一比例仅为 7.8%，远低于美国、日本等大型经济体。从大洲层面来看，欧洲、北美洲和大洋洲等以发达国家为主的大洲，对外部能源消耗的依赖程度比较高，而亚洲国家则大体实现了“自给自足”，即中国、印度等亚洲国家的人们最终需求带来的环境影响基本由本国自行承担，西方发达国家则让其他国家为其承担了大量的环境成本。

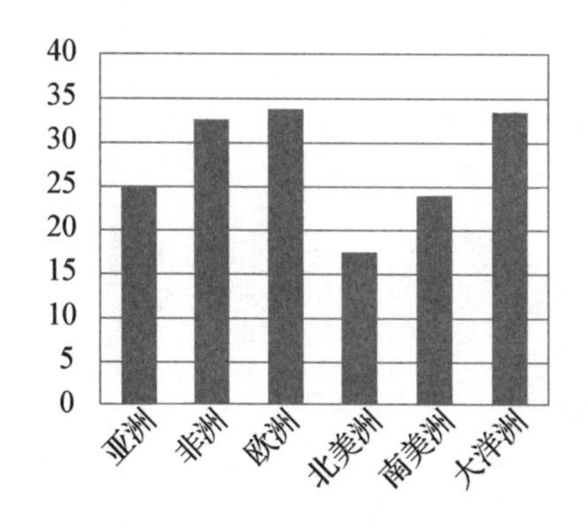

图 4 - 16　各洲贸易隐含碳排放出口占总碳排放的比重（%）

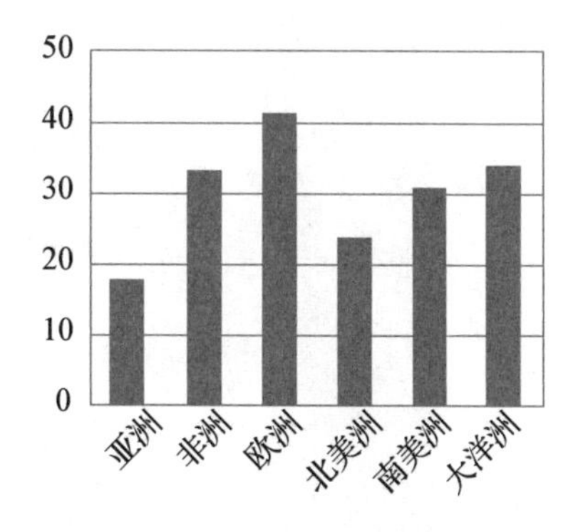

图 4 - 17　各洲贸易隐含碳排放进口占总碳足迹的比重（%）

为进一步分析各国间环境贸易情况，我们计算了各国贸易隐含碳排放转移。图 4 - 18 展示了贸易隐含碳排放进出口排名前 50 的国家（50 个国家总贸易隐含碳排放进出口占全球贸易隐含碳排放的 89%）间的隐含碳排放转移情况，以及各大洲之间的隐含碳排放转移情况。

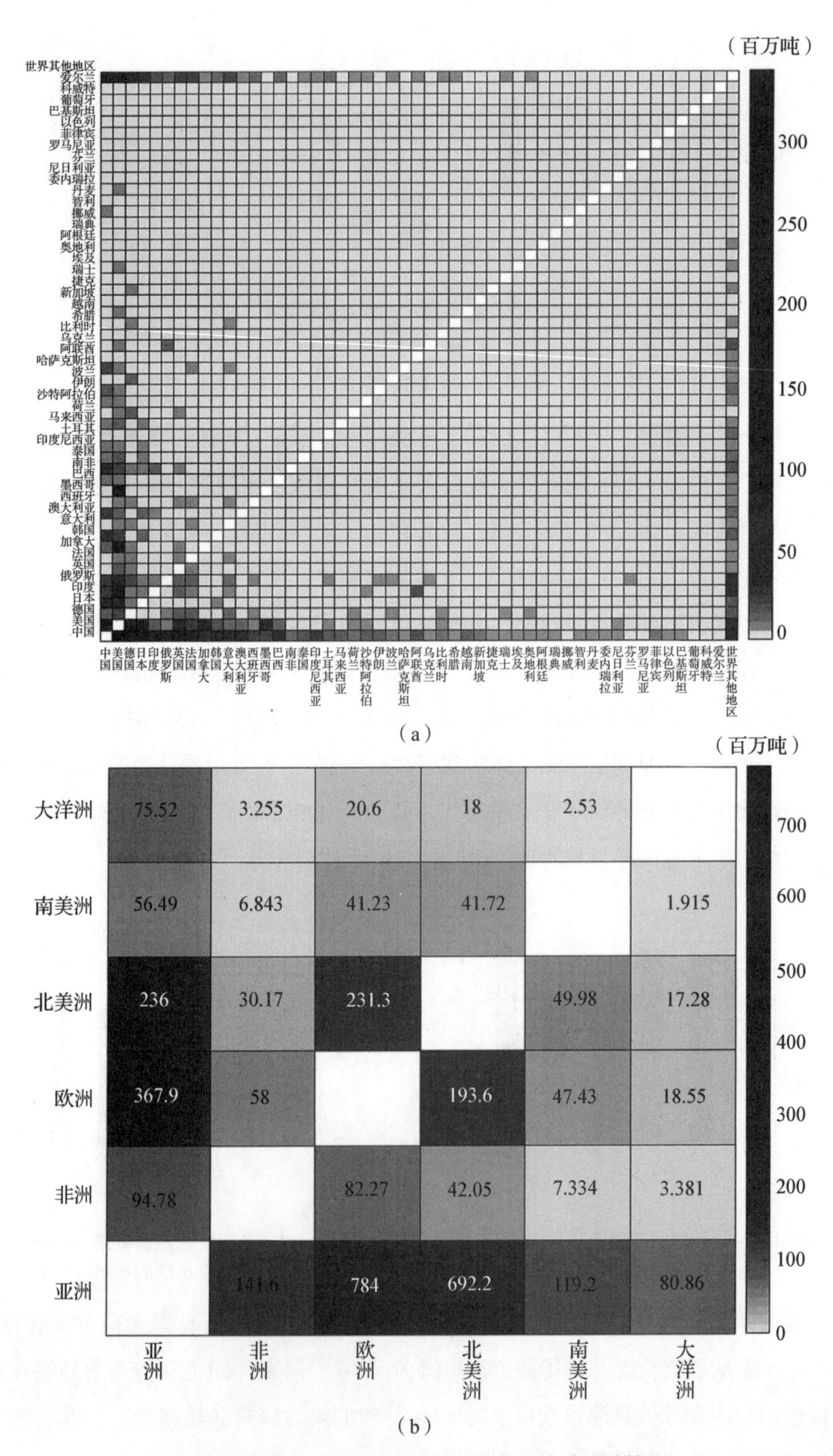

图 4-18　全球主要国家及大洲间贸易隐含碳排放转移

从图中结果来看，中国向图中大多数国家转移了大量的隐含碳，从而帮助其他国家节省了碳排放，其中向美国转移的隐含碳高达 3.49 亿吨。换言之，我国有多达 3.49 亿吨的碳排放被用于满足美国的国内需求，但这部分由我国所承担的环境成本往往被美国所忽视，未能很好地纳入我国与美国的双边贸易对话当中。此外，大量的隐含碳排放转移更加集中于少数几个国家之间，而且大部分国家都往中国、美国、德国、日本等国家转移了大量的隐含碳排放。从大洲层面来看，欧洲和北美洲是亚洲隐含碳排放的主要出口目的地，亚洲与非洲之间的隐含碳贸易往来很少，说明两大以发展中国家为主的大洲之间需要进一步加强贸易往来。另外也可以看到，尽管亚洲向非洲转移的隐含碳排放远不如其往欧洲和北美洲转移的量，但非洲进口的隐含碳排放主要来自亚洲，从欧洲等其他大洲进口的非常少。

中国是隐含碳排放净流出最大的国家，与美国直接的隐含碳贸易失衡最严重，即从碳排放角度来看，从我国获取环境利益最大的是美国，其次是日本和德国，且这三个国家进口的隐含碳排放主要来自中国。美国也是隐含碳排放净进口最多的国家，其净进口隐含碳排放达 4.87 亿吨，其中有 63%（3.08 亿吨）来自中国，其他主要的隐含碳排放净进口地为印度、俄罗斯、加拿大。

基于上述结果，对我国在基于国际贸易的隐含碳管理方面提出如下建议：

（1）虽然我国作为一个发展中的大国，要继续坚持扩大对外开放，但要充分关注贸易对于国内碳排放的影响。具体而言，我国首先要建立科学完善的贸易隐含碳排放核算体系与指南，鼓励各大出口企业对自身出口产品当中的隐含碳排放进行测算。其次，在此基础上出台相应财税政策，鼓励和支持国内的清洁产业进一步融入国际市场，扩大对外出口，这类产业包括新能源行业、高新技术行业、金融保险业及其他各类服务产业，从而在实现对外贸易低碳转型的同时加快国内产业转型升级的步伐。

（2）将对外贸易政策与国内区域发展战略相结合，基于碳管理视角加强国内区域间优势互补。当前，我国仍存在区域发展不平衡问题，且我国对外出口过度集中在东部沿海的少数几个省份，国际贸易对我国许多内陆省份的经济拉动力不足。未来我国对外贸易政策及区域发展政策不应只着眼于经济层面，还需要结合各地区能源资源禀赋与碳排放现状，统筹碳减排与经济发展。如对于经济发展任务更为紧迫的地区，适当放宽碳减排的力度，鼓励其承接贸易产品的生产。

（3）通过征收碳税的方式将贸易产品可能带来的后续碳减排成本体现在出口价格当中，从而促进贸易结构合理化。在现有贸易规则和国际市场机制下，包括碳减排成本在内的商品资源环境成本未能充分反映在商品的最终市场价格当中，从而带来国际隐含碳贸易的严重失衡，甚至可能导致能源资源的错配和浪费。因此，未来我国对外贸易结构调整过程中需要将出口商品的碳减排成本内化为商品价格的一部分，具体可通过对出口企业征收碳税或碳减排治理费等方式。但由于统一的税收制度会对经济带来较大的负面影响，也不利于清洁产业的发展，因此需要对不同类型的出口企业实施差别化的税率，且依据出口量的不同实施灵活的税率制度。与此同时，我国还需呼吁世贸组织成员重视贸易商品中的碳减排成本，或与贸易伙伴之间签订相关贸易协定，通过共同努力将碳减排成本体现到商品价格当中，促使国际贸易朝着有利于全球气候治理的方向发展。

（4）进一步拓宽我国对外贸易渠道，加强同“一带一路”沿线国家等的贸易合作。我国主要的贸易合作伙伴美国、日本及西欧等对我国碳排放产生了较大的拉动，这些地区也是我国隐含碳排放出口的主要目的地，对我国碳减排造成较大阻力。而非洲国家和“一带一路”沿线的中亚及西亚地区的国家目前参与全球贸易的程度较低，而这些地区人口众多，存在巨大的商品需求空间和发展潜力，且从历史的角度来看，这些地区自现代工业发展以来并未经历过大规模的现代化建设，多数国家的生态环境承载力较高，碳排放规模较小，相比于碳减排，这些国家对经济发展和百姓生活富足的需求更加迫切。因此，基于碳管理角度，我国应加强同这些国家的贸易合作，在拉动双方经济发展的同时，实现经济与环境层面的合作共赢。

第 4 节　碳排放与城镇化

工业革命以来人类活动产生了大量以二氧化碳为主的温室气体排放，由此造成的全球气候变化已成为当今人类面临的重要挑战之一，其中 1970 年以来产生的人为累计二氧化碳排放量占工业革命以来的一半左右。与此同时，城镇化也在迅速发展。1970—2017 年，世界城镇人口从 13.4 亿增加至 44.3 亿，城镇化率从 36.5%上升至 56.6%。目前世界排名前 600 的城市居住着全球约 20%的人口，创造了约 60%的 GDP，排放了约 70%的温室气体。由此可见，城镇化与碳排放之间可能存在着密切的联系。中国作为目前世界上最大的发展中国家和第一大碳排放国，在保持经济增长和继续推进城镇化的同时，面临着较大的减排压力。因此，研究以 OECD 高收入国家为代表的发达经济体在城镇化中期阶段，城镇化进程如何影响碳排放的机理性、规律性问题，对于明确城镇化与碳排放之间的长期影响关系和传导机制，识别关键参数，探索我国未来的二氧化碳排放演化路径与实现碳达峰目标，借鉴发达国家的低碳城镇化发展战略，发挥城市在应对气候变化中的作用等方面，具有理论和现实意义。

一、碳排放与城镇化相关理论

1. 城镇化理论

城镇化这一概念最早出现在 1867 年西班牙工程师 A. Serda 关于城镇化基本理论的著作中，而马克思关于消除城乡差别、把农业同工业结合起来的经典论述也已体现了城镇化的思想。此后 100 多年里，国内外学者从人口、经济、空间、社会乃至心理等角度给出了城镇化的定义及内涵。Kuznets 提出城市和乡村之间人口分布方式的变化即城镇化的过程；Hudson 和 Pedersen 认为城镇化是从传统社会向现代社会转变过程中经济发展的必然结果（Hudson，1969；Pedersen，1970）；谢文蕙和邓卫认为城镇化包括第二、第三产业向城市集中等过程（谢文蕙和邓卫，2008）。综合来看，城镇化是人口由农村向城市迁移，劳动力从第一产业向第二、三产业转移，要素集聚和流动的过程。

美国地理学家 Northam 在 1979 年提出了城镇化的阶段性规律。他通过考察各国的城镇化发展轨迹，总结得出城镇化发展的“S”形曲线，即城镇化发展可分为初期（城镇化率低于 30%）、中期（30% ～70%）和后期（高于 70%）三个阶段，且中期的城镇化速度最快，初期和后期的发展则相对缓慢。在此基础上，我国学者魏后凯提出城镇化速度的变化呈两侧带有长尾的倒 U 形曲线，即城镇化初期和后期发展速度缓慢，中期速度较快，曲线的顶部在城镇化率为 50% 左右的时期；他将城镇化中期进一步划分为城镇化中前期（30% ～50%）和城镇化中后期（50% ～70%），中前期呈加速推进态势，而中后期为减速推进时期（魏后凯，2011）。叶裕民以城镇人口增长规模与总人口增长规模的比值 K 以及城镇化率为衡量标准，将城镇化进程分为五个阶段：前城镇化（$K<0.5$）、城镇化前期（$0.5\leqslant K<1$）、城镇化中期（$K\geqslant 1$）、初步的城镇化社会（城镇化率高于 50%）和成熟的城镇化社会（城镇化率高于 65%）（叶裕民，2001）。

综合国内外学者的相关研究，可以将城镇化发展的影响因素与动力机制简要归纳为经济增长等宏观影响因素、产业结构转变等中观影响因素、劳动力等要素集聚与流动的微观影响因素、集聚经济等内生影响因素、技术进步等支撑条件、政策制度等协调机制，以及主体行为动力机制。

在城镇化的推进过程中，国外学者形成了一系列刻画城镇化进程和发展机理的基础理论，主要包括人口迁移理论、区位理论、二元结构转变理论与生态学派理论。人口迁移理论分析了人口迁移的方向和影响人口迁移的因素，主要包括推-拉理论、配第-克拉克定理和人口迁移转变假说等。区位理论分析了城市的空间集聚效应和最优布局形式，主要包括农业和工业区位论、城市空间结构理论和中心地理论等。二元结构转变理论的核心是两部门结构发展模型，该理论分析了农业生产率提升带来的农业剩余对城乡人口迁移、工业发展和经济增长的作用，主要包括刘易斯二元经济结构理论、拉尼斯-费景汉模型、乔根森模型和托达罗模型等。生态学派理论注重城市的生态环境以及人与自然的协调发展，主要包括田园城市理论、古典人类生态学理论和有机疏散论等。

2. 城镇化与经济增长理论

城镇化与经济增长理论中的内生增长理论联系密切。内生增长理论认为经济不依靠其他外生因素，而是依靠自身的技术进步效应实现持续增长，其代表是 Romer 的知识溢出模型和 Lucas 的人力资本模型。Black 和 Henderson 在内生增长理论的基础上引入了城镇化因素，研究了城镇化与经济增长的相互影响，信息溢出促进人口集聚，人力资本积累促进内生经济增长（Black & Henderson，1999）。Wheeler 通过实证分析发现城市有利于工作的匹配和知识的学习，进而提升工人的工作效率与工资水平（Wheeler，2006）。Carlino 认为城镇化可以促进科技创新与技术进步，进而引起产业结构的升级（Carlino et al.，2007）。程开明认为城市在提高基础设施水平、增加人力资本积累、建立信息交流网络、提升交易效率等方面具有优势，这些优势有利于技术创新与扩散，同时他通过实证研究发现中国的城镇化水平与技术创新之间存在高度正相关（程开明，2009）。Pred 使用美国一段历史时期的城市人口、专利申请量等数据估计发现城市集中了大部分的专利申请（Pred，1966）。

城市成为经济增长引擎的根本原因是信息溢出，其主要表现为人口和生产活动集聚带来的外部经济。而城市能够通过集聚来促进经济增长的原因主要有三个方面：共享基础设施和需求市场带来了成本节约、风险降低和分工深化；匹配多样化的要素市场降低了成本，提高了生产效率；人口集聚提供了学习机制，促进了知识和技术的创新与扩散。

关于城镇化与经济增长的关系，多数研究表明两者之间具有相互促进作用。Chenery 等的多国模型是表明城镇化与经济增长相互促进关系的经典理论

(Chenery & Syrquin，1975)；周一星（1982）、Henderson（2003）、谢文蕙和邓卫（2008）等从宏观视角验证了城镇化与经济增长的正相关关系。

3. 城镇化与碳排放理论

Poumanyvong 和 Kaneko 在 2010 年将城镇化对环境的影响归纳为生态现代化理论、城市环境转型理论和紧凑型城市理论，并通过实证研究发现在不同经济发展阶段，城镇化对碳排放的影响不同。生态现代化理论认为城镇化是社会转型的过程，是现代化的一个重要指标，随着社会逐渐认识到环境可持续性的重要性，通过技术创新、城市集聚以及向基于知识和服务的产业转移，经济增长会逐步与环境影响脱钩。城市环境转型理论主要描述了城市环境问题的类型及其演变。城市环境问题因经济发展阶段而异。由于资源的有限性，初级发展阶段往往面临与贫困有关的环境问题，如卫生条件不足；随着制造业等生产活动的增加，城市经济水平提升，同时造成了与工业污染相关的环境问题，但由于环境规制的严格、技术进步和经济结构的改变，高收入城市的这些环境问题也在逐渐减少。紧凑型城市理论主要探讨了城市紧凑化的环境效益。该理论认为，高城市密度使城市公共基础设施的开发具有规模经济效益，减少汽车出行的分担率和行驶距离，减少城市能源消耗等。然而，一些批评者认为，城市密度的增加可能会导致交通拥堵等问题并抵消紧凑型城市带来的环境效益。Shahbaz 等在 2016 年使用这三个理论简要揭示了城市环境与城市发展的关系。

4. 城镇化、经济增长与碳排放的理论联系

城镇化带来人口、产业等的集聚促进了信息溢出，进而推动了经济的内生增长；经济增长模式改变与经济结构调整，将引起能源消费和碳排放的改变。因此，城镇化带来的生产方式、经济增长模式、能源消费模式等经济结构变化和人口结构、生活方式、空间结构、交通方式等社会结构变化，影响并改变了碳排放模式。

二、碳排放与城镇化研究的模型方法

关于城镇化对碳排放影响关系的研究，从模型理论来看主要有 STIRPAT 模型和 EKC 假说，从模型的数学形式来看主要有线性模型和非线性模型，从模型方法来看主要有计量经济学模型、系统动力学模型和分解模型等。

STIRPAT 模型因其理论上的合理性和应用上的可操作性，被广泛地应用于城镇化对碳排放影响关系的研究中。EKC 假说认为环境污染随着人均收入的增加而先增加后下降，存在倒U形曲线关系，该理论也被许多国内外学者用于碳排放与城镇化之间关系的验证。Liddle同时考虑STIRPAT模型和EKC假说研究了人口、年龄结构和城镇化对碳排放的影响。

线性模型使用城镇化率等表征城镇化发展水平的一次项形式变量，通过建立计量经济模型进行参数估计，从而反映城镇化与碳排放之间的线性变化关系。非线性模型中除了一般的线性变量，还包括城镇化变量的二次项形式、城镇化变量与其他社会经济变量的交互项形式等，它反映了城镇化与碳排放之间的非线性变化关系，如倒U形关系等，其参数估计方法一般与线性模型类似。

关于计量经济学模型、系统动力学模型、分解模型等研究城镇化与碳排放影响关系的主要模型方法的分析与比较，见表4-4。

表4-4 城镇化与碳排放影响关系研究的模型方法

方法	模型	主要优势
计量经济学	自回归分布滞后（ARDL）	可以反映变量间的短期和长期关系
	面板回归，FE/Two-way，FE/FGLS/PCSE/DK/PW/FD	采用多种估计方法克服了单一估计的不足，增强了结果的稳健性
	协整检验，格兰杰因果检验	可分析非平稳序列的协整关系和因果关系
	非参数可加回归	既保留了线性模型的强大解释力，又避免了维度问题
	偏最小二乘回归（PLS）	克服了自变量多重共线性的影响
	空间自相关	揭示了空间相关性和空间异质性
	岭回归	消除了多重共线性的影响
	动态面板回归，GMM估计	考察了因变量的滞后效应
	半参数混合模型	允许未知的分布形态，将国家内生分为匀质组
	面板门槛回归模型	可以识别方程发生变化时的变量值
	空间杜宾面板模型	反映了变量在空间上的相互关联
	向量自回归（VAR）	非结构化模型，不以经济理论为基础
	时空地理加权回归（GTWR）	解决了回归模型的时空非平稳性，可分析回归关系的时空特性
系统动力学	仿真模型	可模拟复杂系统，包含反馈机制
分解	指数分解（LMDI）	分解无残差
	结构分解（SDA）	反映了经济系统的结构变动

此外，Shi 等使用跨学科的研究方法，将 DMSP/OLS 夜间稳定灯光数据与二氧化碳排放统计数据相结合，通过面板数据分析，模拟了中国高分辨率的时空二氧化碳排放动态，进而反映了城镇化发展对碳排放的动态影响。

三、城镇化对碳排放影响机理研究案例

1. 理论基础

人为温室气体排放主要受人口规模、经济活动、生活方式、能源利用、土地利用模式、技术和气候政策的驱动，其中，经济发展和人口增长仍然是造成二氧化碳排放增加的两个最重要因素。Black 和 Henderson 在内生增长理论的基础上引入了城镇化因素，在理论层面研究了城镇化与经济增长之间的相互影响，认为城镇化促进了信息溢出，进而促进经济内生增长。相关理论研究和大量实证研究也表明，城镇化对经济增长有明显的促进作用。因此，在考察城镇化对碳排放的影响时，应剔除城镇化因影响经济增长进而影响碳排放的部分。我们采用多元线性回归模型来实现对经济增长因素的控制。

为系统研究城镇化对碳排放的影响，碳排放变量分别用人均二氧化碳排放量 pCO_2E、二氧化碳排放总量 CO_2E 和二氧化碳排放强度 CO_2EI 三个维度的指标来衡量，城镇化水平通过城镇化率 URB（城镇人口占总人口的比例）表征。经济发展水平通过人均国内生产总值 pGDP 表征。当因变量为人均二氧化碳排放量和二氧化碳排放强度时，将不再考虑人口变量的影响；当因变量为二氧化碳排放总量时，人口变量通过人口数 POP 表征。

2. 城镇化影响碳排放的动态面板 ARDL 建模

在动态计量经济学模型中，自回归分布滞后模型的解释变量既包含了被解释变量的一阶或多阶滞后项，又含有解释变量的当前值和滞后项。研究城镇化对碳排放的影响时，由于碳排放和城镇化的前期水平均会对当期的碳排放产生影响，因此需要进行自回归分布滞后建模。一般来说，ARDL 模型都可以转换为误差修正模型（ECM）并进行估计。而从经济理论而言，相关的变量之间可能存在长期的均衡关系，而变量的短期变动则是向着这个长期均衡关系的部分调整，ECM 正是上述思想在计量经济建模中的体现，经济含义明确。

假设城镇化与碳排放之间的长期响应方程为：

$$I_{it}=\theta_{0i}+\theta_i X_{it}+\mu_i+\varepsilon_{it} \tag{4-67}$$

将公式（4－67）转换为 ARDL（p，q）动态面板模型：

$$I_{it} = \sum_{j=1}^{p} \lambda_{ij} I_{i,t-j} + \sum_{j=0}^{q} \delta_{ij} X_{i,t-j} + \mu_i + \varepsilon_{it} \quad (4-68)$$

将公式（4－68）再参数化为误差修正模型：

$$\Delta I_{it} = \phi_i (I_{i,t-1} - \theta_i X_{it}) + \sum_{j=1}^{p-1} \lambda_{ij}^{*} \Delta I_{i,t-j} + \sum_{j=0}^{q-1} \delta_{ij}^{*} \Delta X_{i,t-j} + \mu_i + \varepsilon_{it} \quad (4-69)$$

式中：

$$\phi_i = -1 - \left(\sum_{j=1}^{p} \lambda_{ij} \right)$$

$$\theta_i = \sum_{j=0}^{q} \delta_{ij} \Big/ \left(1 - \sum_{k=1}^{p} \lambda_{ik} \right)$$

$$\lambda_{ij}^{*} = -\sum_{m=j+1}^{p} \lambda_{im} \quad (j = 1,2,\cdots,p-1)$$

$$\delta_{ij}^{*} = -\sum_{m=j+1}^{q} \delta_{im} \quad (j = 1,2,\cdots,q)$$

在以上模型中，$I = \begin{Bmatrix} \ln pCO_2E \\ \ln CO_2E \\ \ln CO_2EI \end{Bmatrix}$，$X = \begin{Bmatrix} \ln p\mathrm{GDP},\ URB \\ \ln p\mathrm{GDP},\ URB \\ \ln p\mathrm{GDP},\ URB,\ \ln POP \end{Bmatrix}$；ln 表示取自然对数；$\mu_i$ 为国家的个体固定效应，ε_{it} 为误差项；λ_{ij} 为标量，δ_{ij} 为解释变量的系数向量；$i(i=1,\ 2,\ \cdots,\ N)$ 表示国家，$t(t=1,\ 2,\ \cdots,\ T)$ 表示年份；p 为被解释变量滞后阶数，q 为解释变量滞后阶数。

参数 ϕ_i 为调整项的误差修正速度，如果 $\phi_i \neq 0$，则表明变量间存在长期均衡关系。一般来说，该参数应显著为负，从经济意义上讲，它代表着短期动态关系向长期均衡关系的收敛。参数 θ_i 为反映变量间长期均衡关系的长期系数，参数 δ_{ij}^{*} 和 λ_{ij}^{*} 为反映变量间短期动态关系的短期系数。

常见的面板数据时间维度 T 较小，个体维度 N 较大，在使用大样本理论估计时让 N 趋于无穷大；但随着数据可获得性的提升和研究问题本身的需要，面板数据的时间维度 T 也开始变得较大，由此产生的非平稳性问题引起了注意。因此，两种用于估计非平稳动态面板的重要技术被提出，分别是 Pesaran 和 Smith 在 1995 年提出的 MG（mean-group）估计量，以及 Pesaran，Shin 和 Smith 在 1997 年、1999 年提出的 PMG（pooled mean-group）估计量。传统的动态面板固定效应 DFE（dynamic fixed effect）估计量要求各组有相同的斜率，仅允许截距项在组间不同。然而，如果各组斜率系数实际上是不同的，DFE 估计量将产生不一致和可能的误导性结果。MG 是分别估计每个组的时间序列数据，然后对各组回归系数求简单算术平均，但这种估计量忽略了个体差异，从而造成估计结果可能是有偏差的。而 PMG 是上述 DFE 和 MG 的折中估计量，它允许截距项、短期系数和误差方差在各组间不同（类似 MG 估计量），但约束长期系数在各组间相同（类似 DFE 估计量）。

由于使用 PMG 估计量对公式（4-69）进行估计时参数方程是非线性的，因此需要使用最大似然估计。似然函数表达为每个截面似然函数的乘积，为方便运算，对似然函数取对数将乘积形式变换为求和形式：

$$l_T(\theta',\varphi',\sigma') = -\frac{T}{2}\sum_{i=1}^{N}\ln(2\pi\sigma_i^2) - \frac{1}{2}\sum_{i=1}^{N}\frac{1}{\sigma_i^2}\{\Delta y_i - \phi_i\xi_i(\theta)\}'H_i\{\Delta y_i - \phi_i\xi_i(\theta)\} \tag{4-70}$$

式中，$i=1$，…，N；$\xi_i(\theta)=y_{i,t-1}-X_i\theta_i$；$H_i=I_T-W_i(W'_iW_i)\ W_i$，$I_T$ 是序列 T 的单位矩阵；$W_i=(\Delta y_{i,t-1},\ \cdots,\ \Delta y_{i,t-p+1},\ \Delta X_i,\ \Delta X_{i,t-1},\ \cdots,\ \Delta X_{i,t-q+1})$。

估计过程从长期系数向量 $\vec{\theta}$ 的一个初始估计量开始，每组特定的短期系数和调整速度项可以使用 Δy_i 对（$\vec{\xi}_i$，W_i）的回归估计得到，见公式（4-71），公式（4-72）和公式（4-73）。上述条件估计依次进行并用于更新对 $\vec{\theta}$ 的估计，这个过程迭代进行直到达到收敛。

$$\vec{\theta} = -\left(\sum_{i=1}^{N}\frac{\vec{\phi}_i^2}{\vec{\sigma}_i^2}X'_iH_iX_i\right)^{-1}\left[\sum_{i=1}^{N}\frac{\vec{\phi}_i}{\vec{\sigma}_i^2}X'_iH_i(\Delta y_i - \vec{\phi}_i y_{i,t-1})\right] \tag{4-71}$$

$$\vec{\phi}_i = (\vec{\xi}'_iH_i\vec{\xi}_i)^{-1}\vec{\xi}'_iH_i\Delta y_i \tag{4-72}$$

$$\vec{\sigma}_i^2 = T^{-1}(\Delta y_i - \vec{\phi}_i\vec{\xi}_i)'H_i(\Delta y_i - \vec{\phi}_i\vec{\xi}_i) \tag{4-73}$$

3. 实证研究

实证研究的对象为 OECD 国家中的 33 个高收入国家（世界银行分类）。

研究使用的数据全部来自世界银行世界发展指标（WDI）数据库。各变量的描述性统计见表 4-5。

表 4-5　变量的描述性统计

变量	单位	样本量	均值	标准差	最小值	最大值
pCO_2E	t	1 815	9.06	5.38	0.50	40.59
CO_2E	t	1 815	2.95e+08	8.27e+08	1092766	5.79e+09

续表

变量	单位	样本量	均值	标准差	最小值	最大值
CO_2EI	kg/USD	1 466	0. 38	0. 24	0. 06	1. 72
*p*GDP	USD	1 466	29 804. 88	17 908. 81	944. 29	111 968. 30
URB	%	1 815	71. 68	13. 27	27. 71	97. 82
POP		1 815	2. 76e+07	4. 75e+07	175 574	3. 19e+08

一方面，城镇化会大幅提高居民的消费水平、出行需求、居住条件等基本生活水平，使能源消费与碳排放快速增长，我们称之为城镇化的“消费效应”；另一方面，城镇化带来的集聚效应、规模效应以及对能源的集中综合利用，将有助于减少能源消费与碳排放，我们称之为城镇化的“集聚效应”。两者之间的均衡关系决定了城镇化对碳排放的影响方向和程度。

城镇化率、经济增长与人均二氧化碳排放量之间的长期均衡关系与短期动态关系估计结果见表 4－6。ARDL（1,1）模型的 AIC、BIC 值均小于 ARDL（1,0）模型（AIC：-4 788. 935<-4 468. 933；BIC：-4 757. 427<-4 447. 444），因此选用 ARDL（1,1）模型可以得到更优的拟合结果。Hausman 检验结果（MG vs. PMG：0. 3604>0. 1；MG vs. DFE：0. 9981>0. 1）表明，PMG 和 DFE 估计量比 MG 估计量更有效，因此应该优先选择。这也表明，尽管 OECD 各国在社会、经济、要素禀赋等很多方面具有明显的差异，但这些发达经济体趋向于具有相同的城镇化-人均碳排放长期均衡关系以及相同的向长期均衡关系调整的速度。基于上述检验结果和三种估计方式的原理差异，我们主要通过 PMG 估计结果来分析 OECD 高收入国家的共性长期均衡关系与短期动态关系。

表 4－6　城镇化影响人均二氧化碳排放量的面板 ARDL 模型估计结果

	ARDL（1,1）			ARDL（1,0）		
	(1) PMG	(2) MG	(3) DFE	(4) PMG	(5) MG	(6) DFE
调整系数（ϕ_i）	-0. 148*** (0. 033)	-0. 307*** (0. 045)	-0. 035*** (0. 008)	-0. 135*** (0. 032)	-0. 291*** (0. 044)	-0. 045*** (0. 009)
长期系数（θ_i）						
ln(*p*GDP)	-0. 250*** (0. 053)	-0. 229 (0. 364)	-0. 131 (0. 224)	-0. 166*** (0. 028)	0. 014 (0. 291)	-0. 252 (0. 258)
URB	0. 024*** (0. 006)	0. 072 (0. 092)	-0. 005 (0. 016)	-0. 077*** (0. 008)	0. 040 (0. 054)	-0. 013 (0. 018)

续表

	ARDL (1,1)			ARDL (1,0)		
	(1) PMG	(2) MG	(3) DFE	(4) PMG	(5) MG	(6) DFE
短期系数（δ_{ij}^{*}）						
$\Delta\ln(pGDP)$	0. 666*** (0. 113)	0. 571*** (0. 112)	0. 732*** (0. 060)			
ΔURB	0. 106 (0. 094)	−0. 268* (0. 162)	0. 010 (0. 007)			
截距项	0. 415*** (0. 094)	1. 888* (1. 087)	0. 118** (0. 058)	1. 297*** (0. 316)	1. 062 (0. 923)	0. 259*** (0. 085)
样本量	1410	1410	1410	1591	1591	1591
组数	33	33	33	33	33	33
AIC	−4 788. 935	−4 976. 153	NA	−4 468. 933	−4 658. 988	NA
BIC	−4 757. 427	−4 944. 645	NA	−4 447. 444	−4 637. 5	NA
Hausman 检验	(2) vs. (1)	(2) vs. (3)		(2) vs. (1)	(2) vs. (3)	
Chi2	2. 04	0. 00		13. 00	0. 01	
Prob>Chi2	0. 360 4	0. 998 1		0. 001 5	0. 993 3	

注：* 代表 $p<0.1$，** 代表 $p<0.05$，*** p 代表<0. 01；括号内为标准差。

调整系数 ϕ_i 显著为负表明，城镇化、经济增长与人均碳排放之间的短期动态关系是向着长期均衡关系收敛的。城镇化率的长期系数显著为正表明，城镇化对人均碳排放呈现出正向促进作用，这可能是由于城镇化带来的消费效应超过了其集聚效应带来的节能减排效果。人均 GDP 的长期系数显著为负表明，经济发展水平的提高对人均碳排放呈现出负向抑制作用，MG 和 DFE 估计量的结果也支持了这一观点。从长期系数的弹性含义来看，城镇化率每提高 1 个百分点，人均二氧化碳排放量将增加 0. 024%；人均 GDP 每提高 1%，人均二氧化碳排放量将减少 0. 25%。这为从社会经济长期发展的角度制定二氧化碳减排政策提供了参考。

对于短期系数，城镇化率变化量每提高 1 个百分点，人均二氧化碳排放量增长率将提高 0. 106 个百分点，城镇化发展与人均碳排放实现了相对脱钩；人均 GDP 增长率每提高 1 个百分点，人均二氧化碳排放量增长率将提高 0. 666 个百分点，经济增长与人均碳排放实现了相对脱钩发展。

样本中每个国家城镇化率、经济增长与人均二氧化碳排放量之间的短期动态关系以及向 OECD 高收入国家共同长期均衡关系的收敛见表 4－7。除了西班牙，其他所有 OECD 高收入国家的短期动态关系与其共同长期均衡关系之间均存在收敛关系。其中，以色列的收敛速度最快，达到了-0.746；智利的收敛速度最慢，仅为-0.008。对于城镇化率短期系数，比利时等 15 个国家的系数值处于 0～1，表明其城镇化发展与人均碳排放实现了相对脱钩；澳大利亚等 16 个国家的系数值小于 0，表明其实现了绝对脱钩；爱沙尼亚和以色列 2 个国家的系数值大于 1，表明其未实现脱钩。对于人均 GDP 短期系数，斯洛伐克等 22 个国家的系数值处于 0～1 之间，表明其经济增长与人均碳排放实现了相对脱钩；以色列与瑞士 2 个国家的系数值小于 0，表明其实现了绝对脱钩；挪威等 9 个国家的系数值大于 1，表明其未实现脱钩发展。

表 4-7　城镇化、经济增长与人均碳排放之间的异质性短期动态关系

国家	调整系数	$\Delta\ln(p\text{GDP})$	ΔURB	国家	调整系数	$\Delta\ln(p\text{GDP})$	ΔURB
以色列	-0.746**	-0.286	2.434	荷兰	-0.064*	1.074***	-0.023
斯洛伐克	-0.688***	0.750***	-0.152	爱尔兰	-0.063*	0.483**	0.03
挪威	-0.548***	2.096**	-0.151***	澳大利亚	-0.062***	0.781***	-0.042
德国	-0.387***	0.472**	-0.180**	瑞典	-0.06	0.943**	0.083***
波兰	-0.302**	0.099	-0.221**	法国	-0.058	1.626***	0.01
捷克	-0.24*	0.921***	-0.159	希腊	-0.054**	0.748***	-0.04
爱沙尼亚	-0.228	0.609**	1.759**	韩国	-0.05***	0.988***	-0.027**
瑞士	-0.177*	-0.22	0.038**	日本	-0.037	0.853***	0.011
芬兰	-0.157***	0.727*	0.015	意大利	-0.032*	1.333***	0.049
比利时	-0.15**	1.135***	0.189	卢森堡	-0.022	1.160***	0.063
冰岛	-0.121	0.500*	-0.071	葡萄牙	-0.022	0.742***	0.015
加拿大	-0.108*	0.739***	-0.015	匈牙利	-0.017	0.785***	-0.011
拉脱维亚	-0.105	0.077	0.425*	英国	-0.014	0.870***	-0.041
丹麦	-0.101	1.286**	0.055	美国	-0.012	1.110***	0.029
奥地利	-0.099**	0.682*	-0.56	智利	-0.008	0.815***	0.006
新西兰	-0.096*	0.331	-0.004	西班牙	0.008	1.030***	0.056
斯洛文尼亚	-0.074	0.897***	-0.069				

注：* 代表 $p<0.1$，** 代表 $p<0.05$，*** 代表 $p<0.01$。

通过 MG 估计量得到的样本中每个国家城镇化率、经济增长与人均二氧化碳排放量之间的异质性长期均衡关系见表 4-8。19 个国家的城镇化对人均碳排放呈现出负向抑制作用，其中冰岛的负向影响最大，达到了城镇化率每提高 1 个百分

点，人均二氧化碳排放量将减少 0.376%；14 个国家的城镇化对人均碳排放呈现出正向促进作用，其中意大利的正向影响最大，达到了城镇化率每提高 1 个百分点，人均二氧化碳排放量将增加 2.887%。17 个国家的经济增长对人均碳排放呈负向抑制作用，16 个国家的经济增长对人均碳排放呈正向促进作用。

表 4-8　城镇化、经济增长与人均碳排放之间的异质性长期均衡关系

国家	ln(*p*GDP)	*URB*	国家	ln(*p*GDP)	*URB*
冰岛	0.411	−0.376***	日本	0.611*	−0.018
以色列	1.063**	−0.363***	德国	−0.591***	−0.006
爱沙尼亚	−0.085	−0.183	韩国	0.678**	0.005
美国	1.921	−0.173	瑞士	−1.028***	0.014**
爱尔兰	1.025***	−0.159***	法国	−0.801	0.038
比利时	0.759	−0.145	挪威	−0.447***	0.045***
波兰	−0.352***	−0.106**	芬兰	−1.214	0.046
卢森堡	0.707	−0.094	新西兰	0.077	0.083
捷克	−0.142	−0.080	加拿大	−1.134	0.107
英国	−0.193***	−0.079***	西班牙	−0.499	0.113
希腊	1.488**	−0.066	斯洛伐克	−0.006	0.12***
匈牙利	−0.507	−0.057***	瑞典	−1.536***	0.152***
丹麦	−0.649	−0.054	拉脱维亚	0.367*	0.205
智利	1.170***	−0.048	斯洛文尼亚	0.074	0.291
澳大利亚	0.439	−0.034	奥地利	−0.109	0.370
葡萄牙	1.184***	−0.026***	意大利	−10.920	2.887
荷兰	0.682**	−0.019**			

注：* 代表 $p<0.1$，** 代表 $p<0.05$，*** 代表 $p<0.01$。

ARDL(p，q) 模型的最大滞后阶数一般设为 $p=T^{1/3}\approx3$，这种设定被认为在中等大小时间维度中足以充分解释短期动态效应。因此，我们对滞后阶数为 1～3 的 ARDL 模型进行了估计，且所有变量具有相同的滞后阶数，估计结果见表 4-9。随着滞后阶数的增加，城镇化对人均二氧化碳排放量的影响由正向促进作用转变为负向抑制作用并不断增强。从经济意义上看，这可能意味着在较长时期中，早期城镇化对人均碳排放的集聚效应存在滞后影响，通过多期的累计才超过消费效应，进而对人均碳排放起到抑制作用。

表 4-9　滞后 1～3 阶的城镇化、经济增长与人均碳排放长期均衡关系

	ARDL(1,1)	ARDL(2,2)	ARDL(3,3)
ϕ_i	-0.148^{***} (0.033)	-0.095^{***} (0.022)	−0.086 (0.055)
ln(pGDP)	-0.250^{***} (0.053)	0.165^{**} (0.066)	0.190^{**} (0.092)
URB	0.024^{***} (0.006)	-0.020^{**} (0.009)	-0.048^{***} (0.011)
样本量	1 410	1 377	1 344

注：* 代表 $p<0.1$，** 代表 $p<0.05$，*** 代表 $p<0.01$；括号内为标准差。

我们将 OECD 高收入国家城镇化与人均二氧化碳排放量、二氧化碳排放总量、二氧化碳排放强度之间的异质性影响关系以及相应的城镇化发展水平进行了对比，见表 4-10。城镇化与任一碳排放维度呈抑制关系的国家，与呈促进关系的国家相比，其初始（1960 年）城镇化水平更高、城镇化发展速度较慢。这表明较好的城镇化发展基础与更可持续的城镇化速度将有利于实现城镇化对碳排放的抑制作用。城镇化发展与碳排放量实现绝对脱钩的国家，与实现相对脱钩的国家相比，其城镇化发展速度更快；而城镇化发展与碳排放强度实现绝对脱钩的国家，其初始城镇化水平更高。这表明，快速城镇化带来的规模效应将有助于实现碳排放水平的下降，而碳排放强度的下降则更依赖于良好的城镇化基础。

表 4-10　异质性城镇化-碳排放影响关系下的城镇化发展水平比较

国家	1960 年城镇化率(%)	年均增长率(%)	人均碳排放	碳排放总量	碳排放强度
澳大利亚	81.5	0.17	√	√	√
奥地利	64.7	0.03			
比利时	92.5	0.10	√	√	√
加拿大	69.1	0.31			
智利	67.8	0.51	√	√	√
捷克	59.5	0.38	√		√
丹麦	73.7	0.32	√		√
爱沙尼亚	57.5	0.30	√	√	√
芬兰	55.3	0.78			
法国	61.9	0.46			
德国	71.4	0.09	√	√	√

续表

国家	1960年城镇化率(%)	年均增长率(%)	人均碳排放	碳排放总量	碳排放强度
希腊	55.9	0.61	√	√	√
匈牙利	55.9	0.44	√		√
冰岛	80.3	0.29	√		√
爱尔兰	45.8	0.59	√	√	√
以色列	76.8	0.34	√	√	√
意大利	59.4	0.27			
日本	63.3	0.72	√	√	√
韩国	27.7	2.04			
拉脱维亚	52.9	0.45			
卢森堡	69.6	0.48	√	√	√
荷兰	59.8	0.76	√	√	√
新西兰	76.0	0.23			
挪威	49.9	0.88			
波兰	47.9	0.44	√	√	√
葡萄牙	35.0	1.09	√	√	√
斯洛伐克	33.5	0.88			
斯洛文尼亚	28.2	1.05			
西班牙	56.6	0.63			
瑞典	72.5	0.31			
瑞士	51.0	0.69			
英国	78.4	0.09	√	√	√
美国	70.0	0.28	√		√
抑制	城镇化率/年均增长率（平均值）		65.4/0.42	64.5/0.45	65.4/0.42
促进			54.2/0.64	57.8/0.56	54.2/0.64
绝对脱钩			58.7/0.54	57.2/0.55	63.8/0.48
相对脱钩			61.8/0.51	65.4/0.47	57.7/0.55

注：√表示城镇化抑制碳排放；最后三列中白色表示绝对脱钩，浅色表示相对脱钩，深色表示未脱钩。

其中，澳大利亚、德国、希腊、波兰表现出了城镇化对碳排放的绝对抑制作用，即城镇化对三个碳排放维度均呈抑制作用，同时城镇化发展与三个碳排放维度均实现了绝对脱钩。这四个国家的初始城镇化率最低为波兰的47.9%，最高为澳大利亚的 81.5%，分布在城镇化中期（城镇化率为 30%～70%）与后期（城镇化率高于 70%）两个阶段；城镇化发展速度最高为希腊的年均增长 0.61%，最低为德国的年均增长 0.09%。由此可见，无论在城镇化快速发展的中期阶段还是在城镇化速度减慢的后期阶段，都有可能实现城镇化对碳排放的抑制作用。

习题

1. 试分析我国碳排放驱动因素变化的内在原因。

2. 若要我国 2015—2021 年的碳排放不变，根据 Kaya 恒等式能源强度应如何调整？

3. 测算并识别我国 2012 年和 2017 年的高碳供应链，试对其进行比较分析。

4. 基于最新的环境投入产出表，测算我国的国际贸易隐含碳排放。

5. 分析城镇化影响碳排放的传导机制。

第 5 章

碳减排技术

本章要点

在上一章了解碳排放影响机理的基础上，本章针对可以实现碳减排的主要技术措施，从碳减排技术特点、减排潜力、趋势预见以及优化布局等方面加以介绍。通过本章的学习，读者可以回答如下问题：

- 主要的碳减排技术有哪些？
- 不同碳减排技术的成本和减排潜力如何？
- 如何进行碳减排技术预见？
- 不同减排技术预见方法的优点、局限性与适用场景是什么？
- 如何开展碳捕集、利用与封存技术布局研究？

先进实用的碳减排技术是实现我国碳达峰与碳中和目标的有效手段，而科学有效的技术预见是碳减排技术研发、推广和应用的有力导航和助推器，碳减排技术预见对我国科学技术高质量发展与经济社会系统低碳转型均发挥着重要作用。碳减排技术，是减缓气候变化和实现碳中和目标的工程技术措施的总称，是由相关知识、能力和物质手段构成的动态技术系统。它是复杂巨系统，具有全球性、长周期、跨区域、多行业的特征，管理与预见难度大。本章将从碳减排技术视角出发，介绍主要的碳减排技术和碳减排技术智能预见方法，并针对碳捕集、利用与封存（carbon capture，utilization and storage，CCUS）技术进行详细的分析与评估。

第1节　主要的碳减排技术

实现碳减排的技术较多，既包括能源系统的源头减排技术，例如太阳能、风能、生物质能等可再生能源技术，各种能效提高技术，也包括能够实现末端大规模减排的碳捕集、利用与封存技术，以及能够实现负排放的直接空气捕集技术、生物炭技术等，这些技术是实现温室气体深度减排以及碳中和的关键。

一、可再生能源技术

可再生能源技术不仅能够减少温室气体的排放和污染，而且能够开发当地的零散分布的能源，主要包括风能、太阳能、水能、潮汐能、地热能和生物质能等。国际能源署（IEA）的2050年净零排放情景（NZE）显示，2050年可再生能源将占能源供应总量的2/3，其中，太阳能占比最高，占能源供应总量的1/5。IEA的已宣布承诺情景（APC）则假设世界各国迄今为止已宣布的所有净零目标都能全面实现，在该情景中，可再生能源将主导全球能源供应的增长，在能源结构中的份额将从2020年的12%增加到2050年的35%。2050年全球发电量预计从约26 800太瓦时上升到超过50 000太瓦时，可再生能源在发电量中的占比将上升至近70%（IEA，2021a）。

对于我国而言，根据国家能源局统计数据，截至2021年10月底，我国可再生能源发电累计装机容量达到10.02亿千瓦，突破10亿千瓦大关，相比2015年年底实现翻番，占全国发电总装机容量的比重达到43.5%，相比2015年底提高10.2个百分点。其中，水电、风电、太阳能发电和生物质发电装机分别达到3.85亿千瓦、2.99亿千瓦、2.82亿千瓦和3 534万千瓦，均持续保持世界第一。表5-1总结了在IEA的承诺目标情景（APS）① 中我国年均新增电力装机量（IEA，2021b）。

表5-1　IEA的承诺目标情景（APS）中我国年均新增电力装机（2020—2060年）

	煤炭	天然气	核能	风能	太阳能	其他可再生能源
新增电力装机（GW）	6.4	8.7	4.4	56.1	200.8	20.1

资料来源：IEA，2021b.

① IEA的承诺目标情景（APS）反映了中国在2020年宣布的目标，即二氧化碳排放量在2030年前达到峰值，到2060年前实现净零排放。

1. 可再生能源技术简介

（1）生物质能源技术。根据国际可再生能源署（IRENA）定义，现代生物能源技术包括从甘蔗渣和其他植物中生产液体生物燃料、生物精炼、残渣厌氧消化产生的沼气、木屑颗粒加热系统和其他技术。生物质能源的优势在于受自然条件限制较小、燃料来源广泛，而当前局限在于建设和运营成本较高、技术开发能力薄弱、产业体系薄弱。

在巴西、印度和中国等人口众多、需求不断增长的国家，生物质具有提高能源供应的巨大潜力，可以直接用于加热或发电，也可以转化为石油或天然气的替代品。液体生物燃料是一种方便的可再生汽油替代品，主要用于运输部门。此外，生物能也可以作为可调度的发电方案，并与储能电池相互补充以保障电力安全。

在 IEA 的已宣布承诺情景（APC）下，电力部门中，全球生物能源将占可再生能源供应增长的 30% 左右。生物能源用量在工业部门将增加一倍，在发电部门将增加两倍，在交通运输部门将增加三倍（IEA，2021a）。

对于我国实现 2060 年碳中和的长期转型而言，生物质及其衍生燃料（包括气态和液体生物燃料）的减排作用重大，特别是在近期，以及在道路和航空交通运输领域。在 IEA 的承诺目标情景（APS）下，它将贡献我国从 2021 年到 2060 年累计二氧化碳减排量的近 7%（IEA，2021b）。

（2）地热能技术。地热能是地球地下产生的热量。水或蒸汽将地热能带到地球表面。根据地热能的特性，它可以用于加热和冷却，也可以用于生产清洁电力。然而，发电需要高温或中温资源，这些资源通常位于构造活动区附近。

这种关键的可再生能源满足了冰岛、萨尔瓦多、新西兰、肯尼亚和菲律宾等国相当大一部分的电力需求，也满足了冰岛 90% 以上的供暖需求。地热能的主要优点是不依赖天气条件，具有很高的容量因素。由于这些原因，地热发电厂能够提供基本负荷电力，并在某些情况下提供短期和长期灵活的辅助服务。

不同的地热技术具有不同的成熟度。直接使用的技术，如集中供暖、地热热泵、温室和其他应用都得到了广泛的应用，可以认为是成熟的。天然高渗透热液储层发电技术也成熟可靠。目前运行的许多电厂是干蒸汽电厂或闪蒸电厂（单、双、三），温度超过 180℃。然而，由于双循环技术的发展，中温场越来越多地用于发电或热电联产。双循环技术是利用地热流体通过热交换器对过程流体进行闭环加热。此外，也出现了很多新的技术，如正在示范阶段的增强型地热系统（EGS）。

（3）水力发电技术。水力发电技术是目前最大的低碳电力来源。该技术的基本原理是从流动的水中获得能量，将水能转换为电能，用水驱动涡轮机。其优势在于发电成本低、效率高、调控能力强，而缺点在于对生态环境有一定破坏性，且供电需求不稳定。根据国家能源局的统计，2021 年 1—9 月，我国新增水电并网容量 1 436 万千瓦，规模以上水电发电量 9 030 亿千瓦时；水电平均利用小时数为 2 794 小时。

水电站一般由水坝和水库两种基本配置组成，有的则全部没有。有大型水库的水电大坝可以短期或长期蓄水，以满足高峰需求。没有水坝和水库的水力发电站意味着规模较小，通常是在不干扰水流的情况下，利用设计在河流中运行的设施进行发电。出于这个原因，许多人认为小型水电是一个更环保的选择。

在 IEA 的净零排放情景（NZE）中，水力发电技术增长较为稳定，到 2050 年将翻倍。同样，水力发电技术是成熟且灵活的可再生能源，适合作为可调度的发电方案。

（4）海洋能技术。海洋能是利用海洋运动过程生产出来的能源，包括潮汐能、波浪能、海流能、海洋温差能和海水盐差能等形式。海洋能技术仍处于早期开发阶段，尚未形成规模化。相对而言较有前景的海洋能技术包括以下几类：

- 波浪能，即利用转换器捕捉海浪中的能量用来发电。这类转换器包括利用振荡水柱技术捕捉空气驱动涡轮机的波能装置，利用波动的振荡体转换器，以及利用高差的过顶转换器。
- 潮汐能，即利用拦海大坝或其他屏障，在涨潮和退潮时利用潮差收集电力。
- 海洋热能转换，即利用表面温暖海水与 800～1 000 米深的冷海水之间的温差发电。

现阶段，海洋能相对于其他可再生能源技术而言成熟度较低，但是具有长期内做出重要减排贡献的潜力。

（5）太阳能技术。太阳能是指太阳的热辐射能。尽管太阳辐射到地球大气层的能量仅为其总辐射能量的 22 亿分之一，但已高达 173 000 太瓦，也就是说太阳每秒钟照射到地球上的能量相当于 500 万吨煤燃烧产生的能量。太阳能技术可被定性为通过被动或主动的方式来捕获能量。我们通常所指的是主动式（有源）太阳能技术，其常见的发电形式有两种，一种是太阳能光伏（photovoltaics，PV），另一种是聚光太阳能（concentrated solar power，CSP）。

光伏（PV），也称太阳能电池，是一种将阳光直接转化为电能的电子设备。太阳能光伏装置可以结合起来提供商业规模的电力，或安排在小型电网，或供个人使用。利用太阳能光伏发电为微型电网供电是一种极好的方式，可以使居住在输电线路附近的人们获得电力，特别是在太阳能资源丰富的国家。

聚光太阳能（CSP），即利用镜子来集中太阳光线，使这些射线加热流体，产生蒸汽来驱动涡轮机发电。CSP 一般用于大型发电厂的发电。CSP 发电厂通常有一个反射镜场，将光线定向到一个又高又薄的塔上。与太阳能光伏电站相比，CSP 电站的主要优势之一是，它可以配备熔融盐，储存热量，在太阳落山后亦可发电。

太阳能技术近年来发展迅速，据 IPCC 第六次评估报告显示，2015—2019 年，全球太阳能光伏发电量增长了 170%，已达约 680 太瓦时（IPCC，2022）。在 2050 年净零排放情景（NZE）中，风能和太阳能将代替水力发电技术在可再生能源的扩张上发挥领先作用，太阳能、风能和能效提升三种技术将在 2021—2030 年之间贡献约一半的二氧化碳减排量（IEA，2021a）。

（6）风能技术。风力发电是可再生能源发电的重要形式。根据国际可再生能源署（IRENA）的定义，风能发电的工作原理是利用风力涡轮机或风能转换系统将空气运动时产生的动能转化为电能。风首先撞击涡轮机的叶片，使它们旋转，并带动与之相连的涡轮机，通过移动与发电机相连的轴，将动能转变为转动能，从而通过电磁产生电能。其优势在于清洁、装机规模灵活，但也存在成本高、占地面积大、噪声大等问题。

风力发电机主要包括水平轴风力发电机和垂直轴风力发电机。风能的发电量取决于涡轮机的大小和叶片的长度。输出与转子的尺寸和风速的立方成正比。从理论上讲，当风速翻倍时，风能潜力会增加 8 倍。风力涡轮机的容量随着时间的推移而增加。1985 年，典型的风力涡轮机额定容量仅为 0.05 兆瓦，转子直径为 15 米。目前，新的风力发电项目的陆上风力发电能力约为 2 兆瓦，海上风力发电能力为 3～5 兆瓦。商业上可用的风力涡轮机已经达到 8 兆瓦的容量，转子直径达 164 米。

全球陆上和海上风力发电装机容量在过去 20 年里增长了几十倍，2015—2019 年，全球风能发电量已增加了 70%，达到 1 420 太瓦时（IPCC，2022）。全球 2050 年净零排放情景（NZE）要求风能发电量在今后十年继续迅速扩大，2030 年之前，风电每年新增装机需达到 390 吉瓦，从而为电力低碳转型提供必要支撑。

2. 可再生能源技术发电成本

风能、太阳能等可再生能源关键技术是推动能源系统深度脱碳的重要抓手。随着近年来技术的不断进步，以风能与太阳能为代表的部分可再生发电技术成本近年来下降明显，在经济上已具有市场竞争力，将逐步成长为可以与传统化石能源正面竞争的新产能（IPCC，2022）。

根据国际可再生能源署的数据，2010—2020 年间，全球太阳能光伏（并网型和屋顶）的累计装机容量从 42 吉瓦增加到 714 吉瓦。全球新投产的并网规模太阳能光伏发电项目的总装机成本从 4 731 美元/千瓦降至 883 美元/千瓦，全球平均的平准化发电成本（levelized cost of electricity，LCOE）在十年间下降了 85%，从 0. 381 美元/千瓦时降至 0. 057 美元/千瓦时，如表 5 - 2 所示。聚光太阳能发电项目的全球加权平均 LCOE 则在这十年间下降了 68%。

表 5 - 2　全球新投产并网级可再生能源发电技术平准化发电成本

单位：美元/千瓦

年份	太阳光伏	生物能	陆上风电	地热	海上风电	水电	聚光太阳能发电
2010	0. 381	0. 076	0. 089	0. 049	0. 162	0. 038	0. 340
2020	0. 057	0. 076	0. 039	0. 071	0. 084	0. 044	0. 108

资料来源：IRENA 可再生能源成本数据库（IRENA，2021a）.

对于陆上风电项目，全球加权平均 LCOE 在 2010—2020 年间下降了 56%，累计装机容量从 178 吉瓦增长至 699 吉瓦，平均容量因数从 27% 上升到 36%，总装机成本从 1 971 美元/千瓦下降到 1 355 美元/千瓦。陆上风电成本的下降主要是由涡轮机价格和设备平衡成本下降，以及先进涡轮机的更高容量系数共同推动。

水电是目前成本最低的发电技术之一，虽然过去十年间，水电的全球加权平均 LCOE 增长了 16%，但仍然低于传统能源的全球平均发电成本，是大规模低碳能源供给的主要来源。

3. 可再生能源技术减排贡献

如果全世界要实现气候目标，就需要在所有行业部门的清洁能源领域进行更大规模的变革。许多清洁发电技术目前已经在市场上出现并得到迅速部署，在 IEA 的承诺目标情景（APS）下，预计到 2030 年，能效提高技术、太阳能和风能将为我国能源部门贡献 60% 的二氧化碳减排量（IEA，2021b）。2020—2060 年，可再生能源发电预计增加近 7 倍，占我国发电总量约 80%，主要来源于风能和太阳能光伏技术。燃煤发电总量占比将从约 60% 下降到 5%，并且在 2050 年将淘汰未采用减排技术的煤电。到2060年，我国的可再生能源装机容量预计增加3倍以上。表5-3总结了我国承诺目标情景（APS）下不同减排措施的二氧化碳减排需求。

表5-3　承诺目标情景（APS）下我国不同减排措施的二氧化碳减排需求

单位：吉吨 CO_2

减排措施	2030年	2060年
减排总量	4.36	17.42
行为变化	0.11	0.23
避免的需求	0.24	2.07
能效	1.00	1.60
氢能	—	0.82
电气化	0.53	2.60
生物能	0.59	0.47
其他可再生能源	1.35	6.97
其他燃料转变	0.06	0.71
CCUS	—	1.95

资料来源：IEA，2021b.

从全球来看，在IRENA实现全球2℃温控目标的REmap情景中，释放太阳能与风能两种发电技术的巨大潜力对于实现全球气候目标至关重要，因为这两种技术将引领全球电力行业的转型，如表5-4所示。预计到2050年风能将成为主要的电力来源，陆上和海上风能装机量占比将超过总电力需求的35%。对于太阳能来说，到2030年，太阳能光伏年新增装机容量需要达到2.7亿千瓦；到2050年，装机量需要增加到3.72亿千瓦/年（IRENA，2019b）。

表5-4　IRENA不同情景下的风能与太阳能减排需求　　单位：10亿吨

	2010年	2018年	2030年	2050年
当前政策情景下能源相关 CO_2 排放量（基准情景）	29.7	34.3	35	33.1
REmap情景下能源相关 CO_2 排放量	29.7	34.3	24.9	9.8
由于风电加速部署和深度电气化避免的 CO_2 排放量	6.3			
由于太阳能加速部署和深度电气化避免的 CO_2 排放量	4.9			

资料来源：IRENA，2019a；IRENA，2019b.

在IEA的可持续发展情景中（即全球有望在2070年实现净零排放），电力行业依赖于可再生能源，碳捕集、利用与封存技术，核能，以及能效提高技术的发展，成为最早脱碳的行业之一。其中，可再生能源预计贡献约62%的减排量，太阳能光伏和风能技术的减排贡献合计占比达40%以上，如表5-5所示。

表5－5 IEA可持续发展情景下不同减排技术的每年 CO_2 减排量 单位：吉吨

	累计减排占比	2030年	2040年	2050年	2060年	2070年
节电	11%	1.04	1.21	1.31	1.21	1.10
燃料转换和能效提高	5%	0.71	0.60	0.40	0.20	0.14
其他	2%	0.14	0.27	0.61	0.71	0.67
风能	18%	0.67	1.89	2.28	2.22	2.19
太阳能	27%	1.38	2.39	3.13	3.39	3.49
水能	5%	0.44	0.57	0.64	0.54	0.57
生物能	10%	0.57	0.97	1.18	1.21	0.94
核能	4%	0.24	0.67	0.53	0.43	0.37
化石燃料CCUS	10%	0.20	0.97	1.14	1.45	1.45
生物质CCUS	5%	0.00	0.07	0.37	1.15	1.68

资料来源：IEA，2020a.

二、能效提高技术

能源部门是全球温室气体排放的主要来源。无论是从国内实践还是国际经验来看，节能和提高能效都是减少能源活动二氧化碳排放的有效途径。持续提高能源利用效率有利于降低经济社会发展对能源和碳排放增长的依赖。特别是提高能源效率的措施将在帮助高能耗工业和基础设施减少排放方面起到核心作用。

2020年，全球交通运输、建筑和工业行业的能源消耗总量分别约为105艾焦耳、129艾焦耳和156艾焦耳（IEA，2022a）。根据国际能源署2050年前净零排放的设想，所有能源最终用途的能源效率都在加速提高，导致全球能源消耗在2025年之前达到峰值，然后迅速下降（IEA，2022b）。在IRENA的1.5℃路径中，电气化和能效提高是能源转型的关键支撑。1.5℃路径要求社会生产和消费能源的方式进行重大改革，才能够在2050年实现每年近370亿吨二氧化碳的减排需求，其中，提高能效是仅次于可再生能源的主要减排方式，如表5－6所示。

表5－6 国际可再生能源署1.5℃情景下不同减排措施的减排贡献

技术	可再生能源	能效技术	电气化	BECCS	水力发电技术	CCUS
减排贡献（%）	25	25	20	14	10	6

资料来源：IRENA，2022.

近年来，我国能源利用效率得到显著提高。2012 年以来单位国内生产总值能耗累计降低 24.4%，相当于减少能源消费 12.7 亿吨标准煤。2012—2019 年，以能源消费年均 2.8%的增长率支撑了国民经济年均 7%的增长率。表 5－7 总结了 2017 年国家发展改革委公布的《国家重点节能低碳技术推广目录》中关于能效提高技术的清单及其节能减碳潜力。

表 5－7　重点能效提高技术及其节能减碳潜力

技术名称	适用范围	目前推广比例（%）	未来 5 年节能减碳的潜力			
			该技术在行业内的推广潜力（%）	预计总投入（万元）	预计节能能力（万吨标准煤/年）	预计碳减排能力（万吨 CO_2/年）
变频器调速节能技术	电力行业	20	40	90 000	180	475
钢铁行业烧结余热发电技术	钢铁行业	20	40	170 000	15	41
转炉煤气干法回收技术	钢铁行业	20	60	200 000	25	66
蓄热式燃烧技术之一：蓄热式转底炉处理冶金粉尘回收铁锌技术	钢铁行业	57	80	504 000	22	59
钢铁行业能源管控技术	钢铁行业	40	60	100 000	270	713
矿热炉烟气余热利用技术	钢铁行业	40	80	1 100 000	105	277
旋切式高风温顶燃热风炉节能技术	钢铁行业	50	80	1 080 000	118（仅 1 000 立方米以上大高炉）	312
冶金余热余压能量回收同轴机组应用技术	钢铁行业	30	50	100 000	90	288
氧气底吹熔炼技术	有色金属行业	25	45	60 000	10	26
粗铜自氧化还原精炼技术	有色金属行业	20	50	18 750	54	143

续表

技术名称	适用范围	目前推广比例（%）	未来5年节能减碳的潜力			
			该技术在行业内的推广潜力（%）	预计总投入（万元）	预计节能能力（万吨标准煤/年）	预计碳减排能力（万吨CO_2/年）
旋浮铜冶炼节能技术	有色金属行业	20（年产能20万吨以上冶炼企业）	80（年产能20万吨以上冶炼企业）	20 000	150	250
变换气制碱及其清洗新工艺技术	化工行业	20	35	200 000	9	23
新型高效膜极距离子膜电解技术	化工行业	25	50	260 000	90	238
蒸汽系统运行优化与节能技术	石化行业	30（大热电、炼油化工），低于1（地方热电）	50（炼油、石化），10（地方热电）	64 000	158	417
硝酸生产反应余热余压利用技术	化工行业	50	70	170 000	50	132
大推力多通道燃烧节能技术	建材行业	20	40	12 000	45	119
塑料动态成型加工节能技术	轻工行业	25	50	60 000	60	158
LED智能照明节能技术之一：道路照明技术	轻工行业	30	65	48 000	210	492
LED智能照明节能技术之二：隧道照明技术	轻工行业	20	50	62 500	44	96
高光快速注塑成型技术	轻工行业	30	65	290 000	24	63
造纸靴式压榨节能技术	轻工行业	25	40	80 000	96	253

续表

技术名称	适用范围	目前推广比例（%）	未来 5 年节能减碳的潜力			
			该技术在行业内的推广潜力（%）	预计总投入（万元）	预计节能能力（万吨标准煤/年）	预计碳减排能力（万吨 CO_2/年）
液相增粘熔体直纺涤纶工业丝技术	纺织行业	30	45	150 000	10	26
电子膨胀阀变频节能技术	机械行业	20	50	20 000	85	224
热泵技术之一：地源热泵技术	建筑行业	10	50	120 000	90	207
热泵技术之二：水源热泵技术	建筑行业	40	70	8 000 000	80	184
热泵技术之三：空气源热泵冷、暖、热水三联供系统技术	建筑行业	40	60	700 000	89	235
高速公路电子不停车收费技术	交通行业	36	60	146 000	8	21
基站载频设备智能节电技术	通信行业	40	80	80 000	22	58

三、核电技术

1. 核能与核电技术

核能是核反应过程中原子核结合能发生变化而释放出的巨大能量，具有稳定、高能量密度的特点，是一次能源的重要组成部分。铀核等重核发生裂变释放的能量称为核裂变能，而氘、氚等轻核发生聚变释放的能量称为核聚变能（杜祥琬，2021）。核电是指利用核反应释放的核能，加热工作介质带动发电机所产生的电力。目前可商业化运行的核电站均采用可控链式裂变技术。以铀 235 原子核为例，当受到外来冲击时产生链式裂变反应，该过程会释放大量热量。

核电站运行一般分为一回路和二回路两个系统，即“核岛”和“常岛”，主要设备包括反应堆、蒸汽发生器及汽轮发电机，此外还有稳压器、冷凝器、加热器、再热器、管道、变电输电系统等。一回路主要是核反应堆和蒸汽发生器，核燃料在反应堆内发生核裂变链式反应，释放的热量由冷却剂（水、气体或液态金属）带出反应堆，在蒸汽发生器中加热二回路水，水受热汽化为蒸汽，进而带动汽轮机发电。随后降温后的冷却剂回到核反应堆继续吸收热量，二回路蒸汽从汽轮机离开后进入冷凝器液化，再进入蒸汽发生器中准备下一次汽化。

2. 核电技术发展现状与未来方向

目前大部分国家的核电站都采用第三代压水堆技术。2021 年全球可运行的核电反应堆总数为 436 座，分布在 31 个不同国家和地区，比 2020 年减少 5 座，其中近 70% 是压水堆，2017—2021 年间启动的 34 座反应堆中，33 座为压水堆。2021 年全年核电总装机容量为 396 吉瓦，总发电量为 2 653 太瓦时，全球平均容量因子约为 82. 4%，延续了 2000 年以来全球核电容量因子持续走高的趋势。我国核能事业发展态势良好，截至 2021 年，我国商业运营的核电反应堆有 53 座，总装机容量达 5 560 万千瓦，在建核电机组 23 台，总装机容量 2 419 万千瓦，合计容量排名世界第二位，核电发电量占比与十年前相比也大幅提高，从 2% 增加到 5%。我国的核电技术位于全球前列，通过自主创新，形成了具有自主知识产权的第三代压水堆“华龙一号”和“国和一号”，不仅达到全球最新安全标准，打破国外垄断，而且开拓了海外市场。

核电最主要的发展方向仍然是安全性和经济性的提高。安全是核电健康发展的重要保证，核电发展历史上发生过三次重大安全事故，分别是美国三里岛、苏联切尔诺贝利和日本福岛的核事故，因此在第三代核电站建设过程中，对核电安全性的重视达到前所未有的高度。2011 年以来，核电站设计过程中要求“从设计上实际消除大量辐射物质释放的可能性”，未来对核电站严重事故的预防和处理技术、反应堆自身安全性的提升、剩余风险的应对等均需重点关注。同时应当兼顾核电的经济性，提高核燃料使用效率和发电效率，通过优化核电站设计、创新运营和管理方式等降低新一代核电技术成本，使其能与常规电力具备同等竞争力。第四代核电技术如快堆的发展是下一步的重点方向，应当及时加大科研投入，做好技术储备，力争 2030 年前实现商业部署与应用。从长远来看，可控核聚变是最为理想的能源，核聚变比核裂变具备更高的安全性和清洁性，可用资源也更为丰富，需持续关注监测核聚变研究的进展，及时掌握新方向和新技术。

3. 核电的碳减排效应

与传统的常规火电站相比，核电站的蒸汽发生系统差异明显，核电站使用的蒸汽由反应堆产生的核能转化提供，而火电厂的蒸汽由化石燃料/生物质燃料燃烧产生的化学能转化提供，因此核电在发电过程中不会产生二氧化碳等温室气体，也不会产生二氧化硫、氮氧化物等有害气体，更不会因为燃烧产生粉尘颗粒，仅有的碳排放来自核燃料的开采、转化、浓缩和电站建设等过程，每度电的全生命周期碳排放为煤电的1%、气电的3%。即使与可再生能源相比也具备一定碳排放优势，每度核电的全生命周期碳排放是光伏发电的30%。如表5-8所示，核电相比于其他发电技术具有排放优势。

表5-8 核电与其他发电技术排放强度比较

发电类型	二氧化碳排放（g/kW·h）	硫化物排放（mg/kW·h）	氮化物排放（mg/kW·h）	非甲烷挥发性有机物（mg/kW·h）	粉尘颗粒（mg/kW·h）
核电	2～59	3～50	2～100	0	2
水电	2～48	5～60	3～42	0	5
风电	7～124	21～87	14～50	0	5～35
光伏发电	13～731	24～490	16～340	70	12～190
生物质发电	15～101	12～140	701～1 950	0	217～320
燃气发电	389～511	4～15 000	13～1 500	72～164	1～10
燃煤发电	790～1 182	700～33 321	700～5 273	18～29	30～663

资料来源：朱华等，2019.

《中国核能发展报告2022》中指出，自1991年我国首台核电机组并网发电以来，核能累计发电量已经超过3.3万亿千瓦时，相当于减少二氧化碳排放24亿吨以上。最新的横截面计量研究发现，核电份额的提高能够显著降低人均碳排放；进一步使用面板数据回归显示，核电发电份额对电力和热力生产的碳强度有显著负向影响（Full et al.，2022）。

4. 碳中和目标下核电是不可或缺的清洁电力

核能的安全开发与清洁利用对全球能源绿色低碳发展具有不可替代的重要作用。在国际能源署的2050年净零碳排放情景下，全球发电量中核电的比例将持续上升，相比于2020年，到2030年核能发电将稳步增加40%，全球核电新增装机将在2030年达到每年30吉瓦，2050年核能发电量将翻一番，保障全球10%的电力供应（IEA，2021）。核电发展对我国“双碳”目标的实现具有重要意义，“十四五”规划纲要中明确提出建设多能互补清洁能源基地，积极有序推进三代核电建设，2025年我国核电运行装机容量应达到0.7亿千瓦。《中共中央 国务院关于完整准确全面贯彻新发展理念做好碳达峰碳中和工作的意见》和《2030 年前碳达峰行动方案》均明确指出应积极安全有序发展核电。根据北京理工大学能源与环境政策研究中心自主研发的中国气候变化综合评估模型/国家能源技术模型（China's Climate Change Integrated Assessment Model/National Energy Technology Model，C^3IAM/NET）测算，截至 2030 年，我国核电装机量将达到 1.2 亿～1.4 亿千瓦，约为当前水平的 2.6 倍，发电量占比将提升至 9%；2060 年我国核电装机量将达 2.2 亿～3 亿千瓦，发电量占比也将提升至 12%（魏一鸣，2021）。

四、碳捕集、利用与封存技术

碳捕集、利用与封存（CCUS）技术是指将二氧化碳从工业或其他排放源中分离出来，运输到特定地点加以利用或封存，以实现被捕集二氧化碳与大气的长期隔离。相比其他低碳技术，CCUS 技术将为人类在 2050 年实现 2℃ 温控目标提供一条低成本的绿色技术路径（IPCC，2014）。同时，CCUS 技术也是能源密集型部门（如电力、煤化工、钢铁、水泥等）大规模减少温室气体排放的唯一手段（Zhang & Huisingh，2017），可在一定程度上保障传统能源向清洁能源转型过程中所面临的能源安全，为能源密集型部门实现绿色转型提供重要的技术选择。图 5－1 展示了 CCUS 技术体系，它主要包括二氧化碳捕集与压缩、运输、封存与利用三个主要技术环节。

图 5－1　二氧化碳捕集、封存与利用技术体系示意

资料来源：科技部社会发展科技司，中国 21 世纪议程管理中心．中国碳捕集、利用与封存技术发展路线图（2019）．北京：科学出版社，2019.

1. CCUS 技术各环节成本

CCUS 技术是一个复杂的技术组合体，包括二氧化碳捕集与压缩、运输、利用与封存三个技术环节。各环节成本的构成迥异，且未来变化趋势差异较大。

（1）捕集与压缩成本。二氧化碳捕集成本受所捕集排放源烟气成分、分压、二氧化碳浓度等复杂因素影响，其中，二氧化碳浓度的影响最大。因此，通常将碳排放源划分为低浓度排放源和高浓度排放源两类。低浓度排放源包括燃煤电厂、燃气电厂、水泥厂、钢铁厂、石油精炼厂等，其烟气中二氧化碳浓度一般低于 30%。低浓度排放源当前多采用较为成熟的燃烧后捕集技术，通过胺溶液二氧化碳分离技术进行二氧化碳的捕集与纯化。该捕集与分离技术每吨二氧化碳一般需要消耗 2 吉焦以上的蒸汽进行溶液再生。另外，在运输前需要将二氧化碳压缩至临界态或液态，一般而言，每吨二氧化碳需要 100 千瓦时以上的电力进行设备运转和二氧化碳压缩。目前，我国低浓度排放源捕集与压缩成本一般为 200～450 元/吨二氧化碳。

我国高浓度排放源包括煤制油、煤制气、煤制气、煤基合成氨、天然气处理厂等，其烟气中二氧化碳浓度一般高于 80%。高浓度排放源当前多采用较为成熟的燃烧前捕集技术，通过低温甲醇洗、变压吸附等二氧化碳分离技术进行捕集与纯化。该捕集与分离技术一般不消耗蒸汽，相对而言电力消耗较多，但整体的能源消耗依然远低于低浓度排放源二氧化碳捕集与分离。目前，我国高浓度排放源捕集与压缩成本一般为 100～220 元/吨二氧化碳。

捕集与压缩成本一般在 CCUS 技术总成本中占比较高，其未来稳步降低是推动 CCUS 技术发展的关键。新一代二氧化碳分离技术（如膜分离、新型物理吸附等）的突破，有助于推动二氧化碳捕集能耗、设备尺寸、运营复杂性大幅下降，预计低浓度排放源二氧化碳捕集与压缩成本到 2030 年可下降 19% 左右（180～380 元/吨二氧化碳），至 2050 年可下降 57% 左右（80～200 元/吨二氧化碳）；高浓度排放源二氧化碳捕集与压缩成本到 2030 年可下降 14% 左右（80～180 元/吨二氧化碳），至 2050 年可下降 55% 左右（40～100 元/吨二氧化碳）（如图 5－2 所示）。

（2）运输成本。二氧化碳运输成本主要受运输规模、距离、地形的影响。由于二氧化碳海上地质封存成本较高，未来相当长一段时间内我国 CCUS 技术仍将以陆上利用与封存类型为主。陆上二氧化碳运输方式包括管道运输、铁路罐车和公路罐车。其中，管道运输是最适合大规模陆上运输的方式。因此，下面重点分析公路罐车运输与陆上管道运输的当前成本，以及陆上管道运输的未来成本，如

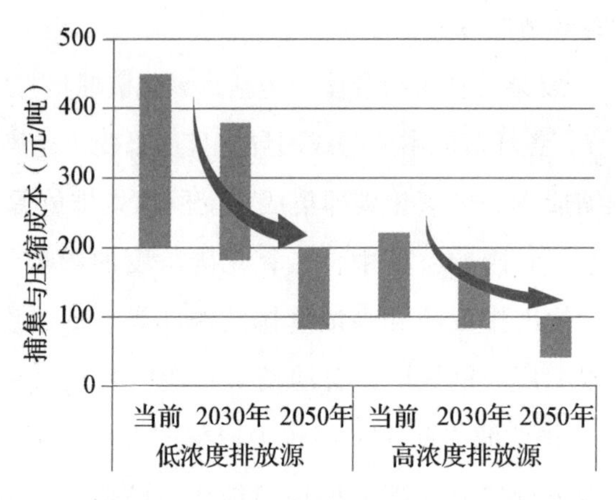

图 5－2　二氧化碳捕集与压缩成本

图 5－3 所示。公路罐车运输技术成熟，但仅适用于小规模、短距离运输，百公里运输成本为 70～120 元/吨。陆上管道运输当前百公里运输成本为 45～80 元/吨。未来，随着运输规模不断扩大，预计 2030 年百公里运输成本将降至 40～70 元/吨，2050 年将进一步降至 30～50 元/吨。

（3）地质封存成本。二氧化碳地质封存成本主要受地质条件影响。正如前文所述，未来相当长一段时间内，我国 CCUS 仍将以陆上地质利用与封存为主要类型，为此，本节重点分析二氧化碳陆上地质封存的成本。这里所指的陆上地质封存成本，不包括二氧化碳利用和循环注入等环节成本。当前，二氧化碳陆上地质封存成本为 20～80 元/吨，随技术持续进步，预计 2030 年将降至 18～70 元/吨，2050 年将进一步降至 15～40 元/吨，如图 5－4 所示。

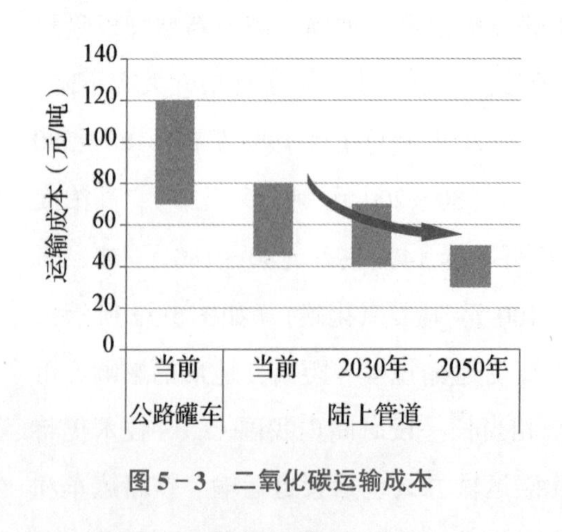

图 5－3　二氧化碳运输成本

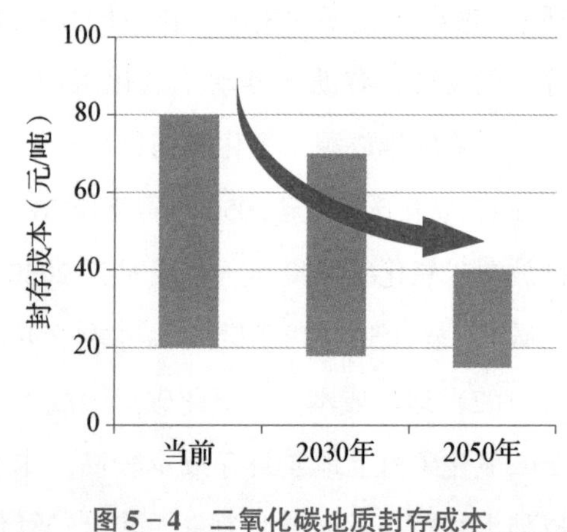

图 5－4　二氧化碳地质封存成本

2. CCUS 减排需求

（1）CCUS 技术是实现全球温控目标的必要技术。2050 年全球至少需要 CCUS

技术减排超过 20 亿吨二氧化碳。CCUS 技术是实现全球气候目标减排技术体系的重要组成部分。针对全球不同气候目标，IPCC、IEA 和 IRENA 等多家国际著名机构提出了基于多情景的全球减排路径，其中绝大多数减排路径的实现需要部署 CCUS 技术以实现减排目标。表 5－9 总结了不同情景下 CCUS 技术在关键时间节点的减排需求。结果表明，在 2050 年，全球需要 CCUS 技术贡献约 22 亿～299.58 亿吨二氧化碳减排量。

表 5－9　全球不同情景下 CCUS 技术减排需求　　单位：亿吨 CO_2

发布单位	情景	2030 年	2050 年	2070 年	2100 年	用途	来源
IPCC	全球 2℃情景	0～97.77	24.45～299.58	/	4.57～442.53	封存	IPCC，2018
	全球 1.5℃情景	4.47～76.29	37.92～283.22	/	46.03～296.98		
IEA	全球 2070 年净零排放情景	8.4	56.4	104.1	/	封存加利用	IEA，2020
	全球 2050 年净零排放情景	16.7	76	/	/		IEA，2021a
IRENA	全球 2050—2060 年实现净零排放	/	27.9	/	/	封存加利用	IRENA，2020
	1.5-S 情景	/	22	/	/		IRENA，2021b

IPCC 第五次评估报告显示，如果没有 CCUS 技术，实现 2℃温控目标的成本将平均增加 138%（29%～297%），特别是在减缓方案中排除 CCUS 技术所带来的潜在成本影响要比排除其他任何技术大得多（IPCC，2014）。此外，IPCC 在 2018 年发布的《全球变暖 1.5℃》特别报告中提出了实现 2℃温控目标和 1.5℃温控目标的 222 条排放路径，并给出了两个温控目标对应的累计二氧化碳允许排放（碳预算）上限，分别为 8 000 亿～14 000 亿吨和 2 000 亿～8 000 亿吨（IPCC，2018）。为了将未来碳排放控制在对应碳预算范围内，222 条实现路径中有近 90% 的路径（199 条路径）需要依靠 CCUS 技术（包括 BECCS 和 DACCS 技术），如表 5－10 所示。路径显示，实现 2℃温控目标所需的 CCUS 技术减排量在 2030 年、2050 年和 2100 年将分别达到 0～97.77 亿吨、24.45 亿～299.58 亿吨和 4.57 亿～442.53 亿吨；实现 1.5℃温控目标所需的 CCUS 技术减排量在 2030 年、2050 年和 2100 年将分别达到 0.70 亿～76.29 亿吨、37.92 亿～283.22 亿吨和 46.03 亿～

296.98 亿吨。

表 5-10　全球温控目标下对 CCUS 的减排需求　　单位：亿吨 CO_2/年

温控目标	模型	2030 年	2050 年	2100 年
2℃	AIM/CGE	0～16.49	45.54～178.86	92.19～413.49
	GCAM	33.68～97.77	51.19～299.58	162.17～332.97
	IMAGE	3.55～17.39	50.50～114.01	102.78～234.90
	MESSAGE	6.08～45.62	68.73～246.27	27.86～442.53
	REMIND	0.61～16.01	24.45～119.90	4.57～169.73
	WITCH	13.2～42.33	64.64～101.35	129.75～249.16
1.5℃	AIM/CGE	4.47～19.99	63.16～159.58	52.54～244.94
	GCAM	13.46～76.29	50.25～283.22	142.55～296.98
	IMAGE	13.97～39.32	37.92～186.09	64.42～286.56
	MESSAGE	15.37～53.23	86.02～180.96	71.45～261.32
	REMIND	0.70～38.21	53.73～168.00	46.03～225.00
	WITCH	22.70～25.70	68.57～79.85	160.80～236.17

注：表格中数据来自 IPCC SR1.5 报告中 121 条 2℃温控目标路径和 78 条 1.5℃温控目标路径（除去了 2010 年《京都议定书》温室气体不在 IPCC AR5 WGIII 评估有效范围内的 23 条路径）。

（2）CCUS 技术是我国实现碳中和目标的关键技术。我国 2020 年宣布 2030 年前实现碳达峰、2060 年前实现碳中和的目标后，多家研究机构系统研究了碳中和的实现路径，研究结果均发现，CCUS 技术是 2060 年实现我国碳中和目标的关键技术，如表 5-11 所示。从实现碳中和目标的 CCUS 技术减排需求来看，多家研究机构预测的范围分别为 2030 年 0.2 亿～4.08 亿吨，2050 年 6 亿～15 亿吨，2060 年 9 亿～20 亿吨。

表 5-11　2030—2060 年中国各行业 CCUS 技术减排需求潜力

单位：亿吨 CO_2/年

机构	2030 年	2050 年	2060 年
清华大学（项目综合报告编写组，2020）	0.3	8.8	/
世界资源所（世界资源所，2021）	/	14	/
全球能源互联网发展合作组织（全球能源互联网发展合作组织，2021）	/	8.7	9.4
高盛集团（Goldman Sachs Research，2021）	3	15	20
中国 21 世纪议程管理中心	0.2～4.08	6～14.5	10～18.2
北京理工大学能源与环境政策研究中心	0.6～0.9	8.4～10.9	9～11.1

根据北京理工大学能源与环境政策研究中心构建的 C^3IAM/NET 模型的模拟结果，中国碳中和路径基于延续当下发展趋势的中度能源需求水平。下面重点讨论了不同能源转型力度情景下对应的高、中、低碳发展路径（魏一鸣等，2022）。具体情景设置如下：高碳情景，即2060年碳汇吸收量可达到30亿吨，能源系统进行低碳转型，各行业低碳技术进行普及应用，CCUS等固碳技术获得小规模的推广；中碳情景，即2060年碳汇吸收量达20亿吨，能源系统低碳转型力度进一步加大，各行业低碳技术的普及比例进一步提高，CCUS等固碳技术推广力度进一步加大；低碳情景，即如果2060年碳汇吸收量只有10亿吨，能源系统需要进行更加深刻的变革，各行业低碳技术的普及应用达到较高比例，CCUS等固碳技术获得较大规模推广。

结果显示，高碳路径对应最小的能源转型力度，CCUS捕集量也相对较少。此外，研究假设中国CCUS技术在2030年之前仍将处于试点示范阶段，尚未实现规模性商业化应用，在该阶段，CCUS项目主要以满足技术知识和经验储备及达到降低成本为目的；到2030年，中国将开始逐步推广CCUS的技术商业化，在2031年需要实现0.6亿～0.9亿吨的二氧化碳捕集量；随着技术推广速度和范围加大，在2050年应达到8.4亿～10.9亿吨的二氧化碳捕集量，并在实现碳中和目标前最后十年维持高部署水平，到2060年达到9.0亿～11.1亿吨的二氧化碳捕集量，需累计贡献约193亿～250亿吨二氧化碳减排量。从行业来看，四大碳排放行业均需要依赖CCUS技术实现减排目标，其中电力部门的碳捕集量最大，超过CCUS技术总捕集量的70%，其次是钢铁部门、化工部门，最后是水泥部门（如图5－5所示）。

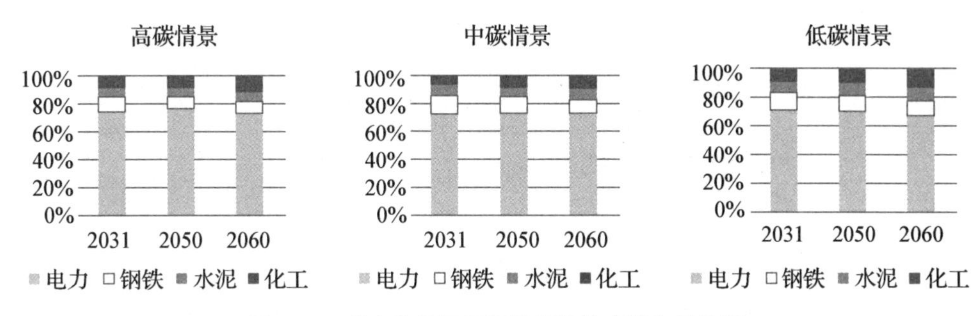

图5－5　碳中和目标下不同部门的碳捕集量比例

立足我国中长期气候治理目标，结合CCUS技术成熟度和我国气候治理阶段目标，我国不同阶段的CCUS技术减排需求如下：

2021—2030年：碳达峰期间（即“十四五”和“十五五”期间），CCUS技术主要以技术推广为主，即通过试点示范项目形式推动 CCUS 技术进入商业化阶段，在技术取得全面突破、政策给予大力支持等情况下规模可达 4 亿吨左右。

2030—2050 年：2030 年以后，CCUS 在前期推广的基础上逐步提高推广应用规模，至 2050 年，规模可达到近 10 亿吨，有效支撑各行业领域深度减排。

2050—2060 年：2050 年之后，进一步深化技术应用潜力，2060 年规模提升至 9.4 亿～20 亿吨，有效支撑碳中和目标实现。

3. CCUS 技术发展现状与未来趋势

（1）电力和煤化工是中国 CCUS 技术近期发展的主要部门；二氧化碳强化驱油和咸水层封存分别是近中期和中长期二氧化碳封存技术的主要发展方向。CCUS 技术在过去 20 年里呈现出快速发展的态势，2018 年全球大型 CCUS 项目增长至 19 个。第一个钢铁 CCUS 项目于 2016 年在阿布扎比投入运营；最大的煤电 CCUS 项目（Texas Petra Nova）在 2017 年 1 月启动，其二氧化碳年捕集量可达 140 万吨。然而从长期来看，CCUS 技术仍然需要以数十倍的增长速度来满足 2℃目标下的发展要求。

过去的十几年间，中国通过研发、建设试点项目以及开展广泛的国际合作，在 CCUS 技术各个环节开展了能力建设，从而为建设大型碳捕集与封存示范项目做好了技术储备，具备特有的低成本 CCUS 示范机会（亚洲开发银行，2015）。从中长期来看，中国大型碳捕集项目主要围绕电力和煤化工行业展开。据亚洲开发银行（2015）报告显示，中国的煤化工产业具有低成本捕集二氧化碳的可能（低于 20 美元/吨），同时许多煤炭密集型工厂正好位于适宜采用二氧化碳强化驱油技术（CO_2-EOR 技术）的油田附近，该种技术既能够封存二氧化碳，又能增加石油产量，从而可为 CCUS 项目带来额外的经济收益（亚洲开发银行，2015）。表 5－12 详细列举了中国现有的处于各阶段的 CCUS 项目。

表 5－12　中国 CCUS 项目（截至 2021 年 9 月）

所属企业和机构	项目名称	所属企业和机构	项目名称
中石化	中石化胜利油田 CCUS 示范项目	中石油	中石油吉林油田 EOR 项目
			长庆石油 EOR 项目
	中石化中原油田 EOR 项目		大庆油田 EOR 项目
	中石化齐鲁石油化工 EOR 项目		准东 CO_2 驱水封存野外先导性试验
	中石化胜利发电厂 CCS 项目	中海油	中海油丽水 36-1 气田 CO_2 分离项目
	中石化华东油田 EOR 项目		中海油海上 CO_2 封存项目

续表

所属企业和机构	项目名称
新疆敦华石油	克拉玛依敦华石油-新疆油田 CO_2-EOR 项目
延长石油	延长石油煤化工 CO_2 捕集与驱油示范项目
华能集团	华能绿色煤电 IGCC 电厂碳捕集项目
	华能天然气电厂烟气燃烧后捕集装置
	华能高碑店电厂捕集项目
	华能长春热电厂捕集项目
	清洁能源动力系统 IGCC 电厂捕集项目
	华能石洞口电厂捕集示范项目
国家能源集团	国家能源集团煤制油 CCS 项目
	国华锦界电厂燃烧后 CO_2 捕集与封存全流程示范项目
国电集团	国电集团天津北塘热电厂碳捕集项目
中电投	中电投重庆双槐电厂碳捕集示范项目
华中科技大学	华中科技大学 35MW 富氧燃烧技术研究与示范
华润集团	华润海丰电厂碳捕集测试平台
金隅集团	北京琉璃河水泥窑尾气碳捕集项目
海螺集团	安徽海螺集团水泥窑烟气 CO_2 捕集纯化示范项目
中联煤	中联煤 CO_2 驱煤层气项目（柿庄）
	中联煤 CO_2 驱煤层气项目（柳林）
通辽铀业	通辽 CO_2 地浸采铀项目
杭州快凯高效节能新技术公司和浙江大学	300Nm^3/h 烟气 CO_2 化学吸收中试平台
内蒙古包瀜环保新材料公司	钢铁渣综合利用实验室项目
中原油田、四川大学等	矿化脱硫渣关键技术与万吨级工业试验
博大东方新型化工	CO_2 基生物降解塑料项目
潞安集团	CO_2 甲烷大规模重整
/	钢渣及除尘灰直接矿化利用烟气 CO_2
/	电石渣矿化利用 CO_2

可以看出，现阶段中国的 CCUS 示范项目主要集中在二氧化碳捕集技术、二氧化碳强化驱油和地质封存，以及二氧化碳转化与利用技术等方面。近中期，预计二氧化碳强化驱油将是中国 CCUS 项目主要的封存方式；中长期，咸水层封存（地质封存）则是主要发展方向。

（2）水泥和钢铁部门的二氧化碳捕集技术将遵循“以发展化学吸收技术为主，研发膜分离技术和吸附分离技术为辅”的发展路径。从远期来看，在生产过程中引入碳捕集技术是支持水泥行业低碳转型的重要手段。目前适用于水泥行业发展碳捕集技术的路径主要有两条：燃烧后捕集技术和富氧燃烧技术。而燃烧前捕集技术由于只能捕集与能源相关的二氧化碳（其排放量仅占水泥总排放的35%），发展前景有限。燃烧后捕集技术不需要对水泥窑进行功能性改造，在新建窑厂和现有水泥窑改造中都可装配。具体来看，使用化学吸附剂对烟气进行处理，从气体混合物中选择性地除去二氧化碳，是目前水泥行业最先进的燃烧后捕集技术，能够达到95%的最佳捕集量。其他燃烧后捕集技术，包括膜分离和固体吸附技术，仅在小规模生产或者实验室里得到证实，且具有较低的捕集率。

在钢铁部门部署碳捕集技术同样可以达到很好的减排效果。碳捕集作为一种去碳技术，主要通过末端处理方法将钢铁生产过程中排放的二氧化碳去除。与水泥部门相似，燃烧后捕集技术在钢铁部门的应用前景最广，加装流程相对最为简单。目前，世界主要国家均将二氧化碳捕集技术的研发和创新看作钢铁部门大规模减少二氧化碳的关键技术路径，致力于研发利用钙基吸收剂捕集转炉工序中产生的大量二氧化碳，或使用氨水溶液从高炉煤气中回收二氧化碳，也有部分研究在探索利用膜分离装置在钢铁生产流程末端高效地分离二氧化碳，或者使用变压吸附法回收烟道气中的二氧化碳。

综上所述，在水泥行业和钢铁行业发展碳捕集技术可以大规模实现二氧化碳减排。根据工艺流程的特点，燃烧后捕集技术将是这两个部门未来主要发展的技术类型。具体来看，其燃烧后捕集技术将遵循“以发展化学吸收技术为主，研发膜分离技术和吸附分离技术为辅”的发展路径。

（3）积极开展燃烧后捕集技术示范，持续研发燃烧前捕集技术和富氧燃烧技术，稳步提升二氧化碳封存和利用技术，是实现我国CCUS全链条发展的关键技术路径。目前，我国在CCUS技术链的各环节都已具备一定的研发基础，截至2017年，中国公开的CCUS专利数量为1 353项，居世界首位。但同时，我们也须认识到，与国际先进水平相比，我国整体上仍存在差距。在利用和封存环节所涉及的21项关键技术中，我国仅有4项与国际先进水平持平，包括场地筛选方法、完井技术、气体多层流量控制技术和力学稳定性；其余17项技术均落后于国外，其中二氧化碳注入泵、封隔器、微震监测3项关键技术国外已处于工业示范阶段，而我国仅处于实验室中试阶段。我国的CCUS技术总体上呈现并跑和跟跑并存的态势。

CCUS的主要技术环节包括二氧化碳捕集、运输、利用和封存四个方面。目前我国 CCUS 技术的各环节尚未形成系统的技术链条。例如，作为 CCUS 系统耗能和成本产生的主要环节，二氧化碳捕集按照技术路线一般分为燃烧后捕集、燃烧前捕集以及富氧燃烧捕集三大类。其中，我国的燃烧前捕集和富氧燃烧捕集技术仍处于研发阶段，尚未达到大规模普及应用的水平；燃烧后捕集技术相对成熟，并已经展开了工业示范，但由于该项技术能耗和成本较高，很大程度上制约了其商业化的推广和应用。

针对我国 CCUS 技术的发展现状，国家发改委和国家能源局在《能源技术革命创新行动计划（2016—2030 年）》中布局了未来中国 CCUS 技术的重点研发方向，包括二氧化碳的大规模、低能耗捕集，二氧化碳的大规模资源化利用，以及二氧化碳安全可靠的封存、监测及运输。分析表明，CCUS 技术在中国实现广泛的商业推广至少要再经过 10～15 年的时间（亚洲开发银行，2015）。实现这一目标，开展大规模碳捕集与封存示范是关键所在。中国应进一步加强 CCUS 技术的早期研发，加强国际合作，制定统一的监管机制，推动 CCUS 技术在中国的长足发展。

五、负排放技术

负排放技术（negative emissions technologies，NET）也称碳移除技术（carbon dioxide removal，CDR），是一种从大气中捕集二氧化碳并将其封存数十年、数百年甚至更长时间的过程，表现出一种负碳效应。根据碳捕集方式的不同，负排放技术可以分为两大类：基于光合作用捕集二氧化碳和基于化学过程捕集二氧化碳（Minx et al.，2018）。基于光合作用捕集二氧化碳包括造林/再造林、土壤固碳、生物炭、生物质能-碳捕集与封存和海洋营养化；基于化学过程捕集二氧化碳包括直接空气捕集、增强风化和海洋碱化。其中，海洋营养化和海洋碱化也统称为海洋固碳技术。不同负排放技术具有不同的实施方案，隔离和储存二氧化碳的有效性也不同。下面对不同负排放技术进行详细介绍。

1. 负排放技术简介

（1）造林/再造林技术（afforestation/reforestation，AR）：在未被森林覆盖的土地上种植树木叫作造林；在原本有森林覆盖但由于自然或人为因素而遭到破坏的土地上种植树木称为再造林。森林恢复是指帮助退化森林恢复其天然林结构，重建生态过程和生物多样性。这些新的或恢复的森林将在树木生长时吸收大气和土壤中的碳，其速率和副作用取决于种植的树木种类以及森林是否恢复其自然生态功能。只要森林还存在，它就会将捕集的碳封存起来。这也意味着，就像其他生物移除碳的方法一样，造林对气候的好处是可逆的。例如，如果森林被烧毁，捕集的碳将会返回到大气中。

（2）土壤固碳技术（soil carbon sequestration，SCS）：采用管理措施，提高土壤的有机质含量等，增加土壤碳储量。如图 5－6 所示，主要措施包括免耕和少耕制、施用有机肥以及轮作等。这些措施可以改善土壤质量，提高作物产量，并有助于保护农田免受洪水和干旱的侵袭。土壤固碳方法已经在使用，并准备扩大规模。

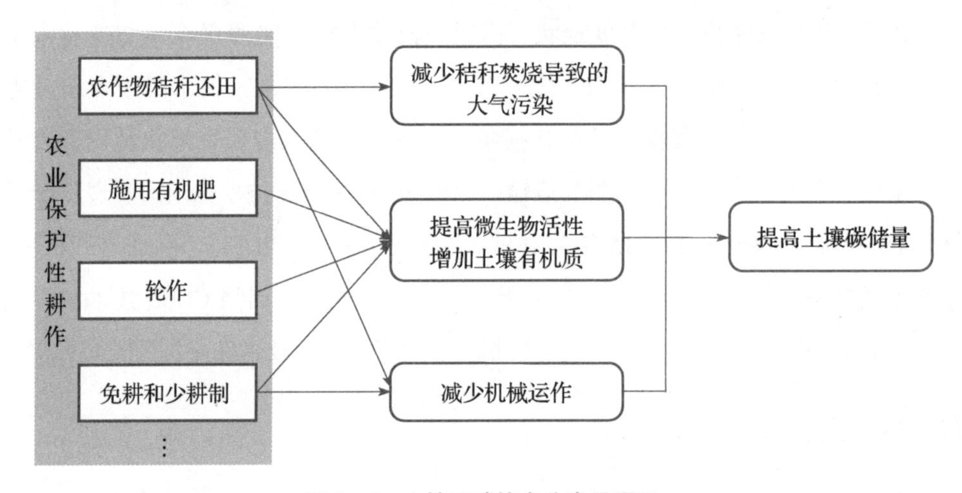

图 5－6　土壤固碳技术分类及原理

（3）生物炭技术（biochar，BC）：在缺氧或无氧环境下加热生物质形成富碳产物，然后将其埋入地下或耕入地里，起到固碳作用，同时提高土壤质量等。如图 5－7 所示。生物炭最终移除的碳量取决于使用哪种生物质、如何获取和加热、土壤最终是否受到干扰，以及这个过程的其他细节。目前生物炭的生产规模较小，需要进行大规模的实地试验，完善对其潜力、共同效益和副作用的评估。

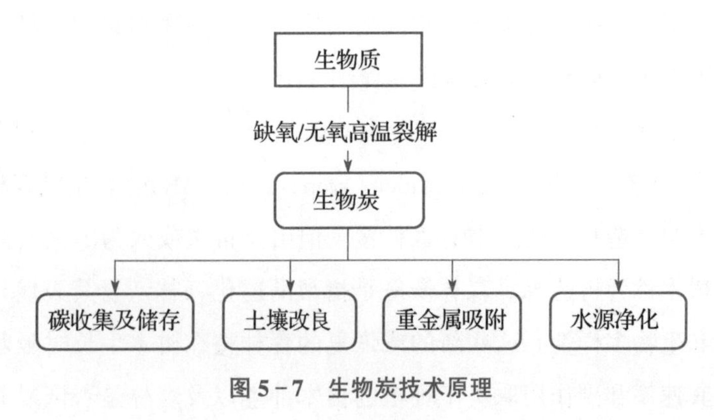

图 5－7　生物炭技术原理

（4）生物质能–碳捕集与封存技术（bioenergy with CCS，BECCS）：种植或收集生物质，对其进行预处理，将其燃烧或转化过程中产生的二氧化碳捕集，经过进一步压缩和冷却处理，用船舶或管道输送，最后注入合适的地质构造中永久储存。如果封存的二氧化碳量大于生物质生产、运输、转化和利用过程中排放的量，则产生负排放。实施 BECCS 有多种方法，使用哪种方法取决于生物质是否以提供能源为目的进行培育，或从农林业废弃物及其他来源收集；是否将其转化为液体或气体燃料，或将其制成颗粒并燃烧以产生热量或电力；是否封存在枯竭的油田、咸水层、玄武岩地层中；等等。上述所有因素都对 BECCS 的气候影响和总体可持续性有重大影响。当前一些发达国家已开始 BECCS 项目示范，二氧化碳捕集源主要来自乙醇生产工厂。

（5）海洋固碳技术（ocean carbon sequestration，OCS）：利用海洋吸收并储存二氧化碳。包括海洋碱化（ocean alkalinization），即在海洋表面散布碱性物质，如石灰，促进吸收大气中的二氧化碳；海洋营养化（ocean fertilization），即通过在海洋表面散布营养物质，例如铁，来为选定的海洋区域施肥，促进海洋植物生长并吸收二氧化碳。

（6）直接空气捕集技术（direct air capture，DAC）：使用工程设备从环境空气中直接吸附、捕集二氧化碳的技术方法。目前国外已有试验或示范的小规模 DAC 工厂，绝大部分试点工厂将捕集的二氧化碳进行再利用。大气捕集二氧化碳后再利用如果不能长期保持固碳效果，则不属于碳移除范围。

（7）增强风化技术（enhanced weathering，EW）：岩石风化作用可将大气中的二氧化碳去除，并将其转化为地球表面和海洋沉积物中的稳定矿物质。增强风化的目的是加速二氧化碳吸收过程，即将碾碎的、富含钙和镁的硅酸盐岩石（如玄武岩）添加到土壤中，碾碎的硅酸盐岩石经过溶解，并与从大气中吸收的二氧化碳反应生成碳酸盐，最终通过径流转移到海洋中进行长期封存。此外，岩石风化作用还可为粮食安全、土壤健康和缓解海洋酸化带来潜在的协同效益。目前增强风化处于研究和开发的早期阶段，碳去除潜力、成本、风险等仍需进一步评估。

2. 负排放技术成本分析

（1）BECCS 技术成本。BECCS 技术的成本决定了该技术大规模商业化应用的可能，良好的经济性可以使 BECCS 技术在各类减排技术中具有竞争力，从而促进其应用和推广。Fuss 等（2018）估计了 BECCS 的成本范围为 15～400 美元/吨二氧化碳，具体成本取决于行业和二氧化碳捕集的具体来源。如表 5 - 13 所示，生物质发酵生产乙醇过程中捕集并封存二氧化碳的成本约为20～175美元/吨二氧化碳，较低的成本意味着生物质来源广泛、易于获得，且距离收集储存点较近。BECCS技术应用于生物质燃烧成本较高，为88～288美元/吨二氧化碳，较低的成本估计值来自富氧燃料技术（Al-Qayim et al.，2015；Kärki et al.，2013）。生物质气化碳捕集与封存技术成本约为30～76美元/吨二氧化碳，也有相关研究（Ranjan et al.，2011）考虑到生物质生产对土地需求量非常大等限制因素，估计此成本为150～400美元/吨二氧化碳。

表5-13 BECCS技术成本

技术类型	部门	减排成本（美元/吨 CO_2）
BECCS	燃烧	88～288
	生物乙醇	20～175
	纸浆和造纸厂	20～70
	生物质气化	30～76
化石燃料CCS	煤电	55～83
	气电	43～89
	天然气	20～21
	钢铁	65～77
	水泥	103～124

资料来源：Fuss et al.，2018；Board et al.，2018.

BECCS技术链条长，其成本很大一部分受到CCUS技术的发展约束，另一部分将受到生物质本身的可获性及使用成本限制。进一步，每吨生物质供应成本又受到许多因素的影响，例如每公顷产量、运输（离路边的距离）、肥料添加、加工、支付给种植者的费用、收获成本和其他特定的原料因素。总需求的增加会造成每种原料的价格上涨，从而导致不同原料在不同供应水平的相对可用性存在差异。因此，加快生物质供应链优化布局，降低生物质供应成本，将是BECCS技术推广发展的有效措施。

（2）DAC技术成本。根据DAC工艺流程，其成本有三个主要组成部分。第一部分是资本成本，即捕集工厂中启动和生产之外的设备净成本，主要包括空气接触器、空气压缩机、煅烧炉（反应炉）、二氧化碳储存装置和设备间相互连接的管道等的设备成本。第二部分是运行维护成本。驱动设备的正常运行需要输入能量，由此产生能源成本；设备零件可能出现损耗，从而产生设备零件修理或更换的成本。在运行维护成本中最需要关注的是由能源使用产生的部分，根据传统

CCUS 的试点经验，能源成本在其总成本中的占比最高（相比于其他成本）。第三部分是吸附剂本身的成本。现有的 DAC 技术大多数基于吸附剂，而吸附剂需经过无数的运转和卸载周期，并且会因为暴露于周围环境（阳光、风、颗粒物等）或在工艺条件（湿度、高温或压力）下的自然破坏而发生降解或损失，从而影响吸附性能，因此需要定期更换。同时，环境空气中的二氧化碳浓度较低，为了增加捕集量，每个捕集单位中需要大量的吸附剂，这导致第三部分成本几乎与其他两部分成本相当。

无论是文献研究还是商业试点的结果均显示，基于不同吸附剂的 DAC 成本呈现出显著差异，捕集每吨二氧化碳的成本从几十美元到 1 000 美元以上。下面重点介绍化学液态吸附剂和固态吸附剂的成本。

基于液体化学吸附剂的 DAC 多以 NaOH 和 KOH 溶液为主。当前，研究估算得到的以 NaOH 溶液为吸附剂的捕集成本结果差异较大。有些研究估算的以 NaOH 溶液为吸附剂的捕集成本仅为 25～75 美元/吨二氧化碳（Zeman et al.，2003）；但采用同样的吸附剂工艺，其估算成本也可能到达 500 美元/吨二氧化碳（Keith et al.，2006）。如果进一步使用太阳能提供能量，捕集成本则可以降低一半以上，仅为 162～200 美元/吨二氧化碳（Nikulshina et al.，2006）。如果仅考虑吸附过程，不包括再生过程，DAC 成本可以降至 53～127 美元/吨二氧化碳。美国物理学会（APS）也曾对基于 NaOH 溶液的 DAC 技术进行成本估算，结论显示，每年从空气中捕集 100 万吨二氧化碳的成本约为 610 美元/吨二氧化碳（Socolow et al.，2011）。随后基于 APS 的评估报告分析减少发电过程中煤炭的使用并在空气接触器上减少塑料包装材料可使得成本降低至 309 美元/吨二氧化碳（Zeman et al.，2014）。在未考虑具体吸附形式的情况下，仅从热力学原理的角度分析，从空气中捕集一吨二氧化碳的成本在 800 美元以上（House et al.，2011；Simon et al.，2011）。

值得庆幸的是，通过技术进步和精细化设计，Carbon Engineering 公司实现了以 KOH 为吸附剂的 DAC 技术成本的降低，该公司在加拿大建立的第一个试点工厂的捕集成本在 94～232 美元/吨二氧化碳范围内，并声称假设以每年 100 万吨的产能大规模部署，捕集成本（包括地质封存在内）可低至 150 美元/吨二氧化碳，其最终目标是将捕集成本降低至 49 美元/吨二氧化碳（Keith et al.，2018；GCCSI，2020；Kenton et al.，2011）。总而言之，基于液体化学吸附剂的 DAC 技术成本估算范围比较宽泛，并且多数研究展现了较为悲观的态度。尽管液体化学吸附剂已经被证明具备更好的吸附性质，但是成本较高成为影响其竞争力的重要原因。

基于固体化学吸附剂的DAC多以胺改性材料为主。相比于液体吸附剂，固体吸附剂工艺表现出更优的成本竞争力。美国国家科学院（NAS）负排放技术报告中预估，未来十年使用固体吸附剂的DAC成本为88～228美元/吨二氧化碳（NAS，2018）。Kulkaini等人开发了一种温度变化吸附（TSA）过程模型，使用的是Tripemcm-41硅基吸附剂，估计吸附的运营成本为100美元/吨二氧化碳，需要注意的是资本支出不包括在其中（Kulkarni et al.，2012）。Sinha等人提出了一种温度真空摆动吸附（TVSA）过程，该过程使用涂覆固体吸附剂的两种不同金属有机框架（MOF）的结构，即MIL-101(Cr)-PEI-800和mmen-Mg2(dobpdc)，因为这些材料在市场中并未大规模应用，价格还无法确定，所以研究采用了原材料成分价值来估计它们的成本，结果表明使用两种材质的吸附成本分别为75～140美元/吨二氧化碳和60～190美元/吨二氧化碳（Sinha et al.，2017）。如果假设MIL-101(Cr)-PEI-800材料价格为30美元/千克，则碳移除成本大约为95美元/吨二氧化碳（Azarabadi et al.，2019），但是MOF的价格目前相对较高，50～70美元/千克的成本假设将更贴近于现实。长期来看，学术文献中基于固体化学吸附剂的DAC成本平均约为130美元/吨二氧化碳（Habib et al.，2020），而商业化公司给出的成本预测为约75美元/吨二氧化碳（Climeworks，2018）。

对于基于其他捕集原理的DAC成本估算较少。有较大影响力的是Lancker（2009）使用阴离子交换树脂建模的湿度吸附成本预测，结论显示空气捕捉原型机的短期成本是220美元/吨二氧化碳，长期成本是30美元/吨二氧化碳。从上述文献研究中不难发现，由于吸附剂和工艺流程的不同，已有研究和案例中对DAC成本的分析所估计的成本也各不相同。由此Mahdi和Habib等学者试图搭建一种适用于不同吸附剂类型（物理或化学）和不同再生方式（湿度、压力或热力）的成本模型，即根据碳市场价格和最重要的吸附剂特性（循环时间、装载能力和降解速率等）来评估吸附剂成本（Mahdi et al.，2019；Habib et al.，2019）。Mahdi等人使用通用成本模型重现了之前学者的研究，重新评估后的成本与原研究的结果没有显著差异，证明了通用模型的可行性。他们进而对2020年使用固体和液体化学吸附剂的成本进行评估，分别为137美元/吨二氧化碳和213美元/吨二氧化碳。最终结论依然显示基于固体化学吸附剂的DAC技术具有良好的成本前景，商业化的空气直接捕集成本低于57美元/吨二氧化碳是可以实现的（Mahdi et al.，2019）。

（3）负排放技术减排潜力。表 5－14 显示，到 2050 年，全球负排放技术的减排潜力约为 9～20 吉吨/年。其中，DACCS 和 BECCS 技术的减排潜力约为 0.5～5 吉吨/年，是未来实现温控目标的关键负排放技术途径。

表 5－14　2050 年全球负排放技术减排潜力

时间	负排放技术	减排潜力（吉吨/年）
2050 年	AR	0.5～3.6
	BECCS	0.5～5
	BC	0.5～2
	EW	2～4
	DACCS	0.5～5
	SCS	5～

资料来源：Fuss et al.，2018.

3. 负排放技术未来减排潜力分析

（1）BECCS 技术未来减排潜力分析。BECCS 技术减排潜力巨大。就能源生产而言，最具商业吸引力的 BECCS 技术应用为生物乙醇生产。2019 年全球生产生物乙醇约 1 137 亿升（Murdock et al.，2021），其中美国占全球生物乙醇产量的一半以上，其次是巴西和中国。在较难脱碳的交通运输部门，增加生物燃料的使用可以减少二氧化碳排放。对于全球发电，生物质供应约 52 吉瓦（Ackiewicz et al.，2018）。在合适技术的配合下，生物质焚烧发电厂可望实现经济可行的 CCS，从而使生物质能源利用过程实现负排放效应，最大限度减少人类发展的碳足迹。

近年来，中国发布了一系列生物质能利用政策，包括《生物质能发展“十三五”规划》《全国林业生物质能发展规划（2011—2020 年）》等，并通过财政直接补贴的形式加快其发展。其中，燃煤耦合生物质发电对于降低煤耗、促进能源结构调整和节能减排发挥了重要作用，有利于推动煤电的转型升级。目前燃煤耦合生物质发电已在全球百余座电厂中得到了应用，技术相对成熟。因此，基于燃煤耦合生物质发电的 BECCS 技术可以有效利用现有技术和基础设施实现减排目标。

基于燃煤耦合生物质发电的 BECCS 技术可以通过前端利用生物质替代部分煤炭实现二氧化碳替代减排，后端将烟气道中的二氧化碳进行捕集和封存，实现直接减排。根据《中国电力行业年度发展报告 2022》，2021 年全国煤电发电量为

5.04万亿千瓦时，参考樊静丽等（2021）的计算方法，假设生物质燃料掺烧比为15%，电厂二氧化碳捕集率为90%，可大致估算出基于燃煤耦合生物质发电的BECCS技术在我国的总减排潜力约为34.3亿吨/年，其中，替代减排4.0亿吨/年，CCS减排量30.3亿吨/年。

另外，在“双碳”背景下，生物乙醇有效替代化石汽油，可以为交通领域碳减排拓宽新的途径。根据我国当前生物乙醇产量测算，生物乙醇替代化石燃料的潜力大约在264.32万吨标准煤，折合减排二氧化碳约为687.2万吨。同时，乙醇生产过程会有二氧化碳产生，将该部分二氧化碳捕集与封存，能够实现更大的减排。未来以农林废弃物为原料的第二代生物乙醇技术实现技术突破，可大大降低其成本，带来更大的减排空间（中国产业发展促进会生物质能产业分会等，2021）。

（2）DAC技术未来减排潜力分析。未来的净零排放道路上，DAC将扮演重要角色。在IEA可持续发展情景中，CCUS技术的部署越来越重要，大概分为三个阶段：第一阶段是2030年之前，在电力行业和能源密集型行业进行试点，主要是已经建成的火电厂和存在过程排放的工业部门，如煤电、水泥、钢铁等；第二阶段是2030—2050年，CCUS技术将在试点的部门行业迅速扩展，尤其是在水泥、钢铁和化工行业中，将占这个阶段中碳捕集增量的近1/3，并开始部署负排放技术；第三阶段是2050—2070年，捕集量比第二阶段增长85%，负排放技术提供其中的2/3，其中DAC将承担15%的捕集任务。而在IEA 2050年全球能源系统净零排放情景下（Net-Zero Emissions，NZE），2030年的全球捕集量为16.7亿吨，其中DAC捕集量为0.9亿吨，2050年的捕集量为76亿吨，其中DAC捕集量为9.85亿吨。在DAC技术发展较快的情况下，有研究预计在2040年DAC将实现全球47.9亿吨/年的减排潜力（Habib et al.，2019），这当然是一种极为乐观的观点。

对于中国而言，CCUS和与新能源耦合的负排放技术是实现2060年碳中和目标的重要手段。中国的资源禀赋决定了在21世纪下半叶也将存在大量的非二氧化碳温室气体以及部分工业排放二氧化碳，BECCS和DAC技术可以中和该部分的排放。这要求尽早实现DAC的试点和部署，预计在2035年应当实现0.01亿吨/年的DAC捕集量，在2060年则应该实现2亿～3亿吨/年的DAC捕集量。第26届联合国气候变化大会期间，中国和美国发布《中美关于在21世纪20年代强化气候行动的格拉斯哥联合宣言》，明确提出在部署和应用CCUS、DAC方面展开合作，为DAC的未来发展提供了积极的信号。

第2节　碳减排工程技术智能预见方法

“技术预见”一词最早出现在20世纪，它的出现背景依托于第二次世界大战，美国通过技术预见活动支撑国防科技的进步（Miles，2010）。Martin（1995）将“技术预见”定义为一种长期的系统性研究过程，综合社会、经济和技术发展等多种因素，识别战略性和贡献性的重要关键技术。碳减排工程技术预见就是对上述碳减排工程技术进行前瞻性和战略性研究，对其未来动态发展情景进行开发和评估，并分析碳减排工程技术发展对产业的动态影响。

总体来说，碳减排工程技术预见方法可以分为三类（Porter et al.，2004）。第一类是定性化预见方法，强调历史经验和专家的观点，主要包括情景规划（scenario planning）和专家小组法（expert panel）；第二类是定量化预见方法，即通过智能化的检测和统计学方法对大量数据和指标进行处理和分析，主要包括科学计量学（scientometrics）、专利分析（patent analysis）、系统建模（systematic modeling）；第三类是半定量的预见方法，也是应用最广的一类方法，它结合了定性和定量研究的优势，定量化专家观点及经验，通过主客观性的相互平衡达到更好的预见效果，主要包括德尔菲调查（Delphi survey）、多准则决策（multi-criteria decision making）、技术路线图（technology road mapping）。在大数据时代，特别是由于互联网技术的不断进步，关于碳减排工程技术的信息呈现出四个特点：信息容量大；数据类型多；挖掘价值大；更新速度快。基于有限信息开展的传统技术预见，不能很好地满足大数据背景下的碳减排工程技术预见需求，因此，需要改进传统预见方法，积极推动基于大数据背景下的多种方法集成的碳减排工程技术智能预见。

本章所提出的碳减排工程技术智能预见方法，具有客观性强、效率高、准确性高、智能化程度高、人机交互性好等特点，为国家在碳减排领域的重大技术选择和科技战略规划提供决策支持。

一、方法原理与实施流程

目前，碳减排工程技术预见的核心环节是德尔菲法，同时结合情景规划法、技术路线图法、专家小组法等多种方法。这些传统预见方法的技术清单主要来自专家经验、文献归纳和头脑风暴。随着网络信息化技术的发展进步，关于碳减排工程技术的互联网信息呈现出数据量大、内容多样化和传播速度快的特点，同时考虑到专家的知识经验局限性和精力有限性等因素，运用传统的方法无法实现大数据背景下的高效精准预见。

1. 碳减排工程技术智能预见方法的原理与优势

随着大数据技术的快速发展，以数据科学为基础的大数据分析和大数据挖掘已经较为成熟。对于运用传统方法实施的碳减排工程技术预见，大数据技术为其提供了更加新颖、全面和客观的数据源，使其更好地满足大数据背景下碳减排工程技术的挖掘、预见和决策。大数据背景下的碳减排工程技术预见智能方法（如图 5－8 所示）的优势主要体现在以下两方面：

一是构建了基于大数据的碳减排工程技术清单。通过对社会经济大数据的采集与处理，获取更加全面和富有时效性的碳减排工程技术清单。为传统的德尔菲调查提供更加精准、快速和全面的决策支持。

二是构建了基于多方耦合的德尔菲调查。在传统德尔菲调查的同时，进行未来情景的虚拟仿真、新技术的公众接受度调查、基于大数据的技术监测和技术推荐，多方调研得出的结果对德尔菲调查实施动态调节，使得专家决策的背景信息更加完备，从而得出一致的、科学的技术预见结论。

2. 碳减排工程技术智能预见方法的实施流程

实现大数据背景下的碳减排工程技术智能预见方法的模块包括数据采集装置、碳减排工程技术大数据处理器、碳减排工程技术遴选系统、专家决策支持系统等，如图 5－9 所示。利用本方法开展碳减排工程技术预见的主要步骤包括：（1）利用数据采集装置收集社会经济大数据。（2）利用大数据分析处理技术获取海量碳减排工程技术清单。（3）构建基于技术–经济–战略–社会的关键碳减排工程技术遴选指标体系（TESS 指标体系），利用多属性决策和机器学习的方法，遴选出关键的碳减排工程技术清单。（4）实施大数据碳减排工程技术监测、碳减排工程技术推荐、碳减排工程技术情景模拟和碳减排工程技术公众接受度调查，并将多方研究进行集成，对专家决策过程进行动态调节，进行多方耦合的德尔菲调查。（5）对前述流程得出的碳减排工程技术预见结果，即未来发展中的关键碳减排工程技术和优先发展次序，进行可视化展示，并形成相应的政策报告。

下面分别介绍每个步骤的具体情况。

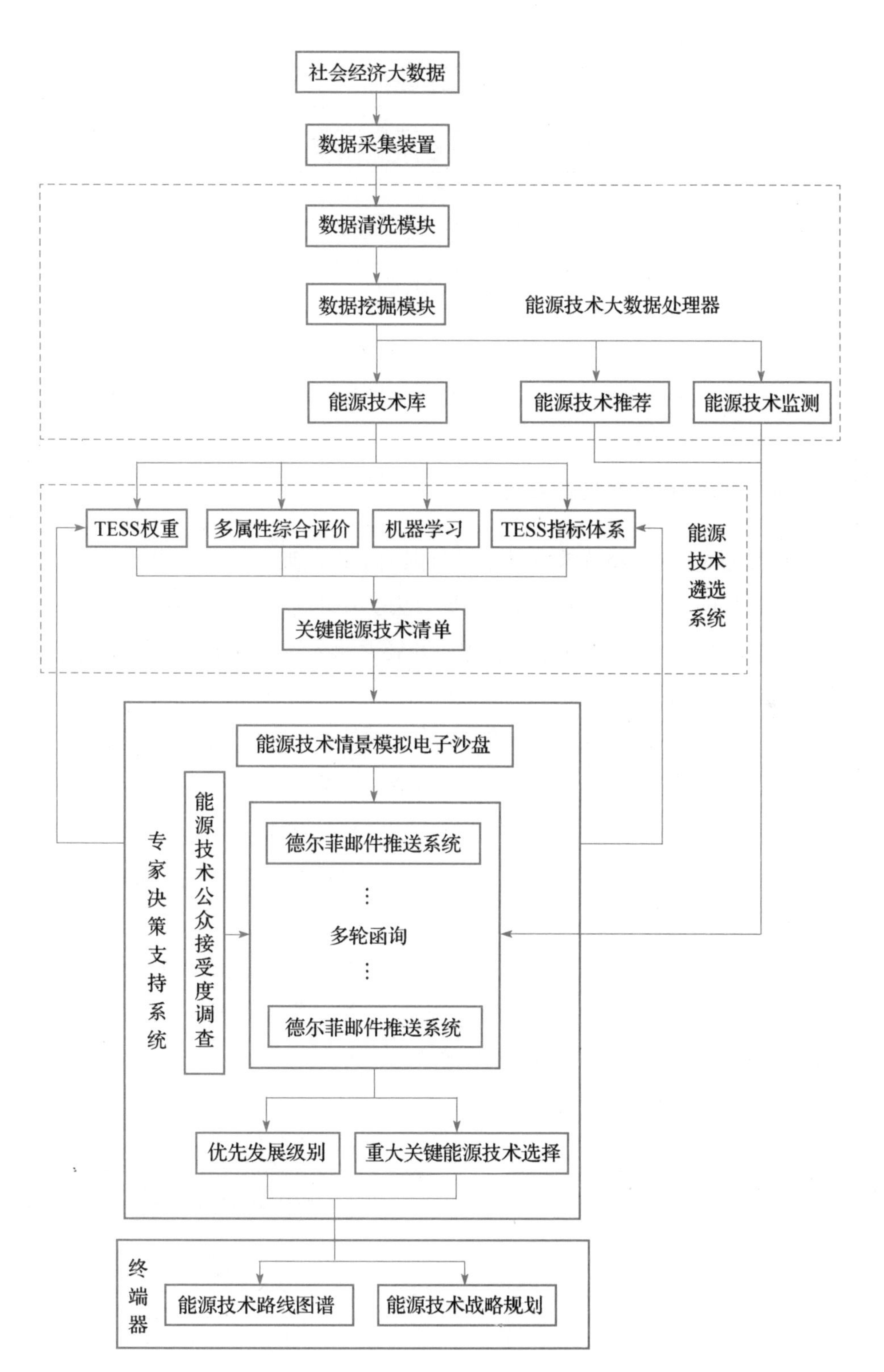

图 5－8　碳减排工程技术智能预见方法

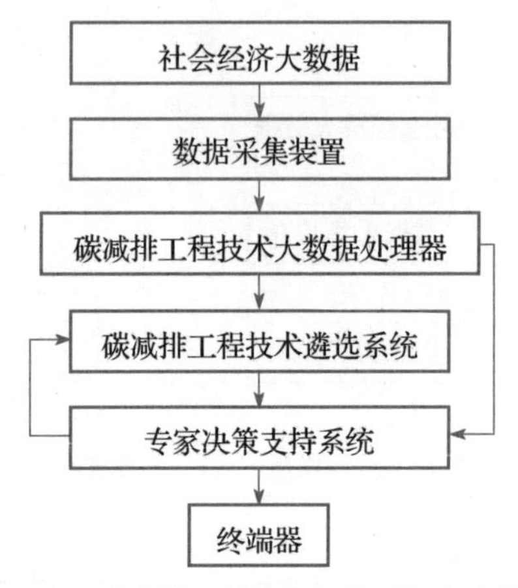

图 5-9　碳减排工程技术智能预见方法模块

二、碳减排工程技术大数据采集

从大数据的来源和特征来看，千差万别的数据类型和处理技术在不断涌现。如图 5-10 所示，本研究提出的智能预见方法以 Hadoop 平台为基础，搭建数据采集装置，用来挖掘社会经济大数据，进而开展更为有效、精准和客观的智能化碳减排工程技术预见。

HDFS 系统和 Map/Reduce 计算模型是 Hadoop 平台的两大核心。HDFS 是 Hadoop 分布式文件系统，它适合处理超大数据集，支持分布式存储；而 Map/Reduce 是一种基于并行编程思想开源实现的分布式计算编程模型，使大数据集可以自发地在超大计算机集群上被高效地处理。HDFS 实现底层存储，Map/Reduce 和 MPI 解决具体的计算问题。

社会经济大数据的来源主要包括门户网站、社交媒体、论坛和专利文献数据库等，如图 5-11 所示。根据数据源的不同，数据采集大致可以分为两类：基于普通网站的数据采集和基于专利文献库的数据采集。

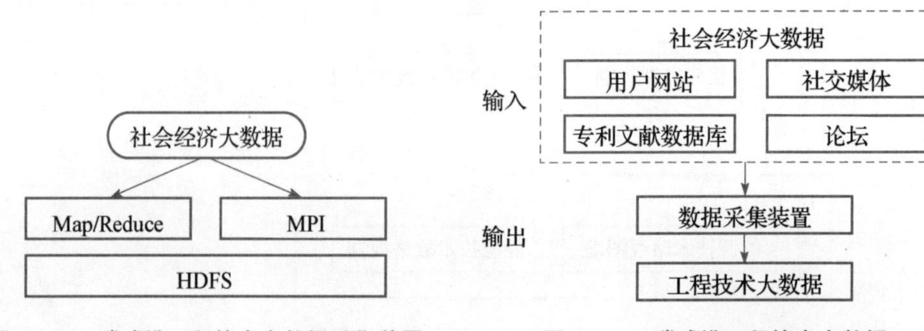

图 5-10　碳减排工程技术大数据采集装置

图 5-11　碳减排工程技术大数据采集过程输入、输出

1. 基于普通网站的大数据采集

基于门户网站、社交媒体和论坛等网站的大数据采集，主要内容包括与碳减排工程技术相关的专业名词、最新进展、新闻报道、社会评论等信息。常用的方法有 QueryTable、WebBrowser 控件、InternetExplorer、INET 控件和 httpRequest。数据采集的主要步骤包括：打开目标网页；解析网页元素，获取网页源文件，使用正则表达式提取所需信息；翻页；继续提取信息。

2. 基于专利文献数据库的大数据采集

基于专利文献数据库的大数据采集，主要内容包括某种碳减排工程技术相关的专利（发明、实用新型、外观设计）和学术论文，以及专利和文献相应的题目、摘要、关键词、作者、单位、参考文献等相关信息。数据采集的主要步骤包括：数据库的选择；研究目的的确定和检索式的编写；进行检索并导出数据；数据文件的合并与整理。

三、碳减排工程技术大数据处理

采集到大数据后，需要进行数据清洗和数据挖掘，以实现数据到知识的提炼。碳减排工程技术的大数据处理环节如图 5－12 所示。

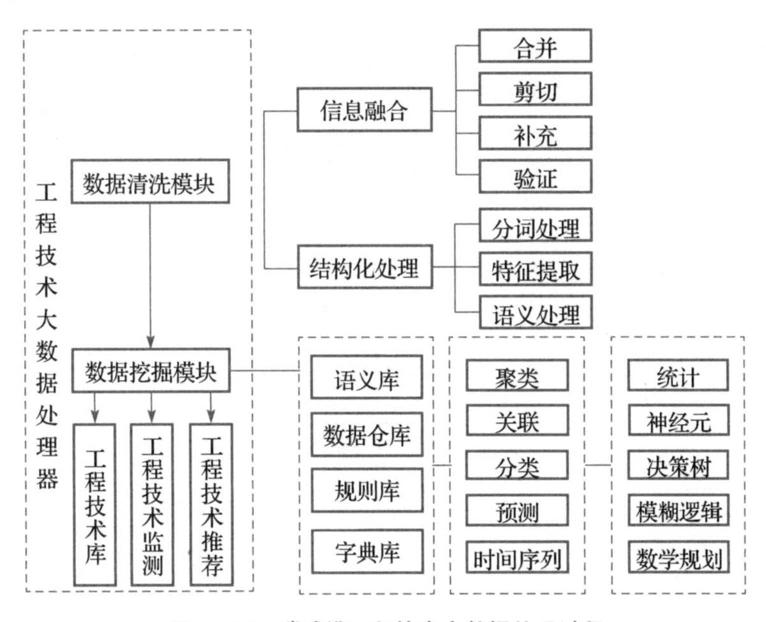

图 5－12　碳减排工程技术大数据处理过程

1. 碳减排工程技术大数据清洗

数据处理的主要目的是把“脏数据”转变成可以用于深入分析的数据，主要的环节包括数据清洗、数据集成、数据变换、数据规约。具体的操作包括信息融合和结构化处理两类，其中信息融合的处理包括合并、剪切、补充和验证；结构化处理包括分词处理、特征提取和语义处理。

2. 碳减排工程技术大数据挖掘

得到可用于深入分析的数据集后，需要利用数据挖掘的方法，形成碳减排工程技术库、碳减排工程技术监测（功能）和碳减排工程技术推荐（功能）。在碳减排工程技术数据挖掘的过程中，需要构建语义库、数据仓库、规则库和字典库等数据环境。碳减排工程技术数据挖掘使用的方法包括聚类、关联、分类、预测和时间序列等，使用的挖掘工具包括统计、神经元、决策树、模糊逻辑、数学规划等。

四、基于大数据的碳减排工程技术遴选

由碳减排工程技术数据挖掘得到的碳减排工程技术库包含了数目庞大的信息，因此，该技术库是一种粗糙的知识，无法直接应用于专家决策，需要进一步遴选来缩小关键碳减排工程技术的范围。为了实现碳减排工程技术遴选过程的科学性和客观性，需要构建遴选指标体系，获取相应的指标值，选择合适的评价方法。

如图 5－13 所示，基于大数据的碳减排工程技术遴选系统包括指标体系、指标权重以及两种遴选方法（多属性综合评价和机器学习）。其中，指标体系和指标权重接受专家决策系统的调节。

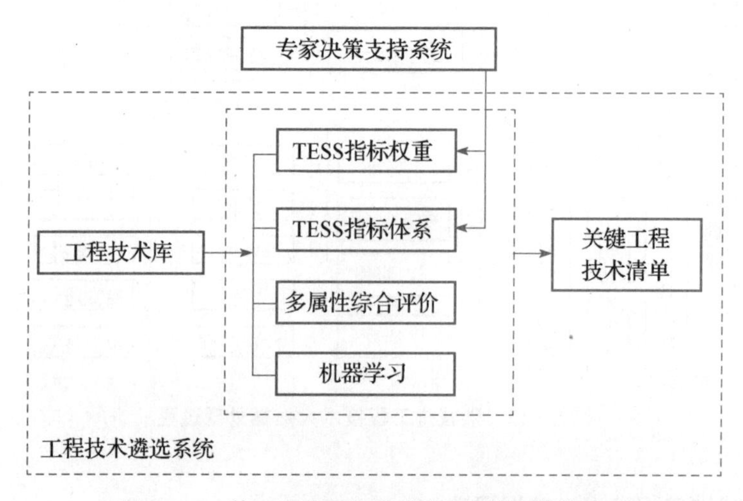

图 5－13　基于大数据的碳减排工程技术遴选系统

1. 基于舆情分析的碳减排工程技术遴选指标体系（TESS 指标体系）

如图 5-14 所示，TESS 指标体系参考了现有研究的德尔菲调查指标体系，同时重点考虑了碳减排工程技术遴选的特殊性，增加了工程战略性评价指标（例如能源技术地缘政治、技术储备程度等），增加了工程社会性评价指标（例如公众风险感知、公众接受度等）。其中，社会性评价指标综合考虑了碳减排工程技术发展涉及的社会、能源、环境等多方面因素。

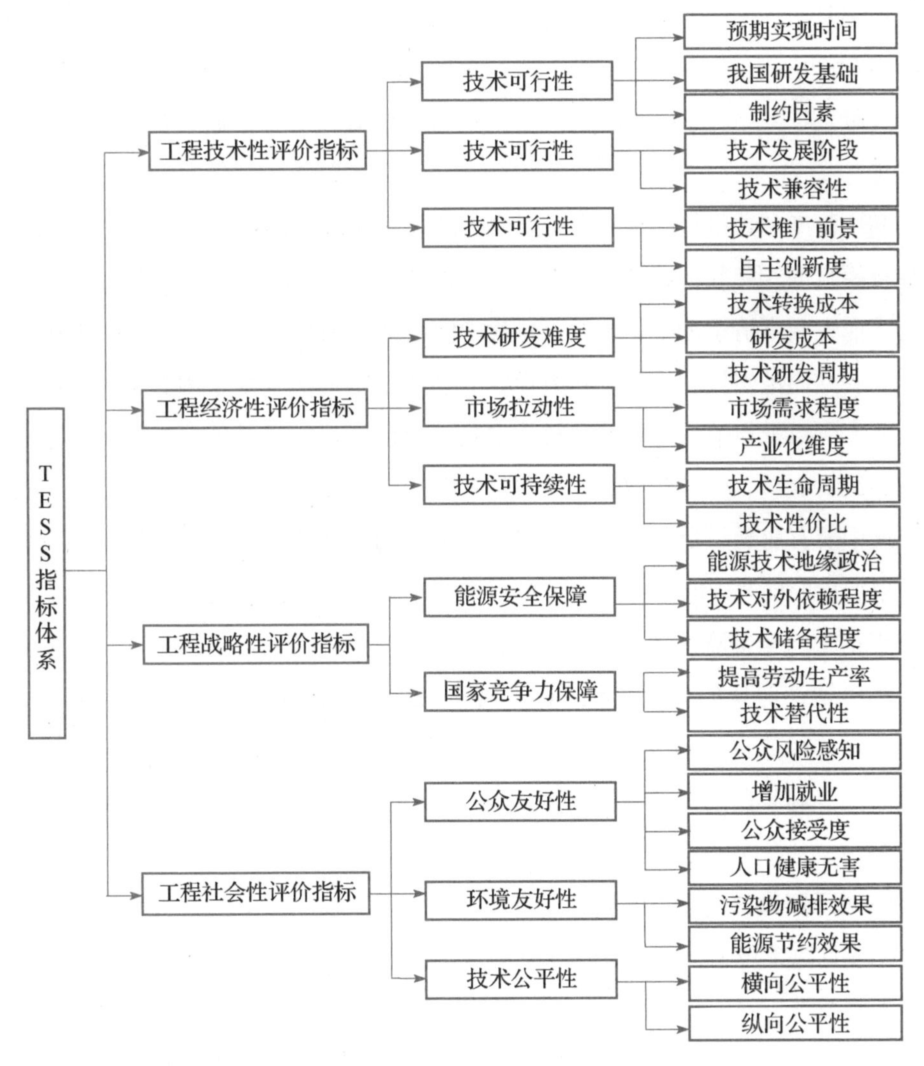

图 5-14　TESS 指标体系

上述指标体系的指标大多含有主观性，为了实现海量数据的收集和保障指标值的客观性，采用舆情分析可以很好地解决此问题。具体来说，就是广泛收集网络信息，将半结构化、结构化信息转化为多维数表，获取每一个指标对应的指标值。网络信息的广泛性在一定程度上保证了指标值的客观性和代表性。由于计算机自动抓取网络信息，这在一定程度上实现了数据收集的自动化和智能化。

2. 基于专利挖掘的指标体系

对于来自专利文献数据库的碳减排工程技术，图 5－14 所示的遴选指标体系同样适用。但考虑到专利文献数据库的特点，可以利用其自身具备的客观特征和专业指数构建指标体系。这类可以用来构建指标体系的属性包括专利数量、专利相对产出指数、同族专利数、专利成长率、引证指数、即时影响指数、技术强度、相对专利产出率、技术重心指数、科学关联性、技术生命周期和科学力量等。在专利文献数据库中，这些指标都有具体的量化数值，或者根据某些指标值可以计算得出。

其中，专利数量指的是一定时间内各国家（地区）、各技术领域、各公司或个人获得授权的专利数量。专利相对产出指数指的是公司在某技术领域的专利申请量与产业专利申请量之比。同族专利数指的是某专利权人在不同国家（地区）申请的具有共同优先权的一组专利数量。专利成长率指的是某权利人在一定时期内获得的专利数量与上一阶段专利数量之比。引证指数指的是某项专利被其他专利引用的绝对次数。即时影响指数指的是某企业或产业前 5 年专利的当年被引次数与系统中所有前 5 年专利的当年被引次数的平均值之比。技术强度指的是专利数量乘以当前的即时影响指数。相对专利产出率指的是某权利人在某一技术领域的专利申请量与全部竞争者的申请量之比。技术重心指数指的是权利人在某领域的专利申请量与其全部申请量之比。科学关联性指的是某企业或产业专利所引证的科学文献或报告的平均数量。技术生命周期指的是某企业或产业专利所引证专利的专利年龄的中位数。科学力量指的是某企业或产业的专利数量乘以科学关联性。

3. 基于多属性综合评价的遴选方法

多属性决策理论也称为有限方案的多目标决策理论，利用多属性决策理论可以实现碳减排工程技术遴选的目的。具体步骤包括：

（1）构建决策矩阵（即属性矩阵）。根据研究的问题，收集待评价的 m 种技术的相关数据，得到供决策者选择的技术集合为 $X=\{x_1, x_2, \cdots, x_m\}$，设 y_{ij} 是第 i 种技术的第 j 个评价指标，则 $Y_i=(y_{i1}, y_{i2}, \cdots, y_{in})$ 用来表示技术 x_i 的 n 个指标值，$M=(Y_1, Y_2, \cdots, Y_m)^T$ 可以表示碳减排工程技术遴选的决策矩阵，这个矩阵作为后续环节的数据基础。

（2）初选。在碳减排工程技术的筛选过程中，可以先应用一些简单的方法对大量待评价方案进行初选，例如优选法、逻辑和法、满意值法等。根据决策的评价标准和目的，删除肯定不能接受和明显处于劣势的技术方案，从而有效降低决策矩阵的维度，简化整个技术遴选过程。

（3）决策数据预处理。由于待评价技术是基于大数据技术提取出来的，往往初始的技术集合比较大（即决策矩阵比较大），因此要做好数据的预处理，避免评价误差的扩大而导致的决策失误。做好数据预处理的目的是获取某个指标的指标值在决策者遴选关键碳减排工程技术时的实际价值，消除指标类型、非量纲化和归一化对技术遴选结果的影响。

（4）确定权重向量。权重是指标重要性的度量，在碳减排工程技术的遴选过程中，确定权重主要考虑的因素包括决策者对不同指标的重视程度（即偏好）、各指标值的差异程度、各指标值的可靠程度。经过前期的数据预处理，保证了各指标值的可靠程度，因此在这里主要考虑前两个因素。采用专家打分的形式获取决策者对不同指标的重视程度（偏好），采用熵值法反映各指标值的差异程度，综合这两方面获取最终的指标权重。

（5）排序。常见的评价方法有加权积法、逼近理想解法（TOPSIS）、ELECTRE 法、PROMETHEE 法。需要注意的是，要根据遴选目的、指标之间的可补偿性和适用性，以及不同技术的属性值特征，选择合适的评价方法，也可以采取多种方法组合评价。

4. 基于机器学习的遴选方法

机器学习就是让计算机模拟人类的学习能力，这里指利用机器学习来实现碳减排工程技术的分类或预测。机器学习主要分为两类：监督学习和无监督学习。

（1）利用监督学习进行碳减排工程技术的预测分类。具体步骤为：1）构建训练集。即构建用于训练机器学习算法的数据集，包括每一种碳减排工程技术的多个属性（或特征）和一个目标变量。2）用训练集训练算法，发现碳减排工程技术属性和目标变量之间的关系。3）用测试集监测算法精度。4）输入未知目标变量的碳减排工程技术的属性，得到预测分类结果。其中，分类算法的目标变量通常是标称型的，回归算法的目标变量通常是连续型的。

（2）利用无监督学习进行碳减排工程技术的聚类。具体步骤为：1）构建数据集，包括各种碳减排工程技术的多个属性（或特征）。2）根据每个对象的属性差异，将类似的碳减排工程技术归纳为一类。此外，还可以利用主成分分析实现碳减排工程技术属性的降维，从而使用较少的维度来更加清晰、直观地对比各种碳减排工程技术的优劣。

五、基于大数据信息的专家决策

德尔菲调查和情景分析法都是常见的预见方法，本章将这两种方法进行了有效的集成，可以为专家决策提供更加全面的参考信息，从而实现更好的决策。此外，一项新技术（特别是工业末端技术）的公众接受度深刻影响着技术的发展，传统的技术预见没有更多地考虑公众对新技术的接受度，因此，这里把公众接受度调查与德尔菲调查进行集成，为专家的科学决策提供支持。

1. 碳减排工程技术情景模拟

情景分析法也称远景方案法或脚本法，在假定某种现象或趋势的基础上，描绘不同情景下技术的发展状况，从而达到技术预见的效果。碳减排工程技术情景模拟的具体步骤为：（1）进行 SWOT 分析，明确每种技术的优势、劣势、机会和威胁；进行 STEEP 分析，从社会、科技、环境、经济和政治角度，分析影响每种技术发展的因素。（2）构建情景（4～5 种），具体描绘不同发展情景的主要特征。（3）将每种碳减排工程技术和不同发展情景进行交叉模拟，分析每种碳减排工程技术在不同情景中的发展轨迹。（4）将情景模拟结果进行归纳提炼，将每种碳减排工程技术的不同发展轨迹进行可视化的对比展示。

2. 碳减排工程技术公众接受度调查

基于理性行为理论，Davis 提出了技术接受模型（technology acceptance model，TAM）。模型提出了影响公众技术接受的两个重要因素：感知有用性和感知易用性。除此之外，对于碳减排工程技术，特别是能源领域的末端技术，还应考虑技术对公众健康的影响和感知风险等因素。

通过访谈预调研获取公众对某种碳减排工程技术的了解程度和关注的因素。通过文献调研获取测量公众对碳减排工程技术的感知有用性、感知易用性和感知风险的经典量表。通过开展实地问卷调查，收集公众个体层面的数据，运用描述性统计、多元统计和结构方程模型，进行数据探索性分析和验证性分析，获取公众对某种碳减排工程技术的接受程度和接受模式。

3. 基于邮件推送的多方耦合德尔菲调查

德尔菲调查是碳减排工程技术预见专家决策的核心环节。传统的德尔菲调查采用纸质的多轮函询。这里采用基于邮件推送的多轮函询，该方法具有高效率、易管理、便于统计分析等优点。

多方耦合的德尔菲调查的集成思路为：(1) 基于遴选出的关键碳减排工程技术清单，进行德尔菲调查，经过结果反馈和多轮函询（2～3轮），得出较为一致的专家结论，获取优先发展的碳减排工程技术（范围较小，10种左右）。(2) 针对德尔菲调查明确的关键碳减排工程技术，开展情景模拟和公众接受度调查，分别提炼结论，反馈给各位专家。(3) 再次开展德尔菲调查，经过1～2轮函询，最终确定关键碳减排工程技术的优先发展次序。

基于TESS指标体系，构建德尔菲调查的问卷。基于专家打分，进行统计分析。德尔菲调查、情景模拟和公众接受度调查的有效集成，可以为专家提供更加全面、有效的决策信息，有效改进传统的德尔菲决策流程，使得出的结论更加科学可靠。

六、碳减排工程技术预见的可视化展示

本章提出的大数据背景下的碳减排工程技术智能预见方法，根本目的是为国家开展碳减排工程技术决策提供智力支持，因此，有必要将碳减排工程技术预见的结果进行可视化展示。具体步骤为：(1) 统计分析，得出结论，明确未来10～30年重点发展的碳减排工程技术和优先发展级别。(2) 绘制关键碳减排工程技术的发展路线图谱。(3) 制定碳减排工程技术战略规划，并形成政策报告。(4) 对锁定的重点碳减排工程技术进行技术监测，运用SWOT（优势、劣势、机遇和挑战分析)、PEST（政治、经济、社会和技术分析）和STEEP（社会环境、技术环境、经济环境、生态环境和政治法律环境分析）等分析工具，挖掘相关碳减排工程技术的发展动态，并对其发展路线图进行修订。

第3节 碳捕集、利用与封存技术布局分析方法与应用

CCUS技术作为大规模减排技术，包括二氧化碳的捕集、运输、利用或者封存三个环节。运输作为连接上下游的枢纽，是实现CCUS技术大规模部署的关键，有必要进行科学统筹规划，制定合理的源汇匹配方案。其中涉及的三个关键难题包括大型二氧化碳排放源（碳源)、二氧化碳封存地（碳汇）识别选址，以及碳源与碳汇之间的源汇最优匹配问题。

一、CCUS 源汇匹配相关理论方法

1. SimCCS 模型

美国橡树岭国家实验室的 Richard S. Middleton 和哈佛大学肯尼迪学院的 Jeffrey M. Bielicki 在 2009 年提出的 SimCCS 模型是较早用于描述规划 CCUS 管道基础设施的模型。SimCCS 模型可用于确定在何处捕集和封存二氧化碳，以及在何处建造和连接不同尺寸的管道，进而可以最大限度地降低封存一定数量二氧化碳的综合年化成本。SimCCS 模型基于规模经济视角，将排放源和封存地之间的二氧化碳流量聚合为主干管道，并在管道建设过程中考虑地形和社会影响等因素。

SimCCS 模型是一个静态混合整数线性规划（MILP）模型。SimCCS 的优化目标是在实现给定二氧化碳捕集/封存量下最小化系统总成本，包括固定基础设施成本和运营成本，其表达式如公式（5－1）所示：

$$\begin{aligned} \text{MINIMIZE} = & \sum_{i \in S}(F_i^S s_i + V_i^s a_i) + \sum_i \sum_{j \in N_i} \sum_d F_{ijd}^p y_{ijd} \\ & + \sum_i \sum_{j \in \boldsymbol{N}_i} V_{ij}^p x_{ij} + \sum_{j \in \boldsymbol{R}} (F_j^r r_j + V_j^r b_j) \end{aligned} \tag{5-1}$$

约束条件主要包括：

（1）通过管道的二氧化碳流量小于最大容量且大于最小容量约束。

$$x_{ij} - \sum_d \max Q_{ijd}^p y_{ijd} \leqslant 0 \quad \forall i \in \boldsymbol{N}_i, \forall j \in \boldsymbol{N}_j \tag{5-2}$$

$$x_{ij} - \sum_d \min Q_{ijd}^p y_{ijd} \geqslant 0 \quad \forall i \in \boldsymbol{N}_i, \forall j \in \boldsymbol{N}_j \tag{5-3}$$

（2）质量平衡约束，规定在节点处捕集或流入某一节点的所有二氧化碳必须注入或输送出该节点。

$$\sum_{j \in N_i} x_{ij} - \sum_{j \in N, i \notin R} x_{ji} - a_i + b_i = 0 \quad \forall i \tag{5-4}$$

（3）每个排放源和封存地的最大二氧化碳供应和封存容量约束。

$$a_i - Q_i^S s_i \leqslant 0 \quad \forall i \in S \tag{5-5}$$

$$b_j - Q_j^r r_j \leqslant 0 \quad \forall j \in R \tag{5-6}$$

（4）目标系统范围内的二氧化碳捕集量约束。

$$\sum_{i \in S} a_i \geqslant T \tag{5-7}$$

（5）只允许在任何潜在路径上建造一条管道（管道可为任何尺寸）。

$$\sum_{d} y_{ijd} \leqslant 1 \quad \forall i \in \boldsymbol{N}_i, \forall j \in \boldsymbol{N}_j \tag{5-8}$$

（6）决策变量具有零一性质，如兴建一条管道（$y_{ijd}=1$）或者不兴建管道（$y_{ijd}=0$）。

$$y_{ijd} \in 0,1 \quad \forall i \in \boldsymbol{N}_i, \forall j \in \boldsymbol{N}_j, d \in D \tag{5-9}$$

$$s_i \in 0,1 \quad \forall i \in S \tag{5-10}$$

$$r_j \in 0,1 \quad \forall j \in R \tag{5-11}$$

（7）模型中的所有二氧化碳量为非负。

$$x_{ij} \geqslant 0 \quad \forall i,j \in N_i \tag{5-12}$$

$$a_i \geqslant 0 \quad \forall i \in S \tag{5-13}$$

$$b_j \geqslant 0 \quad \forall j \in R \tag{5-14}$$

式中，F^s，F^p，F^r 分别为排放源捕集、建造管道或使用封存地的固定成本（单位为美元）；V^s，V^p，V^r 分别为从排放源捕集二氧化碳、通过管道运输或进入封存地的可变成本（单位为美元/吨）；Q^s，Q^p，Q^r 分别为排放源节点、管道或封存地的二氧化碳容量（单位为吨）；T 为需要被封存的二氧化碳量（单位为吨）。N_i 和 N_j 分别为与节点 i 和 j 相邻的节点；R 为封存地集合；S 为排放源集合；D 为管道直径。决策变量包括：x_{ij}，从节点 i 输送至节点 j 的二氧化碳量（单位为吨）；如果从节点 i 至节点 j 建设管径为 d 的管道，y_{ijd} 取值 1，否则取 0；如果节点 i 处的排放源被打开，s_i 取值为 1，否则取 0；如果节点 j 处的封存地被使用，r_j 取值为 1，否则取 0；a_i 表示节点 i 产生的二氧化碳量（单位为吨）；b_j 表示节点 j 处封存的二氧化碳量（单位为吨）。

2. InfraCCS 模型

InfraCCS 模型是一个混合整数线性规划（MILP）模型，由欧盟委员会联合研究中心（JRC）能源研究所在 2009 年开发，旨在以成本最小为优化目标确定最佳的欧洲二氧化碳输送网络和基础设施布局（Morbee et al.，2012）。该模型主要包括如下步骤：

首先，二氧化碳源和二氧化碳汇的识别与聚类。由于存在大量潜在的二氧化碳源和汇，因此 InfraCCS 模型使用聚类算法分别将源和汇基于其地理位置分组成多个集群，每个集群中心都成为网络中的一个“节点”，通常称为“源节点”或者“汇节点”。此外，针对各个二氧化碳源/汇节点，假设其捕集与封存能力、启动时间、最大速率及其动态变化情况。

其次，确定上述节点之间潜在的管道布线。基于陆上、海上和山区之间的地理条件与成本差异，对每一条可能的管道估算其施工成本。

最后，通过线性规划工具优化出上一步确定的管道和运输路线的最佳集合。优化目标是最小化欧洲二氧化碳运输基础设施投资的总净现值（NPV）。

InfraCCS 模型可用于解决二氧化碳基础设施规划问题，现已被开发成工具包，可以通过使用 GAMS/MIP 求解器（CPLEX）进行求解。

3. 二氧化碳 CCSPD 模型

CCSPD（capture and storage pinch diagram）模型是一种图形分析方法，用于在预定义的地理区域内优化匹配多个二氧化碳源和封存点（汇）。该模型是在图形夹点分析方法基础上开发而成的（Diamante et al.，2013；Tan et al.，2012）。模型并未包含和解决关于任何经济成本方面的问题，这是此模型与其他模型较大的不同。模型假设 CCUS 系统由 m 个二氧化碳源和 n 个二氧化碳汇组成，所有源和汇都在规划期开始时可用。CCSPD 模型中每个二氧化碳排放源 $i(i=1, 2, \cdots, m)$ 的潜在捕集二氧化碳流量是固定的，该流量对应于排放源每年可以移除的二氧化碳最大值。该值表示如果决定对排放源进行 CCUS 改造，可从源头捕集的最大二氧化碳量；而如果未实施二氧化碳捕集，则仅将该流量释放到大气中。此外，还定义了每个排放源 i 的工作寿命。每个二氧化碳汇 $j(j=1, 2, \cdots, n)$ 则均设有二氧化碳封存容量上限（该上限是汇在其寿命期间可封存的二氧化碳总量），以及注入能力或二氧化碳可注入每个封存地的最大速率。这两者的取值均由基于现场调查确定的封存场地地质特征所决定。

4. C^3IAM/GCOP 模型

C^3IAM/GCOP 是由北京理工大学能源与环境政策研究中心在 2021 年开发的全球 CCUS 源汇匹配规划模型，可用于确定不同减排目标下成本最优的 CCUS 布局策略（Wei et al.，2021）。该模型本质是线性规划模型，目标是最小化包括二氧化碳捕集、运输和封存（利用）成本在内的总成本，其目标函数如下：

$$\min f = \sum_{p=1}^{l}\sum_{i=1}^{n}\sum_{j=1}^{m}\left[\left(CC_{pi} + TRC_{pi,pj} \times D_{pi,pj} + SC_{pj}\right) \times X_{pi,pj}\right] + \sum_{p=1}^{l}\sum_{i=1}^{n}\sum_{q=1}^{z}\left[\left(CC_{pi} + TRC_{pi,pq} \times D_{pi,pq} + SC_{pq} - Rev_{pq}\right) \times X_{pi,pq}\right] \tag{5-15}$$

式中，$p(p=1, 2, \cdots, l)$ 为国家。需要注意的是，模型采用国别原则匹配全球碳簇和碳汇，即不允许二氧化碳跨国运输。

碳簇：表示为 $i(i=1, 2, \cdots, n)$，其中电力碳排放簇属于集合 $\{i=1, 2\cdots, k\}$，非电力碳排放簇属于集合 $\{i=k+1, k+2, \cdots, n\}(k\leqslant n)$。

碳汇：深部咸水层表示为 $j(j=1, 2, \cdots, m)$，可开展 CO_2-EOR 的油藏表示为 $q(q=1, 2, \cdots, z)$。

CC_{pi} 表示国家 p 的第 i 个碳簇的单位二氧化碳捕集成本，可通过公式（5－16）计算得到：

$$CC_{pi}=(E_{pi-elec}\times CC_{pi-elec}+E_{pi-nelec}\times CC_{pi-nelec})/E_{pi} \tag{5－16}$$

$$E_{pi}=E_{pi-elec}+E_{pi-nelec} \tag{5－17}$$

式中，$E_{pi\text{-}elec}$ 和 $CC_{pi\text{-}elec}$ 分别为国家 p 的第 i 个碳簇中电力排放源的二氧化碳排放量和单位二氧化碳捕集成本；$E_{pi\text{-}nelec}$ 和 $CC_{pi\text{-}nelec}$ 分别为国家 p 的第 i 个碳簇中非电力排放源的二氧化碳排放量和单位二氧化碳捕集成本。公式（5－17）中的 E_{pi} 表示国家 p 的第 i 个碳簇的总碳排放量，是两类排放源的排放量之和。

SC_{pj} 或 SC_{pq} 表示国家 p 的第 j 个或第 q 个碳汇的单位二氧化碳封存成本。$TRC_{pi,pj}$ 和 $TRC_{pi,pq}$ 表示在国家 p 内从第 i 个碳簇到第 j 个或第 q 个碳汇的单位二氧化碳运输成本。同理，$D_{pi,pj}$ 和 $D_{pi,pq}$ 表示在国家 p 内从第 i 个碳簇到第 j 个或第 q 个碳汇的距离。

Rev_{pq} 表示国家 p 的第 q 个碳汇实施 CO_2-EOR 的收益，由公式（5－18）计算得到：

$$Rev_{pq}=P_{oil}/dpr_{co_2} \tag{5－18}$$

式中，P_{oil} 为油价，单位为美元/桶；dpr_{co_2} 为原油置换系数。

$X_{pi,pj}$ 和 $X_{pi,pq}$ 分别表示在国家 p 内从第 i 个碳簇到第 j 个和第 q 个碳汇的二氧化碳运输量，也是模型的决策变量。

由于容量限制，每个碳簇的二氧化碳捕集量不应超过碳源可捕集量的理论最大值，如公式（5－19）和公式（5－20）所示。

对于属于集合 $\{i=1, 2\cdots k\}$ 的电力碳排放簇 i：

$$\sum_{j=1}^{m} X_{pi,pj} + \sum_{q=1}^{z} X_{pi,pq} \leqslant \eta_1 \times E_{pi} \tag{5－19}$$

对于属于集合 $\{i=k+1, k+2, \cdots, n\}$ 的非电力碳排放簇 i：

$$\sum_{j=1}^{m} X_{pi,pj} + \sum_{q=1}^{z} X_{pi,pq} \leqslant \eta_2 \times E_{pi} \tag{5-20}$$

式中，η_1 和 η_2 为电力排放源和非电力排放源的最大捕集率；E_{pi} 为国家 p 的第 i 个碳簇的总二氧化碳排放量。

各类碳排放源的捕集总量应大于或等于其为实现特定温控目标需通过 CCUS 实现的二氧化碳减排总量，如下式所示：

$$\sum_{p=1}^{l}\sum_{i=1}^{k}\sum_{j=1}^{m} X_{pi,pj} + \sum_{p=1}^{l}\sum_{i=1}^{k}\sum_{q=1}^{z} X_{pi,pq} \geqslant RRC\_power_A \tag{5-21}$$

$$\sum_{p=1}^{l}\sum_{i=k+1}^{n}\sum_{j=1}^{m} X_{pi,pj} + \sum_{p=1}^{l}\sum_{i=k+1}^{n}\sum_{q=1}^{z} X_{pi,pq} \geqslant RRC\_nonpower_A \tag{5-22}$$

式中，RRC_power_A 和 $RRC\_nonpower_A$ 分别为电力部门和非电力部门为实现特定温控目标需通过 CCUS 所必须捕集的二氧化碳量。

就总量而言，对于每个国家来说，从国内所有碳簇中捕集的二氧化碳总量不应超过该国所有碳汇的有效储存潜力之和，所有决策变量应均为非负数，如下所示：

$$\sum_{i=1}^{n} X_{pi,pj} \leqslant Q_{pj} \tag{5-23}$$

$$\sum_{i=1}^{n} X_{pi,pq} \leqslant Q_{pq} \tag{5-24}$$

$$X_{pi,pj} \geqslant 0 \tag{5-25}$$

$$X_{pi,pq} \geqslant 0 \tag{5-26}$$

式中，Q_{pj} 为国家 p 的第 j 个碳汇的最大有效封存潜力；Q_{pq} 为国家 p 的第 q 个碳汇的最大有效封存潜力。

二、CCUS 源汇匹配建模应用研究

1. 概述

我国是世界上燃煤电厂装机容量最大的国家，火电装机规模约 1 080 吉瓦，90% 以上是燃煤电厂，居全球第一，此外，我国每年建造超过 40 吉瓦的新型燃煤电厂（CEC，2017；Ye et al.，2019）。适宜实施 CCUS 改造的燃煤电厂众多，装机容量约 385 吉瓦的燃煤电厂可以在其周围 250 千米范围内找到合适的封存地（IEA，2016）。此外，适宜实施二氧化碳封存的盆地同样较多，理论地质封存容量巨大，估算在万亿吨级规模。中国燃煤电厂与封存盆地会形成包含众多潜在

CCUS 项目的集合。二氧化碳运输成本和封存成本的不同，使得潜在 CCUS 项目之间的成本存在差异。基于前面的相关理论基础，这里以全国燃煤电厂为碳源，以盆地 CO_2-EOR 与深部咸水层为封存点进行了源汇匹配建模应用研究，旨在回答以下三个问题：中国电力部门需要哪些燃煤电厂参与 CCUS 技术改造？中国电力部门如何以最低成本完成减排贡献目标？中国电力部门完成减排贡献目标至少需要付出多少成本？

图 5－15 介绍的研究框架包括四个步骤。第一步，建立二氧化碳排放源数据库，确定二氧化碳排放源类型、经纬度、碳排放量、捕集成本等具体信息。第二步，评估封存场地封存潜力，确定各封存场地的类型、二氧化碳封存潜力、注入位置和相关成本信息。第三步，基于碳排放源和封存场地的位置，确定各碳排放源之间、碳排放源与封存场地之间，以及各封存场地之间的三个距离矩阵。第四步，通过建立源汇匹配模型，确定 CCUS 布局。

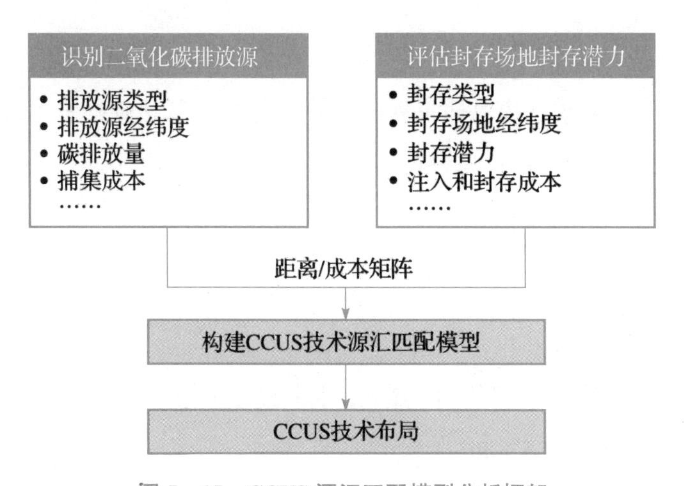

图 5－15　CCUS 源汇匹配模型分析框架

这里构建的源汇匹配模型优化目标是总减排成本最小，目标函数如公式（5－27）所示。其中，总成本 f 包括捕集单位成本 C_i^s，运输单位成本 C_{ij}^d，封存单位成本 C_j^r，当实施深部咸水层封存时 P_{oil} 为 0。本研究中总减排成本是指 CCUS 实施过程所有成本（捕集成本、运输成本和封存成本）与收益之差。假设项目规划期为 30 年。

$$f=\min\left\{\sum_{i\in S}C_i^s\cdot a_i+\sum_i\sum_j C_{ij}^d\cdot x_{ij}+\sum_{j\in R}(C_j^r-P_{oil}\times k\times l)\cdot b_j\right\} \tag{5-27}$$

式中，P_{oil} 为原油价格；k 为吨与桶的转化率；l 为二氧化碳置换原油率；a_i 为电厂二氧化碳捕集量；b_j 为封存汇二氧化碳封存量；x_{ij} 为源汇之间的运输量。

约束条件如下：

质量守恒约束：对于任意一个捕集点（封存点），该节点的捕集量（封存量）等于其他点流入该节点的二氧化碳量减去该点的二氧化碳流出量，见公式（5－28）与公式（5－29）。

$$\sum_{j\neq i} x_{ij} - \sum_{j\neq i} x_{ji} - a_i = 0 \quad \forall i \in S, \forall j \in N_i \tag{5-28}$$

$$\sum_{i\neq j} x_{ij} - \sum_{i\neq j} x_{ij} + b_j = 0 \quad \forall j \in R, \forall i \in N_i \tag{5-29}$$

单个捕集点（封存点）最大捕集量约束：每个捕集点（封存点）的二氧化碳捕集（封存）量均小于捕集点的排放量（封存地封存能力），见公式（5－30）与公式（5－31）。

$$a_i - Q_i^s \leqslant 0 \quad \forall i \in S \tag{5-30}$$

$$b_j - Q_j^r \leqslant 0 \quad \forall j \in R \tag{5-31}$$

捕集（封存）规模约束：捕集规模应等于总的二氧化碳捕集量或总的二氧化碳封存量，见公式（5－32）与公式（5－33）。

$$\sum_i a_i = T \quad \forall j \in S \tag{5-32}$$

$$\sum_j b_j = T \quad \forall j \in R \tag{5-33}$$

非负约束：运输量 x_{ij}，电厂捕集量 a_i，与封存量 b_j 均是非负数，见公式（5－34）、公式（5－35）与公式（5－36）。

$$x_{ij} \geqslant 0 \quad \forall i \in N_i, \forall j \in N_i \tag{5-34}$$

$$a_i \geqslant 0 \quad \forall i \in S \tag{5-35}$$

$$b_j \geqslant 0 \quad \forall j \in R \tag{5-36}$$

式中，a_i 为节点 i 捕集的二氧化碳量，b_j 为节点 j 封存的二氧化碳量，x_{ij} 为从节点 i 运输到节点 j 的二氧化碳量；S 为捕集点数据集合，R 为封存点数据集合，N_i 为捕集点与封存点总集合；Q_i^s 为第 i 个捕集点的二氧化碳排放量，Q_j^r 为第 j 个封存点二氧化碳封存潜力；T 为二氧化碳捕集规模。

源汇匹配模型中所使用的参数与变量的定义和说明以及数据获取来源如表 5－15 所示。

表 5 - 15　源汇匹配模型参数和变量说明

集合和变量	定义和说明	单位	取值	数据来源
定义集合				
N_i（N_j）	电厂与封存点集合			
R	电厂集合，是 N_i 子集			
S	封存点集合，是 N_i 子集			
参数				
C_i^s	第 i 个电厂捕集成本	\$	46	Rubin et al.（2015）
C_{ij}^d	第 i 个电厂到第 j 个封存点运输成本	\$/tCO_2/km	0.18	Koelbl et al.（2014）
C_j^r	第 j 个咸水层封存成本	\$	15.27	Budinis et al.（2018）
C_j^s	第 j 个油藏封存成本	\$	9.9	Hendriks et al.（2004）
P_{oil}	原油价格	\$	50	CEEP-BIT（2018）
k	吨与桶转换率	—	7.3	实践经验
l	CO_2 置换原油率	tOil/tCO_2	0.25	实践经验
T	目标捕集（封存）总量	Gt	26	作者假设
Q_i^s	第 i 个电厂二氧化碳排放量	t	—	
Q_j^r	第 j 个封存地二氧化碳封存潜力	t	—	表 5 - 16
决策变量				
x_{ij}	从节点 i 运输到节点 j 的二氧化碳量	t		
a_i	节点 i 捕集的二氧化碳量	t		
b_j	节点 j 封存的二氧化碳量	t		

注：表中成本为 2013 年不变价。

根据对我国各个盆地的二氧化碳封存潜力的系统性评估，陆上深部咸水层二氧化碳封存潜力约 2 288 吉吨，油藏二氧化碳封存潜力约 4 吉吨（Dahowski et al.，2009）。详细盆地封存与盆地封存潜力如表 5 - 16 所示。

表 5 - 16　中国陆上沉积盆地的二氧化碳封存潜力　　单位：亿吨 CO_2

盆地名称	EOR	咸水层	盆地名称	EOR	咸水层
海拉尔盆地	0	161	鄂尔多斯盆地	360	2 565
松辽盆地	1 570	2 278	柴达木盆地	81	215
二连盆地	31	850	苏北盆地	100	899
准噶尔盆地	200	1 971	南襄盆地	65	75
吐鲁番盆地	120	543	四川盆地	20	776
塔里木盆地	69	7 458	江汉盆地	24	528
渤海湾盆地	1 490	2 334	洞庭盆地	0	528

2. 电厂选择

从调研的电厂数据中，获取每个电厂名称、地址、装机容量、年发电量、建设时间与汽轮机组类型，按照燃煤电厂 CCUS 改造适宜性规范（IEA，2016）筛选出适合实施 CCUS 的电厂。电厂建设于 1995 年之后，装机容量大于 300 兆瓦，距离封存盆地 800 千米以内。筛选完成后，满足上述要求的电厂有 591 个，总装机容量约 664 吉瓦。电厂每年的二氧化碳捕集量为：

$$E_{CO_2}=G\cdot ef\cdot \eta \cdot t \tag{5-37}$$

式中，E_{CO_2} 为电厂二氧化碳捕集量，单位为吨二氧化碳；G 为电厂的每年发电量，单位为兆瓦时；ef 为电厂的排放因子，单位为吨二氧化碳/兆瓦时，取 0.9；η 为电厂的捕集率，取 0.9；t 为 CCUS 项目运行年限，取 30。通过对适宜实施 CCUS 电厂的二氧化碳捕集量核算，得到 591 个电厂每年二氧化碳的捕集量与 30 年每个电厂可以捕集的量。

为实现 2℃温控目标，假设燃煤电厂实施 CCUS 的规划期为 30 年，则需要累计捕集 174.2 亿吨二氧化碳。在备选的 591 座燃煤电厂中，有 165 座燃煤电厂被优选出并参与 CCUS 改造，装机容量约 175 吉瓦。实施 CCUS 的电厂分布在华东、华北、东北、西北与华南五个区域。其中，华东与华北地区，分别需要 43 座与 49 座燃煤电厂实施 CCUS 改造，装机容量分别约为 60 吉瓦与 51 吉瓦，分别占累计捕集量的 35.32% 与 31.27%。西北、东北以及华南区域分别需要 38 吉瓦、25 吉瓦与 0.54 吉瓦的燃煤电厂实施 CCUS 改造，累计捕集二氧化碳量分别为 39 亿吨、18.8 亿吨以及 0.47 亿吨，分别占累计捕集量的 22.37%、10.77% 与 0.27%。值得注意的是，在优化的结果中，华中区域的燃煤电厂未实施 CCUS 改造。主要原因是华中区域含油气盆地可实施 CO_2-EOR 的封存潜力较小，仅占总 CO_2-EOR 封存量的 2%。此外，华中区域电厂距离鄂尔多斯盆地与苏北盆地较近，由于这两个区域附近均有理想的燃煤电厂，相比华东区域与华北区域电厂，华中区域电厂所排放的二氧化碳在这两个盆地进行封存不具备优势。

3. 源汇匹配形成的 CCUS 集群区域

源汇匹配形成四个大型电厂聚集区，即东北经济区、环渤海经济区、长三角经济区以及准噶尔盆地南部聚集区。其中，东北电厂集群区与准噶尔盆地南部电厂集群区类似，两地均是油藏资源与煤矿资源相对丰富地区，是资源供给型电厂聚集区。环渤海经济区是中国北方重要经济带，有多个人口 500 万以上的城市，例如，北京、天津、石家庄、济南、唐山与沧州等，且这些城市多为重工业城市，是钢铁与水泥的重要生产地，用电量巨大。此外，该区域有丰富的石油资源，拥有渤海油田、胜利油田、华北油田、大港油田等大型油田，非常适宜开展 CO_2-EOR 项目，是未来发展 CCUS 的重点区域。长三角经济区拥有上海、南京、杭州、合肥与苏州等超大城市。该区域电厂分布比较集中且电厂装机规模较大，附近的苏北盆地非常适合实施深部咸水层封存。

4. 最优 CCUS 布局下的源汇匹配

165 个电厂的平均运输距离约为 115 千米。因此，有必要建造大约 2 万千米的运输管道以实现源汇匹配。华北、东北和西北地区的源汇匹配布局比其他地区要复杂得多，这是因为它们的运输能力大，有众多的运输线，且有多个源与汇，匹配运输量超过 10 亿吨二氧化碳。特别是在华北地区，捕集的二氧化碳将主要被输送到鄂尔多斯盆地和准噶尔盆地，与其他地区相比，远距离运输相对较少。这表明在华北地区实施 CCUS 源汇匹配的机会很大。值得注意的是，华东地区的运输能力很大，这将提前增加对二氧化碳运输网络布局的要求。更具体地说，在中国东北地区，捕集的二氧化碳 85% 以上储存在松辽盆地，平均运输距离约为 151 千米，最大距离为 318 千米。在华北地区，捕集的二氧化碳中约有 88% 被输送到渤海湾盆地进行储存，平均运输距离约为 130 千米，最大距离为 372 千米。尽管华东地区的 CO_2-EOR 封存潜力相对较小，但其东部地区最接近苏北盆地，因此华东地区几乎所有的二氧化碳都通过深部含水层储存在苏北盆地，只有不到 1% 被运往江汉盆地储存，平均运输距离约为 113 千米，最大运输距离为 386 千米。中国西北地区具有较大的东西向跨度，捕集的二氧化碳可以封存在 5 个盆地中，约有 90% 的二氧化碳流向鄂尔多斯盆地和准噶尔盆地，平均运输距离约为 101 千米，最大距离为 674 千米。华南地区适合 CCUS 改造的燃煤电厂位于四川盆地附近，平均运输距离为 227 千米。

中国陆上 CO_2-EOR 的封存潜力约为 40 亿吨二氧化碳，无法满足 174. 2 亿吨的封存要求。因此，每个区域中捕集的二氧化碳必须使用深部咸水层进行封存。通过 CO_2-EOR 可减少约 24% 的排放。在华东地区，二氧化碳主要是通过深层咸水层进行封存，油气藏的减排量仅为 2% 。这是因为中国东南沿海的几个陆上油藏资源较少。从华北发电厂捕集的二氧化碳中约有 71% 封存在深部咸水层中。尽管华北拥有丰富的石油储量，但 CO_2-EOR 的封存潜力却不能满足其减排目标。同样，在中国西北地区，二氧化碳需要的减排量明显大于 CO_2-EOR 的封存潜力。因此，该区域需要大规模实施咸水层封存。通过 CO_2-EOR，东北地区的二氧化碳封存比例最高（85%）。在西北和华南地区，通过 CO_2-EOR 减排的比例分别为 20% 和 43% 。

三、CCUS 源汇匹配成本效益分析

在目前的技术条件下，当原油价格为每桶 50 美元时，总减排成本约为 1.2 万亿美元，其中捕集、运输和封存成本分别为 8 010 亿美元、5 550 亿美元和 2 330 亿美元。从 CO_2-EOR 项目中可获得约 3 770 亿美元。

为了实现减排目标，东北、华北、华东、西北和华南必须分别承担 210 亿美元、3 390 亿美元、5 540 亿美元、2 950 亿美元和 30 亿美元的费用。如图 5-16(a) 所示，东北、华北、华东、西北和华南的 CO_2-EOR 项目收益分别为 1 460 亿美元、1 450 亿美元、110 亿美元、730 亿美元和 20 亿美元。

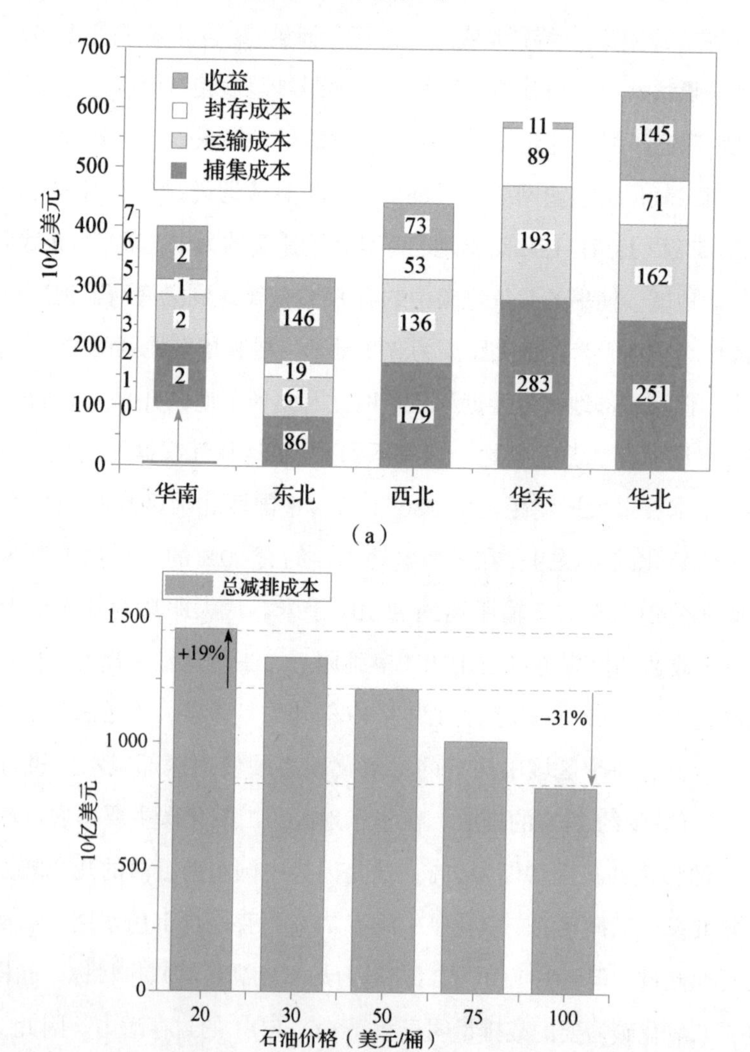

图 5-16 五个区域的源汇匹配后 CCUS 的成本结构与总减排成本对石油价格的敏感性分析

中国东北地区的减排成本最低，因为东北可实施 CO_2-EOR 的项目较多，且该地区满足 CCUS 改造的电厂较少，总二氧化碳捕集成本较小。因此，捕集的二氧化碳中有 85% 可以从 CO_2-EOR 中获利。相比之下，东部地区二氧化碳减排的单位成本最高，因为该地区适合封存的盆地较少，必须将捕集的大约 99% 的二氧化碳运往苏北盆地封存，这会增加运输成本。实际上，华东地区运输成本是最高的，约占 34%，如图 5 - 16(a) 所示，而苏北盆地 CO_2-EOR 的减排潜力有限。在华北、西北和华南，通过 CO_2-EOR 封存的二氧化碳比例与全国平均水平相似。此外，单位减排成本与全国平均水平相同，约为 69 美元/吨二氧化碳。

石油价格直接影响从 EOR 项目中获得的收入，较高的原油价格可以使来自 CO_2-EOR 的收入增加，并可以增加运输的距离。当石油价格从每桶 50 美元上涨到每桶 100 美元时，总减排成本降低了 31%。当油价从每桶 50 美元跌至 20 美元时，总减排成本增加了 19%，如图 5 - 16 (b) 所示。因此，石油价格影响了二氧化碳运输管道网络的布局，并显著影响了总减排成本。

源汇匹配模型中的参数选择面临许多经济和技术不确定性因素。在这里将实施敏感性分析，以估计模型中参数对总减排成本的影响。我们在这里评估关键的主要参数数值出现 10% 波动对总减排成本的影响。灵敏度分析的结果如图 5 - 17 所示。

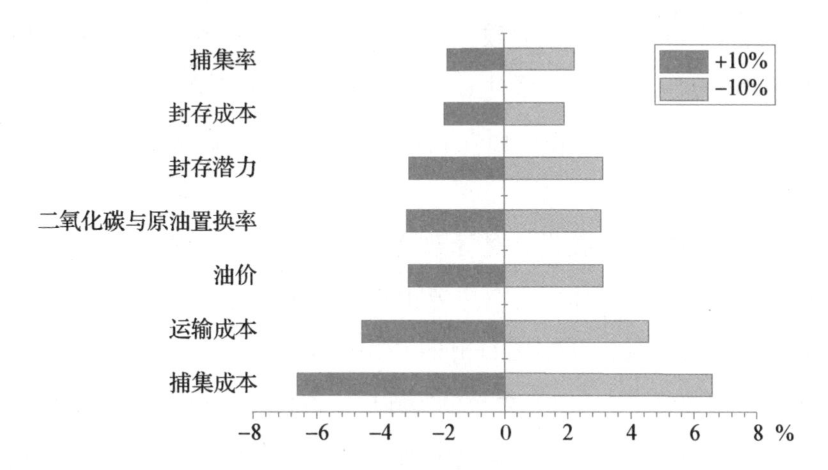

图 5 - 17 主要参数对总缓解成本的敏感性

注：主要参数的变化分别为 −10% 和 10%。

显然，捕集、运输和封存的成本对总减排成本具有正向影响，这与实际项目成本是一致的。也就是说，每个过程的成本越高，总减排成本就越大。这表明，电厂的二氧化碳捕集率越高，实现相同的减排目标所需的电厂就越少，从而降低了总的改造成本。封存地点的封存潜力越大，可以容纳的二氧化碳越多，这表明封存同量的二氧化碳所需的管道可能会更短。采收率和石油价格的提高可以增加额外的收益并降低总减排成本。就影响的大小而言，捕集成本对总减排成本的影响最大。捕集成本每增加 10%，总缓解成本将增加 6.6%；其他参数波动 10% 引起的总成本变化小于 5%。此外，敏感性分析的结果表明，总减排成本的幅度不超过模拟参数的波动幅度，这证明了模型结果具有鲁棒性。

现有燃煤电厂的特点将在很大程度上影响改造项目是否可使 CCUS 项目商业化，并进一步影响 CCUS 的大规模部署。这些因素包括封存地点的选择，发电厂的使用寿命、规模、负载系数、燃料源的类型和位置（IEA，2016）。封存地点与电厂之间的距离是 CCUS 改造的关键指标。电厂靠近合适的封存地点对成本起着至关重要的作用。一般来说，拥有较低的运输和封存成本的电厂很适合进行 CCUS 改造。根据 2016 年中国燃煤电厂的数据，IEA 估算了中国 200 兆瓦或更大的燃煤电厂进行 CCUS 改造的潜力，并得出结论，燃煤电厂容量为 513 吉瓦（92%）可以在 250 千米或更短的半径内匹配，合适封存潜力约 385 吉瓦（IEA，2016）。为达到 2℃温控目标，需要对 175 吉瓦的燃煤电厂进行 CCUS 改造，潜在的源汇匹配分布在 115 千米的平均半径内，这在 IEA 研究范围内。在国家层面上，在一个多世纪的时间里，这些大型二氧化碳排放源中 80% 以上的排放成本低于 70 美元/吨二氧化碳（Dahowski，2012）。在区域级研究中，有关研究结果表明，在中国东北，最佳 CCUS 供应链网络的净成本应为 24 美元/吨二氧化碳（Zhang et al.，2018）。而在我们的研究中，该区域的单位减排成本为 11 美元/吨二氧化碳。

源汇匹配模型中的参数设置是导致这些结果不同的主要原因，这将在敏感性分析中进一步讨论。具体而言，主要由以下因素引起。首先，运输成本与最大运输距离之间的差异。从中国目前的 CCUS 示范项目来看，二氧化碳主要通过罐车运输。但在将来，CCUS 大规模实施后，源汇匹配距离估计在 250 千米之间（Dahowski et al.，2012）。考虑到中国大部分地区都是山区和人口稠密的地区，我们从文献中选择了 50～200 千米之间的最大运输成本作为模型的参数（Koelbl et al.，2014；Budinis et al.，2018）。此外，世界上最长的二氧化碳管道是得克萨斯州的科尔特斯管道，总长度为 800 千米。迄今为止，800 千米被认为是到合适的二氧化碳封存地点的距离的上限。二氧化碳管道网络的建设是一个复杂的项目，需要详细的地理参数和定量验证的模型（Munkejord et al.，

2016）。因此，这是研究结果差异较大的主要原因。其次，二氧化碳封存类型选择的差异也是主要原因。目前，二氧化碳可以在枯竭的油气藏、深层盐分沉积地层和不可开采煤层中封存。在中国，CO_2-EOR 和深部咸水层的封存已经得到很好的论证与示范（Li et al.，2016）。基于数据可用性和技术成熟度，我们仅对 CO_2-EOR 和深部咸水层进行建模分析。因此，整体 CCUS 项目布局结果更加符合实际应用。

四、CCUS 技术发展启示

为了实现 2℃温控目标，包括环渤海经济圈和长三角在内的两个地区的电厂必须进行大规模的 CCUS 部署。此外，这两个地区的发电厂分布密集，碳排放水平较高，因此更容易发展 CCUS 集群。因此，要探索华北、华东地区的 CCUS 集群，必须充分利用电厂分布集中、深部咸水层潜力大的特点。电力行业必须加强对 CCUS 集群发展的研究。CCUS 集群具有基础设施共享和项目系统化等优势。在目前的技术条件下，电力部门实施 CCUS 的成本很高，尤其是在华北和华东地区。

CCUS 是一个复杂的系统工程。在中国的六个地区，电厂实施 CCUS 的装机规模、成本和效益存在显著差异。因此，CCUS 基础设施的规划和布局必须由国家主导。政府必须协调 CCUS 基础设施建设，妥善处理好各地区利益相关者的成本分担和利益分配问题。更具体地说，应该建立一个合理的机制来协调现有发电厂、管道铺设区和封存区的二氧化碳来源。

为满足 2℃温控目标约束下的二氧化碳减排要求，CO_2-EOR 项目必须同时进行深部咸水层封存。但是，由于深部咸水层封存不会产生额外的效益，因此有必要在未来制定相关的激励政策。此外，还需要对中国陆上封存资源和环境风险进行详细的勘探，特别是要加强对潜在封存地点的详细地质研究。因此，在我国建立二氧化碳封存选址标准或规范势在必行。需要确定 CCUS 的环境风险，特别是在人口和工业最集中的中国东部地区。

政府和电力企业应继续努力进行技术创新，降低成本，特别是进一步降低 CCUS 改造成本，以确保未来的改装机会最大化。决策者应更多地关注燃煤电厂实施 CCUS 升级改造和新建燃煤电厂的选址等问题。在选择标准上，源汇匹配问题应引起电力企业的重视。

习题

1. 实现碳减排的主要技术措施有哪些？
2. 不同碳减排技术的成本和减排潜力如何？
3. 不同减排技术预见方法的局限性与适用场景分别是什么？
4. 碳捕集、封存与利用技术源汇匹配模型的基本原理是什么？
5. 我国 CCUS 源汇匹配的特点是什么？

第 6 章

碳减排政策

本章要点

人为导致的二氧化碳过度排放是典型的经济外部性行为。因此，需要相关政策进行宏观调控，引导生产和生活行为进行适当的调整，从而促进排放的达标。本章对主要碳减排政策的内涵、发展等进行了介绍，并针对目前最受关注的管制政策（能源消费总量控制）和基于市场的政策（碳交易、碳税）分别进行了研究和模拟。通过本章的学习，读者可以回答如下问题：

- 碳减排政策有哪些？
- 不同碳减排政策的优缺点如何？
- 碳减排政策的发展历程是怎样的？
- 如何模拟碳减排政策？
- 碳减排政策的实施会带来怎样的影响？
- 如何选择最优的碳减排政策？

第 1 节　碳减排政策概述

全球气候变化属于典型的市场失灵问题，因此，亟须出台相应的政策加以调控，从而激励和引导人们调整其排放行为以沿着有利于环境合意的路径发展。目前的碳减排政策种类繁多，本节拟对几种主要政策加以介绍，包括行政管制、两种最主流的基于市场的政策（碳排放交易和碳税）以及技术政策。

一、行政管制

行政管制这种传统的控制手段主要通过排放限额、用能/排放标准、供电配额等方式对二氧化碳排放或能源利用水平实行直接控制。相较于基于碳交易和碳税的市场减排机制，行政管控措施由于信息不透明和不对称问题，对于排放主体难免存在一刀切的现象，这可能会提高实现既定目标的减排成本。在基于市场的减排机制下，碳价格信号提供了明确的减排激励效应，促使排放主体根据自身的减排成本和收益进行优化决策，有效降低减排成本。然而，在早期的节能减排行动中，由于市场化机制尚不健全，命令控制性政策因为本身具有强制性、法规性、直接性、见效快等特点而成为各国采用的主要手段。例如，20 世纪 70 年代美国相继出台多部能源法案，1975 年颁布实施《能源政策和节约法案》，1978 年出台《国家节能政策法案》等，其主要目标是实现能源安全、节能及提高能效。欧盟的温室气体限排制度是对能源、钢铁、水泥、造纸、制砖等产业实行二氧化碳排放限额，对超额企业罚款。日本是对耗能过多的单位限期整改，整改后仍不达标者进行曝光、罚款等处理。在电力市场，美国、欧盟等实行可再生能源发电配额制（renewable portfolio standard，RPS），旨在要求供电商采用可再生能源发电，提高可再生能源发电比例。

实施碳排放管理标准，是以控制二氧化碳等温室气体排放为目的，依据低碳发展制度体系中各项措施的需求与经验，对控制碳排放过程中的各个环节所制定和发布的一系列相关标准与规范指南（杨雷和杨秀，2018）。实现碳排放管理标准化是推动落实碳排放目标、完善低碳发展制度体系、促进低碳经济转型和技术进步、开展国际谈判与贸易的有力支撑。在主要碳排放部门中，交通部门的碳排放量逐年增加，2019 年交通部门占全球二氧化碳排放总量的 25%，是第二大排放部门。我国交通部门占国家二氧化碳排放总量的 9.2%（孙锌等，2022）。为有效降低机动车相关的碳排放，欧盟和美国等主要经济体建立了较为完善的机动车碳排放管理制度，形成了较为完善的碳排放和大气污染物协同管控的国际管理经验。对发达国家和地区（欧盟、美国）的汽车行业碳排放标准进行分析，借鉴相关标准制定经验，可以为我国汽车碳排放标准研究和制定提供技术支持，助力碳达峰与碳中和领域相关标准体系的建立和完善。表 6-1 给出了欧盟、美国及我国的汽车碳排放标准。

表 6－1　汽车碳排放标准

	欧盟	美国	中国
标准名称	乘用车和轻型商用车二氧化碳排放标准	轻型车温室气体排放和企业平均燃料经济性标准	乘用车燃料消耗量限值，轻型商用车辆燃料消耗量限值
主管部门	欧盟委员会	美国环境保护署，美国国家公路交通安全管理局	工业和信息化部
车型范围	整备质量在 3 500 千克以下的乘用车和轻型商用车	整备质量在 8 500 磅（约 3 855.5 千克）以下的乘用车和轻型卡车	乘用车（M1 类）和轻型商用车（整备质量在 3 500 千克以下的 M2 类）
目标值	2021 年乘用车温室气体排放目标为 95 克/千米，2020 年轻型商用车温室气体排放目标为 147 克/千米	2021 年温室气体排放目标为 220 克/英里（约 137 克/千米）	2025 年乘用车温室气体排放目标为 95 克/千米
处罚机制	2019 年以后，超标值调整为全部按每辆车 95 欧元的标准征收罚款	停止销售并处罚金	负积分为抵偿的企业暂停公告申请，纳入失信企业名单并公示

资料来源：孙锌等（2022）；姚明涛等（2017）。

欧盟汽车碳排放标准政策的基本思路如下：首先，制定全欧盟层面的新车单位公里碳排放目标；其次，将该目标分解到各汽车制造企业；最后，企业按照要求上报并公开新车碳排放目标完成情况，政府对未完成目标的企业实施经济处罚（姚明涛等，2017）。对于乘用车，2009 年提出 2015 年欧盟范围内新登记乘用车平均碳排放降到 130 克/千米，并初步提出 2020 年进一步降为 95 克/千米，2014 年修正后确定 2021 年目标为 95 克/千米。对于轻型商用车，2011 年提出到 2017 年在欧盟范围内新登记轻型商用车的平均碳排放水平要达到 175 克/千米，2014 年进一步明确 2020 年目标设定为 147 克/千米。对于未完成目标的企业，欧盟通过立法实施严厉的累进制罚款，督促企业加大投入。2012—2018 年，对排放超标的新出产乘用车，将按累进模式征收罚款。超标第 1 克按每辆车 5 欧元的标准征收罚款，超标第 2 克按每辆车 15 欧元的标准罚款，超标第 3 克按每辆车 25 欧元的标准罚款，超过 3 克的部分按每辆车 95 欧元的标准罚款。从 2019 年以后，超标值调整为全部按每辆车 95 欧元的标准征收罚款。

美国环境保护署于2010年根据《清洁空气法案》首次为轻型汽车制定了温室气体排放标准，限制了乘用车和轻型卡车排放的温室气体。2020年4月，《2021—2026车型年乘用车和轻型卡车安全经济燃油效率（SAFE）车辆规则》发布，于2021年正式实施。SAFE法规规定2021年美国新车车队二氧化碳排放和燃料经济性的目标值分别为220克/英里和37.3英里/加仑。SAFE法规以企业为管理对象，企业在某一车型年的平均SAFE每低于目标值0.1英里/加仑，每辆车要支付5.5美元的罚款。评估报告显示，在2020车型年，所有新车的实际路况二氧化碳平均估计排放量下降至349克/英里，是有史以来的最低水平。燃油经济性提高到25.4英里/加仑，创下历史新高。自2004车型年以来，二氧化碳排放量下降了24%，燃料经济性增加了32%。

立法规范和许可证制度是我国实行较早、现今较为成熟的节能减排政策措施。早在1979年，《中华人民共和国环境保护法（试行）》提出“三同时”制度，其中第六条规定：“在进行新建、改建和扩建工程时，必须提出对环境影响的报告书，经环境保护部门和其他有关部门审查批准后才能进行设计；其中防止污染和其他公害的设施，必须与主体工程同时设计、同时施工、同时投产；各项有害物质的排放必须遵守国家规定的标准。”1989年第三次全国环境保护会议提出排污许可证制度并将其作为环境管理的一项新制度；1998年，《中华人民共和国节约能源法》正式实施。

中国经济快速发展的同时也付出了一定的资源和环境代价，经济发展与资源环境的矛盾日益加剧，出现了大面积的雾霾污染问题，这些以及全球正在经历的气候变化问题对人民生活造成了严重影响。对此，《中华人民共和国国民经济和社会发展第十一个五年规划纲要》首次提出了“十一五”期间单位GDP能耗降低20%左右，主要污染物排放总量减少10%的约束性指标。在“十一五”时期节能减排的基础上，《“十二五”节能减排综合性工作方案》和《“十三五”节能减排综合性工作方案》先后明确“十二五”和“十三五”期间节能减排工作的主要目标和重点任务。到2020年，国内万元GDP能耗比2015年下降15%，能源消费总量控制在50亿吨标准煤以内。2022年1月24日，国务院印发《“十四五”节能减排综合工作方案》，明确提出到2025年，全国单位GDP能源消耗比2020年下降13.5%，能源消费总量得到合理控制，经济社会发展绿色转型取得显著成效。

1. 我国煤炭总量控制政策已成体系

我国的能源与环境问题归根结底还是由我国的能源资源禀赋决定的。我国特有的“富煤、贫油、少气”的能源结构使得我国的经济发展过重地依赖于煤炭，要从根本上解决环境以及气候问题，关键在于转变发展方式和调整能源结构。我国目前采取了三方面措施：(1) 节能、提高能源利用效率，主要是减少化石燃料的使用；(2) 发展可再生能源，因为其是零碳的能源，是清洁能源；(3) 增加森林碳汇，植树造林。其中，最为重要的措施是提高能源利用效率，控制能源消费总量。然而以能效提高为核心的强度控制方式难以解决“总量”问题，并且单纯依靠能源强度目标和碳排放强度目标难以对我国能源消费和碳排放形成足够强的约束。因此，必须从总量上也对能源消费进行限制，而煤炭是我国消费最多的基础能源，需要重点对我国的煤炭消费总量进行控制。

2010 年 5 月 11 日，国务院办公厅转发环境保护部等部门《关于推进大气污染联防联控工作改善区域空气质量指导意见的通知》，划定“三区六群”地区（即京津冀地区、长三角地区、珠三角地区，辽宁中部城市群、山东半岛城市群、武汉城市群、长株潭城市群、成渝城市群、海峡西岸城市群）为大气污染联防联控工作的重点区域，并提出“严格控制重点区域内燃煤项目建设，开展区域煤炭消费总量控制试点工作”，这是国家文件中首次提出区域煤炭消费总量控制政策。

2011 年 8 月 31 日，《国务院关于印发“十二五”节能减排综合性工作方案的通知》提出“合理控制能源消费总量”“在大气联防联控重点区域开展煤炭消费总量控制试点”，这是首次从国家层面针对煤炭消费总量控制提出的政策要求。

2012 年 9 月 27 日，国务院批复的《重点区域大气污染防治“十二五”规划》指出：“综合考虑各地社会经济发展水平、能源消费特征、大气污染现状等因素，根据国家能源消费总量控制目标，研究制定煤炭消费总量中长期控制目标，严格控制区域煤炭消费总量。”“探索在京津冀、长三角、珠三角区域与山东城市群积极开展煤炭消费总量控制试点。”这是从国家层面首次单立章节提出“实施煤炭消费总量控制”，并详细、全面阐述了煤炭消费总量控制的整体设想，同时明确执行煤炭消费总量控制的具体区域。

2013 年 9 月 10 日，国务院发布了环保工作的纲领性文件《大气污染防治行动计划》，指出：“制定国家煤炭消费总量中长期控制目标，实行目标责任管理。到 2017 年，煤炭占能源消费总量比重降低到 65% 以下。京津冀、长三角、珠三角等区域力争实现煤炭消费总量负增长，通过逐步提高接受外输电比例、增加天然气供应、加大非化石能源利用强度等措施替代燃煤。”这是国家首次提出在三大重点区域实现煤炭消费总量负增长的时间表。

2014 年 6 月 7 日，国务院办公厅发布的《能源发展战略行动计划（2014—2020 年）》中提出："到 2020 年，一次能源消费总量控制在 48 亿吨标准煤左右，煤炭消费总量控制在 42 亿吨左右。""全国煤炭消费比重降至 62% 以内。"并提出京津冀鲁、长三角和珠三角等区域煤炭消费总量削减计划："到 2020 年，京津冀鲁四省市煤炭消费比 2012 年净削减 1 亿吨，长三角和珠三角地区煤炭消费总量负增长。"

2. 重点地区煤炭消费控制政策

2014 年 12 月 29 日，国家发改委联合工业和信息化部等六部委联合印发《重点地区煤炭消费减量替代管理暂行办法》，明确规定北京市、天津市、河北省、山东省、上海市、江苏省、浙江省和广东省的珠三角地区为煤炭消费减量重点地区。以下针对其中明确设定减排目标的四个省市的煤炭消费控制政策进行具体阐述。

北京作为全国大气污染压力最大的城市之一，一直在为节能减排、控制煤炭消费总量做出积极的努力。2013 年，北京市印发的《北京市 2013—2017 年清洁空气行动计划》明确了北京市空气质量改善目标，提出了八大污染减排工程、六大实施保障措施和三大全民参与行动，并将各项任务措施分解落实到了各年份、各区县政府和市相关部门等。2015 年，北京市公布《北京市 2015 年压减燃煤和清洁能源建设工作计划》，提出当年要压减燃煤 400 万吨，煤炭消费总量削减到 1 500 万吨以内；城市核心区基本实现无煤化、城六区基本取消燃煤锅炉。"十三五"时期，北京市能源发展取得积极成效，能源结构不断优化，清洁能源比重持续提高，基本形成多源多向、清洁高效、覆盖城乡的城市能源体系。北京市煤炭消费量由 2015 年的 1 165.2 万吨大幅削减到 2020 年的 135 万吨。"十四五"期间，北京将大力推进"减煤、稳气、少油、强电、增绿"，提出非应急情况下基本不使用煤炭，强化能源、碳排放总量和强度双控，能源消费总量控制在 8 050 万吨标准煤左右。

天津的经济结构以工业为主，其工业增加值比重为 47.5%，产业结构偏重是造成天津空气污染的主要原因。为改善环境空气质量，天津市采取一系列措施推进大气污染综合防治。2012 年，天津市下发《天津市 2012—2020 年大气污染治理措施的通知》并正式实施，成为继北京之后，全国第二个率先提出煤炭消费总量控制的城市。该通知明确提出，从 2012 年起，天津市控制煤炭消费总量，到

2015 年，煤炭消费量与 2010 年（4 800 万吨）相比，增量控制在 1 500 万吨以内，提升城市环境空气质量。“十三五”时期，天津大力推动传统能源清洁低碳利用，2019 年全市煤炭消费总量 3 766. 11 万吨，比 2015 年减少 17. 0%，煤炭占一次能源比重为 38. 7%，累计下降 11. 3 个百分点。“十四五”期间，天津将加强煤炭消费控制，严格实行煤炭减量替代，推进煤炭清洁高效利用，煤炭占能源消费总量比重降至 28% 左右。

河北省是我国第一钢铁大省，年产量占全国的 1/3，加上建材、石化、电力等重工业密集形成的产业结构偏重，以及能源消费结构不尽合理、污染物排放总量较大等问题，使得河北省成为全国空气污染最严重的省份。2014 年河北省煤炭消费占一次能源消费的 83%，对 $PM_{2.5}$ 年均浓度贡献率高达 50% 以上，因此，“控煤”是河北省治理大气污染的关键问题和头等大事。通过狠抓减煤、治企、降尘、控车、增绿等重点工作，2014 年河北省全年淘汰改造燃煤锅炉 3. 96 万台，削减煤炭消费量 1 500 万吨，首次实现煤炭消费负增长。2017 年发布的《河北省“十三五”能源发展规划》，提出控制能源消费和煤炭消费总量，到 2020 年，全省能源消费总量控制在 3. 27 亿吨标准煤左右，年均增长 2. 2%。煤炭消费总量要由 2015 年的 2. 9 亿吨减少到 2020 年的 2. 6 亿吨，年均递减 2. 2%。

山东省是能源消费大省，能源消费占全国总消费量的近 1/10，特别是能源消费长期以煤炭为主，煤炭消费比重过高。2012 年，全省煤炭消费占一次能源消费的 75% 以上，比全国平均水平高出约 10 个百分点，占全国煤炭消费的 12% 左右。2014 年 10 月 9 日，山东省办公厅印发《山东省 2014—2015 年节能减排低碳发展行动实施方案》，提出落实压减煤炭消费政策措施，力争到 2015 年年底前实现煤炭消费总量“由增转降”。“十三五”时期，山东能耗总量保持稳定低速增长，能源品种消费结构明显优化。能耗总量累计增长 6. 3%，其中煤炭消费量累计下降约 10. 5%，能耗总量中煤炭占比由 2015 年的 76. 5% 降至 2019 年的 67. 3%。“十四五”期间，山东将继续强化能源消费和煤炭消费总量控制政策。根据《山东省能源发展“十四五”规划》，到 2025 年，能源消费总量控制在 4. 54 亿吨标准煤以内，煤炭消费量控制在 3. 5 亿吨左右，煤炭消费比重下降到 60% 以内。

二、碳排放交易

碳排放权交易是关于温室气体的排放权交易，其理论依据是科斯定理，概念源于 1968 年经济学家戴尔斯（Dales）首先提出的“排放权交易”概念，即建立合法的污染物排放的权利，将其通过排放许可证的形式像商品一样进行交易。碳排放交易机制如图6-1所示。在无碳交易机制时，碳排放产品的供给和需求曲线的交点为A，此时均衡的碳排放量为Q_0，价格为P_0。假设政府希望降低碳排放量到Q_1。在碳交易机制下，由于排放总量是有限的，如果市场主体想要生产超过其原始排放配额的产品，那么这些配额就必须在不同主体之间进行交易。随着排放额度越来越稀缺，价格也会随之上涨。配额越少，价格就越高。在总量约束下，新的供给曲线（S^*）将移动到与目标排放量垂直位置，排放数量从Q_0下降到Q_1。排放需求增加，市场只能以更高的价格作为回应。此时，新的供给和需求额均衡点为B，价格将上升到P_1。

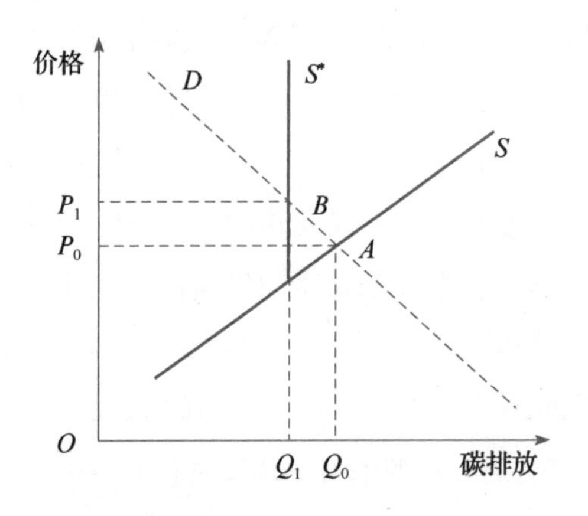

图6-1　碳排放交易示意

资料来源：Stephen Gordon，2012.

在解决二氧化硫和二氧化氮的减排问题时，也应用了排放权交易手段。1997年12月在日本京都召开的《联合国气候变化框架公约》第三次缔约方大会上达成了《京都议定书》，其中设计了三个灵活机制，包括排放交易机制（emission traded，ET）、联合履约机制（joint implementation，JI）、清洁发展机制（clean development mechanism，CDM）。随着《京都议定书》的生效及欧盟排放交易体系的形成，碳排放权交易进入高速发展阶段。国际碳排放交易市场主要分为配额交易市场和自愿减排交易市场。其中配额交易占碳排放交易市场的绝大多数。配额交易市场又包括基于配额交易市场和基于项目交易市场，交易者必须完成量化减排指标。目前自愿减排交易市场仅有芝加哥气候交易所（CCX）、日本自愿减排交易体系（JVETS）。

1. 碳交易政策是更易被广大碳排放主体接受的温室气体减排政策

碳排放权交易机制确认系统内涵盖的碳排放主体，设定其排放总量限额，分配排放配额并允许交易配额。目前世界范围内没有形成统一的碳排放交易市场，全球最大的碳排放权交易体系是欧盟碳排放权交易机制，碳排放交易被认为是比税收更为友好的促使企业减少温室气体排放的办法。目前只有欧盟建立了国家层面的碳市场，同时几个区域性碳市场也在积极运作，如区域温室气体减排行动（RGGI）、美加西部气候倡议（WCI）、加州总量控制与交易计划（AB32）、中西部温室气体减排协议（MGGRA），澳大利亚新南威尔士温室气体减排体系（NSW GGAS），日本自愿减排交易体系（JVETS）等。如表 6－2 所示，各国家各区域的市场对交易的管理规则不尽相同，市场发展情况也各不相同，欧盟成员国在碳市场建设方面仍是领跑者。

2. 欧盟碳排放交易体系为碳交易市场发展提供了重要的实践经验

欧盟碳排放交易体系（European Union Emission Trading Scheme，EU-ETS）是世界上第一个多国参与的碳排放交易体系。2005 年欧盟为了实现《京都议定书》确立的二氧化碳减排目标，建立了气候政策体系。该体系将《京都议定书》下的减排目标分配给各成员国，各成员国必须符合欧盟温室气体排放交易指令的规定，并履行京都减量承诺，以减量分担协议作为目标，执行温室气体排放量核配规划工作。EU-ETS 至 2020 年已经实施三期，目前处于第四阶段，整体运行较为稳定，初步实现了该市场的碳定价功能。

作为碳交易市场实践先锋，欧盟探索出循序渐进地建立碳交易市场的有效途径。从欧盟碳排放交易体系发展史可以看出，体系建设不是一蹴而就，而是一个循序渐进的过程。首先，在交易目标设定上由松到紧，这也导致第一阶段配额过度分配，降低了减排效果；交易的温室气体涵盖范围逐渐放大，第一阶段仅涉及对气候变化影响最大的二氧化碳的排放权的交易，第三阶段就包括六种温室气体；覆盖的产业逐渐增多，第一阶段只包括能源产业、内燃机功率在 20 兆瓦以上的企业、石油冶炼、钢铁、水泥、玻璃、陶瓷以及造纸等行业，并设置了被纳入体系的企业的门槛，大约覆盖 11 500 家企业，其二氧化碳排放量占欧盟的 50%。第二阶段加入了航空业，第三阶段新增化工业、制氨行业和铝行业。

欧盟碳排放交易体系具有开放性特点，留出了建立全球碳交易市场的接口。允许被纳入碳排放交易体系的企业在一定限度内使用欧盟外的减排信用，进而和体系外的碳市场建立联系。目前体系外部的减排信用只能是《京都议定书》规定的通过清洁发展机制或联合履约机制获得的，即核证减排量或减排单位。

表 6－2　全球各碳交易市场基本情况表

名称	阶段/履约期划分	目标	覆盖地域	覆盖行业/部门	管制气体	配额分配
欧盟碳排放交易体系（EU-ETS）	第一阶段：2005—2007 年	CO_2 总排放额 63 亿吨	EU-15	5 个能源生产行业和能源密集型行业：能源供应部门（包括电力和热力生产、供暖、蒸汽生产）、石油精炼部门、钢铁部门、建筑材料部门（玻璃、陶瓷、水泥、石灰等）、造纸及印刷（纸浆）	CO_2	免费发放，历史排放分配法，各成员国最多拍卖 5% 的排放许可
	第二阶段：2008—2012 年	在 2005 年的排放水平上平均减排 6.5%	EU-27，欧洲经济区的冰岛、挪威和列支敦士登	航空业于 2012 年正式实施减排		电力行业不能免费得到所有的配额；各成员国允许拍卖排放许可的上限为 10%；航空业免费获得 85% 的配额
	第三阶段：2013—2020 年	2020 年在 1990 年的基础上减排 20%，相当于在 2005 年的基础上减排 14%。覆盖部门 2020 年相比 2005 年排放水平减少 21%，非覆盖部门 2020 年相比 2005 年减排 10%	EU-28，欧洲经济区的冰岛、挪威和列支敦士登	新增化工业、制氨行业和铝行业	CO_2，CH_4，N_2O，PFCs，HFCs，SF_6	免费配额政策向工业的倾斜，以及赋予新成员国更多的拍卖配额权；取消对电力生产部门的免费配额发放；对于其他部门，配额的拍卖比例将从 2012 年的 20% 逐渐提升到 2027 年的 100%。对于一些全球竞争的行业（如铝），仍然有免费的许可配额，需要由欧盟委员会和各成员国一致同意
	第四阶段：2021—2030 年	到 2030 年将温室气体排放量在 1990 年的基础上至少减少 55%，到 2050 年欧盟实现气候中性。覆盖部门 2030 年相比 2005 年减排 43%	EU-27，欧洲经济区的冰岛、挪威和列支敦士登。受英国"脱欧"影响，2021 年 1 月 1 日之后，英国排放交易（UK-ETS）取代了英国参与 EU-ETS 的方案	2023 年开始拟纳入海事部门	CO_2，CH_4，N_2O，HFCs，PFCs，SF_6	免费配额制度将再延长 10 年，并经过修订，将重点放在那些生产会转移到欧盟以外的风险最高的行业，这些部门将获得 100% 的免费配额。对于风险较小的行业，预计在 2026 年后，免费配额比例将从最高 30% 逐步减少，到 2030 年降为 0

续表

名称	阶段/履约期划分	目标	覆盖地域	覆盖行业/部门	管制气体	配额分配
区域温室气体减排行动（RGGI）	第一个履约期：2009—2011 年	维持现有排放总量不变	10 个州：康涅狄格州、特拉华州、缅因州、马里兰州、马萨诸塞州、新罕布什尔州、纽约州、罗得岛州、佛蒙特州、新泽西州	以化石燃料为动力且发电量在 25 兆瓦以上的电力生产企业	CO_2	拍卖
	第二个履约期：2012—2014 年	维持现有排放总量不变	9 个州：康涅狄格州、特拉华州、缅因州、马里兰州、马萨诸塞州、新罕布什尔州、纽约州、罗得岛州、佛蒙特州			
	第三个履约期：2015—2018 年	限额将逐年递减 2.5%				
中西部温室气体减排协议（MGGRA）		2020 年在 2005 年基础上减排 20%；2050 年在 2005 年基础上减排 80%	美国 6 个州：伊利诺伊州、艾奥瓦州、堪萨斯州、密歇根州、明尼苏达州和威斯康星州。加拿大 1 个省：马尼托巴省	电力生产和输入部门，工业燃烧部门，工业处理部门，不在上述范围内的民用、商用和工业建筑燃料部门，交通燃料部门年度碳排放超过 25 000 吨的排放源，小于 25 兆瓦的发电机组，200% 燃烧生物质燃料的燃烧机组除外	CO_2，CH_4，N_2O，PFCs，HFCs，SF_6	

续表

名称	阶段/履约期划分	目标	覆盖地域	覆盖行业/部门	管制气体	配额分配
美加西部气候倡议（WCI）	第一个履约期：2013—2014年。生效日期是2012年1月1日	2020年区域温室气体排放比2005年降低15%	美国加利福尼亚州，加拿大不列颠哥伦比亚省、魁北克省	包括电力、工业、商业、交通及居民燃料行业，以2009年1月1日之后最高的年排放量为准，排除燃烧合格的生物质燃料产生的碳排放量以后，任何年度排放量超过25 000吨 CO_2 当量的排放源；第一个电力输送商（包括发电商、零售商或批发商）且其2009年1月1日之后的年碳排放量超过25 000吨	CO_2，CH_4，N_2O，PFCs，HFCs，SF_6	免费，部分拍卖
	第二个履约期：2015—2017年			新增了提供液体燃料运输的运输商以及石油、天然气、丙烷、热燃料或其他化石燃料，且其提供的燃料燃烧后年度产生的碳排放超过25 000吨的供应商		
WCI-魁北克省	第一个履约期：2013—2014年	2020年温室气体排放量比1990年水平降低15%	魁北克省	工业，电力，年碳排放量大于或等于25 000吨	CO_2，CH_4，N_2O，PFCs，HFCs，SF_6	竞争较强的行业会获得一部分免费的排放单位。大部分拍卖，2012年拍卖最低价格为10美元，2013年拍卖最低价格为10.75美元，此后每年将以5%以上的通胀率提高。最高价格并不受限
	第二个履约期：2015—2017年			分配燃料的部门		

续表

名称	阶段/履约期划分	目标	覆盖地域	覆盖行业/部门	管制气体	配额分配
WCI-加利福尼亚州	第一个履约期：2013—2014年	覆盖州温室气体排放总量的37%。2013年以后配额逐年减少3%	加利福尼亚州	发电行业，包括输入电力和温室气体年排放量大于或等于25 000吨的大型工业排放源和工业处理过程	CO_2，CH_4，N_2O，PFCs，HFCs，SF_6，NF_3	工业行业和电力输送部门免费分配，每季度以拍卖状态卖出配额
	第二个履约期：2015—2017年	覆盖州温室气体总量的85%		居民、商业和其他工业、交通燃料		
澳大利亚新南威尔士州温室气体减排体系（NSW GGAS）	2003—2012年	减少与电力生产和消费相关的碳排放，发展和鼓励碳排放的抵消行为	新南威尔士州	强制性基准参与者：所有电力零售许可证的持有者、直接向零售消费者供电的发电者、从国家电力市场直接购电和被国家电力市场管理公司认定为市场电力装机的消费者 选择性基准参与者：电力装机容量超过100兆瓦（至少有一处消费超过50兆瓦）的消费者和由新南威尔士州规划立法规定、规划部指定的承担州重大发展项目的机构	CO_2，CH_4，N_2O，PFCs，HFCs，SF_6	以人均为单位的碳排放基准当量。2003年开始时的初始基准为8.65吨/人，2007年降到7.27吨/人（较《京都议定书》1989—1990基准年下降5%，并保持该基准到2021年不变
芝加哥气候交易所（CCX）	第一阶段：2003—2006年	温室气体排放相对于1998—2001年的水平，每年削减1%	全球	汽车、化工、交通、航空、商业、食品、环境、电力等行业的企业，另外还包括了一些政府机构和学校。所有自愿加入CCX的会员在全世界的排放温室气体的设施和符合要求的所有抵消项目	CO_2，CH_4，N_2O，PFCs，HFCs，SF_6	第一阶段加入的成员承诺再额外减排2%，第二阶段加入的成员承诺的减排总量到2010年相比2000年削减6%
	第二阶段：2007—2010年	第一阶段加入的成员承诺再额外减排2%，第二阶段加入的成员承诺的减排总量到2010年相比2000年削减6%				

关于欧盟碳排放交易体系的作用和绩效暂没有统一结论。20 世纪 90 年代以来，欧盟温室气体排放总量就已呈下降态势。2005 年，欧盟碳排放交易体系开始运行。第一阶段（2005—2007 年）为试验阶段，一般认为效果不佳。第二阶段（2008—2012 年）收紧配额上限，引入配额拍卖形式，取得一定减排效果。第三阶段（2013—2020 年）为改革阶段，欧盟统一制定排放配额，自上而下分配给各成员国，并且建立市场稳定储备机制，后期碳价稳步提高，有效促进减排。第四阶段（2021—2030 年）制定具有雄心的减排目标，立法通过碳边境调节机制，致力于到 2030 年欧盟温室气体排放量比 1990 年降低至少 55%。

3. 北美在建设排放权交易市场方面开始较早，具有较好的基础

北美地区构建了区域温室气体减排行动、中西部温室气体减排协议、美加西部气候倡议、芝加哥气候交易所（Chicago Climate Exchange，CCX）等区域碳排放权交易市场。

区域温室气体减排行动是第一个以市场为基础的强制性总量限制交易的碳减排计划，由美国康涅狄格、特拉华、缅因、马里兰、马萨诸塞、新罕布什尔、新泽西、纽约、罗得岛和佛蒙特 10 个州合作发起，限制电力行业 2009—2018 年排放总量减排 10%。与欧盟排放交易体系不同，区域温室气体减排行动一开始就拍卖分配 90% 左右的配额。尽管目前已经建立多个不同级别、不同层次的碳排放权交易市场，但碳交易市场的实施范围仍旧十分有限，不能满足全球应对气候变化的需要。随着各碳排放权交易市场实践的进行，在制度、机制和运行上的逐渐完善，碳排放权交易将成为最重要的碳减排市场政策之一。

4. 中国从开展碳交易试点到建立统一碳市场

2013 年，北京、天津、上海、重庆、广东、湖北、深圳七省市陆续开展碳排放权交易试点工作，全国七个碳交易试点均已上线交易，进展顺利。2017 年 12 月，国家发改委印发了《全国碳排放权交易市场建设方案（电力行业）》，这标志着中国碳排放交易体系完成了总体设计，并正式启动。2021 年 7 月 16 日，全国碳排放权交易市场启动上线交易。发电行业成为首个纳入全国碳市场的行业，纳入重点排放单位超过 2 000 家。首批覆盖企业的二氧化碳排放量超过 40 亿吨/年，这意味着我国碳市场成为全球覆盖温室气体排放量规模最大的市场。

（1）国内碳交易试点。建立碳排放权交易市场是国家“十二五”规划纲要部署的一项重大制度创新。2011 年，国家发改委确定在北京、天津、上海、重庆、广东、湖北、深圳七省市进行全国碳排放权交易试点。七个碳交易试点根据其各自发展实际，制定不同的纳入标准，共纳入各类企业2 000多家，每年发放约12亿吨碳配额，交易市场中碳价格在20～140元波动。

2013年以来，七省市陆续开展碳排放权交易试点工作，如表6-3所示。通过开展试点，我国在碳交易制度及碳市场建设等方面积累了丰富的经验，为下一步推动建立全国碳排放权交易市场奠定良好基础。试点省市的碳交易市场制度设计为全国碳排放权交易设计进行了有效探索，七省市基本都锁定二氧化碳气体为减排对象（重庆把六种温室气体都纳入其中）。各省市对交易主体限定有很大不同，北京、深圳和重庆把排放量底线作为划分是否纳入主体的依据，北京和深圳规定所有企业适用，重庆则把交易主体锁定在工业企业，天津、上海、广东和湖北则把交易主体限定在特定重点行业和领域。

表6-3　试点省市碳交易市场基本情况

试点地区	开始时间	交易主体	管制气体
北京	2013年11月	强制：辖区内2009—2011年，年均直接、间接 CO_2 排放总量1万吨及以上的固定设施排放企业（单位） 自愿：年综合能耗2 000吨标准煤及以上的其他单位	CO_2
天津	2013年12月	钢铁、化工、电力、热力、石化、油气开采等重点排放行业，民用建筑领域中2009年以来排放 CO_2 2万吨以上的企业或单位	CO_2
上海	2013年11月	重点排放工业行业：2010—2011年中任一年 CO_2 排放量2万吨及以上（包括直接排放和间接排放，下同）的市行政区域内钢铁、石化、化工、有色、电力、建材、纺织、造纸、橡胶、化纤等企业 重点排放非工业行业：2010—2011年中任何一年 CO_2 排放量1万吨及以上的航空、港口、机场、铁路、商业、宾馆、金融等企业	CO_2
广东	2013年12月	电力、水泥、钢铁、陶瓷、石化、纺织、有色、塑料、造纸等工业行业2011—2012年中任一年排放2万吨二氧化碳（或能源消费量1万吨标准煤）及以上的企业。其中电力企业包括燃煤、燃气发电企业，钢铁企业包括炼铁、炼钢和热冷轧企业，石化企业包括石油加工和乙烯生产企业，水泥企业包括矿石开采、熟料生产和粉磨企业	CO_2

续表

试点地区	开始时间	交易主体	管制气体
深圳	2013年6月	任一年碳排放量达到3000吨CO_2当量以上的企业；大型公共建筑（建筑面积2万平方米以上）和国家机关办公建筑（建筑面积1万平方米以上）的业主；自愿加入并经主管部门批准纳入碳排放控制管理的碳排放单位；市政府指定的其他碳排放单位	CO_2
湖北	2014年4月	2010—2011年中任一年综合能耗6万吨标准煤以上的工业企业，涉及电力和热力、钢铁、水泥、化工、石化、汽车和其他设备制造、有色金属和其他金属制品、玻璃及其他建材、化纤、造纸、医药、食品饮料共12个行业	CO_2
重庆	2014年6月	2008—2012年中任一年度排放量达到2万吨CO_2当量的工业企业	六种温室气体

配额分配方面如表6-4所示，七省市基本上都以免费分配为主，只有广东和深圳拍卖一定比例的配额。目前主要免费分配方式包括历史排放法、历史排放强度法、行业基准法。除重庆，其他省市都采取了多种分配方式，其中存量企业和设施以历史排放法为主，新增设施以行业基准法为主。北京和天津的电力和热力部门既有设施采取基于历史排放强度的方法进行分配。

表6-4　试点省市碳交易市场配额分配方法运用情况

试点地区	配额分配方法			
	历史排放法	历史排放强度法	行业基准法	拍卖
北京	制造业、其他工业和服务业基于2009—2012年排放量	电力和热力的既有设施基于2009—2012年排放量	新增设施	—
天津	钢铁、化工、电力、热力、石化、油气开采等既有设施	电力和热力的既有设施	新增设施	—
上海	钢铁、石化、化工、有色、建材、纺织、造纸、橡胶、化纤等行业，商场、宾馆、商务办公建筑及火车站	—	电力、航空、机场、港口业	—

续表

试点地区	配额分配方法			
	历史排放法	历史排放强度法	行业基准法	拍卖
广东	石化行业和电力、水泥、钢铁行业部分生产流程的既有配额	—	电力、水泥和钢铁行业大部分生产流程（包括既有配额及新建项目配额）	2013 年和 2014 年 3%，2015 年提高到 10%
深圳	—	部分电力企业	电力、燃气、供水企业（结合期望产量）；其他行业（结合历史排放、未来减排承诺和行业内其他企业减排承诺等因素）；建筑业（按照建筑功能、建筑面积以及建筑能耗限额标准或者碳排放限额标准）	以拍卖或者固定价格的方式出售，拍卖比例不得低于年度配额总量的 3%
湖北	电力行业以外的工业企业，电力行业	—	电力行业的增发配额或者收缴配额	—
重庆	所有交易主体企业	—	—	—

各省市都设置一定的弹性机制，包括允许企业通过项目交易获取国家核证自愿减排量（chinese certified emission reduction，CCER）抵消一定比例的配额，但不能高于当前配额的某一比例，其中北京和上海规定抵消比例不得高于当年排放配额数量的 5%，北京还进一步限定辖区内项目获得的 CCER 必须达到 50% 以上；湖北规定抵消比例不得高于当年排放配额数量的 10%；天津、深圳和广东规定抵消比例不能超过排放量的 10%，其中广东还限定本省项目产生的 CCER 达到 50% 以上；重庆规定抵消比例不能超过排放量的 8%。

（2）全国统一碳市场。2021 年 7 月 16 日，全国碳排放权交易市场正式启动上线交易，首批纳入管理的是发电行业 2 225 家重点排放单位。覆盖的二氧化碳排放总量超过 40 亿吨/年，这也意味着中国的碳市场一经启动就将成为全球覆盖温室气体排放量规模最大的碳市场。截至 2021 年 11 月 12 日，根据上海环境能源交易所数据，全国碳排放配额累计成交量达到 2 491. 42 万吨，累计成交金额 11. 06 亿元，突破 11 亿元大关。

碳市场运行的基础是保证碳排放数据的准确性，这也是全国碳市场建设工作的重点。生态环境部对此专门印发了《企业温室气体排放核算方法与报告指南　发电设施》《企业温室气体排放报告核查指南（试行）》，对发电行业重点排放单位的核算和报告进行统一规范，对省级主管部门开展数据核查的程序和内容提出严格要求。

在配额分配上，目前采取的是以强度控制为基本思路的行业基准法，实行免费分配。这个方法基于实际产出量，对标行业先进碳排放水平，配额免费分配而且与实际产出量挂钩，既体现了奖励先进、惩戒落后的原则，也兼顾了当前我国将二氧化碳排放强度列为约束性指标要求的制度安排。

2021 年 10 月 26 日，生态环境部发布《关于做好全国碳排放权交易市场第一个履约周期碳排放配额清缴工作的通知》，要求各地的生态环境厅（局）督促发电行业重点排放单位尽早完成全国碳市场第一个履约周期配额清缴，确保 2021 年 12 月 15 日 17 点前本行政区域 95% 的重点排放单位完成履约，12 月 31 日 17 点前全部重点排放单位完成履约。根据全国碳市场相关规则，控排企业可使用 CCER 抵消碳排放配额清缴，抵消比例不超过应清缴碳排放配额的 5%。

碳市场建设是一个复杂的系统工程，需要相关制度、政策、数据、技术以及能力建设作为支撑。碳市场的建设不是一蹴而就的，在实践过程中，还有许多内容需要不断探索，比如碳配额总量的设置、配额的分配方式，以及配额的交易形式等。总体上来看，碳市场作为一种市场机制，将二氧化碳的排放权像商品一样交易，可以有效引导稀缺的碳排放权资源优化配置，降低总体减排成本。通过碳价的价格信号来引导企业进行技术创新和产业升级，对于促进碳达峰和碳中和目标实现具有重大意义。

三、碳税

碳税是以减缓全球气候变化为目的，对二氧化碳排放征收的一种税。由于化石燃料（如煤炭、石油、天然气）燃烧是全球二氧化碳的主要来源之一，并且考虑到实际的易操作性，通常碳税是指针对化石燃料按照其含碳量所征收的一种税。

碳税本质上是一种庇古税。1920 年，英国经济学家阿瑟 · 庇古（Arthur Pigou）在其著名的《福利经济学》一书中指出，由于存在环境的外部性，即一个经济主体在从事自己的活动时对社会或者他人造成了有利或不利的影响，却没有获得相应的回报或惩罚，从而使得边际私人净收益和边际社会净成本存在差距。为了消除这种差距，应由国家采用干预的手段进行外部性的内部化，即对不利的生产者进行征税，来消除这种边际私人成本和社会成本之间的差距，从而使经济达到一种良性均衡，这就是著名的庇古税。针对碳税而言，二氧化碳就是一种典型的负外部性，主体在追求利益最大化的同时并没有为排放二氧化碳这种厌恶品而承担相应的成本。这使得边际私人成本和社会成本存在差异，征收碳税可以使二氧化碳的外部成本内部化，可以有效降低二氧化碳的排放，提高经济资源在全社会的配置效率，使得社会福利增加。

碳税机制如图 6－2 所示。在无碳税机制时，碳排放产品的供给和需求曲线的交点为 A，此时均衡的碳排放量为 Q_0，价格为 P_0。假设政府希望降低碳排放量到 Q_1。在碳税机制下，对碳排放额外征收排放税，碳排放成本提高。供给曲线将向上平移到 S^*，形成新的均衡点 B。此时，碳排放量从 Q_0 降低到 Q_1，价格从 P_0 上升到 P_1。值得注意的是，碳税的实施将提高化石燃料产品的价格，减少需求，既减少了二氧化碳的排放量，也为政府创造了投资新技术和替代能源的收入。事实上，碳税作为一种基于市场的具有较高成本效益的措施，一直是国际上最受关注的减排政策之一，被诸多经济学家和国际组织所倡导。

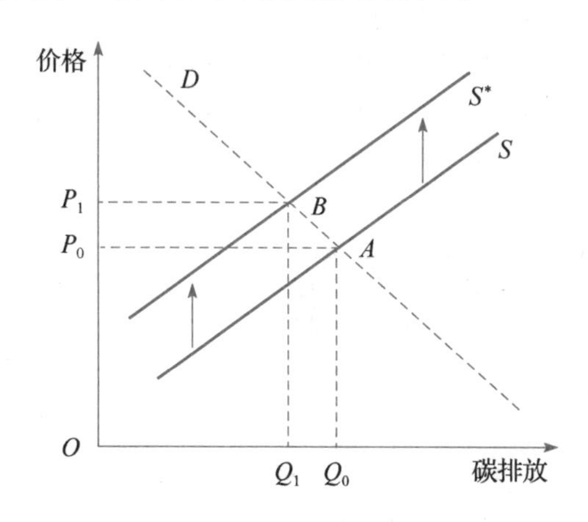

图 6－2　碳税机制示意

资料来源：Stephen Gordon，2012.

1. 对碳税的总体态度：欧盟积极推行碳税但遭各国强烈抵制，美国碳关税前景堪忧

如表 6－5 所示，碳税的争论最早起源于 20 世纪 90 年代。当时世界上最大的经济贸易集团欧共体（今欧盟）对于二氧化碳减排做出政治承诺。经过对一系列减排措施的评估，欧盟最终选取碳税措施，因其可以产生一个长期的市场信号，进而改善能源效率，减少化石能源的使用。进入 21 世纪后，欧盟积极推行碳税，先后提出航空碳税、航海碳税，但由于各国强烈抵制，至今碳税推行仍处于停滞期。作为欧盟的成员国，法国碳税的推行可谓一波三折。起初法国政府积极推行碳税，碳税法案呼之欲出，最终因法国宪法委员会的否决，碳税法案胎死腹中，至今没有下文。相比欧盟和法国，美国的碳关税政策一经提出就饱受争议，各国均明确表态坚决反对，政策前景堪忧。欧盟作为世界上第一大经济实体，其碳税的开征关系到各国利益，影响范围广，再者，其对碳税的推行由来已久，但至今没有明确的政策实行，故而下面主要聚焦欧盟碳税，探讨欧盟对碳税总体态度的变迁。

表 6-5　关于碳税态度的演变

欧盟	
初期对于碳税的实施态度是积极的	1990 年决定对于环境保护做出政治承诺，将欧盟 2000 年的二氧化碳排放量稳定在 1990 年的水平上。1991 年 10 月，欧盟建议对于能源产品征税 10 美元/桶。 1992 年 6 月，在巴西里约热内卢举行的联合国环境与发展会议上，当时的欧共体提出了一系列具体的措施，包括碳税，但其表示实施碳税的前提是美国和日本也要采取相似的措施。1997 年 12 月，日本京都《联合国气候变化框架公约》第三次缔约方大会，欧盟成员国就碳税措施未能达成一致。
从 2005 年开始，欧盟实行排放交易体系（EU-ETS）	2003 年 10 月 13 日通过欧盟 2003 年第 87 号指令（Directive 2003/87/EC），并于 2005 年 1 月 1 日开始实施温室气体排放配额交易制度。
欧盟积极推行航空碳税	欧盟于 2005 年 9 月提出减少航空业对气候影响的战略框架，经过讨论与完善后于 2006 年 7 月形成将航空业纳入排放交易体系的方案，并于 2008 年 11 月 19 日以 2008/101/EC 指令的形式正式通过，规定自 2012 年 1 月 1 日起正式实施。
欧盟航空碳税遭到多国抵制	2009 年年底，美国航空运输协会、美国航空公司、大陆航空公司、美国联合航空公司称，欧盟征收航空碳税具有歧视性，并提起诉讼。 2011 年 12 月 21 日，欧洲法院做出裁定：欧盟做法既不违反相关国际关税法，也不违反有关领空开放的协议。美国对欧盟碳税诉讼失败。 2012 年 2 月 21 日，26 个国家在莫斯科召开会议，共同商议应对欧盟航空碳排放交易体系的对策。 2012 年 2 月 22 日，来自全球 29 国的与会代表发表联合宣言，提出了反对欧盟单方面向他国航空公司征收碳排放税的具体措施。
尽管遭到抵制，但欧盟对于航空碳税态度依然强硬	2011 年 12 月 21 日，欧盟委员会宣布，尽管有包括美国在内的众多国家强烈反对，欧盟关于从 2012 年 1 月 1 日开始征收国际航空碳排放税的政策将如期实施。 2012 年 1 月 1 日，将国际航空业纳入欧盟碳排放交易体系实施，27 个欧盟成员国航线被纳入，中国 33 家航企被列入纳税榜单。 2012 年 3 月 10 日，欧盟轮值主席国丹麦的气候和能源大臣马丁·利德高在布鲁塞尔称，尽管遭到多方反对以及有可能遭遇贸易报复措施，但欧盟并不打算改变其向在欧盟境内飞行的航班征收碳排放税的政策。

续表

欧盟对于航空碳税态度有所缓和	2012 年 11 月 12 日，欧盟官员表示，因为在有关全球减少碳排放问题上已经有所进展，因此将航空碳税暂停实施一年。欧盟委员会同时宣布，仍将继续对欧盟境内航班征收航空碳税。 2013 年 2 月 26 日，欧洲议会环境委员会投票通过了有关暂停向外国航空公司征收碳排放税的提案。
欧盟欲征收航海碳税	2014 年 11 月 27 日，欧盟委员会通过了一项旨在减少国际航运业碳排放的法案，这是首个针对航运业碳排放的监管法案。该法案要求船舶监测其碳排放指标，监控影响气候变化的污染物指标。虽然该法案内容并未明确要求加收航海碳税，但欧盟官员称该法案是走向航海碳税的第一步。
法国	
法国积极推行碳税	2007 年 10 月萨科齐宣布的目标和 2008 年 4 月法国议会已通过的新环保法草案表明，法国计划分阶段减少二氧化碳排放量，并新设立气候-能源税，即二氧化碳排放税。 2009 年 7 月 28 日，法国前总理米歇尔・罗卡尔代表政府税务咨询专家小组向环境部长让-路易・博洛和经济部长拉加德正式递交碳税草案。
碳税法案遭到反对，法国政府态度强硬	2009 年 8 月 20 日，面对高涨的反对呼声，法国政府表态相当强硬，总理菲永在南部城市视察时强调，政府不会放弃碳税法案的实施。 2009 年 9 月，总统萨科齐正式宣布，法国将从 2010 年 1 月起在国内征收二氧化碳排放税，征税标准初步定为每吨二氧化碳 17 欧元，并表示以后还可能根据实际情况上调。
碳税法案几乎获得通过	2009 年 11 月 24 日，法国参议院投票通过了 2010 年起征收碳税议案。法国国民议会也投票通过了征收碳税议案。该法案的主要内容是：每排放 1 吨二氧化碳，政府将从中征收 17 欧元的税收。如果法案获得通过，法国就会成为第一个征收碳税的大国。此前，碳税仅在富裕但较小的国家（如瑞士、芬兰）征收。
碳税法案遭拒绝	2009 年 12 月 29 日晚间出现了戏剧性的一幕，法国宪法委员会发表公报，以二氧化碳排放税法案涉及太多例外为由，宣布该法案无效。
法国政府计划实施新碳税	2010 年 1 月 5 日，法国政府宣布对法案进行修订，并拟定于 7 月开始实施新的碳排放税法案。 2010 年 1 月 20 日，法国政府发言人吕克・沙泰尔宣布，法国环境部长让-路易・博洛当天向内阁会议提交了新的二氧化碳排放税方案。 2011 年 9 月，法国政府将向加入碳排放交易机制的企业征收新的二氧化碳排放税。征税将只在 2012 年一年内实行。

续表

澳大利亚	
宣布实施碳税	2011 年 7 月 10 日，澳大利亚政府在一片反对声中公布了碳排放税方案，决定自 2012 年 7 月 1 日起开征碳排放税，2015 年开始逐步建立完善的碳排放交易机制，与国际碳交易市场挂钩。
澳大利亚废除碳税	2014 年 7 月 17 日，废除碳税立法以 39：32 的投票率在参议院获得通过，澳大利亚成为世界上第一个取消碳税的国家。提前一年采取碳排放交易计划。
美国	
美国通过碳关税法案	2009 年 6 月 26 日，美国众议院通过了《美国清洁能源安全法案》，这个法案授权美国政府对于出口到美国的产品可以自由收取碳关税，1 吨二氧化碳征收 10～70 美元。法案还规定，美国有权对不实施碳减排限额国家的进口产品征收碳关税，该条款自 2020 年起实施。

如图 6-3 所示，起初基于保护环境、减缓温室气体排放的目的，欧盟对于推行碳税的态度是积极的，在 20 世纪 90 年代就已开始探讨碳税实施的可行性。然而，由于欧盟内部成员国很难就碳税措施达成一致及一系列其他原因，欧盟在 2005 年开始实行排放交易体系，即 EU-ETS。同时，考虑到由于航空并不包含在 ETS 当中，因此考虑将航空业纳入碳税体系的方案，并于 2008 年 11 月 19 日以 2008/101/EC 指令的形式正式通过，规定自 2012 年 1 月 1 日起正式实施。但是，此航空碳税一经宣布就引起多国指责，如 2012 年 2 月 21 日，26 个国家在莫斯科召开会议，共同商议应对欧盟航空碳排放交易体系的对策等。面对指责与反对，欧盟态度强硬，表示不会放弃征收航空碳税，并进一步宣布了拟征收航空碳税的航班路线。随着时间的推移，各国的反对呼声依旧高涨，迫于强烈反对的压力，2012 年 11 月 12 日，欧盟官员表示航空碳税法案暂停实施一年，但欧盟委员会同时宣布，仍将继续对欧盟境内航班征收航空碳税。然而，碳税风波并未就此平息，2014 年 11 月 27 日，欧盟委员会通过了一项旨在减少国际航运业碳排放的法案，这是首个针对航运业碳排放的监管法案。该法案要求船舶监测其碳排放指标，监控影响气候变化的污染物指标。虽然该法案内容并未明确要求加收航海碳税，但欧盟官员称该法案是走向航海碳税的第一步。

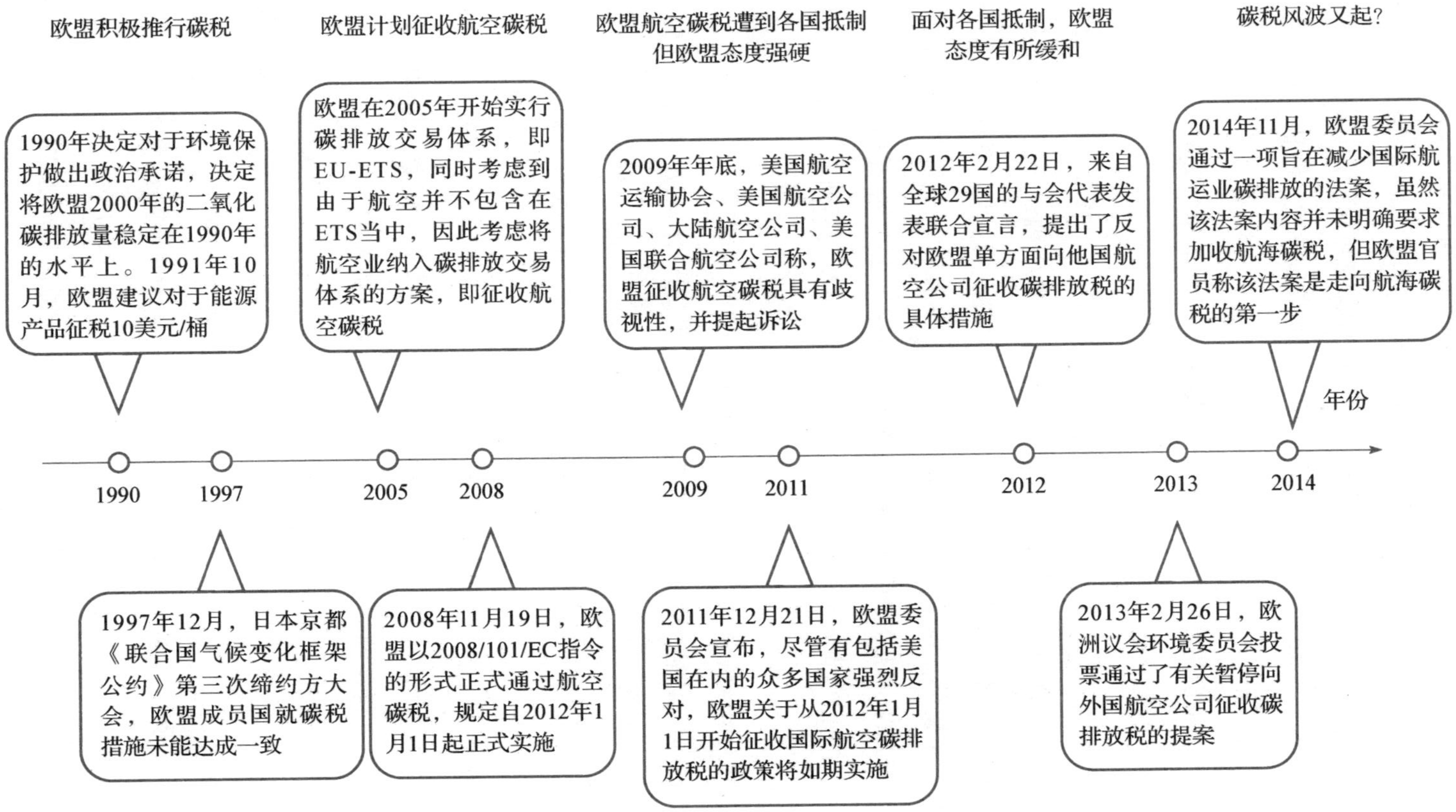

欧盟积极推行碳税

1990年决定对于环境保护做出政治承诺，决定将欧盟2000年的二氧化碳排放量稳定在1990年的水平上。1991年10月，欧盟建议对于能源产品征税10美元/桶

1990

1997

1997年12月，日本京都《联合国气候变化框架公约》第三次缔约方大会，欧盟成员国就碳税措施未能达成一致

欧盟计划征收航空碳税

欧盟在2005年开始实行碳排放交易体系，即EU-ETS，同时考虑到由于航空并不包含在ETS当中，因此考虑将航空业纳入碳排放交易体系的方案，即征收航空碳税

2005

2008

2008年11月19日，欧盟以2008/101/EC指令的形式正式通过航空碳税，规定自2012年1月1日起正式实施

欧盟航空碳税遭到各国抵制但欧盟态度强硬

2009年年底，美国航空运输协会、美国航空公司、大陆航空公司、美国联合航空公司称，欧盟征收航空碳税具有歧视性，并提起诉讼

2009

2011

2011年12月21日，欧盟委员会宣布，尽管有包括美国在内的众多国家强烈反对，欧盟关于从2012年1月1日开始征收国际航空碳排放税的政策将如期实施

面对各国抵制，欧盟态度有所缓和

2012年2月22日，来自全球29国的与会代表发表联合宣言，提出了反对欧盟单方面向他国航空公司征收碳排放税的具体措施

2012

2013

2013年2月26日，欧洲议会环境委员会投票通过了有关暂停向外国航空公司征收碳排放税的提案

碳税风波又起?

2014年11月，欧盟委员会通过一项旨在减少国际航运业碳排放的法案，虽然该法案内容并未明确要求加收航海碳税，但欧盟官员称该法案是走向航海碳税的第一步

2014

年份

图6－3　欧盟碳税总体态度的演变

综上所述，欧盟碳税的推行一波三折，究其原因，欧盟开征碳税的本意是为了减缓全球气候变化，降低二氧化碳的排放，但是其征税形式和执行形式引起了质疑，欧盟对于减排的努力不能以牺牲别国的利益为前提，欧盟无论是航空碳税还是即将推行的航海碳税，都在一定程度上通过将税收转嫁给别国而实现自己的减排计划。因此，如果欧盟不能转换碳税开征的思路和形式，欧盟碳税仍将处于无休止的争论之中。

2. 碳税的开征历史及现状：碳税讨论由来已久，实际推行国家数量有限

20 世纪 90 年代是碳税的辉煌时期，开征国家较多。如表 6－6 所示，1990 年，芬兰成为世界上第一个成功开征碳税的国家。此后一些北欧国家纷纷加入，荷兰于 1990 年引入碳税，瑞典、挪威均于 1991 年征收碳税，丹麦于 1992 年开征碳税并成为第一个对家庭和企业同时征收碳税的国家。这就是俗称的北欧五国，它们的碳税起步较早，并且至今运行良好。此后，许多国家陆续开征碳税或类碳税。如德国于 2000 年开始对重质燃料油征税，英国于 2001 年开始征收气候变化税。还有一些国家在部分地区开征碳税，如 2008 年加拿大不列颠哥伦比亚省开始征收碳税。

由于北欧五国碳税开征较早（均于 20 世纪 90 年代陆续引入），相比于现有国家和地区开征碳税或各种类碳税措施所遇到的阻碍，它们的碳税体系建立较为顺利，现今已较为成熟，并且实施效果良好，因此，对于北欧五国碳税的深入研究将有利于提高对碳税的认知。以下对于北欧五国的碳税实践主要围绕税制要素进行比较。

（1）税率水平。首先，同一国家不同时期税率水平不同，一般税率水平都是前低后高，因为在初期实行碳税时，较低的税率水平易于被接受，后期随着时间的推移，可根据实际情况逐步提高，如瑞典 1991 年碳税税率为 37.7 美元/吨二氧化碳，到 2009 年提升为 158.32 美元/吨二氧化碳。其次，不同国家/地区的税率水平相差较大，如芬兰的起征税率为 1.62 美元/吨二氧化碳，而瑞典则为 37.7 美元/吨二氧化碳。

（2）课税对象。不同国家根据实际情况，实施碳税时所征收的对象也有所不同。如芬兰后期实行的是混合的能源/碳税，对煤、泥炭和天然气不征收基本税，只征收能源/碳税；相比之下，荷兰则是涵盖所有能源，并于 2007 年将包装材料燃料也纳入碳税征收范围。

表 6-6 开征碳税的国家

国别	内容	课税标准	课税对象	税率水平	减免方式	环境效果
芬兰	1990 年引入碳税（世界上第一个开征碳税的国家） 1994 年重新调整能源税	1990 年：含碳量 1994 年：对燃料分类征税	1990 年：所有化石燃料 1994 年：一是对柴油和汽油实行差别税收，收入计入国库收入；二是混合的能源/碳税，对煤、泥炭和天然气不征收基本税，只征收能源/碳税	1990 年：1.62 美元/吨二氧化碳 1995 年：8.63 美元/吨二氧化碳 2003 年：18 欧元/吨二氧化碳 2008 年：20 欧元/吨二氧化碳 2012 年：汽油 78 美元/吨二氧化碳；煤炭、天然气等其他燃料 39 美元/吨二氧化碳	部分工业部门减税；电力、航空、国际运输用油等部门税收豁免；生物质燃料油全额豁免 税收收入进入一般预算	1990—1998 年，相比没有碳税的情况，年均减少 7% 的二氧化碳排放
丹麦	1992 年开征二氧化碳税（第一个对家庭和企业同时征收碳税的国家） 1996 年引入新碳税（包含二氧化碳税、二氧化硫税、能源税）	二氧化碳排放量	1992 年：汽油、天然气、生物燃料之外的所有二氧化碳排放 1996 年：税基扩大到供暖用能源，其中对供暖用能源按 100% 征税，对照明用能源按 90% 征税，对生产用能源按 25% 征税	1992 年：17.38 美元/吨二氧化碳 1996 年：13.4 欧元/吨二氧化碳 1999 年：12.1 欧元/吨二氧化碳	部分税收为企业节能减排项目提供补贴；规定参加自愿减排协议的企业可以享受税率减免；制造业在加工用电方面享受税收条款；重工业和轻工业使用的燃料实行税收减免 来自工业的碳税收入全部循环回到工业	2005 年企业排放二氧化碳减少 230 万吨，一半归功于碳税。2005 年二氧化碳的排放相比 1990 年减少 15%
荷兰	1988 年开始征收环境税 1990 年开征碳税，作为能源税的一个税目 1992 年变为能源/碳税（50%/50%） 2007 年对包装材料燃料征收碳税	含碳量和热值	1992 年：涵盖所有能源 2007 年：增加包装材料燃料	1995 年：5.16 荷兰盾/吨二氧化碳（相当于 25 美元/吨二氧化碳）	单位电力享有固定的减免额度、对天然气和电力消费实施差别征收 税收收入进入一般预算	2000 年二氧化碳排放减少 170 万～270 万吨

续表

国别	内容	课税标准	课税对象	税率	减免方式	环境效果
瑞典	1991年引入碳税，同时将能源税税率降低，征收碳税的目的是把2000年的二氧化碳排放量保持在1990年的水平	含碳量	家庭，服务业，所有燃料油，纳税人（包括进口者、生产者和储存者）	1991年：37.7美元/吨二氧化碳 1993年：工业部门和普通碳税分别为12.06美元/吨二氧化碳、48.25美元/吨二氧化碳 1995年：工业部门和普通税率分别为9.5美元/吨二氧化碳、38.8美元/吨二氧化碳 2009年：158.32美元/吨二氧化碳	工业部门减税50%（2002年，减税比例调至70%）；电力、航空、造纸等部门税收豁免；企业的碳减排达到一定标准后缴纳税款全额退还	1995年二氧化碳排放量与BAU（维持1990年前政策）相比减少了15%，其中的90%归功于碳税的实施 2006年相比1990年二氧化碳排放降低8%
挪威	1991年征收碳税，覆盖范围占所有二氧化碳排放的65%。征税目的是将2000年的二氧化碳排放量稳定在1988年的排放水平上 2003年征收环境税（温室气体）	1992年：含碳量 2003年：温室气体排放量	1991年：汽油、矿物油、天然气 1992年：扩展到煤和焦炭 2003年：扩展到氢氟碳化合物、全氟碳化合物	1991年：平均税率为21美元/吨二氧化碳，汽油为40.1美元/吨二氧化碳 1996年：石油焦为17美元/吨二氧化碳，汽油及北海所用气为55.6美元/吨二氧化碳。 HFCs和PFCs为3.32～279.45欧元/千克 2005年：汽油41欧元/吨二氧化碳，轻、重燃料油分别为24欧元/吨二氧化碳与21欧元/吨二氧化碳。 2013年：4.76～71.46美元/吨二氧化碳	对航空、海上运输部门和电力部门（因采用水力发电）给予税收豁免； 部分税收收入用于奖励那些提高能源利用效率的企业，部分收入用于奖励那些对于解决就业有贡献的企业和弥补个税	1991—1993年二氧化碳排放量下降了3%～4%

续表

国别	内容	课税标准	课税对象	税率	减免方式	环境效果
德国	1999 年首先对摩托车燃料、轻质燃料油、天然气和电力征税 2000 年开始对重质燃料油征税	车辆燃料消耗	摩托车燃料、轻质燃料油、天然气和电力		碳税征收的同时降低了劳动所得适用税率，通过将碳税收入投入养老基金减少了个人和企业的缴费水平	截至 2002 年年底，二氧化碳减排量超过 700 万吨，同时创造 6 万个新的就业岗位；研究表明，包括能源耗费的降低以及二氧化碳的排放。到 2005 年下降 2% ～3%
意大利	1999 年开征碳税	能源使用量	煤、石油等	1999 年：1 000 里拉/吨产品（0. 52 欧元/吨产品）		税收用于低碳技术研发基金，自助联合履约机制和清洁发展机制，以及支持地方减排
英国	2001 年开始征收气候变化税，旨在鼓励高效利用能源及推广可再生能源，借此帮助英国实现温室气体减排国内国际目标	热值	企业及公共部门的电力、煤炭、天然气和液化天然气、煤炭、焦炭、煤焦油	2001 年 4 月 1 日：电力 0. 43 便士/千瓦时，气态燃料（天然气）0. 15 便士/千瓦时，液化石油（石油液化气）0. 96 便士/千克，其他燃料（如焦炭和半焦炭的煤或褐煤、石焦油等）1. 17 便士/千克 2007 年 4 月 1 日：电力 0. 45 便士/千瓦时，气态燃料（天然气）0. 154 便士/千瓦时，液化石油（石油液化气）0. 985 便士/千克，其他燃料 1. 201 便士/千克 2009 年 4 月 1 日：电力 0. 47 便士/千瓦时，气态燃料（天然气）0. 164 便士/千瓦时，液化石油（石油液化气）1. 05 便士/千克，其他燃料 1. 281 便士/千克	对热电联产（CHP）项目以及可再生能源发电项目（风能、太阳能等，但不包括大水电和一些废弃物发电项目）可以享受税收豁免；为农业部门和能源密集型工业两个部门制定了特殊的税收减免政策 2010 年 4 月 1 日，英国财政部出台了气候变化税的减征制度：企业根据自愿原则，与财政部核定每年的减排目标，凡是如期完成任务的，可减免 80% 的气候变化税	2005 年相比 2001 年二氧化碳排放减少 5 800 万吨

续表

国别	内容	课税标准	课税对象	税率	减免方式	环境效果
加拿大	2008年不列颠哥伦比亚省开始征收碳税	含碳量	所有燃料，居民、商业和工业等部门，占排放总量的75%	2008年：10加元/吨二氧化碳，每年增加5加元 2012年：30加元/吨二氧化碳	同时降低个人和企业所得税，针对性减免弱势家庭和社区的税收	2008—2011年间，不列颠哥伦比亚省人均温室气体排放量下降10%，加拿大其他地区（未实行碳税地区）只下降1%
南非	2019年6月正式征收	含碳量	所有化石燃料	初期税率为每吨二氧化碳8.3美元，此后逐年递增，到2026年达到每吨20美元，2030年达到每吨30美元，2050年后增至每吨120美元左右	初期补贴额为每吨二氧化碳0.42～3.33美元	2025年将温室气体排放控制在5.1亿吨二氧化碳当量，2030年控制在3.98亿～4.4亿吨二氧化碳当量
日本	2012年开始征收气候变化减缓税	排放量	所有化石燃料消费者	2.87美元/吨二氧化碳	部分农业、交通、工业部门享受税收豁免或者税收返还	

（3）减免方式。各个已经推行碳税的国家基本采取相应的减免措施，一方面是为了保护国内能源密集型产业的竞争力，另一方面是为了减少碳税的累退性影响。有的国家实行税收豁免的方式，如挪威对航空、海上运输部门和电力部门（因采用水力发电）给予税收豁免；有的国家是采取税收返还的方式，如瑞典对企业的二氧化碳减排量达到一定标准后实行缴纳税款全额退还的方式。这些措施都是为了在减排的同时考虑到公平的原则。

（4）税收使用。碳税税收收入的使用一般有两大途径：一是专款专用，如挪威，部分碳税税收收入用于奖励那些提高能源利用效率的企业，部分收入用于奖励那些对于解决就业有贡献的企业和弥补个税；二是将碳税税收收入纳入政府一般预算，与其他税收收入一起统筹使用，如芬兰、荷兰。

综上所述，北欧五国碳税的顺利实施主要是因为以下几个方面：第一，碳税开征初期税率相对较低，这有利于提高碳税实施的可行度，然后随时间的推移，税率逐渐上升；第二，碳税的课税对象主要是化石燃料，其作为碳税的主要排放源，前期征税较易推行；第三，基于公平角度的考虑，碳税实施过程中伴随部分补贴或税收减免等方式；第四，碳税税收的使用一般具有两种用途，如何使用碳税税收依各国实际而定。

中国对碳税已经进行过深刻的研究，如早在 2002 年，国家统计局和挪威统计局曾联合做过一个课题：征收碳税对中国经济与温室气体排放的影响。此外，2009 年，有关部委的直属科研机构开始着手碳税的课题研究，这些研究机构几乎同时发布报告，探讨中国碳税开征的必要性、可行性以及开征的时机和条件。而且，中国关于碳税的开征一直在研究讨论中。

四、技术政策

应对气候变化归根结底要依靠科学进步与技术创新，各国在应对气候变化上十分重视依靠技术创新促进减排，降低减排成本。为了促进低碳技术创新，技术政策成为重要推动力。这里的技术政策指直接促进低碳技术发展和应用的相关政策，主要包括技术研发补贴政策、新技术应用补贴政策、示范行为奖励政策、直接加大技术投资等。为了平衡经济发展和应对气候变化政策之间的关系，各国政府加大对新兴技术研发和应用补贴，包括汽车能效、发电及智能电网、清洁煤、低碳农业、页岩气、地热、核能、太阳能等新兴技术，同时加大对碳捕集、封存等低碳技术投资，推动项目示范和应用推广；设置多种奖项，以物质、荣誉或碳配额等方式奖励对相关技术研发和应用推广做出突出贡献的个人或团体。这些技术政策促进了低碳产业的发展，带动了经济增长。但此类政策见效较慢，新技术的投资往往需要很长时间才能看到在应对气候变化领域的效果。

美国于2005年推出了《能源政策法案》（Energy Policy Act of 2005），该法案对混合动力汽车（已于2010年12月31日结束）、核电、清洁煤、清洁汽车燃料、生物质能以及其他可再生能源进行研发支持或补贴。在此基础上，美国于2007年进一步提出了《能源独立与安全法案》(Energy Independence and Security Act of 2007)。一是设置相关项目分摊新能源技术及工艺方面的成本，对新建小型可再生能源项目提供多至50%的项目资金支持。二是提高照明效率，支持照明技术改进。到2014年全面淘汰白炽灯，同时要求2020年照明效率提高70%。到2013年年底，所有联邦政府建筑必须使用能源之星（Energy Star）或能源部联邦能源管理计划监督下生产的产品。美国能源部（DOE）于2008年开展了工业分布式能源活动，以分散热电联产技术、分布式能源技术的开发成本。DOE还于2007年设立了生物能源研发中心，该中心由橡树岭国家实验室领导的生物能源研究中心、劳伦斯伯克利国家实验室领导的DOE联合生物能源研究所，以及威斯康星大学麦迪逊分校领导的五大湖生物能源研究中心等机构组成，重点研究纤维素乙醇和其他生物燃料技术。截至2010年，该中心每年所获投资不少于7 500万美元。DOE还设立了“风电与水电项目”，该项目通过支持DOE下辖的各国家实验室的研发互动，降低相关技术研发成本。

2009年1月，美国能源与环境计划宣称之后10年将对绿色能源领域投资1 500亿美元，到2015年生产并销售100万辆插电式混合动力车，使可再生能源在电力供应中所占比例在2012年提高到10%，2025年提高到25%。在同年的财政预算中，加大在智能电网和电网现代化方面的财政支出；对州政府能源效率化、节能项目和面向中低收入阶层的住宅的断热化改造，以及购买节能家电商品进行补助；对电动汽车用高性能电池研发和大学、科研机构、企业的可再生能源研发，以及在美国国内生产制造氢燃料电池进行补助；对可再生能源（风力、太阳能）发电和输电项目提供融资担保；在联邦政府设施的节能改造、研究开发化石燃料的低碳化技术（二氧化碳回收储存技术）和可再生能源，以及节能领域专业人才的教育培训等方面扩大支出；对可再生能源的投资实行3年的免税措施，扩大对家庭节能投资的减税额度（每户上限为1 500美元），对插电式混合动力车的购入者提供减税优惠。

英国于 2007 年设立了技术战略委员会并提供资金支持（2007—2012 年在能源领域投资 8 300 万英镑），以支持各个能源创新领域企业的研发活动。在低碳技术领域，技术战略委员会与能源技术研究所（ETI）、碳信托（Carbon Trust）及环境改善基金（ETF）等机构合作紧密。ETI 是英国政府于 2007 年 12 月设立的专门致力于低碳能源技术研发的机构，获得了公私多方资助，计划 10 年内投资 5. 5 亿英镑用于新能源技术研发。英国可再生能源局（Renewables Fuel Agency，RFA）于 2009 年提出可再生能源战略。该战略计划到 2020 年，英国应当实现三个战略目标：（1）30% 的电力供应应当来自可再生能源，其中大部分来自风能、生物质能、水能、波浪和潮汐发电；（2）12% 的供热应当来自可再生能源；（3）交通供能中 10% 来自可再生能源。具体措施包括：以资金补贴的方式支持家庭、行业、企业和社区使用可再生能源发电；在能源与气候变化部（Department of Energy & Climate Change）下设立可再生能源管理处，加强对电网研发的投资（尤其是海上风力发电与智能电网）。该战略还承诺为关键新兴能源技术（如可再生能源技术、潮汐发电、海上风电、先进生物燃料等）提供使用 4. 05 亿英镑资金的权限。该战略预计到 2030 年减少二氧化碳排放 775 万吨。

意大利经济发展部（Ministry of Economic Development）和工业促进研究所（Institute for Industrial Promotion）于 2008 年提出“Industria 2015”工业创新项目。该项目计划 2008—2015 年通过政府联合融资，为各种私营企业、研究机构提供支持，以促进可再生能源的研发。

2008 年 6 月，日本福田康夫政府提出“福田前景”，以“低碳社会与日本”为题发表了日本的低碳宣言。“福田前景”的最核心政策是技术创新。为此，日本政府有关机构专门设计了“技术创新路线图”：到 2020 年将日本的“可再生能源（太阳能、风能、生物质能等）所生产的电源”比重提高到 50% 以上；每销售两台汽车，其中一台必须是新一代节能汽车；在太阳能发电普及率方面，70% 的新建住宅必须采用太阳能发电。为了促进太阳能发电在民用设施的普及，日本政府制定了新的电费制度并对每一个导入太阳能发电的家庭提供财政补贴。2008—2012 年，对超过“领跑者计划”标准的家电由政府财政实行更新购置补贴。同时奖励低碳汽车技术开发，加强对二氧化碳回收与储存技术、煤炭气化复合发电等清洁煤技术的研究开发和政策性支援。2008 年，日本经济产业省提出了“地球降温技术创新计划”，计划到 2050 年，通过遴选 21 个创新型项目并对其进行支持，以保持日本在可再生能源技术方面的先进水平。

第 2 节　碳减排政策分析方法

碳减排政策的影响分析是事前完成，必须依靠模型进行模拟得到，即在假设的情况下，通过碳减排政策模拟模型对比政策实施前后的不同影响。如果评价过去政策的影响，我们需要一个反事实假设，即运行至少一个没有政策支持的模型与实际进行比较。如果对未来的政策进行事前分析，我们至少需要运行两个模型进行比较。因此，碳减排政策分析必须依靠模型。适用于政策分析的模型比较多，本节介绍几种主要的模型。

一、双重差分模型

双重差分模型（difference-in-difference，DID）是目前国内外检验一项政策或项目实施效果的重要定量评估方法。双重差分模型的基本思想是利用政策的准自然实验将研究对象随机分成处理组和对照组，其中受到政策影响的个体称为处理组，反之是对照组。一般来说，非随机分配政策组和对照组的实验称为自然实验，此类实验中不同组间样本在政策实施前可能存在事前差异，仅通过前后对比或横向对比的分析方法会忽略这种差异，进而导致对政策实施效果的有偏估计。双重差分模型正是基于自然实验，通过建模来有效控制研究对象间的事前差异，将政策影响的真正效果有效分离出来。

通常，我们关心的是被解释变量在实验前后的变化。考虑以下两期面板数据：

$$Y_{it}=\alpha+\gamma D_t+\beta x_{it}+u_i+\varepsilon_{it}\quad (i=1,\cdots,n;t=1,2) \tag{6-1}$$

式中，y_{it} 为被解释变量，x_{it} 为解释变量、自变量或协变量，D_t 为实验期虚拟变量（如果 $t=2$，$D_t=1$，表示实验后；如果 $t=1$，$D_t=0$，表示实验前），u_i 为不可观测的个体特征，ε_{it} 为随机扰动项或误差项。对于某一项政策而言，政策虚拟变量为：

$$x_{it}=\begin{cases}1, & 若\ i\in 实验组,且\ t=2\\ 0, & 其他\end{cases} \tag{6-2}$$

在碳减排相关政策中，双重差分模型多用于模拟和分析碳排放交易政策和命令型减排政策的影响。其中，被解释变量可定义为二氧化碳排放量、二氧化碳排放强度等；同时，根据碳减排相关的影响因素，解释变量可定义为碳交易试点城市或企业、人口规模、经济规模、经济发展水平、能源强度、能源消费结构、产业结构、技术水平等指标。

双重差分模型的优点是能够避免政策作为解释变量所存在的内生性问题，从而能够有效控制被解释变量和解释变量之间的相互影响效应。在面板数据的双重差分模型中，可以利用解释变量的外生性，既能控制样本之间不可观测的个体异质性，又能控制随时间变化的不可观测总体因素的影响，从而得到对政策效果的无偏估计。

使用双重差分模型通常需要进行平行趋势检验，目的是保证处理组和对照组的影响效果具有共同的变化趋势或没有明显的差异。若处理组与对照组在政策冲击节点前的被解释变量基本是平行变化的关系，而在政策冲击节点后出现变化差异，则基本可以判定模型和数据满足双重差分的平行趋势假定。

二、自上而下的综合评估模型

以最优化模型为框架的综合评估模型可用于气候政策或碳减排政策的分析。代表性的综合评估模型包括 William Noadhaus 开发的 DICE 模型（Dynamic Integrated Model of Climate and the Economy）/RICE 模型（Regional Integrated Model of Climate and the Economy）、斯坦福大学开发的 MERGE 模型（Model for Evaluating Regional and Global Effects of GHG Reduction Policies）、普渡大学开发的 GTAP 模型（Energy-environmental Version of the GTAP Model）、日本国立环境研究所开发的 AIM 模型（Asia-Pacific Integrated Model）、北京理工大学能源与环境政策研究中心开发的中国气候变化综合评估模型（China's Climate Change Integrated Assessment Model，C^3IAM）、国际应用系统分析研究所（IIASA）开发的 MESSAGE 模型（Model for Energy Supply System Alternativesand their General Environmental Impact）、美国西北太平洋国家实验室开发的 GCAM 模型（Global Change Assessment Model）等等。

综合评估模型的主要特色在于将气候系统和经济系统紧密且动态地耦合和联系起来，可用于模拟和评价不同碳减排政策的气候和经济影响，更好地帮助理解碳减排政策设定下经济发展和环境保护之间的复杂关联关系，从而帮助决策者找到现在和未来人类在经济利益和生态利益之间的平衡点。例如，DICE 模型在索洛经济增长模型的基础上，引入大气碳存量（碳浓度）状态转移方程，耦合自然系统（气候系统），并构建反馈函数（气候损失），形成了一个闭环的气候经济模型系统，实现了经济模块与气候模块的硬链接，给出了权衡长期经济发展和应对气候变化的最优路径，给出了不同时间段、反映“轻重缓急”的应对方案。RICE 模型是由 William Noadhaus 和杨自力（北京理工大学特聘教授）在 DICE 模型基础上开发的多区域动态气候经济综合模型，包括四个组成部分：目标函数、区域经济增长模块（经济模块）、碳排放-浓度-温度模块（气候模块）、气候-经济关联模块。模型将全球气候策略分为三种情景：市场情景、合作情景和博弈情景。在市场情景下，全球各国都不采取温室气体控制措施。合作情景指全球所有国家作为统一的整体追求全球社会福利最大化，它要求各国按照全球有效的方式降低二氧化碳排放。博弈情景（非合作情景）指全球各利益集团追求自身社会福利最大化，进行非合作博弈。

在全球合作情景下，目标函数是全球社会福利最大化。全球社会福利是区域间福利折现值的加权和：

$$\max W = \sum_{i=1}^{m} U_i = \sum_{i=1}^{m} \int_0^T \varphi_i L_i(t) \log[C_i(t)/L_i(t)] \mathrm{e}^{-\delta t} \mathrm{d}t$$

$$\sum_{i=1}^{m} \varphi_i = m, \quad 0 < \delta < 1 \tag{6-3}$$

式中，W 是全球社会福利，U_i 是区域 i 的福利折现值，φ_i 是区域 i 的福利权重，$L_i(t)$ 是区域 i 的人口，$C_i(t)$ 是区域 i 的消费，δ 是纯时间偏好率，m 是区域数量，$i=1, 2, \cdots, m$。

在非合作博弈情景下，各国以本国福利最大化为目标进行减排决策，其最优化目标如下：

$$W_n = \sum_{t=1}^{T_{max}} C_n(t)^{1-\alpha} L_n(t)(1+\rho)^{-t}/(1-\alpha) \tag{6-4}$$

各国的国家福利 W_n 表示为人口 L_n 和人均消费 C_n 的函数，α 表示消费效用弹性，ρ 表示代际福利的贴现率。

在次优合作情景下，以各国加权的世界社会福利最大化为目标，权重能够使各国的减排决策满足林达尔均衡。优化目标如下：

$$W = \sum_{n}^{m} \sum_{t=1}^{T_{max}} \varphi_n C_{nt}^{1-\alpha} L_{nt} (1+\rho)^{-t}/(1-\alpha) \tag{6-5}$$

世界整体福利表示为各国福利的加权和，林达尔权重 φ_n 通过搜索确定，搜索过程要求各国福利均大于等于非合作博弈情景下的福利。在次优合作情境下，各国能够在不考虑转移支付的条件下进一步减排，以保持或提高本国福利。这种国家成本收益最优的情景能在不考虑国家转移支付的条件下保证国家减排的成本收益最优，同时进一步降低整体的气候损失风险。但是，这种次优合作要求各国互相信任，履行减排承诺，否则一些国家能够通过不降低减排获得其他国家的减排收益，存在搭便车的动机。

三、自下而上的能源技术模型

自下而上的能源技术模型实际上是能源部门的局部均衡，覆盖了大量离散的能源技术，可在一次和最终能源水平上捕获能源载体的替代、过程替代或效率的提高。代表性的能源技术模型有国际能源署开发的 MARKAL 模型（MARKet ALocation）和 TIMES 模型（The Intergrated MARKEL-EFOM System）、瑞典斯德哥尔摩环境研究所开发的 LEAP 模型（Long-range Energy Alternatives Planning System）和北京理工大学能源与环境政策研究中心开发的 C^3IAM/NET 模型等。

能源技术模型通常被视为优化问题，在满足最终能源或能源服务给定需求的目标下，在技术限制和能源政策的约束下，来计算能源系统活动的最低成本组合。通过引入碳减排技术、碳减排政策、碳排放等相关参数和变量，能源技术模型可用于模拟和分析碳减排政策的实施效果及可能的减碳途径。具体而言，能源技术模型通常能对能源需求和供给进行长期预测，在此基础上，考虑不同的预测情景（包括能源技术的使用和推广、未来社会经济的预测、碳减排政策及其他政策标准的实施等），能够计算出不同情景下的成本效益、能源利用效益和碳排放结果，从而为政策制定者提供科学的参考依据。本书以 C^3IAM/NET 模型为例介绍模型框架和构成部分，详见第 7 章第 1 节。

四、可计算一般均衡模型

可计算一般均衡（computable general equilibrium，CGE）模型是用一组方程来描述社会经济系统中的供给、需求和市场关系，着眼于经济系统内的所有市场、所有价格，以及各种商品和要素的供求关系，要求所有市场都达到供求平衡的可用于政策模拟分析的国际主流大型系统模型。

脱胎于 Walras 一般均衡理论的 CGE 模型兼容了投入产出、线性规划等模型方法的优点，同时又克服了投入产出模型忽略市场作用的弊端，把商品市场和要素市场通过价格信号有机地联系在一起，既体现了市场机制的作用，又体现了经济系统中不同经济主体和不同部门之间的普遍联系，充分运用了部门和经济主体之间的交易信息来捕捉经济系统各部门、各经济主体的复杂联系和相互作用的传导、反馈机制。近几十年来，可计算一般均衡模型被应用于许多政策问题研究，如宏观经济结构调整、资本流动、农业发展和工业化、贸易自由化和区间贸易、税收政策、环境政策、能源政策等，逐渐成为应用政策分析模型的主流。

本节以北京理工大学能源与环境政策研究中心开发的中国能源与环境政策分析模型（China energy & environmental policy analysis system，CEEPA）为例，介绍采用CGE模型对碳税和碳交易政策的模拟方法。CEEPA模型是针对中国能源市场特征的一个多部门CGE模型，目的是为国家未来的能源环境政策改革提供更有效、更具可操作性的决策支持。CEEPA模型对中国宏观经济系统中各行为主体（政府、生产者和居民）之间的相互作用关系进行了描述，尤其对各种主要能源（包括煤炭、原油、天然气、成品油、电力等）的生产、需求、贸易等活动进行了详细刻画，对能源消耗过程中的二氧化碳排放也进行了专门描述，使模型能够针对不同的能源环境政策进行灵活的扩展和优化。关于CEEPA模型的详细介绍请参考Liang et al.（2014）。

1. 碳税政策模拟

通过引入描述碳税税率的变量，并添加或修改相应方程，实现了碳税政策在CEEPA模型中的体现。

这里假设对每吨碳所需征收的碳税税率（从量税率，元/吨二氧化碳）是在给定的减排目标下内生确定的。在模型中添加了描述对生产部门和居民征收的各种一次能源从价税税率的公式如下：

$$CTp_{pfe,t} = \frac{Ctax \cdot \xi_{pfe} \cdot \sum_{i} FoF_{pfe,i,t}}{\sum_{i} (FoF_{pfe,i,t} \cdot PQ_{pfe,t})} \tag{6-6}$$

$$CTh_{pfe,t} = \frac{Ctax \cdot \xi_{pfe} \cdot \sum_{i} CDh_{pfe,h,t}}{\sum_{i} (CDh_{pfe,h,t} \cdot PQ_{pfe,t})} \tag{6-7}$$

式中，$CTp_{pfe,t}$ 为第 t 时期对生产部门使用的第 pfe 种一次能源征收的从价税税率；$CTh_{pfe,t}$ 为第 t 时期对居民部门使用的第 pfe 种一次能源征收的从价税税率；$Ctax$ 为从量税税率；ξ_{pfe} 为第 pfe 种一次能源复合排放因子；$FoF_{pfe,i,t}$ 为第 t 年第 i 部门对

第 pfe 种一次能源的消费；$CDh_{pfe,h,t}$ 为第 t 年第 h 类居民对第 pfe 种一次能源的消费；$PQ_{pfe,t}$ 为第 t 年第 pfe 种一次能源的消费价格。

同时要修改生产部门和居民部门的一次能源需求行为，分别如公式（6－8）和公式（6－9）所示：

$$FoF_{pfe,i,t}=\beta_{FoF,pfe,i}\cdot\frac{P\_fossil_{i,t}}{(1+CTp_{pfe,t})\cdot PQ_{pfe,t}}\cdot Fossil_{i,t} \tag{6-8}$$

$$CDh_{i,h,t}=\frac{cles_{i,h}\cdot(1-mps_h)\cdot YD_{h,t}}{(1+CTp_{pfe,t})\cdot PQ_{i,t}} \tag{6-9}$$

式中，$P\_fossil_{i,t}$ 为第 t 年第 i 部门的化石能源投入组合价格；$Fossil_{i,t}$ 为第 t 年第 i 部门的化石能源投入；$\beta_{FoF,pfe,i}$ 为第 i 部门的化石能源投入中第 pfe 种一次能源份额参数；$cles_{i,h}$ 为第 h 类居民消费 i 部门产品的份额参数；mps_h 为第 h 类居民消费的储蓄率；$YD_{h,t}$ 为第 h 类居民的总收入。

此外，还需要对政府收入公式进行修改，加入碳税收入，见公式（6－10）：

$$\begin{aligned}&\sum_i(pq_i\cdot GD_i)+Gsav+GtoH\cdot CPI+GtoE\cdot CPI\\&=TOTITAX+TOTTARIFF-TOTEXSUB+TOTHTAX+etax\cdot YK+WtoG\cdot ER+TOTCtax\end{aligned} \tag{6-10}$$

式中，GD_i 为政府对第 i 种商品的消费量；$Gsav$ 为政府储蓄；$GtoH$ 为政府对居民的转移支付；$GtoE$ 为政府对企业的转移支付；CPI 为消费者价格指数；$TOTITAX$ 为生产间接税总额；$TOTTARIFF$ 为进口关税总额；$TOTEXSUB$ 为出口退税总额；$TOTHTAX$ 为居民直接税费总额；$etax$ 为企业直接税税率；YK 为各部门资本报酬总额；$WtoG$ 为世界其他地区对政府的转移支付；ER 为汇率；$TOTCtax$ 为碳税收入。

2. 碳交易政策模拟

基于已有的 CEEPA 模型，引入碳交易模块。在碳交易模块中，假定碳市场是一个完全竞争市场，并且配额的一级拍卖市场价格与二级交易市场价格相关。部门在履约期可使用的配额包括一级市场中通过拍卖或者免费发放获得的配额，以及在二级市场中买入的配额。若部门实际排放量高出政府分配的配额量，需在二级市场中购买配额完成履约；反之可卖出多余配额获得收益。

模型中配额总量可以历史排放法和行业基准法确定：

$$TOTALLO_t = \sum_{etss} X_{etss,t} \times CI_{t-1} \times (1 - re_t) \tag{6-11}$$

$$TOTALLO_t = \sum_{etss} CE_{etss,t-1} \times (1 - re_t) \tag{6-12}$$

式中，$TOTALLO$ 为配额总分配量，$X_{etss,t}$ 为 $etss$ 部门即碳市场纳入部门 t 年的产出；$CE_{etss,t}$ 为部门 t 年的实际排放量，CI_t 为 t 年纳入 ETS 的部门初始碳强度；re 为排放或者强度下降率。

政策制定者可按照不同的分配比例将配额分配至部门：

$$ALLO_{etss,t} = shrallo_{etss,t} \times TOTALLO_t \tag{6-13}$$

式中，$ALLO_{etss,j}$ 为配额部门分配量；$shrallo_{etss,t}$ 为每个部门配额占总配额的份额，基于前一年份的排放或者产出的份额占比确定。

部门的实际排放为：

$$CE_{j,t} = \sum_{fec} FOF_{fec,j,t} \times PFfactor_{fec} \tag{6-14}$$

式中，$CE_{j,t}$ 为部门 t 年实际排放量；$FOF_{fec,j,t}$ 为 j 部门 t 年使用 fec 种化石能源的数量；$PFfactor_{fec,t}$ 为 fec 种化石能源 t 年的二氧化碳排放系数。

参考已有碳市场中的拍卖价格制定，设置一级市场价格与二级市场相关：

$$PALLO_t = \delta \times PETS_t \tag{6-15}$$

式中，$PALLO_t$ 为一级市场配额拍卖价格，$PETS$ 为二级市场配额交易价格，δ 为一级市场和二级市场之间的相关系数。在完全信息和完全竞争市场的状态下，配额拍卖价格和配额交易价格相等，因此模型设置一级市场价格和二级市场的碳配额价格相等，即 $\delta = 1$。

$$QTETS_{etss,t} = CE_{etss,t} - ALLO_{etss,t} \tag{6-16}$$

公式（6－11）描述二级市场中的配额交易，$QTETS_{etss,t}$ 表示碳市场纳入部门 t 年交易的配额量，即实际排放量和配额分配量之差。

模型中通过二级市场出清得到二级市场的交易价格：

$$\sum_{etss} QTETS_{etss} = 0 \tag{6-17}$$

部门使用化石能源的成本包括获得所有配额的成本，即从一级市场获得配额的成本和从二级市场购买配额支付的成本：

$$ETSCOST_{etss,t} = PALLO_t \times ALLO_{etss,t} + PETS_t \times QTETS_{etss,t} \tag{6-18}$$

式中，$ETSCOST_{etss,t}$ 为碳市场纳入部门 t 年进行碳交易额外增加的成本，包括一级市场获得的配额成本和从二级市场购买配额支付的成本两部分；企业通过碳交易产生的成本/收益将通过生产模块作用在企业生产过程能源使用的成本中。

第3节 碳税政策评估与模拟

在现有主要可选的减排手段中，基于市场的手段使得企业可以灵活地选择减排方式、减排时机和减排量，较之排放标准等管制手段，通常具有更高的成本效率，因而更受青睐。目前最基本的两大基于市场的手段分别是碳税与碳排放交易。本节的关注对象为碳税：与碳排放交易相比，碳税具有能提供持续的减排激励从而潜在减排量无上限、能带来持续的财政收入、能提供更大的减排技术创新激励、更容易将家庭等小型排放者纳入激励体系等优势。而且，碳税作为一种基于市场的具有较高成本效率的措施，也一直是国际上最受关注的减排政策之一，被诸多经济学家和国际组织所倡导。

一、碳税政策情景

任何减排手段都会伴随着相应的成本，碳税也不例外。一方面，碳税会对宏观经济产生一定的影响；另一方面，碳税对行业层面的影响也备受关注。因此，本节将就不同碳税方案下（假设税率分别为10、50、150、200、250、300元/吨二氧化碳，碳税收入用于降低生产间接税）的宏观经济效应以及对能源密集型部门（包括电力、钢铁、化工、交通和建筑部门）的影响进行重点分析。

二、碳税的社会经济影响和对能源密集型部门的影响

1. 碳税政策能抑制碳排放增长，但同时须关注对经济的负面影响

GDP是用于评估政策的社会和经济成本的重要指标。图6-4显示，与基准情景相比，不同碳税方案都造成了GDP损失，且损失的严重程度随碳税税率的增大而增加。具体而言，对于前两种碳税方案，GDP下降幅度随着年份的增大变化不明显。对于后四种碳税方案，GDP下降幅度均随着年份的增大而增加。当碳税税率为300元/吨二氧化碳时尤为明显，在2030年GDP损失率达到1.6%。

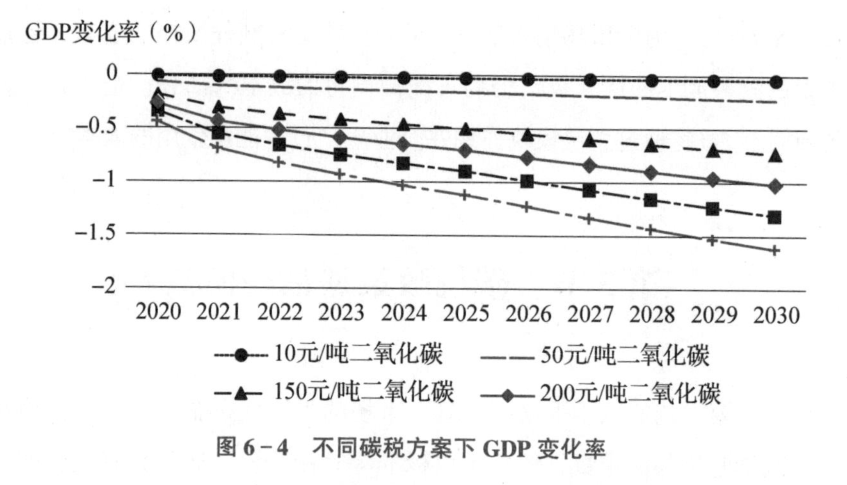

图 6-4　不同碳税方案下 GDP 变化率

2. 各部门市场竞争力均受到碳税负面冲击，电力部门受影响最为严重

图 6-5 和图 6-6 显示了在 2020 年和 2030 年不同的碳税方案对能源密集型部门产出和出口的影响。纵向来看，不同碳税方案对不同能源密集型部门的影响在两个年份整体趋势相同，2030 年产出和进口均略有上升。横向来看，六项碳税方案的实施将导致所有五个能源密集型部门产出减少。其中，影响最大的是电力部门，在 2030 年碳税税率为 300 元/吨二氧化碳时产出减少 10%；其次是钢铁和化工部门，最后是建筑和交通部门。同样，六项碳税方案的实施也对五个能源密集型部门造成出口损失。其中，出口损失最大的依旧是电力部门，在 2030 年碳税税率为 300 元/吨二氧化碳时出口损失增加 22.1%；其次是钢铁和建筑部门；最后是化工和交通部门。综上所述，电力部门在国内和国际市场竞争力受到碳税的负面冲击明显大于其他重点部门。

3. 交通和建筑部门利润及就业损失明显，其他部门受到的影响不尽相同

图 6-7 显示，所有的碳税方案都能为电力、钢铁和化工部门带来利润，且碳税税率越高，部门利润越大。而对于交通和建筑部门，在 2020 年所有碳税方案下，部门利润是增加的；然而，到 2030 年，所有碳税方案都会造成两部门利润损失，且税率越高，部门利润损失越大。例如，在 2030 年碳税税率为 300 元/吨二氧化碳时，交通和建筑部门的利润损失分别为 0.64% 和 1.1%。

图 6-8 显示，在 2020 年，不同碳税方案将提高电力、钢铁和化工部门的就业率，但降低交通和建筑部门的就业率，且碳税税率越高，影响越显著；而在 2030 年，不同碳税方案将明显提高电力部门的就业率，但降低其他四个部门的就业率，且建筑部门的就业率降低情况最为显著。比如，在 2030 年碳税税率为 300 元/吨二氧化碳时，电力部门就业率增加 7.6%，而建筑部门就业率降低约 2.0%。

	10元/吨二氧化碳	50元/吨二氧化碳	150元/吨二氧化碳	200元/吨二氧化碳	250元/吨二氧化碳	300元/吨二氧化碳
电力	−0.280 87	−1.391 53	−4.077 35	−5.371 43	−6.633 2	−7.863 06
钢铁	−0.058 93	−0.296 7	−0.902 35	−1.209 43	−1.518 32	−1.828 4
化工	−0.040 3	−0.203 08	−0.618 74	−0.829 92	−1.042 57	−1.256 23
交通	−0.030 99	−0.156 48	−0.478 82	−0.643 43	−0.809 65	−0.977 08
建筑	−0.021 45	−0.112 35	−0.370 67	−0.513 81	−0.664 69	−0.822 33

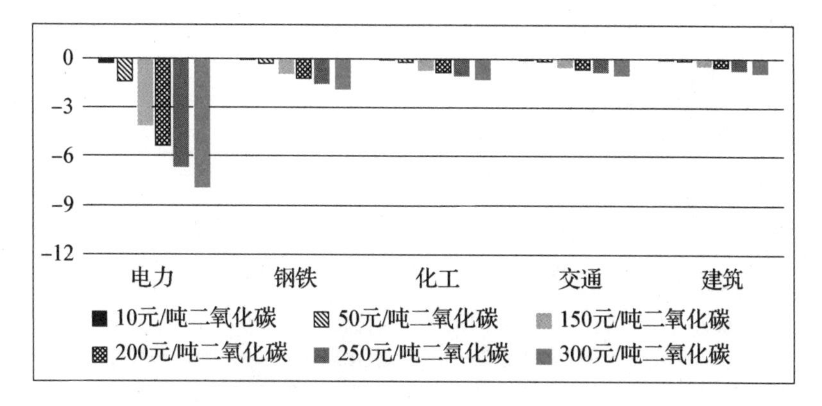

（a）2020年

	10元/吨二氧化碳	50元/吨二氧化碳	150元/吨二氧化碳	200元/吨二氧化碳	250元/吨二氧化碳	300元/吨二氧化碳
电力	−0.355 42	−1.761 36	−5.162 93	−6.801 85	−8.399 23	−9.955 22
钢铁	−0.093 09	−0.475 1	−1.487 74	−2.019 11	−2.563 72	−3.119 37
化工	−0.062 49	−0.320 43	−1.013 6	−1.381 46	−1.760 76	−2.149 76
交通	−0.056 44	−0.290 18	−0.922 64	−1.260 19	−1.609 28	−1.968 2
建筑	−0.059 88	−0.312 08	−1.020 12	−1.409 08	−1.817 37	−2.242 46

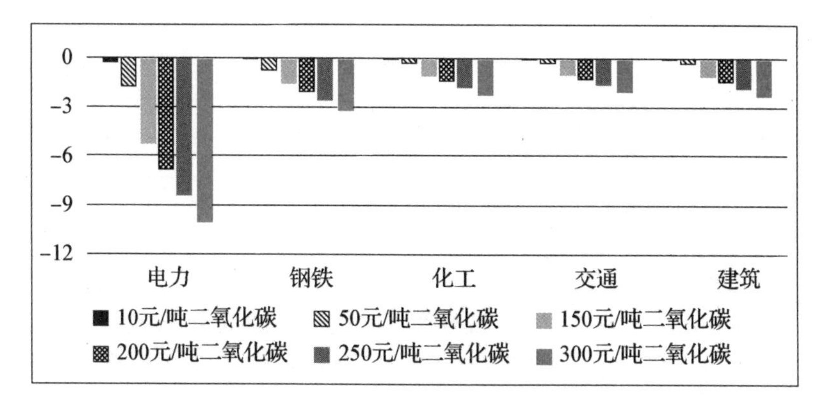

（b）2030年

图 6－5　不同碳税方案下部门产出变化率（%）

	10元/吨二氧化碳	50元/吨二氧化碳	150元/吨二氧化碳	200元/吨二氧化碳	250元/吨二氧化碳	300元/吨二氧化碳
电力	−0.695 99	−3.408 82	−9.718 49	−12.637 3	−15.410 4	−18.045 9
钢铁	−0.127 65	−0.635 11	−1.880 71	−2.490 69	−3.091 95	−3.684 41
化工	−0.057 64	−0.288 42	−0.865 24	−1.152 68	−1.438 97	−1.723 81
交通	−0.038 36	−0.191 35	−0.570 4	−0.757 85	−0.943 78	−1.128 12
建筑	−0.085 57	−0.432 46	−1.325 81	−1.782 86	−2.244 75	−2.710 17

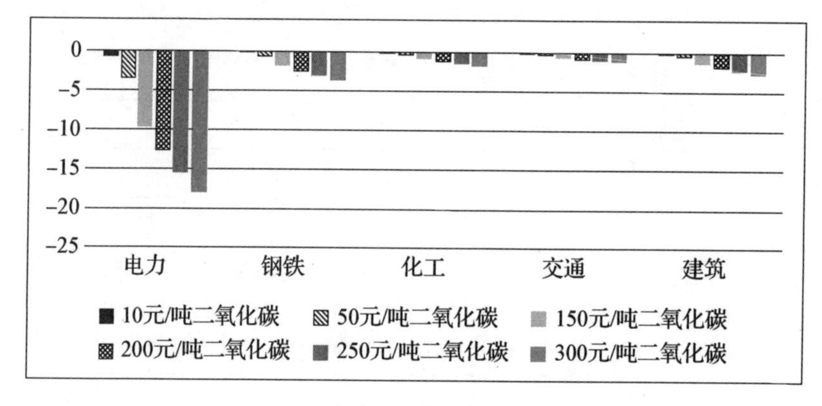

（a）2020年

	10元/吨二氧化碳	50元/吨二氧化碳	150元/吨二氧化碳	200元/吨二氧化碳	250元/吨二氧化碳	300元/吨二氧化碳
电力	−0.866 7	−4.235 43	−12.008 1	−15.571 3	−18.935 8	−22.113 5
钢铁	−0.143 92	−0.722 43	−2.182 28	−2.915 9	−3.649 93	−4.383 08
化工	−0.064 08	−0.325 64	−1.010 65	−1.366 58	−1.729 51	−2.098 23
交通	−0.054 59	−0.277 68	−0.863 81	−1.169 19	−1.481 07	−1.798 35
建筑	−0.125 22	−0.644	−2.048 07	−2.796 59	−3.569 56	−4.362 82

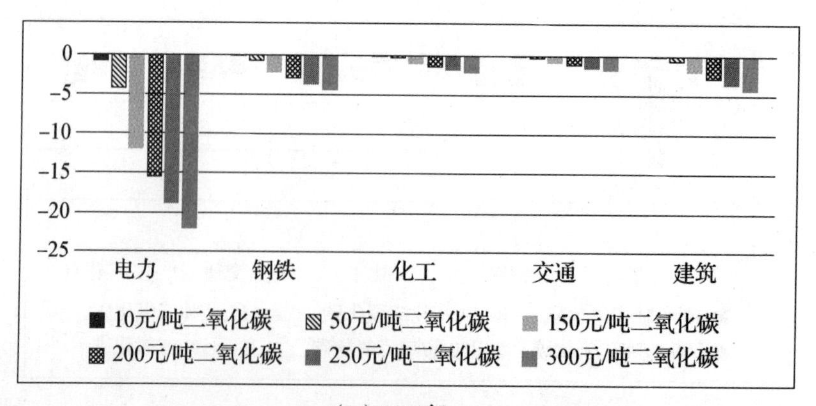

（b）2030年

图 6－6　不同碳税方案下部门出口变化率（%）

	10元/吨二氧化碳	50元/吨二氧化碳	150元/吨二氧化碳	200元/吨二氧化碳	250元/吨二氧化碳	300元/吨二氧化碳
电力	0.358 25	1.789 41	5.351 7	7.122 69	8.885 8	10.640 28
钢铁	0.092 45	0.449 36	1.257 95	1.621 41	1.960 16	2.275 83
化工	0.074 19	0.362	1.023 65	1.326 46	1.612 43	1.882 76
交通	0.009 7	0.042 79	0.089 9	0.096 91	0.094 42	0.083 39
建筑	0.016 72	0.074 7	0.163 65	0.181 91	0.184 95	0.174 21

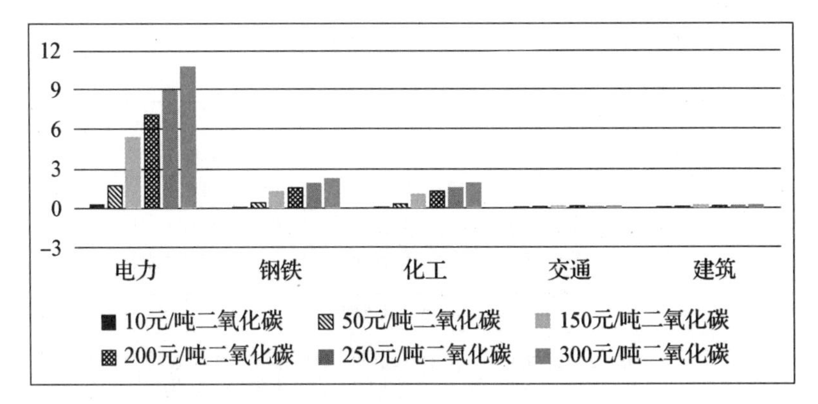

（a）2020年

	10元/吨二氧化碳	50元/吨二氧化碳	150元/吨二氧化碳	200元/吨二氧化碳	250元/吨二氧化碳	300元/吨二氧化碳
电力	0.397 63	1.978 07	5.857 16	7.757 2	9.630 28	11.475 91
钢铁	0.054 12	0.251 39	0.621 1	0.746 54	0.836 56	0.893 93
化工	0.050 87	0.239 93	0.620 31	0.766 35	0.886 23	0.982 08
交通	−0.007 85	−0.050 34	−0.225 86	−0.345 85	−0.484 34	−0.639 4
建筑	−0.017 62	−0.103 71	−0.416 56	−0.618 36	−0.846 22	−1.097 42

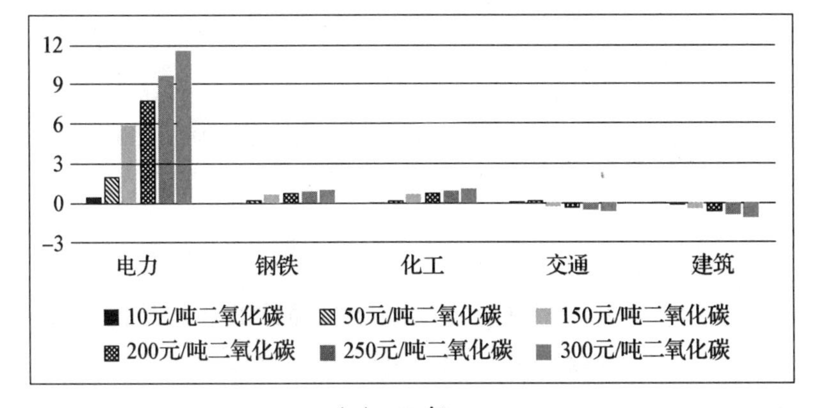

（b）2030年

图 6－7　不同碳税方案下部门利润变化率（%）

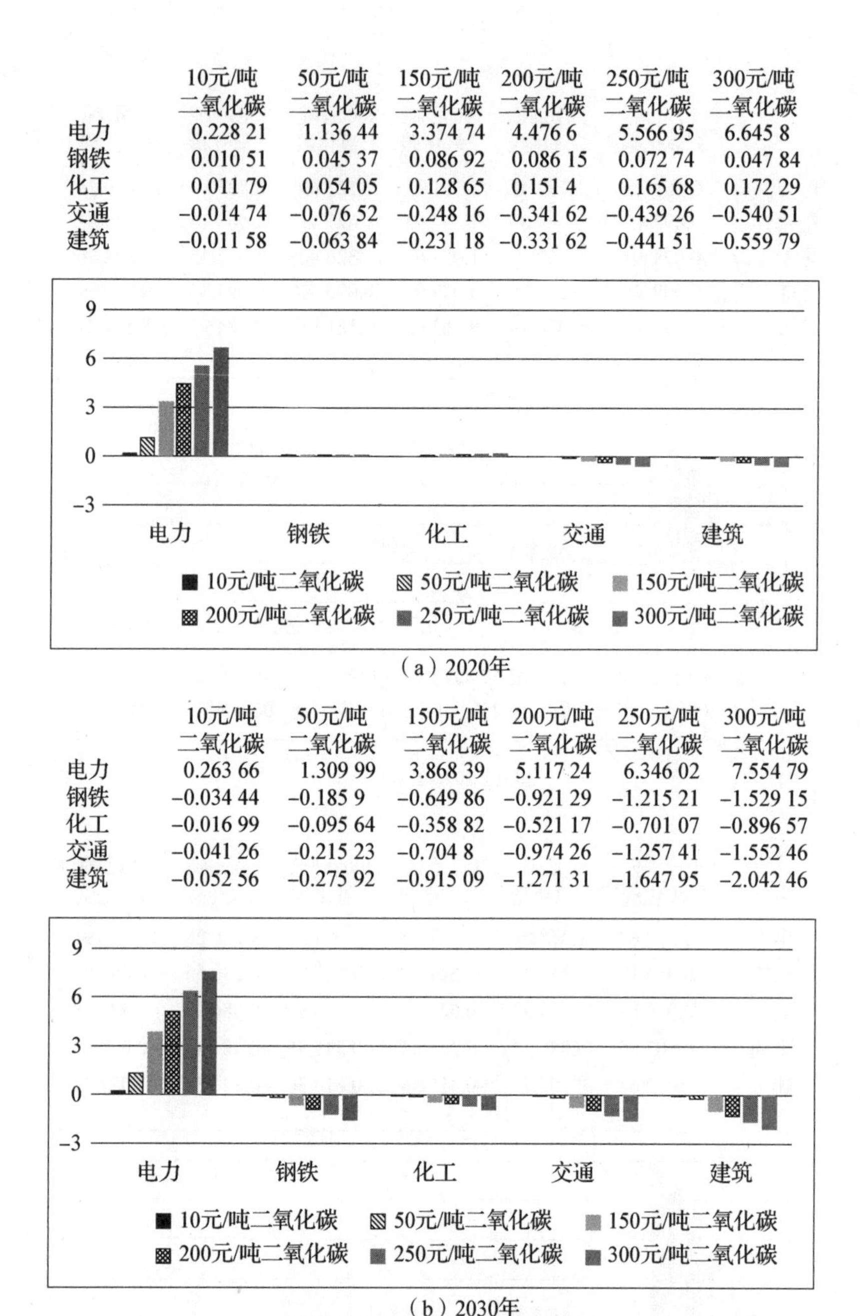

	10元/吨二氧化碳	50元/吨二氧化碳	150元/吨二氧化碳	200元/吨二氧化碳	250元/吨二氧化碳	300元/吨二氧化碳
电力	0.228 21	1.136 44	3.374 74	4.476 6	5.566 95	6.645 8
钢铁	0.010 51	0.045 37	0.086 92	0.086 15	0.072 74	0.047 84
化工	0.011 79	0.054 05	0.128 65	0.151 4	0.165 68	0.172 29
交通	−0.014 74	−0.076 52	−0.248 16	−0.341 62	−0.439 26	−0.540 51
建筑	−0.011 58	−0.063 84	−0.231 18	−0.331 62	−0.441 51	−0.559 79

（a）2020年

	10元/吨二氧化碳	50元/吨二氧化碳	150元/吨二氧化碳	200元/吨二氧化碳	250元/吨二氧化碳	300元/吨二氧化碳
电力	0.263 66	1.309 99	3.868 39	5.117 24	6.346 02	7.554 79
钢铁	−0.034 44	−0.185 9	−0.649 86	−0.921 29	−1.215 21	−1.529 15
化工	−0.016 99	−0.095 64	−0.358 82	−0.521 17	−0.701 07	−0.896 57
交通	−0.041 26	−0.215 23	−0.704 8	−0.974 26	−1.257 41	−1.552 46
建筑	−0.052 56	−0.275 92	−0.915 09	−1.271 31	−1.647 95	−2.042 46

（b）2030年

图 6－8　不同碳税方案下部门就业率变化（%）

总的来说，建筑部门利润及就业受到碳税的负面冲击明显大于其他重点部门。

4. 各部门产出价格受碳税影响上涨，电力部门价格涨幅明显最高

图 6－9 显示，六项碳税方案均导致五大能源密集型部门产出价格上涨，且随着碳税税率增加，产出价格上涨趋势加大。具体部门中，上涨趋势最为明显的是电力部门，在 2030 年碳税税率为 300 元/吨二氧化碳时产出价格上涨 9.2%；其次

是建筑部门；上涨趋势最小的是化工部门，在 2030 年碳税税率为 300 元/吨二氧化碳时产出价格仅上涨 0.9%。

	10元/吨二氧化碳	50元/吨二氧化碳	150元/吨二氧化碳	200元/吨二氧化碳	250元/吨二氧化碳	300元/吨二氧化碳
电力	0.255 21	1.272 17	3.785 36	5.025 13	6.253 02	7.468 65
钢铁	0.011 02	0.058 34	0.196 4	0.274 32	0.357 18	0.444 34
化工	0.010 51	0.045 37	0.086 92	0.086 15	0.072 74	0.047 84
交通	0.011 79	0.054 05	0.128 65	0.151 4	0.165 68	0.172 29
建筑	0.011 58	0.063 84	0.231 18	0.331 62	0.441 51	0.559 79

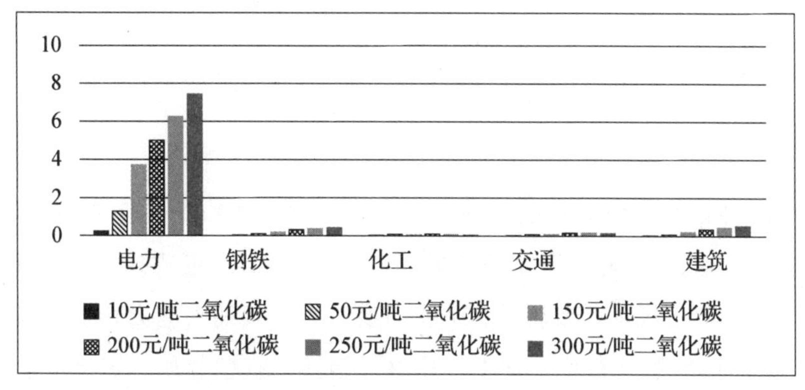

（a）2020年

	10元/吨二氧化碳	50元/吨二氧化碳	150元/吨二氧化碳	200元/吨二氧化碳	250元/吨二氧化碳	300元/吨二氧化碳
电力	0.312 21	1.557 93	4.647 34	6.176 97	7.695 43	9.201 98
钢铁	0.034 44	0.185 9	0.649 86	0.921 29	1.215 21	1.529 15
化工	0.016 99	0.095 64	0.358 82	0.521 17	0.701 07	0.896 57
交通	0.036 61	0.192 05	0.635 93	0.882 95	1.143 95	1.417 17
建筑	0.052 56	0.275 92	0.915 09	1.271 31	1.647 95	2.042 46

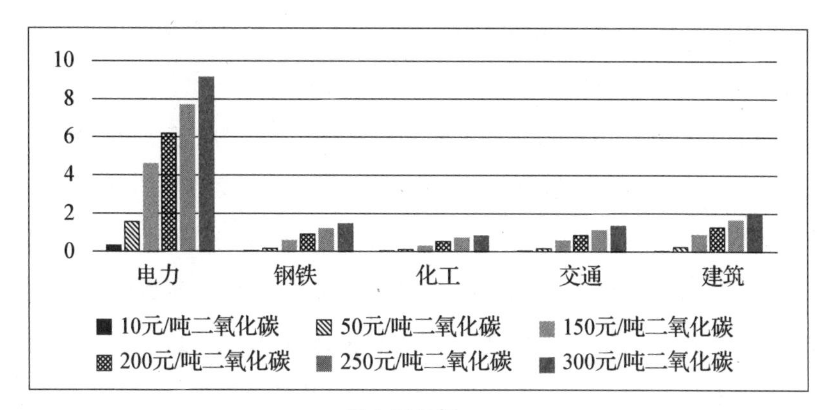

（b）2030年

图 6-9　不同碳税方案下部门产出价格变化率（%）

现阶段征收碳税会对我国能源密集型部门在国际竞争力、部门利润和就业等方面产生一定的负面影响。如何在保证实现减排目标的同时使得碳税对能源密集型部门的不良影响降到最低，是制定碳税政策所面临的最大考验。鉴于此，为了提高碳税的可接受性，政府可以先从较低的碳税税率开征，遵循循序渐进的原则，逐步形成完善的碳税税制；其次，政府应该对受碳税负面影响较大的部门，如电力和建筑部门，实施税收补贴、减免和返还，以及减排技术研发激励或豁免等配套政策。此外，能源密集型部门也应自主提高产业集中度，优化产业分工结构，淘汰落后产能，降低碳税的负面影响。

第 4 节　碳排放交易政策评估与模拟

自 2013 年以来，我国相继在两省五市设立试点碳市场，在 2016 年增设四川和福建两个非试点地区碳市场，并于 2017 年 12 月正式启动全国碳市场。2021 年，全国碳市场正式启动第一个履约期，当时仅纳入电力行业，预计“十四五”期间将陆续纳入石化、化工、建材、钢铁、有色金属、造纸、航空七个碳密集行业。

一、碳排放交易政策情景

本节一共设置了五个情景，包括一个基准情景和四个政策情景。

基准情景（business as usual，BAU）表示没有实施碳交易时的情景。基准情景下 2012—2019 年的 GDP（2012 年不变价）、人口、就业率和城镇化率根据国家统计局发布的实际数据得到，2020—2030 年数据参考共享社会经济路径中的中度发展路径 SSP2、中国人口中长期发展规划等预测数据得到。全要素生产率根据既定宏观经济假设内生而出。基准情景下的碳排放呈现持续增长的情景。拟纳入的八个部门（电力、非金属矿物质、有色金属、黑色金属、造纸、化学工业、石油加工、交通）碳排放在 2020 年占总碳排放的 70%。到 2030 年碳强度相对于 2005 年下降 62%，无法实现我国 2021 年更新的碳强度降低 65% 以上的国家自主贡献（NDC）减排目标。

本节以实现我国 NDC 减排目标中碳强度降低 65% 以上的目标作为约束，对比了不同的碳市场扩容策略下 2020—2030 年期间碳交易政策的影响。模型中设置碳交易政策自 2021 年开始实施，且在 2021 年只覆盖电力部门，再设置四种未来的扩容情景（见表 6-7）表示全国碳市场不同的扩容速度和扩容部门选择。不扩容

(NE）情景表示，2021—2030年全国碳市场不进行扩容。缓慢扩容（SE）情景表示，自2026年全国碳市场由电力部门增加至全部八个部门。在2020年9月，生态环境部发言人指出，我国力争在“十四五”期间将全部八个部门纳入碳市场，因此本研究设置2026年作为全国碳市场扩容至全部八个部门的时间节点。分步扩容（GE）情景表示，碳市场在2022年快速扩容至有色金属、非金属矿物质，然后在2026年覆盖全部八个部门。这是由于全国碳市场已经完成有色金属、非金属矿物质两个部门的配额试算，因此这两个行业具备率先纳入碳市场的条件，其他部门于2026年纳入。加速扩容（AE）情景表示，在碳市场实施第二年就纳入全部八个部门。总量设置中，根据NDC减排目标，即到2030年碳强度相对于2005年降低65%以上，约束了到2030年的碳排放总量。再将配额总量根据上一年度部门的排放占比分配到碳市场中纳入的各部门（Cao et al.，2019)。配额分配方面，参照2020年11月公布的《2019—2020年全国碳排放权交易配额总量设定与分配实施方案（发电行业）（征求意见稿)》，设定碳配额全部免费发放。

表6-7 政策情景设置

情景	部门覆盖
不扩容（NE）	2021—2030年只覆盖电力部门
缓慢扩容（SE）	自2026年扩容至八个碳密集部门
分步扩容（GE）	2022年增加有色金属、非金属矿物质两个部门，2026年扩容至八个碳密集部门
加速扩容（AE）	自2022年扩容至八个碳密集部门

二、碳排放交易的社会经济影响

碳交易政策实施后的宏观经济影响如图6-10所示，扩容情景的经济损失要低于不扩容情景。2020—2030年不扩容情景累计GDP损失为0.44%（见图6-10(a))；而扩容情景的累计GDP损失为0.18%～0.25%，其中，加速扩容情景损失最小，为0.18%。在当前模型中，国外储蓄外生，因此当前的GDP损失主要来自总消费和总投资的下降。由于模型中政府消费外生，居民的消费倾向固定，因此总产出损失最大的不扩容情景，居民可支配收入损失也最大，从而总消费损失也最大，而更早扩容至全部八个部门的加速扩容情景产出损失最小，因而总消费损失也最小（见图6-10(b))。模型中总投资由总储蓄决定，居民和企业的储蓄均由收入决定，因而四种情景下的总投资表现与总消费表现类似（见图6-10(c))。

图 6-10(d) 表明碳交易政策也导致了居民福利的损失。由于不扩容情景的居民收入损失最大，以及产品价格指数增长最高，导致居民的实际消费损失最大。而在扩容情景下，居民收入损失和产品价格指数的增长均低于不扩容情景，因此居民福利损失略低于不扩容情景。

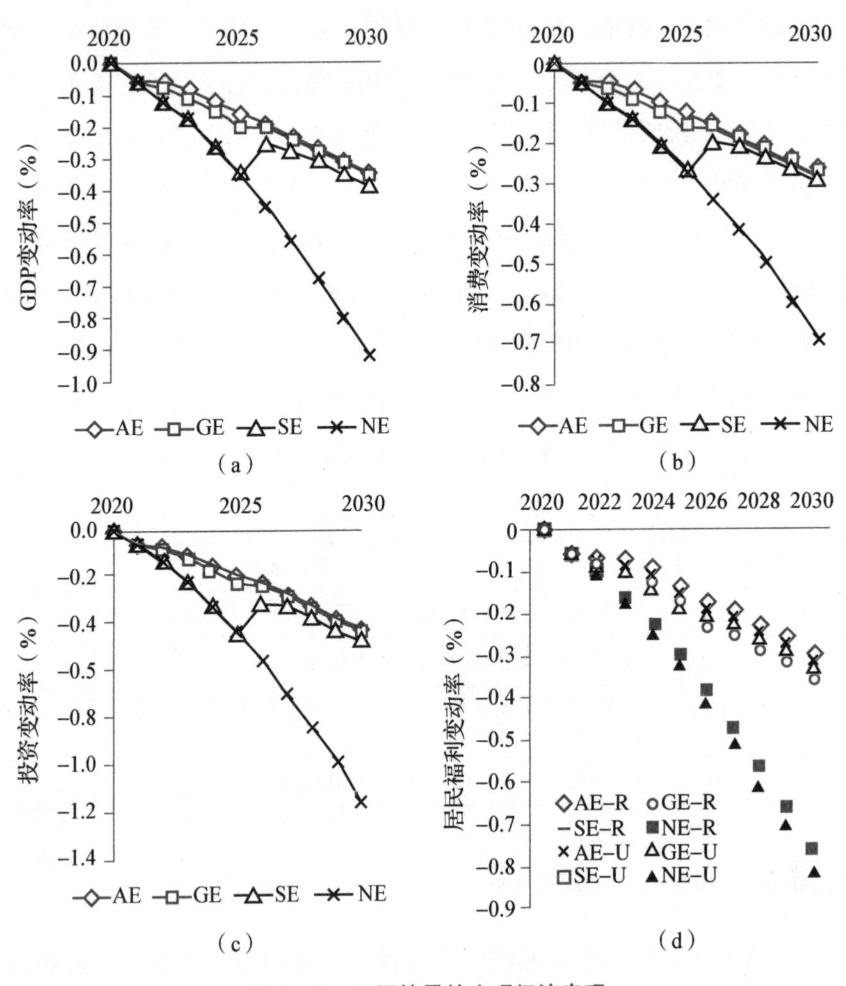

图 6-10 不同情景的宏观经济表现

碳交易政策导致高碳能源产品价格和产出的双重下降，因而对其利润也产生较大影响。如图 6-11 所示，其中煤炭部门的利润较基准情景降幅最大，达到 11.62% ~12.21%，并且不扩容情景下减排量更大，因而利润损失更高。而所有情景下，原油和石油加工部门是利润上涨的两个部门，这两个部门在产品价格上涨的同时，产出也有所增长，主要是因为在碳交易政策下，原油和成品油作为煤炭的替代品，消费量增加。对其他未纳入碳市场的部门而言，不扩容情景对其利润的损失也要略高于扩容情景。

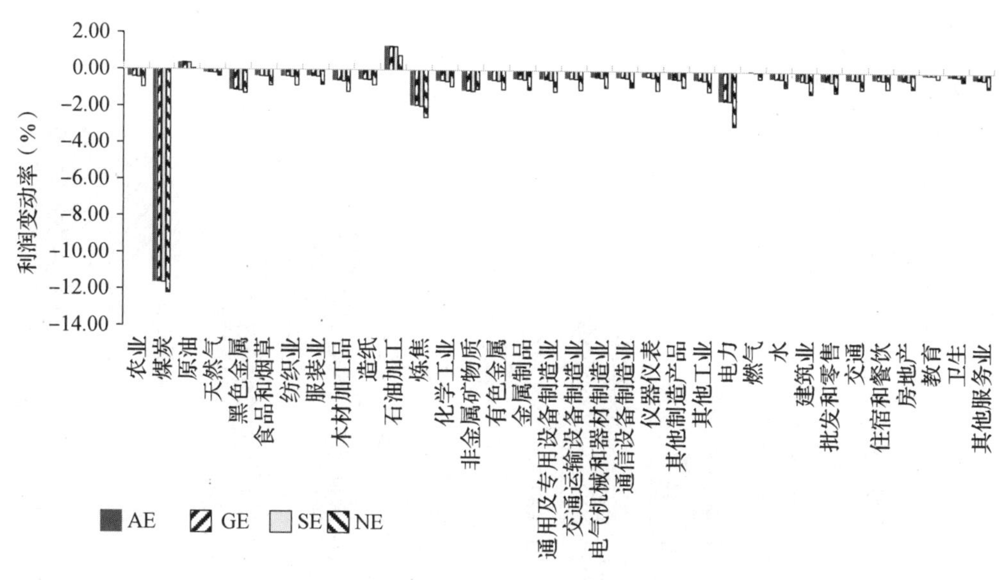

图 6 - 11　2030 年不同部门的利润较基准情景变动

碳交易中的减排成本表示由于碳交易政策的实施所导致的碳排放成本，既包括一级配额分配市场中的碳配额成本，也包括部门在二级市场交易中的碳配额成本，碳交易的总减排成本为所有参与碳交易的部门的减排成本之和。各部门的减排成本如图 6 - 12 所示。首先，随着时间的推移和减排约束的加大，碳市场的总减排成本越来越高。在所有部门中，电力部门和石油加工部门的减排成本最高，占总减排成本的一半以上。但是，越早扩容至更多部门，成本在部门间的分布越分散。同时，扩容促进已被纳入部门的减排成本下降。相同年份，由于不扩容情景下的碳价远高于扩容情景，导致历年不扩容情景的减排成本均高于扩容情景。而在扩容情景中，纳入三个部门的配额总量低于纳入八个部门的配额总量，但碳价差异较小，因而总减排成本略低于纳入八个部门的扩容情景。

碳配额交易价格指碳市场中配额交易的均衡价格，即此时配额供给和需求相等。均衡条件下碳配额价格与碳市场纳入部门的边际减排成本相等，碳价反映减排部门多减少一单位二氧化碳排放所支付的成本。如图 6 - 13 所示，2021 年只纳入电力部门时，碳价为 71.58 元/吨。到 2025 年，不扩容情景碳价为 243.58 元/吨，是已扩容至八部门的加速扩容情景的 3.69 倍，是扩容至三部门的分步扩容情景的 1.94 倍。而到 2030 年，不扩容情景碳价达 477.35 元/吨，是其他已扩容至八部门的情景的 4.34 倍。不扩容情景的碳价显著高于扩容情景，并且纳入部门越多，碳价越低，这体现了将更多部门纳入碳市场能有效降低整体碳市场的边际减排成本。

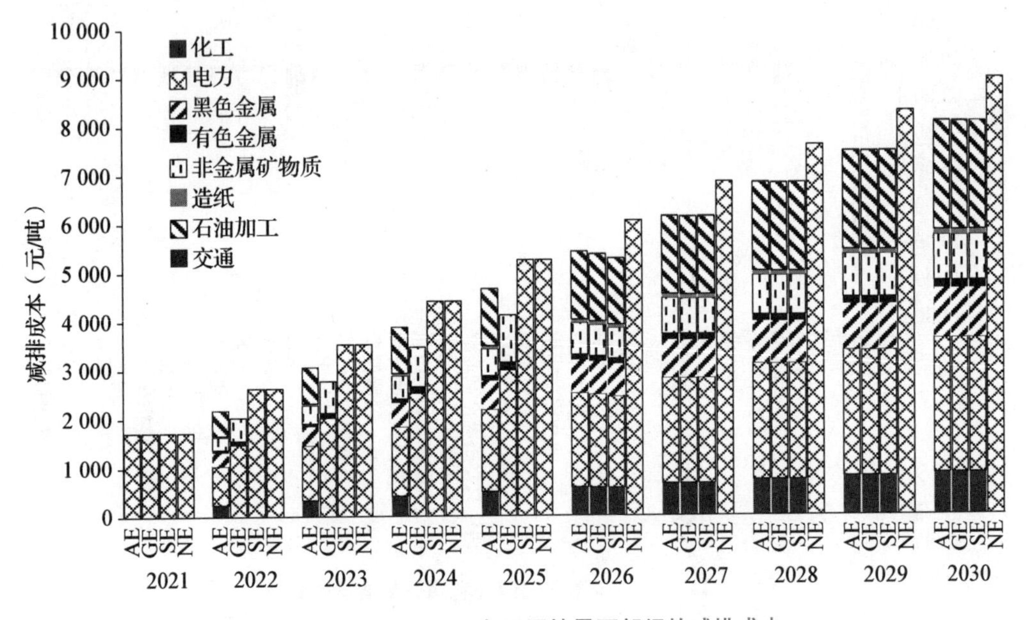

图 6－12　2020—2030 年不同情景下部门的减排成本

在加速扩容、分步扩容、缓慢扩容情景下，在 2022 年和 2026 年，即碳市场由单一部门扩容至八部门时，碳价分别为显著下降和增速显著下降，之后随减排量增大而继续增长，2026 年之后由于各情景间碳市场覆盖部门一致，减排总量一致，其价格走势相近。

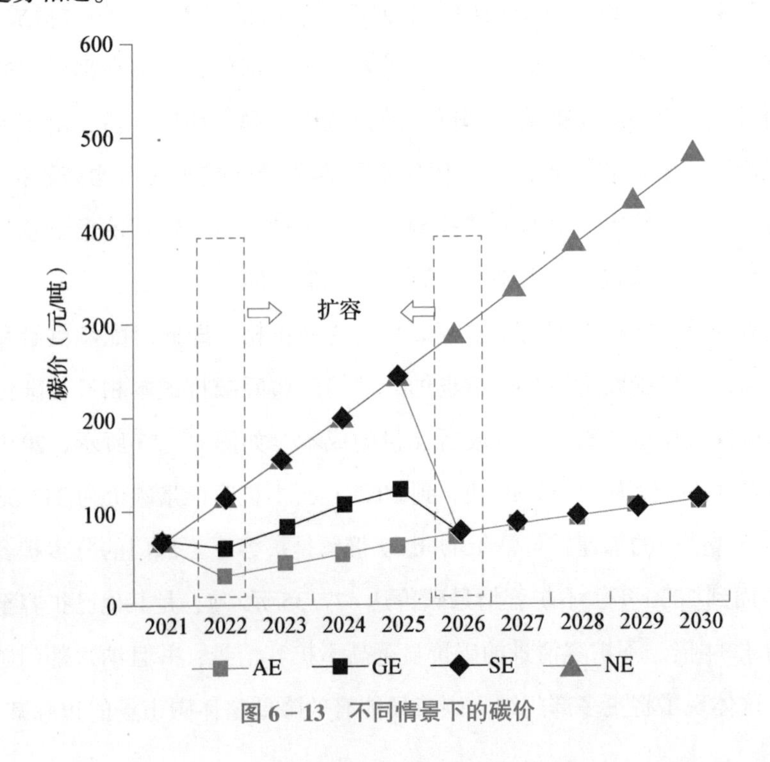

图 6－13　不同情景下的碳价

习题

1. 碳税与碳排放交易政策的实施机制是什么？
2. 碳税与碳排放交易的最大区别是什么？
3. 制定碳排放交易政策需要考虑哪些因素？
4. 实施碳税政策可能会对社会经济产生怎样的影响？

第 7 章

碳减排路径设计

本章要点

本章针对如何实现我国应对气候变化目标，从我国应对气候变化的历史情况及当前进展、国内外能源系统模型、中国国家能源技术模型、碳中和目标情景设置、碳中和路径等方面介绍我国碳减排路径设计的主要内容。通过本章的学习，读者可以回答如下问题：

- 我国碳达峰与碳中和目标的具体内容是什么？
- 我国提出碳达峰与碳中和目标的意义是什么？
- 关于碳减排路径研究的模型有哪些？
- 国家能源技术模型是如何构建的？
- 如何实现我国的碳达峰与碳中和目标？

继 2015 年气候变化巴黎大会之后，我国在 2020 年第七十五届联合国大会和气候雄心峰会等重要会议上，提出了争取 2030 年前碳达峰，2060 年前实现碳中和，2030 年碳强度下降 65% 以上、非化石能源比重达到 25% 等中长期战略目标。这一系列具有里程碑意义的新目标，彰显了中国负责任的大国担当，也是实现中国高质量发展的客观要求。为支撑国家应对气候变化战略实施，不仅要从宏观视角对相关政策体系做出谋划，而且需要在微观层面布局各行业碳排放技术，因此对碳减排路径进行综合设计是合理有效实行碳减排管理工作的必要支撑。本章围绕碳达峰与碳中和目标，采用自主构建的国家能源技术经济模型（C^3IAM/NET），从自下而上的行业视角，研究了我国中长期二氧化碳排放的总体目标和实现路径；分析了不同经济增速和减排力度情景下，能源系统、碳捕集与封存（CCS）技术以及碳汇的贡献程度，针对电力、工业、交通、建筑等重点领域和行业提出了建议。

第 1 节　碳减排路径分析模型介绍

能源系统模型是研究和规划未来碳减排路径的常用工具，表 7-1 统计了一些有代表性的能源系统模型。目前大多数能源系统模型是由发达国家的研究机构或基于发达国家已有模型建立起来的。一般情况下，发达国家的模型对本国的能源系统状况描述较为清晰。由于发展中国家的社会经济属性与发达国家不同，这些模型无法完全准确地描述发展中国家的情况。基于这个原因，我国学者开始自主研发能源系统模型，如 C^3IAM 模型等，或者在已有模型的基础上进行改进，如 China TIMES 模型等。魏一鸣等（2020）研发了综合评估模型 C^3IAM，用于量化温控目标下的各国行动方案对应的潜在收益和成本，提出了一种后《巴黎协定》时代能够实现各方无悔的最优“自我防护策略”。在这种策略下，全球将于 2065—2070 年实现扭亏为盈，到 2100 年所有国家和区域的累计净收益将为正值，有望达到 2100 年 GDP 的 0.46%～5.24%。Pan 等（2017）在美国太平洋西北国家实验室开发的全球综合评估模型 GCAM 的基础上，按照中国的实际对模型进行了改进，并拓展了行业分类。文章聚焦供给侧分析，指出未来非化石能源将起到关键作用，到 2100 年将在能源结构中占比 85%。姜克隽等（2012）利用自下而上的技术模型 IPAC 模型分析了中国实现 2℃温升排放情景的可行性，指出中国的碳排放需要在 2025 年之前达峰，2020 年之后可再生能源发电将对化石能源发电具有全面的成本竞争性，同时需要大规模应用分布式可再生能源利用技术和 CCS 技术。

表 7-1　国内外代表性能源系统模型

模型名称	研究机构	模型特征
REMIND	德国波茨坦气候影响研究所	自上而下
WITCH	意大利 FEEM 环境经济研究所	混合模型
MARKAL-MACRO	国际能源署	混合模型
TIMES	国际能源署	自下而上
DICE	耶鲁大学（威廉·诺德豪斯）	自上而下
GCAM	美国能源部西北太平洋国家实验室	自上而下

续表

模型名称	研究机构	模型特征
LEAP	瑞典斯德哥尔摩环境研究所	自下而上
MESSAGE	奥地利国际应用系统分析研究所	自下而上
IMAGE	荷兰环境评估署 & 乌得勒支大学	混合模型
AIM/CGE	日本国立环境研究所	自上而下
AIM/End-use	日本国立环境研究所	自下而上
IPAC	中国国家发改委能源研究所	混合模型
GCAM-China	中国清华大学能源环境经济研究所	自下而上
China TIMES	中国清华大学能源环境经济研究所	自下而上
China MARKAL	中国清华大学能源环境经济研究所	自下而上
IMED/CGE	中国北京大学能源环境经济与政策研究所	自上而下
IMED/TEC	中国北京大学能源环境经济与政策研究所	自下而上
C^3IAM/CEEPA	中国北京理工大学能源与环境政策研究中心	自上而下
C^3IAM/NET	中国北京理工大学能源与环境政策研究中心	自下而上

一、C^3IAM/NET 模型框架

目前的气候变化综合评估模型或能源系统模型多采用由发达国家建立的综合评估模型，存在模型参数不完全适用于发展中国家、未充分考虑能源系统各行业的差异性和关联性等问题。为此，北京理工大学能源与环境政策研究中心自主研发了国家能源技术（National Energy Technology，NET）模型，该模型属于中国气候变化综合评估（C^3IAM）模型的子模型（Wei et al.，2020）。C^3IAM/NET 模型是以自下而上的角度，从工艺流程出发，模拟了从一次能源供应，到加工转换，再到终端行业生产运行全过程中产生的能源消费及排放。目前已应用于多个部门，涵盖一次能源供应、电力、热力、钢铁、水泥、化工、有色金属、造纸、商业、客运、货运以及其他工业等 20 多个细分行业，共涉及 600 多类具体技术（An et al.，2018；Chen et al.，2018；Li & Yu，2019；Tang et al.，2018；Tang et al.，2019a；Tang et al.，2019b；Tang et al.，2020；Zhang et al.，2021；魏一鸣等，2018）。该技术经济模型不仅可以评估技术创新和能源经济政策的节能减排潜力和减排成本，而且可以寻找实现能源消费或排放控制等环境目标的最佳技术路径。

图 7－1 展示了模型总体框架，包括三个模块（数据模块、节能减排政策模块和结果输出模块）和两个子模型（产品和服务需求预测模型、技术-能源-环境模

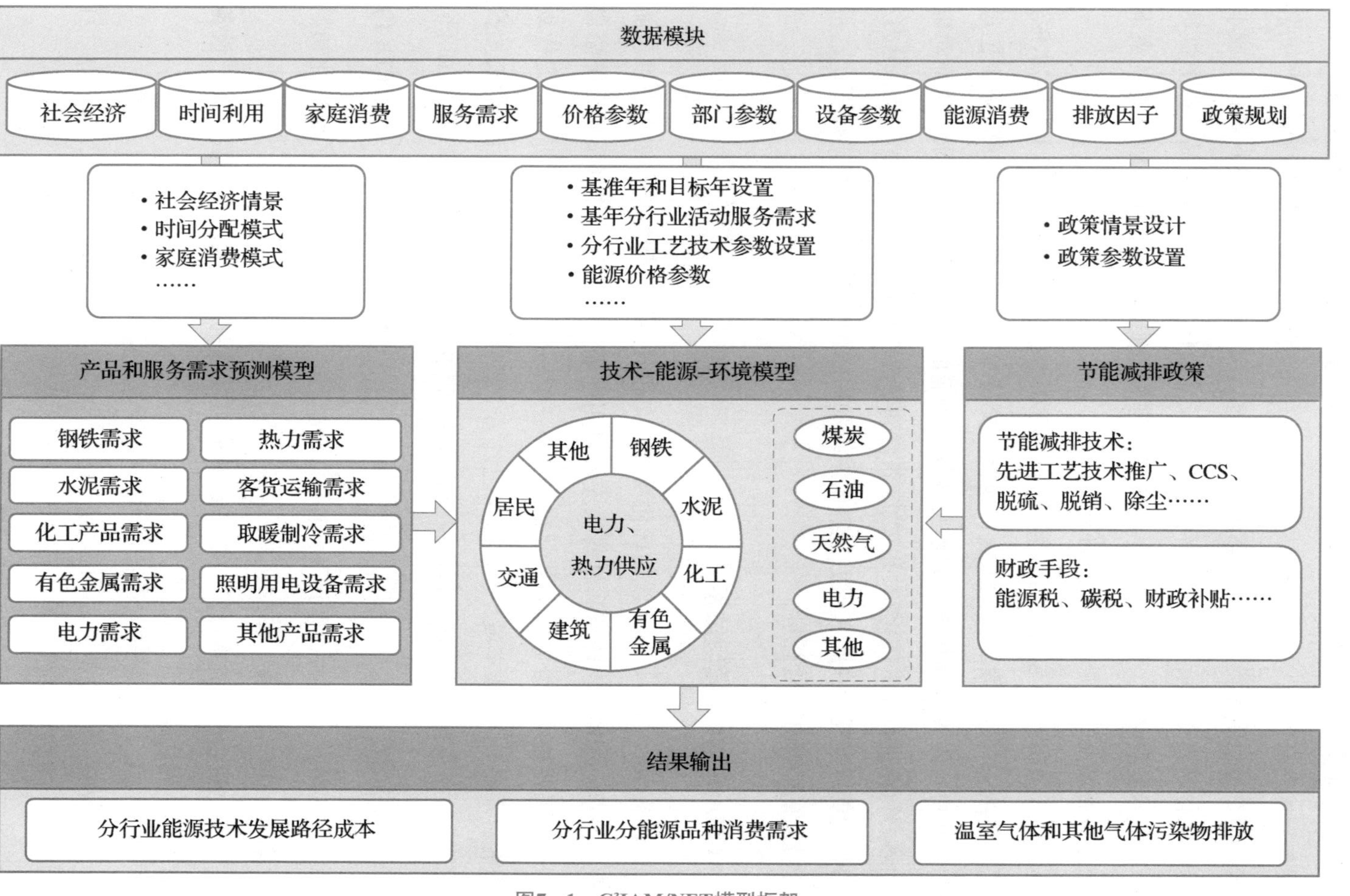

图7－1　C^3IAM/NET模型框架

型)。具体原理为：在综合考虑经济发展、产业升级、城镇化加快、智能化普及等社会经济形态变化的基础上，利用服务需求预测模型对各个终端用能行业的产品和服务需求进行预测；进一步基于技术-能源-环境模型模拟各终端行业生产工艺过程或消费过程中各类技术的能源流和物质流，引入技术升级、燃料替代、成本下降等变化趋势和政策要求，提出各行业以经济最优方式实现其产品或服务供给目标的技术发展路径，最终得到在温室气体排放、能源供应和能源效率等约束下全社会所需投入的能源以及产生的排放。

C^3IAM/NET 模型包括供给和需求两个层次。对各终端行业（如钢铁、水泥、化工、造纸、有色金属、其他工业、建筑、交通等）分别构建反映该行业工艺过程和决策机理的 NET 子模型，并汇总各终端行业的用电和用热总需求，进而对电力和热力行业进行技术优化布局，最终获得满足终端行业用电和用热需求的电力、热力行业能源消耗。在此基础上，集成供给和需求侧的能源投入和排放产出，得到全社会的能源和排放总量。

二、C^3IAM/NET 模型体系

C^3IAM/NET 模型是一个线性优化模型，在相关条件（例如技术渗透速度、能源服务需求、碳预算、能源和材料供应的可用性等）约束下，选择实现系统总成本最小的最优技术组合方案。数学描述如下：C^3IAM/NET 模型的目标函数是规划期内能源系统年化总成本最小。总成本包含三个部分：设备或技术的年度化初始投资成本、设备或技术的年度化运行和维护成本，以及能源成本。总成本表达式如下：

$$\min TC_t = IC_t + OM_t + EC_t \tag{7-1}$$

式中，t 为年份；TC_t 为折算到第 t 年的总成本；IC_t 为折算到第 t 年的年度化初始投资成本；OM_t 为设备的运行和维护成本；EC_t 为能源成本。

年度化初始投资成本计算时需考虑政府可实施的补贴率、内部收益率、设备寿命因素，表达式如下：

$$IC_t = \sum_i \sum_d ic_{i,d,t} \cdot (1 - SR_{i,d,t}) \cdot \frac{IR_{i,d,t} \cdot (1 + IR_{i,d,t})^{T_{i,d}}}{(1 + IR_{i,d,t})^{T_{i,d}} - 1} \tag{7-2}$$

式中，i 为行业；m 为所有行业总量；d 为设备；n 为所有设备总量；$ic_{i,d,t}$ 为第 t 年行业 i 的设备 d 的初始投资成本；$SR_{i,d,t}$ 为补贴率；$IR_{i,d,t}$ 为内部收益率；$T_{i,d}$ 为生命周期。

设备的运行和维护成本是指设备的维修成本、管理成本、人力成本、政府补贴等，表达式如下：

$$OM_t = \sum_i \sum_d om_{i,d,t} \cdot OQ_{i,d,t} \cdot (1 - SR_{i,d,t}) \tag{7-3}$$

式中，$om_{i,d,t}$ 为第 t 年行业 i 的设备 d 的单位运行和维护成本；$OQ_{i,d,t}$ 为第 t 年行业 i 的设备 d 的运行数量。

能源成本是指所有设备能源消费乘以能源价格的总和。计算时需考虑不同能源品种价格随时间的变化、设备能源效率的提高、政府可实施的补贴，表达式如下：

$$EC_t = \sum_i \sum_d \sum_k P_{i,d,k,t} \cdot E_{i,d,k,t} \cdot OQ_{i,d,t} \cdot (1 - EFF_{i,d,t})(1 - SR_{i,d,t}) \tag{7-4}$$

式中，k 为能源品种；z 为能源品种数量；$P_{i,d,k,t}$ 为第 t 年行业 i 的设备 d 所耗能源品种 k 的价格；$E_{i,d,k,t}$ 为第 t 年行业 i 的设备 d 所耗能源品种 k 的量；$EFF_{i,d,t}$ 为第 t 年行业 i 的设备 d 的能源效率提升率。

产品和服务需求约束指的是对于给定的某种服务，对应的所有设备运行量乘以单位设备能源服务量的总和，必须大于该能源服务的需求量（不含进口），从而满足市场需求。表达式如下：

$$\sum_d OT_{i,d,j,t} \cdot OQ_{i,d,t} \cdot (1 + EFF_{i,d,t}) \geqslant DS_{i,j,t} \tag{7-5}$$

式中，$DS_{i,j,t}$ 为第 t 年行业 i 的产品或能源服务需求类型 j 的总需求量实际值；$OT_{i,d,j,t}$ 为第 t 年行业 i 中设备 d 的能源服务 j 的产出量。

能源消费约束指的是所有设备运行量乘以单位设备能源消费量的总和，不得超过或低于某个限制值，从而满足国家或行业能源总量控制的政策约束。表达式如下：

$$ENE^{\min}_{i,k,t} \leqslant ENE_{i,k,t} \leqslant ENE^{\max}_{i,k,t} \tag{7-6}$$

式中，$ENE_{i,k,t}$ 为第 t 年行业 i 所有设备所耗能源品种 k 的总消费量；$ENE^{\min}_{i,k,t}$ 为能源消费下限约束；$ENE^{\max}_{i,k,t}$ 为能源消费上限约束。

排放约束指的是所有设备运行量乘以单位设备排放量的总和，不得超过某个限制值，从而满足国家和行业低碳发展目标的约束。表达式如下：

$$EMS_{i,g,t} \leqslant EMS_{i,g,t}^{\max} \tag{7-7}$$

式中，$EMS_{i,g,t}$ 为第 t 年行业 i 所产生的气体 g 的排放量；$EMS_{i,g,t}^{\max}$ 为最大排放量约束。

运行设备数量约束指的是设备运行量不得大于开机的设备库存量，表达式如下：

$$OQ_{i,d,t} \leqslant SQ_{i,d,t} \cdot RATE_{i,d,t} \tag{7-8}$$

$$SQ_{i,d,t} = SQ_{i,d,t-1} + NQ_{i,d,t} + RQ_{i,d,t} \tag{7-9}$$

式中，$SQ_{i,d,t}$ 为第 t 年行业 i 设备 d 的库存量；$SQ_{i,d,t-1}$ 为第 $t-1$ 年行业 i 设备 d 的存量；$NQ_{i,d,t}$ 为第 t 年行业 i 设备 d 的新增数量；$RQ_{i,d,t}$ 为第 t 年行业 i 设备 d 的退役数量；$OQ_{i,d,t}$ 为第 t 年行业 i 设备 d 的运行数量；$RATE_{i,d,t}$ 为第 t 年行业 i 设备 d 的开机率，不大于 1。

技术渗透率约束指的是对于给定的某种服务，由某种设备供给的比例，不得超过或低于某个约束值，从而满足淘汰落后产能或鼓励先进技术发展的政策需求。表达式如下：

$$Share_{i,d,t}^{\min} \leqslant Share_{i,d,t} \leqslant Share_{i,d,t}^{\max} \tag{7-10}$$

式中，$Share_{i,d,t}$ 为第 t 年行业 i 的设备 d 在服务 j 总产出量中的最小比例；$Share^{\min}$ 为渗透率下限约束；$Share^{\max}$ 为渗透率上限约束。上限和下限约束视具体情况而定。

供给需求约束指电力和热力行业生产的电力、热力产品，需满足终端行业或部门产生的电力和热力需求。

第 2 节　中国应对气候变化进展概述

《联合国气候变化框架公约》缔约方大会通过的《巴黎协定》要求各缔约方每五年提交一次国家自主贡献方案，由各国自主制定减排目标。多项研究表明，即使各国均兑现《巴黎协定》中各缔约方提交的国家自主贡献方案，全球平均温升水平有可能达到 3℃以上，无法满足 2℃和 1.5℃温控目标的要求（Wei et al.，2018；IPCC，2018；UNEP，2020）。如果不改变目前的二氧化碳和其他温室气体排放情况，全球地表温度将继续升高，并且升温幅度在 21 世纪内将超过 1.5℃和

2℃（IPCC，2021）。全球温升控制目标的机会窗口越来越窄。因此，全球各国和地区均需要大幅提高自主减排贡献目标，大力推动能源系统低碳转型，加强减碳和增汇力度，以避免长期不可逆的巨大风险（Wei et al.，2020；Rogelj et al.，2015；Robiou et al.，2018；Kikstra et al.，2021）。在全球能源趋势推进和演变的进程中，中国发挥着举足轻重的角色。2020 年，中国能源消费总量为 49.8 亿吨标准煤，占世界能耗总量的 26.1%，20 年来年均增长率为 6.3%。与能源活动相关的二氧化碳排放量为 106.7 亿吨，占世界排放总量的 30.6%，年均增速约 5.8%（BP，2021；Global Carbon Project，2021）。

中国是《联合国气候变化框架公约》首批缔约国之一，多次参加联合国气候变化峰会缔约方大会。中国设定的气候目标经历了相对量化减排到绝对量化减排的历程。2009 年 9 月 22 日，中国在联合国气候变化峰会上首次提出面向 2020 年的气候目标：争取到 2020 年单位 GDP 二氧化碳排放比 2005 年有显著下降，非化石能源在一次能源结构中的比例达到 15%左右等。2009 年 11 月 25 日国务院常务会议以及 2009 年 12 月 18 日哥本哈根气候变化大会上明确了具体的碳强度下降目标：到 2020 年单位 GDP 二氧化碳排放比 2005 年下降 40%～45%。2014 年 11 月 12 日中美两国发布了《中美气候变化联合声明》，宣布了两国各自 2020 年后应对气候变化行动，中国提出 2030 年左右中国碳排放有望达到峰值，并将于 2030 年将非化石能源在一次能源消费中的比重提升到 20%。2015 年 11 月 30 日，中国在气候变化巴黎大会上再次承诺：中国将于 2030 年左右使二氧化碳排放达到峰值并争取尽早实现，2030 年单位 GDP 二氧化碳排放比 2005 年下降 60%～65%。中国不断提出并履约完成具有挑战性的气候目标，为全球气候治理做出了巨大贡献。

长期以来，中国积极参与和引领全球治理，将温室气体减排任务纳入国家五年规划和远景目标。在落实政策方面，通过产业结构调整、能源结构优化、能源效率提高、碳市场建设、生态碳汇增加等一系列措施，使得中国节能减排行动取得了显著成效。2019 年，中国单位 GDP 二氧化碳排放（碳强度）较 2005 年降低 48.1%，非化石能源占比为 15.3%，已经提前和超额完成 2020 年气候行动目标（生态环境部，2021）。

为进一步强化应对气候危机，在全球碳减排进程中做出更大贡献，2020 年 9 月 22 日在第七十五届联合国大会一般性辩论上，中国宣布二氧化碳排放力争于 2030 年前达到峰值，努力争取 2060 年前实现碳中和。2020 年 12 月 12 日在气候雄心峰会上，中国进一步宣布了更新的国家自主贡献方案。相比于 2015 年提交的方案，碳强度由“2030年比2005年下降60%～65%”提升到“下降65%以上”，非化石能源占一次能源消费比重由20%左右提高到25%左右，森林蓄积量由45亿立方米左右增加到60亿立方米，风电、太阳能发电总装机容量将达到12亿千瓦以上。碳达峰与碳中和新目标具有重要意义，展现了我国积极应对全球气候变化的责任担当，有利于推动全面绿色转型，加快形成清洁、高效、绿色、安全的现代治理体系，符合我国可持续发展和高质量发展的内在要求。

中国实现碳中和目标，要求全国在一定时间内（一般指一年）由人为活动直接和间接排放的二氧化碳，通过CCS或植树造林等固碳技术吸收后，达到二氧化碳的“零排放”。相比于欧洲、美国等发达国家和地区的历史进程，中国实现碳中和目标面临时间紧、任务重的严峻挑战，需要用比发达国家更短的时间去实施更大体量的碳中和。那么，中国应该如何走出自己的碳中和道路？此外，由于碳达峰的时间点和峰值直接决定从碳达峰到碳中和转变的可用时间和需要完成的减排体量，因此，碳达峰的行动方案必须在碳中和目标的牵引和约束下统筹规划。但是，目前关于中国实现碳达峰、碳中和目标路径的研究较为缺乏，特别是在当前百年未有之大变局形势下，后疫情时代社会经济发展存在较大的不确定性，数字化、智能化、网络化等新技术给人们的生活形态和工作业态带来了极大的改变。因此，如何在综合考虑社会经济技术不确定性的前提下，提出适用于中国新发展格局的碳中和行动方案，是当前必须要解决的问题。

为了探索实现中国碳达峰、碳中和目标的可行性路径，本章主要通过介绍我国学者自主构建的中国气候变化综合评估模型/国家能源技术模型（C^3IAM/NET），模拟能源供给—加工转化—运输配送—终端使用—末端治理的全过程。在统筹考虑今后的经济发展水平、能源系统的低碳转型速度、CCS技术的部署规模以及森林碳汇可用量等多方面情况基础上，进一步回答后不同经济发展情况下，能源系统的低碳转型能否实现碳中和目标，各行业应该如何分担减排责任，应该如何部署CCS技术，实现碳中和目标需要多少碳汇等问题。解决这些问题，能够为国家制定低碳发展战略、引领全球气候治理提供科学支撑。

第3节　碳中和情景设置与参数假设

实现碳中和的路径存在极大的不确定性，取决于社会经济发展水平、能源系统低碳转型速度、CCS 技术部署规模、森林碳汇可用量等多个方面。本节的分析以能源系统转型为主，CCS、森林碳汇等技术为辅的思路，探讨未来中国实现碳中和目标的可能路径。下面简要介绍模型的相关参数设置，包括情景设置、技术参数特征、能源服务需求预测等。

一、碳中和情景设置

模型以 2015 年为基准年，以 2060 年为目标年，并对 2015—2019 年的历史数据进行了校准（国家统计局，2020；Yu et al.，2019），综合气候目标种类、GDP 增速、能源系统减排力度、CCS 技术部署力度，共设置了 24 种情景，如表 7－2 所示。气候目标分为三种情景：政策趋势照常（BAU）、国家自主贡献（NDC）目标、2060 年碳中和目标。在考虑经济性和可行性的基础上，设置了三种 CCS 技术部署力度情景：不加装、小规模部署（2040 年开始商业化推广）、大规模部署（2030 年开始商业化推广）。三种 GDP 增速分别对应三种产品和能源服务需求情景。为了进一步刻画能源系统可能出现的低碳转型到位、转型不足的情况，进一步对能源系统减排力度划分为中度、大力、强力三种情景，即在 NDC 情景的基础上，加快推进先进技术和低碳技术的渗透，大幅提高可再生能源和电力消费比重，以达到能源系统各行业的最佳可行性路径。

表 7－2 情景设置及代码

气候目标	CCS 技术部署力度	低速 GDP	中速 GDP	高速 GDP
BAU	不加装	BAU-L	BAU-M	BAU-H
NDC	不加装	NDC-L	NDC-M	NDC-H
碳中和	2040 年开始部署	CM1-L-2040	CM1-M-2040	CM1-H-2040
		CM2-L-2040	CM2-M-2040	CM2-H-2040
		CM3-L-2040	CM3-M-2040	CM3-H-2040
	2030 年开始部署	CM1-L-2030	CM1-M-2030	CM1-H-2030
		CM2-L-2030	CM2-M-2030	CM2-H-2030
		CM3-L-2030	CM3-M-2030	CM3-H-2030

注：CM1、CM2、CM3 分别代表中度、大力、强力三种能源系统减排；L、M、H 分别代表低、中、高三种 GDP 增速；2030、2040 分别表示从 2030 年开始部署 CCS、从 2040 年开始部署 CCS。

二、社会经济参数假设

2020 年中国成为全球唯一实现正增长的大型经济体，全年 GDP 超过百万亿元，比上年增长2.3%。同时鉴于中国经济受到全球政治经济格局深度影响，由此设置了未来GDP低速、中速、高速发展三种情景，如表7-3所示（魏一鸣等，2018）。

表7-3 中国未来GDP增速预测

单位：%

增速	2021—2025年	2026—2030年	2031—2035年	2036—2040年	2041—2050年	2051—2060年
低速	5.0	4.5	4.5	3.5	2.5	1.5
中速	5.6	5.5	4.5	4.5	3.4	2.4
高速	6.0	5.5	5.0	5.0	4.5	4.0

三、产品或能源服务需求

能源服务需求是指各类耗能技术或设备所能提供给最终能源消费者的产品和服务。在三种GDP增速下，以及进一步考虑未来智能化、电气化、产业升级、城镇化加快、智能化普及等变化趋势基础上，预测三种不同的终端行业产品或能源服务需求（此处不列出详细过程，可参见相关文献（An et al.，2018；Chen et al.，2018；Li & Yu，2019；Tang et al.，2018；Tang et al.，2019a；Tang et al.，2019b；Tang et al.，2020；Zhang et al.，2021；魏一鸣等，2018））。具体来说，在进行预测时，工业（包括钢铁、铝、水泥、乙烯和其他工业）各行业考虑到产业结构调整、贸易政策变化、下游产业变动等因素，交通行业（包括城市客运、城际客运和货运）考虑新能源车推广、运输结构优化、电子商务发展等因素，建筑行业（包括居民建筑和商业建筑）考虑收入水平提高、数字化加深、老龄化加剧等因素。以GDP中速增长情景为例，各个行业能源服务需求的种类及未来预测值如表7-4所示。

表7-4 中国终端用能行业产品和服务需求预测

行业	产品或能源服务需求种类	单位	2030年	2060年
钢铁	钢产量	亿吨	8.3	10
铝	铝产量	百万吨	32.6	7.1
水泥	水泥产量	亿吨	19.6	10.6
乙烯	乙烯产量	百万吨	33.6	69.7
其他工业	产业增加值	万亿元	47	91
城市客运	城市客运周转量	万亿人公里	5.4	8.6

续表

行业	产品或能源服务需求种类	单位	2030 年	2060 年
城际客运	城际客运周转量	万亿人公里	5.3	7.3
货运	货运周转量	万亿吨公里	29.2	41.6
居民	供暖、制冷、热水、照明、电器运行、烹饪等活动需求	亿吨标准煤	9.8	12.9
商业	供暖、制冷、热水、照明、电器运行等活动需求	亿吨标准煤	8.5	15.7

模型中消费侧与供给侧通过硬连接的方式实现供需平衡。由于行业自身特性不同，钢铁和铝产品属于存量型用能产品，其他行业的服务需求均属于流量型用能产品和服务。存量型用能产品涵盖每年新生产量、下游行业的在用量、回收量。流量型用能产品和服务只能一次性使用，无法回收再加工。

第 4 节　碳中和约束下全国碳排放路径

本节将主要介绍基于 C^3IAM/NET 模型优化得到的碳达峰、碳中和目标下，中国总体碳排放路径和行业责任分配等结果。

一、碳中和总体路径

24 种情景下 2020—2060 年中国二氧化碳排放路径如图 7－2 所示。可以发现，不论在何种 GDP 增速、能源系统转型力度、CCS 部署规模程度下，2060 年中国能源相关的二氧化碳排放量都高于 0。换言之，仅靠能源系统低碳转型和 CCS 技术捕集二氧化碳是无法实现中国 2060 年碳中和目标的，仍然需要森林、海洋碳汇等方式来吸收。具体来说，在可行技术路径下实现能源系统不同程度低碳转型，结合 CCS 技术部署，到 2060 年，与能源相关的二氧化碳排放量仍有 3 亿～31 亿吨，这一部分余量需要森林、海洋碳汇来吸收，具体结果如图 7－3 所示。

碳达峰的行动方案必须在碳中和目标的牵引和约束下统筹规划。按照更新的国家自主贡献目标，在 GDP 低速增长、能源系统中度减排力度（即 CM1-L-2030、CM1-L-2040 情景）下，全国能源相关二氧化碳排放量有望于 2025 年实现全国碳达峰，峰值约108亿吨。在GDP高速增长、能源系统中度减排力度（即CM1-H-2030、CM1-H-2040情景）下，碳达峰时间最晚不超过2030年。为了实现碳达峰目标，2020—2030年，二氧化碳排放年均增长率不高于0.4%，年均新增二氧化碳排放量应控制在0.5亿吨以内。

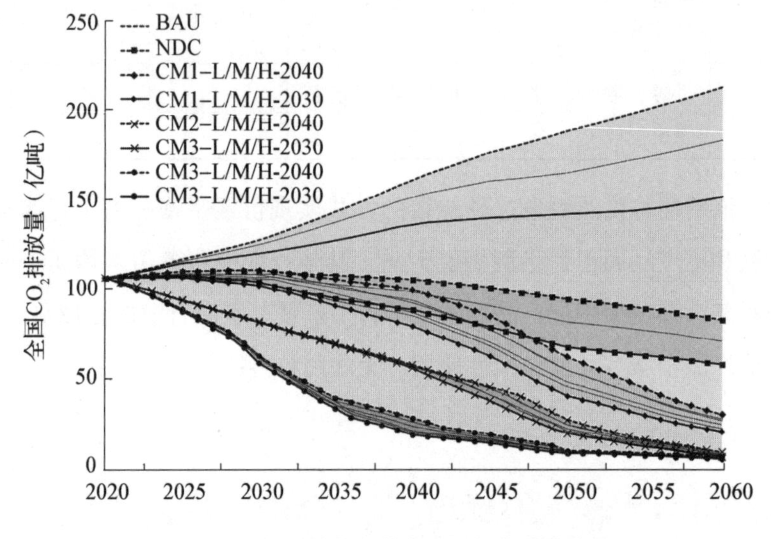

图7-2 不同情景下的全国二氧化碳排放量

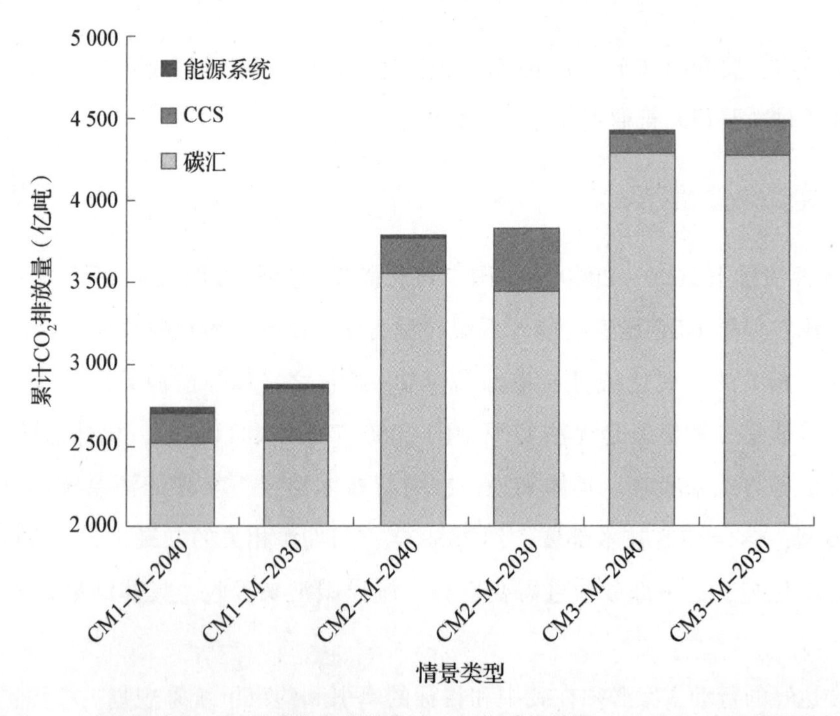

图7-3 碳中和约束下不同减排方式的累计二氧化碳排放量（以GDP中速增长为例）

二、行业碳排放和减排责任

研究模拟得到 24 种情景下各个行业的二氧化碳排放和减排责任，本节以能源系统大力减排、结合 CCS 技术大规模部署情景为例来进行说明。图 7－4 显示了该情景下 GDP 中速发展时能源系统各行业的二氧化碳排放量。总体来说，二氧化碳排放主要来自电力、钢铁、水泥、交通等行业。在碳达峰目标约束下，不同经济增速下，2020—2030 年能源系统累计排放空间总量为 1 170 亿～1 210 亿吨二氧化碳，各行业直接排放比例为电力和热力 41. 6%、工业 37. 2%、交通 13. 5%、建筑 7. 7%。相比于 BAU 政策照常发展情景，该情景下能源系统需累计减排 100 亿吨二氧化碳，各行业直接减排贡献为电力和热力 72. 6%、工业 9. 7%、交通 6. 8%、建筑 10. 9%。具体如图 7－5 所示。

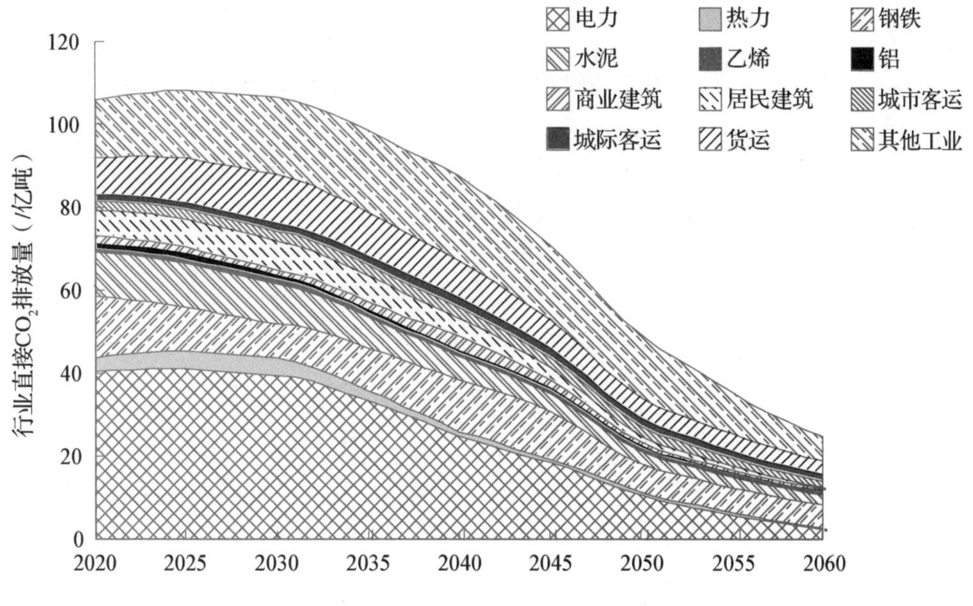

图 7－4　能源系统各行业的直接二氧化碳排放量（以 CM1-M-2030 情景为例）

在能源系统中度减排、结合 CCS 技术大规模部署情景下，2020—2060 年，能源系统（含 CCS 技术）累计排放空间及二氧化碳减排总量分别约为 3 160 亿吨和 2 900 亿吨。各行业直接排放比例为电力和热力 34. 2%、工业 42. 7%、交通 15. 7%、建筑 7. 4%。相比于 BAU 政策照常发展情景，能源系统各行业直接二氧化碳减排责任为电力和热力 61. 7%、工业 18. 6%、交通 10. 9%、建筑 8. 8%。具体如图 7－6 所示。

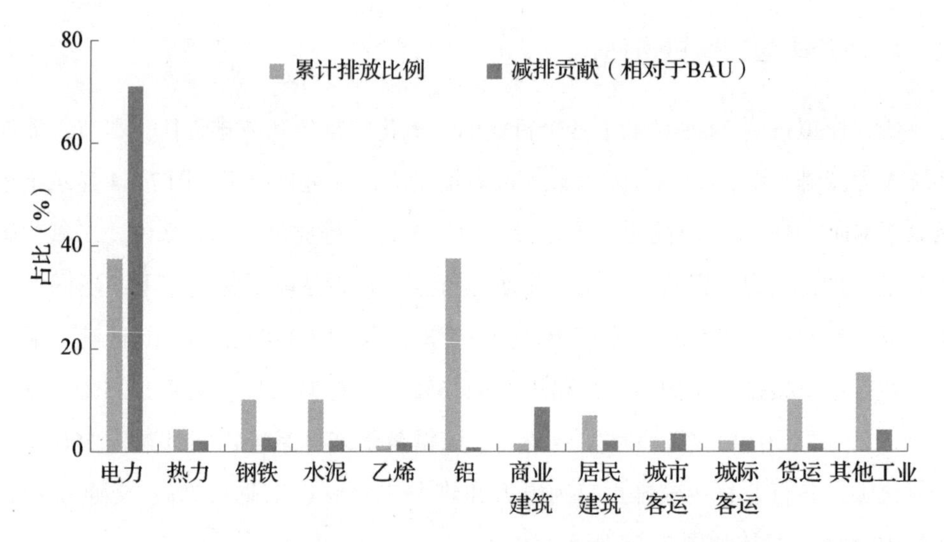

图 7-5　2020—2030 年各行业二氧化碳累计排放比例和减排贡献（以 CM1-M-2030 情景为例）

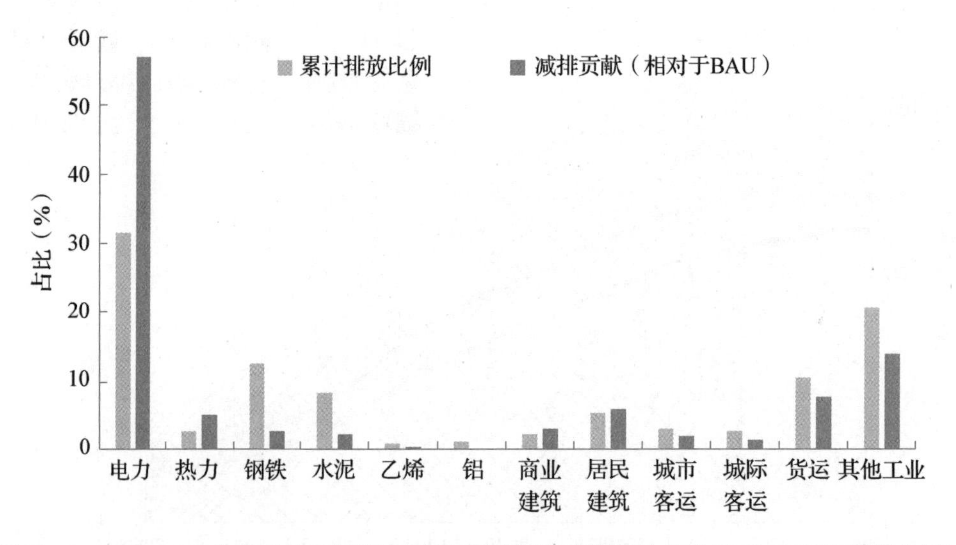

图 7-6　2020—2060 年各行业二氧化碳累计排放比例和减排贡献（以 CM1-M-2030 情景为例）

通过应用 C^3IAM/NET 模型，可以得出 2020—2060 年能源系统各行业的低碳发展路线。电力、钢铁和水泥行业碳排放可率先达峰。电力行业需争取在 2025 年左右达峰，最早可于 2050 年实现净零排放，最低限度也要在 2060 年将排放降低至 4 亿吨二氧化碳以内；到 2060 年可再生能源发电比例需提高到 70%～75%，其中风电占 40%、光电占 13%。钢铁行业在“十四五”期间碳达峰，主要依靠小球烧结技术、降低烧结机漏风率等手段；发展短流程炼钢和氢能炼钢将是实现长期深度减排的主要手段。水泥行业的碳排放在短时间内有所回升，未来通过实施燃料替代、原料替代、CCS 技术等措施，可在 2060 年实现近零排放。化工行业的碳达峰时间略晚于全国碳达峰时间，应在煤炭路线中逐步推行 CCS 技术和加快发展颠覆性技术。建筑部门需要大幅提升电气化水平和采暖制冷效率，其有望在 2030 年实现碳达峰。交通部门从提高设备能效、优化分担结构以及加速燃料替代等方面推进，小汽车和电力机车到 2060 年实现 100% 电动化。

第 5 节　实现我国碳中和的启示

为了实现我国碳达峰、碳中和目标，应认真落实“四个革命、一个合作”能源战略要求，采取更加有力的政策和措施，加快推进新技术普及、新业态创新、低碳技术部署。进一步完善经济激励政策和部门协同管理机制，依靠市场竞争促进可再生能源发展。各方主体合力推进碳达峰和碳中和目标的实现，鼓励企业推广先进适用技术，加快扩大 CCS、氢能等突破性技术的商业化应用。加强能源发展政策协同，引导金融资源向绿色发展和应对气候变化领域倾斜，促进绿色产能创新。同时，能源系统各个行业需加快绿色转型步伐。电力行业应重点发展风电、光电、CCS 技术。钢铁行业短期应加速小球烧结、低温烧结、干法熄焦、干式高炉炉顶余压余热发电等节能技术，中长期应加大电弧炉炼钢、氢能炼钢和 CCS 技术的部署。化工行业应发展轻质化原料、先进煤气化技术、低碳制氢和二氧化碳利用技术、CCS 技术等。建筑部门应继续提高采暖制冷效率，大幅提升电气化水平，因地制宜发展分布式能源。交通部门应优先铁路、水路运输，发展电动客/货车、氢燃料车、生物燃料飞机和船舶等先进技术。通过各个行业协同发力，争取尽早实现行业碳达峰和碳中和目标，最终实现国家碳中和的战略目标。

习题

1. 我国碳达峰、碳中和目标的具体内容是什么？
2. 碳减排路径研究的模型主要有哪些？
3. 国家能源技术经济模型的基本原理是什么？
4. 实现我国碳中和目标的主要措施有哪些？可结合相关政策文件讨论。

第 8 章

区域碳减排管理

本章要点

本章聚焦区域层面的碳减排管理方法与实践，从区域碳减排管理的背景、现状、影响和未来变化趋势等方面介绍区域碳减排管理的必要性、内涵、挑战及实践。通过本章的学习，读者可以回答如下问题：

- 我国不同区域分别具备哪些碳排放特征？
- 我国不同区域分别面临哪些关键的减排挑战？
- 区域碳减排管理的核心指导思想是什么？
- 区域碳排放达峰研究领域有哪些研究方法？
- 区域碳减排管理的内涵是什么？
- 区域碳减排管理在实现“双碳”目标中的作用是什么？
- 区域碳减排管理在实践中有哪些应用？

一个国家内部区域间碳排放特征差异较大，在进行碳减排管理的过程中必须因地制宜，考虑当地的发展阶段与自然禀赋开展管理活动。中国是一个幅员辽阔的大国，区域间自然禀赋、经济规模、产业结构存在较大差异，相应地，碳排放来源、时空分布、总量与发展趋势都有较大差距。区域碳排放管理的顶层设计需要中央统一部署，而具体实施需要地方行政单位与一线企业参与决策，在自上而下的顶层设计与自下而上的具体行动之间，必须把握地方的经济社会特点与宏观的经济社会局势，平衡好地方发展与碳排放管理的关系，才能达成国家总体碳减排目标。

本章将介绍我国区域碳排放特点，进而引申到典型关键省市的碳排放特点，重点介绍碳排放来源、时空分布特点、总量与发展趋势等，在把握特点的基础上，从重点排放部门的视角剖析区域碳减排的内在动力，明确区域能源系统低碳化的内在机制，具体说明区域碳减排管理实践的现状。

第 1 节　区域碳排放达峰研究方法

区域碳排放达峰研究的首要指导思想是全国一盘棋的系统性大局观，要求统筹兼顾各地的发展阶段与禀赋特点，按照研究尺度与研究边界划分，从微观的产业政策研究，到中观的省市级统筹规划研究，再到宏观的区域、城市群与全国层面的研究。在不同的研究尺度上，研究对象仍然可以按照发展阶段、所处地理环境、资源禀赋不同划分为不同的类型，针对不同尺度、不同类型的样本所面临的不同挑战，选取不同的分析视角，最终目的是实现因地制宜、具体而微的碳区域管理。

研究方法的选择基于研究问题与研究尺度的需要，而研究问题首要取决于所处区域的碳减排需要。不同区域在碳减排过程中有不同的侧重点，既体现为碳减排速度和碳减排量的不同，也体现为碳减排对象和碳减排措施的不同。针对特定的问题有以下常用模型和方法：就如何识别具有绿色发展比较优势的产业，制定有效产业引导政策的问题，常用的研究方法包括绿色全要素生产率构建与核算、基于部门生产函数的资源优化方法等；就如何在企业与部门层面优化技术配置与资产组合的问题，常用的研究方法包括 LEAP、NET 模型等；就如何构建省市层面的低碳发展路径的问题，常用的研究方法包括减排目标分解与分配、碳排放驱动力分解模型、城市能源系统建模、区域层面绿色 GDP 的核算与分解等；就城市群与区域绿色协调发展的有关问题，常用的研究方法包括基于因果识别的协同发展建模、元分析、关联性分析等。

完整的碳减排管理流程大致可以划分为碳排放信息收集、碳排放特征识别、碳排放驱动机制分析、碳排放目标分解、能源系统优化、技术组合设计与要素配置优化六个部分。收集信息、识别特征是进行区域碳减排管理的数据基础；机制分析、目标分解是找到区域碳达峰核心障碍的关键认识阶段，只有明确关键排放部门，才能高效确保碳达峰工作圆满完成；系统优化、技术组合设计与要素配置优化是区域碳排放管理的实践阶段，在了解排放特征、识别关键问题后，通过优化系统中的反馈机制，重新设立系统目标，不断优化各个子系统，采用新的技术组合和要素配置组合，实现保发展的同时降低碳排放。

在碳排放信息收集与碳排放特征识别环节，构建城市碳排放清单和构建绿色全要素生产率是常用的研究方法。城市碳排放清单建立在能源信息核算体系之上，本身是国民经济核算的副产物，截止到2022年6月，我国始终没有官方的区域二氧化碳排放清单，国内外学术机构运用各种方法估计了中国的排放量。区域碳排放清单构建的核心方法论包括划定核算范围、确定排放因子与能源消耗数据。国外参与中国二氧化碳排放量估计的机构有全球大气研究排放数据库（EDGAR）和二氧化碳信息分析中心（CDIAC），两者都使用IPCC规定的排放系数；国内的中国碳核算数据库使用中国官方调查得到的排放系数和能耗系数建立了部分年份省级与市级的碳排放清单。

在碳排放清单的基础上，常见的识别碳排放特征的方法包括核算以碳排放为非期望产出的全要素生产率，或将碳排放数据纳入区域投入产出分析之中。全要素生产率是衡量要素利用效率最经典的指标之一，其内核思想和高质量发展、低碳发展的内涵高度一致，如果将碳排放视为一种产品之外的有害副产品，通过将其纳入全要素生产率评估之中，可以借助这一分析工具有效量化区域减排努力的实际成效。另外，在相同的指导思想下，碳排放项可以纳入区域投入产出分析中来协助定位关键的排放部门与关键的碳排放总量变化传导机制。以上方法在不同尺度与问题下有不同的应用形式，城市级碳排放清单核算相较于省级核算的难度较大，不同城市、部门、企业的全要素生产率核算需要考虑的投入产出项也有所不同。

碳排放驱动机制分析与碳排放目标分解是区域碳减排管理的理论基础。碳排放驱动机制研究方法可以大致划分为基于因果识别的计量分析和基于可算一般均衡（CGE）模型的系统建模两种，前者往往聚焦于某种具体的因素和碳排放趋势之间的关系，后者讨论各种影响因素之间的动态平衡关系。计量分析的典型应用是通过实证研究具体讨论城镇化率、经济发展、人口增长、技术进步、环境规制与碳排放之间的因果关系，其中环境库兹涅茨曲线是最常用的理论模型之一。从已有的实证结果来看，包括经济发展、人口结构变化在内的大部分社会变量的改变都可能对碳排放同时有正向和负向的作用，例如城镇化率提高可能在增加人均能源消费量的同时通过聚集效应提高能源的利用效率，最终城镇化率与碳排放的实际相关关系要取决于区域实际的自然、社会条件，取决于对碳排放的推动和抑制效应何者占据主导。为了精准刻画不同因素之间彼此对立统一的驱动关系，基于 CGE 模型的系统建模也是一种常用方法。研究碳排放驱动机制的模型一般至少包括气候物理模块与经济社会系统模块，两者之间的耦合通常是研究的关键问题。在区域碳排放管理中，通常经济社会系统的内部构造更具体、更受关注，尤其是能源系统与用能部分。不同尺度的能源系统存在根本性的差异，这种差异一方面体现在规模上，另一方面更大尺度的能源系统并不是小尺度能源系统的机械叠加，区域层面的能源系统耦合是一个复杂的动态平衡问题。

在宏观的碳减排管理议题中，我国一直以来坚持市场机制与行政机制的双管齐下，中央、地方政府设置的碳减排目标既是一个数字，也匹配着一套完整细致的执行方案。合理的各层级目标是确保区域碳减排管理高效进行的一环。碳排放目标分解本质上是以社会福利最大化为目标的优化问题，背后是效率和公平原则的权衡考虑，针对碳排放目标分解的研究往往建立在边际减排成本评估与公平性考量的基础上。按照效率最大化的原则，碳排放目标分解应该和不同区域的边际减排成本严格相关，使得减排成本低的区域多减排，减排成本高的区域少减排，总体秉持着可以被量化的减排经济成本最小化原则，其中就涉及边际减排成本的估算方法。按照公平原则，要充分考虑不同区域的未来发展空间、历史排放与支付能力，不同的目标设置对应了区域碳排放管理不同的工作重心。

区域碳排放管理的最后两步，也是与减排成效最直接相关的是能源系统优化、技术组合设计与要素配置优化，两者是减排目标的落实，也是一系列对碳排放发展规律认识的最终实践，是直接带来减排成果的措施。能源系统优化建立在前述步骤的基础之上，是在清楚掌握了碳排放信息、碳排放特征，取得所在区域的减排目标，并且已经明确了关键减排部门与碳排放的关键驱动因素之后，对能源系统按照一定意愿进行的改造。能源系统优化研究一般以系统建模为核心方法，通过对能源系统各子系统的刻画与耦合，建立一个考虑碳排放为关键因素的目标函数，通常是满足减排目标前提下的减排总成本的最小化，或者是在一定预算基础上的总减排量的最大化。能源系统优化的研究尺度通常非常小，最小可以具体到某企业，甚至某生产线，一般聚焦于城市级别能源系统的优化，主要关注城市的能源供给系统与能源消费系统，部分研究特别关注能源运输系统。构建能源系统优化模型建立在大量的现实参数的基础上，要求对所研究的能源系统有充分而全面的认识，能收集到较为细致的投入、产出、中间转化技术参数。技术组合设计与要素配置优化是相较于系统优化更具体的研究领域，研究边界更加具体，不仅在空间上聚焦具体的能源系统，在时间上往往也聚焦于某个具体的生产时段。常用的能源技术规划模型包括 LEAP 模型、由北京理工大学能源与环境政策研究中心开发的 NET 模型等。

总体而言，区域碳减排管理是一个综合了多种学科的复杂系统工程，除了常用的经济模型分析框架，还涉及文献对比、技术规划、气候环境建模等多种多样的研究方法。同时，碳减排管理是一门坚持问题导向的学问，所有的研究方法最终都要服务于研究对象的实际情况，以产出更好的制度设计、政策设计、技术组合方案和要素配置方案为最终目的，以更好更快减排、构建高质量发展格局为最终准绳。具体的减排方法、制度与政策设计以及技术要素配置方案，本书将通过几个案例加以详细说明。

第 2 节　区域碳排放特征

考虑到我国体量庞大，目前仍存在地区发展不平衡，将我国划分为几个区域进行对比，可以看出各区域之间碳减排步调不一致，体现出碳排放总量差异大、潜在碳排放增速区别大的特点，部分区域已经逼近发达国家实现碳达峰时的社会发展水平，呈现出碳排放增速放缓的特点，部分区域仍然面临较大的发展需要与碳减排之间的矛盾。

一、国内各区域碳排放特征

结合地理位置和经济发展阶段，将我国大陆 31 个省份（不包括港澳台地区）分为东北地区（黑龙江、吉林、辽宁）、东部地区（北京、天津、河北、上海、江苏、浙江、福建、山东、广东、广西、海南）、中部地区（山西、内蒙古、安徽、江西、河南、湖北、湖南）、西部地区（重庆、四川、贵州、云南、西藏、陕西、甘肃、青海、宁夏、新疆）。从经济发展和碳排放的视角，如图 8 - 1 所示，经济发展和碳排放在省份层面呈现大致倒 U 形趋势。东部地区总体经济发展水平较高，同时大部分东部地区省份人均碳排放水平低于全国水平；中部地区与东北地区的经济发展水平集中在平均水平；人均碳排放普遍高于其他区域的平均水平；西部地区经济发展水平较为落后，同时人均碳排放高于其他区域的平均水平。

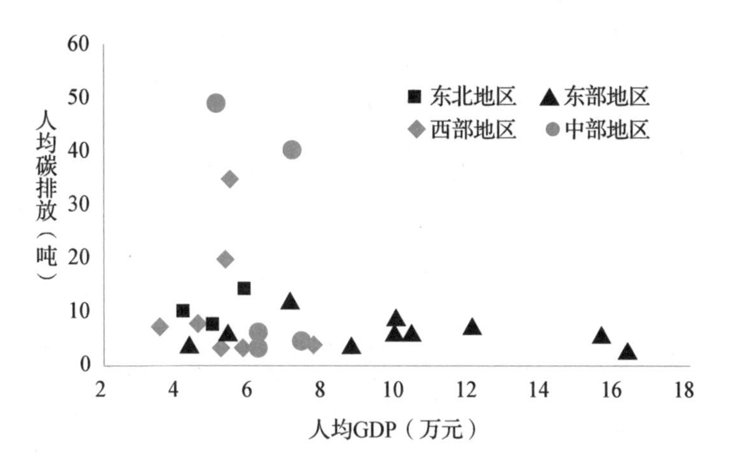

图 8－1　各区域人均 GDP 与人均碳排放散点分布（2019 年）

资料来源：国家统计局，中国碳核算数据库.

从资源禀赋、地理位置的视角来看，我国能源供需格局极不平衡，能源禀赋极不平衡，低碳技术发展水平极不平衡，三大不平衡共同塑造了不同区域间的碳排放特征。我国国内能源供需地理分布整体呈“南北分离、东西分离”状态。东部地区为我国贡献了超半数的国内生产总值，人口密集，产业规模大，能源需求极大，但是石化资源匮乏。我国主要煤矿产区位于河北、内蒙古、东北、山西和新疆等区域，距离煤炭主要消费区域较远。从我国各区域的一次能源生产与消费量差值可充分看出一次能源供需不平衡的明显特征，如图 8－2 所示，东部与东北的一次能源生产量均远小于消费量，西部地区和中部地区的煤炭输出量为正，西部地区的天然气输出量为正。

从能源禀赋来看，我国的能源结构以煤为主，石油和天然气资源储量相对不足，煤炭资源又主要分布在西部和华北地区；可再生能源以水力资源为主，而水力资源又主要分布在西南地区。除了煤炭和水电，我国的新能源资源也主要分布在西部地区，西部地区拥有全国 78% 的风能资源技术开发量、88.4% 的光伏资源技术开发量。我国的主要能源消费地区则是经济发达的东部沿海地区。上述能源区域分布供需背离特征导致的大规模、长距离的北煤南运、北油南运、西气东输、西电东送，是中国能源流向的显著特征和能源运输的基本格局。

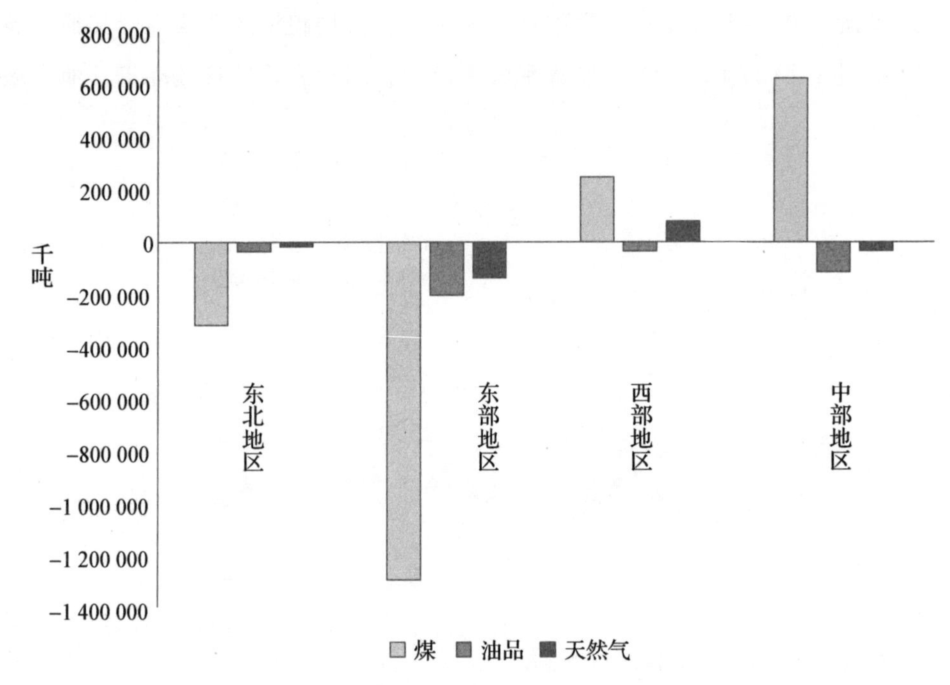

图 8-2 各区域一次能源产消差（2020 年）

资料来源：中国能源统计年鉴.

同时，我国的绿色技术在区域分布上也呈现明显的供需背离特征。绿色技术专利的数量和质量能在很大程度上反映了一个地区的绿色技术水平。从国家知识产权局专利数据库中的绿色技术专利数据来看，我国各地区的绿色技术水平都在不断上升，但呈现明显的东、中、西部地区逐次递减特征，而且绿色技术水平较高的城市都是经济发达且行政级别较高的大城市。有色金属、电力、钢铁、水泥等高耗能行业的能源技术水平总体也呈现由东向西递减特征，而且能源技术的地区差异没有呈现收敛趋势，这意味着能源技术区域扩散效应不明显。然而，绿色技术水平相对较低的中西部地区和数量众多的中小城市，却是最迫切需要通过先进绿色技术提升碳排放效率的地区，这些地区的绿色技术则难以满足其需求。上述原因造成了我国绿色技术区域分布供需背离的突出特征。

受能源需求驱动，东北、中部、西部地区存在部分因煤、因石化能源而兴起的资源型城市。一次能源生产本身是高耗能、低能效产业，资源型城市的碳排放总量规模大，往往转型困难，达峰困难。同时，东部地区的部分城市在外贸需求的推动下经历了高速发展，人口增长迅速，资源负荷加大，面临较大的减排压力。资源禀赋和地理条件通过和经济发展阶段互相作用，深刻影响了地区的排放特征。

二、我国与 OECD 国家碳排放特征的对比

区域主要经济指标（GDP、人均 GDP、城镇化率）是衡量地区发展程度的有力指标，城镇化与经济发展实质上也是公认的碳排放增长的最主要驱动因素。结合区域城市化水平以及碳排放总量，对照已经完成城市化的部分 OECD 国家碳达峰时的主要指标的均值情况，可以发现我国碳排放总体呈现达峰时间紧迫、相同排放水平下城镇化率仍然偏低、能源结构转型压力较大的特点。

（1）我国实现碳达峰的时间窗口紧迫。2020 年，我国常住人口城镇化率为 63.89%，预计在 2025 年达到 65%，处于欧共体 1960—1966 年、美国 1950—1960 年的城市化水平。德、英、法等欧洲主要经济体在 20 世纪 90 年代先后实现碳达峰，美国在 2007 年实现碳达峰，我国距离实现碳达峰只有 7 年时间。

（2）我国实现碳达峰的减排控排压力较大。欧共体 1960—1966 年碳排放总量增长近 33.21%，美国 1950—1960 年碳排放增长近 50%，均直至 1970 年后才逐渐减缓，并在 20～30 年后实现碳达峰。我国在推进城镇化工作的既定目标背景下，减排控排任务艰巨。

（3）实现碳达峰时我国城镇化进程与发达经济体仍存在一定差距。如图 8－3 所示，发达经济体实现碳达峰时城镇化率大多在 70% 以上，按照我国目前的城镇化速度，到 2030 年实现碳达峰时，城镇化率与发达经济体必然存在一定差距。在未来一定时期内，我国仍然面临城镇化率提升与绿色低碳发展转型的重要挑战。

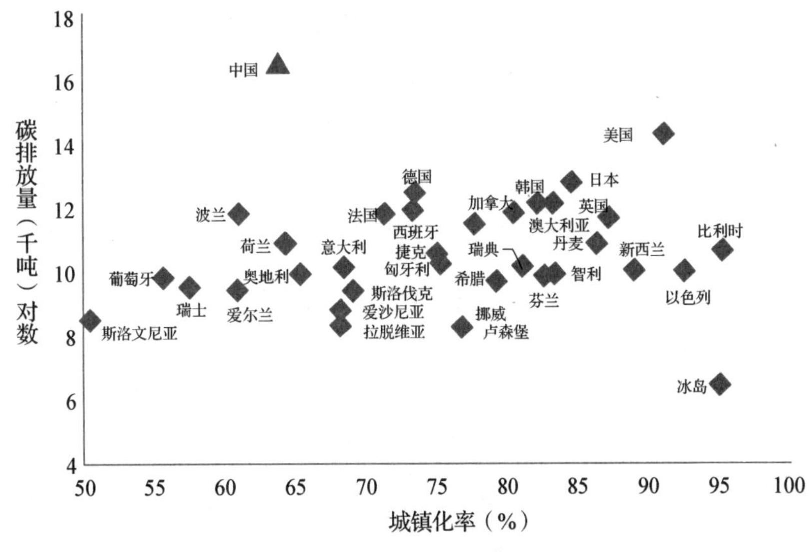

图 8－3 各国碳达峰时城镇化率

资料来源：世界银行.

（4）我国人均 GDP 在实现碳达峰时与发达经济体仍存在差距。我国 2020 年人均 GDP 为 10 503 美元，预计 2030 年的人均 GDP 约为 17 168 美元，经济社会高质量发展任重道远。

（5）我国能源结构转型压力较大。实现碳达峰时，关于化石能源消费占比，2006 年欧盟为 76.13%，2007 年美国为 85.13%。我国 2020 年化石能源消费占比为 84.2%，需要进一步通过推广清洁能源引领低碳能源转型发展。

（6）当前应对人口老龄化的国家战略背景下碳达峰工作任重道远。2020 年我国人口年平均增长率为 0.53%，65 岁以上人口比重 13.5%，人口增长速度快于欧盟慢于美国，老龄化程度高于美国低于欧盟。人口增速减缓和老龄化趋势会直接抑制碳排放，助力碳达峰目标的实现。但人口老龄化问题具有复杂性，需警惕其可能带来的一系列经济与社会问题对碳排放趋势的影响。

（7）产业结构转型存在挑战。实现碳达峰时，2006 年欧盟制造业增加值占 GDP 比重为 15.8%，2007 年美国为 12.7%，2019 年我国制造业增加值占 GDP 比重达 27.2%。实现碳达峰时，2006 年欧盟服务业增加值占 GDP 比重为 63.7%，2007 年美国为 73.9%，2019 年我国服务业增加值占 GDP 比重为 53.9%。我国仍需进一步提高制造业水平，降低制造业能耗水平，发展高净值服务业。

从我国各地区的情况来看，东北、东部地区城镇化率与人均碳排放高于全国平均水平，东北地区预计接近碳达峰拐点，东部地区仍有很大排放潜力。

东北地区城镇化率达 67.71%，已接近发达国家平均水平，碳排放增长趋势放缓。根据国际经验，东北地区已基本处于达峰前期。东北地区人口为 9 851 万，碳排放总量约为 10 亿吨，人均碳排放约为 9.5 吨，已逼近近似体量发达国家达峰阶段的人均碳排放数值。

东部地区城镇化率约达 68.49%，虽接近发达国家平均水平，但城镇化与碳排放上升趋势仍明显。东部地区人口总数约为 5.6 亿，碳排放总量约为 44.6 亿吨，约占全国总量的 43%，人均碳排放约为 8.24 吨。东部地区自然禀赋较适合大型城市群发展，城镇化潜力仍然巨大。

中部地区城镇化率与人均碳排放低于全国平均水平，预计城镇化率与碳排放将进入快速上升期，碳排放量将持续较快增长。中部地区城镇化率约为 56.8%，已进入快速城镇化阶段，同时自 2011 年以来碳排放总量持续增长。中部地区人口总数约为 3.6 亿，碳排放总量约为 20.87 亿吨，约占全国总量的 20.9%，人均碳排放约为 5.6 吨，低于全国平均水平。中部地区的城镇化率仍有很大提升空间。

西部地区城镇化率低于全国平均水平，约为 54.08%，同样处于快速城镇化阶段，自 2011 年以来碳排放总量持续增长。西部地区人口总数约为 3.8 亿，碳排放总量约为 28.05 亿吨，约占全国总量的 27%，人均碳排放约为 7.3 吨。

第 3 节　区域碳排放管理案例

我国实施城市群战略由来已久。早在“十一五”期间，我国提出了四个区域规划试点，并于 2010 年 10 月获得国务院批准。“十一五”规划纲要指出：要把城市群作为推进城镇化的主体形态；加强城市群内各城市的分工协作和优势互补，增强城市群的整体竞争力；以特大城市和大城市为龙头，发挥中心城市作用，形成若干用地少、就业多、要素集聚能力强、人口分布合理的新城市群。

与城市层面的碳排放管理相比，城市群层面的碳排放管理面临更突出的管理主体协调问题，管理目标的内涵也有所不同。在尽最大可能实现碳达峰的基础上，考虑到多个城市发展步调的不一致，部分城市群在整体上碳排放总量增长已经趋缓，面临的更严峻挑战是如何均衡城市间的排放差距，如何有效应对后发城市发展需要对应的排放潜力。为了更深入讨论城市群尺度碳排放管理的实践，本节选取了两个典型的城市群作为区域级碳排放管理的案例，主要讨论城市群的碳排放特征、碳排放驱动机制与碳排放管理中富有成效的各类措施。

一、京津冀城市群碳排放管理

京津冀城市群是我国首都经济圈的扩展，共有 2 个直辖市、11 个地级市、19 个县级市，涵盖北京、天津和河北全境所有城市。首都经济圈是以北京为核心的地区的合称，是指以北京为核心，通过京津、京保石、京唐秦三条轴线向周围辐射的所有城市构成的集合。2014 年 2 月，习近平总书记听取京津冀协同发展工作情况的汇报，京津冀一体化从此被提至国家战略层面。2014 年 8 月，国务院京津冀协同发展领导小组成立。2015 年，《京津冀协同发展规划纲要》正式落地，不同于长三角与粤港澳大湾区以经济发展为中心的发展导向，京津冀城市群的发展有更为明确的协调发展目标，纲要明确指出京津冀协同发展战略的核心是有序疏解北京的非首都功能，调整经济结构和空间结构，走出一条内涵集约发展的新路子，探索出一种人口经济密集地区优化开发的模式，促进区域协调发展，形成新增长极。低碳发展是京津冀地区应对生态环境压力的现实需求，京津冀协同发展上升为国家重大战略，直接动因是生态安全问题日益突出。因此，在环境容量既定的约束条件下，京津冀地区走低碳发展道路，是实现本区域节能减排目标、减轻生态环境压力、扩大环境容量的唯一出路。

京津冀城市群主要碳排放来源于成熟的工业化城市，除了部分城市，大部分城市碳排放总量呈下降态势，碳排放的空间分布差异极大，总体符合“中心-边缘”结构形态。京津冀城市群的13个城市（直辖市与地级市）囊括了处于三个不同阶段的典型城市，且内部经济发展水平、碳排放水平差异极大。典型的发达城市如北京，已经基本完成产业转型，接近碳达峰；典型的工业化后期城市如唐山，面临新旧动能转换、能源系统转型的关键时期，是能源消费大户；处于典型的工业化前期、生态环境相对良好的城市如张家口，在能源系统发展中有一定后发优势。京津冀城市群13个城市的能源消费总量差异十分明显。作为京津冀城市群中最大的工业型城市，唐山近五年来的年均能源消费总量仅次于北京和天津，而年均能源消费总量最低的衡水不到唐山的1/20。北京、天津、石家庄、唐山和邯郸的能源消费总量较大，而秦皇岛、邢台、保定、张家口、承德、沧州等六个城市的能源消费水平在1 000万～2 000万吨标准煤的区间波动，只有廊坊和衡水两个城市的能源消费总量低于1 000万吨标准煤。从变化趋势上看，北京、承德、沧州三个城市呈现出一直增长的趋势，天津、唐山、秦皇岛、廊坊四个城市则是呈波动式增长态势，其余六个城市的能源消费总量出现了波动式下降。

从五年来的碳排放均值来看，北京、天津、唐山三个城市的碳排放量显著高于其他城市，而秦皇岛、衡水两个城市的碳排放量水平在京津冀城市群中最低。这也符合当前京津冀城市群的发展特点：北京是中国最大的城市之一；天津是中国北方最主要的工业基地之一；唐山则是河北省最大的工业型城市，其煤炭、钢铁、石油化工产业十分发达；碳排放量水平较低的城市则能源消耗较少，工业发展规模较小。京津冀城市群整体碳排放水平的逐年下降，在一定程度上说明了自京津冀协同发展战略实施以来，各城市在产业结构调整、生态环境保护等方面的努力取得了一定效果。五年来，京津冀城市的碳排放强度均有明显的降低，其中下降幅度较大的是北京和廊坊。虽然河北省各市碳排放强度也呈下降趋势，但是相较于北京和天津还是有较大差距。唐山和邯郸的碳排放强度最高，这主要是因为河北省各市在经济发展水平方面远远落后于北京和天津两个大型城市，同时由于北京、天津发展较快，开始步入后工业化发展阶段，经济增长已摆脱了靠重工业扩张带动，而是更多依赖高新技术产业和现代化服务业发展。考虑到京津冀城市群的碳排放总量规模已经趋缓，其碳排放管理的重点已经转移为应对未来可能因继续工业化、城镇化和能源供应转型受挫出现的排放增长，平稳度过碳达峰平台期。

推动京津冀区域一体化是城市群碳排放管理的基石。京津冀碳排放管理的核心是达成北京疏解非首都功能，实现高效集约发展与河北地区改善能源效率、实现产业结构转型的双赢。推动京津冀一体化是达成双赢的根本手段，脱离京津冀一体化的总体布局就无法有效释放河北地区未来城镇化与工业化的碳排放潜力，无法实现宏观有效的碳排放管理。北京和天津的城镇化率在 2014 年分别达到 86. 34% 和 82. 27%，已达到中等发达国家水平。但是河北省的城镇化率仍低于我国整体城镇化率，与京津相比差距明显。除了北京和天津这两个特大城市，河北省的经济集聚现象不够明显。以广东省为例，广州和深圳两地的 GDP 约占广东省的一半，而珠三角其他几个城市如东莞、中山、珠海分别占广东省 GDP 总量的 8. 7%、4. 2% 和 2. 7%，珠三角占全广东 GDP 的 75% 左右。但是在河北省，城市的集聚效应还不明显。2014 年，河北省第一经济大市唐山的 GDP 为 6 225. 30 亿元，约占全省经济总量的 21. 2%。石家庄 GDP 总量为 5 100. 2 亿元，约占河北省经济总量的 17. 3%。京津冀地区的人口集中聚集在北京和天津两个超大型城市以及河北省两个人口超过 1 000 万人的大型城市——保定和石家庄。河北省中小城市人口吸纳少。另外，河北省内部城镇化水平也不均衡，2013 年石家庄市城镇化率 55. 72% 为全省最高，最低的是衡水市，为 42. 92%，低于我国平均水平。

交通一体化是京津冀区域一体化工程的重要组成部分，也是京津冀地区人口流动、产业转移的前提条件。京津冀区域一体化过程中建成了发达的交通网络，为疏解北京非首都功能，推动协调发展，均衡碳排放起到了重要作用，也为其他城市群的区域一体化减排工作提供了宝贵参考。交通一体化是京津冀率先发力的建设领域，2015 年，在《京津冀协同发展规划纲要》的指导下，国家发改委和交通运输部联合编制了《京津冀协同发展交通一体化规划》，明确了京津冀交通一体化发展的目标和主要任务。到 2020 年，京津冀相邻城市间基本实现铁路 1. 5 小时通达，京雄津保“1 小时交通圈”已经形成，京津冀区域营运性铁路总里程达 10 480 公里。两大核心城市内，地铁建设力度继续加大，有效促进了关键排放城市交通系统绿色转型。在核心城市地铁加密、城际之间交通互联的双重作用下，交通系统运营方面也不断优化，成功推动京津冀一卡通互通。京津冀交通一体化有效地促进了三地之间的人口流动，有利于京津冀地区实现区域碳排放管理的目标。

在区域产业低碳发展方面，京津冀地区逐渐形成了以北京为创新中心，天津、石家庄为创新次中心的创新网络，结合三地不同的比较优势和发展路径规划产业布局方向。北京着重发力高端制造业，推进产业绿色转型升级，修订工业污染行业生产工艺调整退出及设备淘汰目录，制定实施汽车制造、生物医药、电子设备制造等重点行业绿色提升计划，推动构建绿色产业链。天津着重发力绿色供应链发展，推进绿色低碳发展，加快绿色制造体系建设，持续推动绿色工厂、绿色园区建设，打造绿色供应链，提升工业绿色发展水平；开展重点行业碳排放达峰行动，推动钢铁、电力等行业率先达峰。河北省则实施重点行业减污降碳行动，围绕钢铁、火电、水泥、焦化等传统产业行业，实施重大节能低碳技术改造示范工程，开展碳捕集、利用与封存重大项目示范，持续降低企业碳排放强度，打造了一批碳达峰、碳中和示范园区。

能源系统一体化与能源系统优化是碳达峰管理的基础。煤炭是京津冀地区主要的能源消费品种，除了北京、天津、张家口，大部分京津冀地区能源系统优化的关键都在于减少煤炭的使用。能源生产方面，碳排放管理的关键在于发掘风电等替代能源。京津冀城市群的煤炭资源主要集中在河北省的开滦、蔚县、宣化、井陉与邢台几大矿区，分布于北部的唐山、张家口和南部的石家庄、邢台、邯郸五个城市；油气资源主要分布在东部沿海，包括大港油田、华北油田和冀东油田，横跨天津、沧州、唐山、秦皇岛等市；风力发电站主要分布在北部的张家口、承德市。自 2017 年开始，京津冀地区全面落实能源设施一体化导向，打造一体化的新型能源系统。按照“适度超前”原则规划布局能源基础设施，统筹区域能源供应，打造出多元化能源安全保障格局。三地加快电力一体化建设，建设特高压输电通道，完善 500 千伏骨干网络，加强支撑电源建设，优化区域电源布局，统筹新能源汽车供能设施。同时，京津冀范围内加快了油气设施一体化建设，统筹油气资源开发利用，加强原油储输能力建设，推动天然气输气干线建设，加快天然气输气能力建设。

二、长三角城市群碳排放管理

长三角城市群（简称“长三角”），是我国人口集聚最多、创新能力最强、综合实力最强的三大核心城市群区域之一（其余两个为京津冀城市群与粤港澳大湾区）。其核心雏形为 1982 年 12 月成立的上海经济区，该区域的功能定位是长江流域对外开放的门户、我国参与经济全球化的主体区域、有全球影响力的先进制造业基地和现代服务业基地、世界级大城市群、全国科技创新与技术研发基地、全国经济发展的重要引擎。长三角城市群为规划中的亚洲最大城市群，包括以上海、南京、无锡、常州、苏州、南通、盐城、扬州、镇江、泰州、杭州、温州、宁波、嘉兴、湖州、绍兴、金华、舟山、台州、合肥、芜湖、马鞍山、铜陵、安庆、滁州、池州、宣城为中心区的所有江苏省、安徽省、浙江省、上海市所涵盖区域，面积 35. 8 万平方千米，中心区面积为 22. 5 万平方千米。长三角 GDP 达 237 300 亿元，占全国的 24%（2019 年）。其中，第一产业产值为 9 308. 98 亿元，占全国的 13. 2%；第二产业产值为 96 474. 57 亿元，占全国的 24. 98%；第三产业产值为 131 365. 41 亿元，占全国的 22. 00%。产业结构为 4%：41%：55%。

长三角的碳排放特征总体呈现出增长先快后慢，逐渐放缓的趋势，在空间上呈现出从中心化到多极化的特征。在近十几年，推动长三角碳排放增长的主要因素包括城市化、产业结构转型、经济总体规模扩大，长三角的人口聚集在创造了巨大财富的同时推动了能源需求总量的节节攀升。1995—2019 年，长三角碳排放总量呈上升趋势，但自 2011 年以来增长速度逐年下降。如表 8 - 1 所示，随着长江三角洲经济发展在 2015 年前后进入新常态，经济增长速度明显下降，碳排放增速明显放缓，产业结构调整力度加大，经济增长方式转变。碳排放增速放缓的原因除了经济增速放缓，还包括长三角地区采取的一系列区域一体化措施、技术引导政策及减排市场机制，未来预计可以通过挖掘清洁能源潜力实现减排。

表 8 - 1　2015—2019 年长三角碳排放总量　　单位：万吨

	2015 年	2016 年	2017 年	2018 年	2019 年
上海	11 610. 65	11 870. 91	11 754. 56	13 034. 36	14 075. 5
南京	3 733. 414	3 838. 402	3 900. 358	4 582. 667	5 036. 965
无锡	2 129. 529	2 258. 878	4 760. 764	5 451. 794	5 934. 937
常州	2 560. 35	2 622. 313	3 181. 192	3 704. 645	4 162. 179
苏州	4 453. 263	4 382. 582	9 977. 747	11 227. 02	11 943. 66
南通	1 062. 758	1 086. 821	2 666. 989	3 164. 941	3 506. 674
盐城	738. 039 1	771. 557 4	1 909. 467	2 306. 796	2 533. 216
扬州	843. 892	952. 494 6	1 591. 541	1 808. 762	2 024. 494
镇江	854. 838 9	879. 268 8	1 673. 022	1 901. 16	2 154. 056
泰州	613. 530 3	632. 544 1	1 846. 055	2 102. 258	2 334. 372

续表

	2015 年	2016 年	2017 年	2018 年	2019 年
杭州	4 139.446	4 198.948	5 080.344	5 925.737	6 506.688
嘉兴	789.602	845.590 7	3 202.589	3 754.361	4 156.558
湖州	624.179 1	675.412 1	1 652.962	1 991.526	2 295.451
舟山	259.934	262.066 2	359.216 8	189.345 6	522.003 7
金华	393.026 7	415.063 3	2 226.232	2 648.637	3 029.675
绍兴	1 922.023	1 902.919	2 846.384	3 339.694	3 737.327
台州	703.817 7	754.942	2 062.047	2 378.291	2 572.688
宁波	2 950.106	3 035.623	4 815.835	5 691.476	6 378.505
宣城	161.646 2	172.465 9	700.577 2	893.806 6	1 042.051
滁州	204.849 4	210.198 1	1 034.584	1 265.793	1 514.73
池州	124.926 3	124.447 7	408.253 5	479.941 3	590.595 4
合肥	1 166.247	1 316.552	2 203.393	2 730.214	3 170.601
铜陵	517.456 6	520.315 6	594.471 9	669.641 6	787.996 9
马鞍山	928.667 5	934.948 6	1 331.03	1 503.801	1 657.615
芜湖	754.835	807.340 6	1 252.236	1 443.402	1 615.374
安庆	549.963 2	463.618 3	643.354 3	781.853 8	905.441

下面从人均碳排放、能源消费碳排放强度、碳排放区域内分布差异三个角度剖析长三角地区的碳排放特征。

（1）从人均碳排放来看，2015—2019 年期间，长三角地区的人均碳排放总体高于全国平均水平，但在 2005—2019 年期间呈现下降趋势。其中，上海市的人均碳排放最高，但下降也最快；安徽省的人均碳排放最低，但下降速度较慢。

（2）从能源消费碳排放强度来看，2015—2019 年期间，长三角地区的能源消费碳排放强度低于全国平均水平，且在 2005—2019 年期间持续下降。其中，上海市的能源消费碳排放强度最低，且下降幅度最大；安徽省的能源消费碳排放强度最高，但也有明显的下降。

（3）从碳排放区域内分布差异来看，2015—2019 年期间，长三角地区的碳排放区域差异有缩小趋势。从“九五”期间到“十二五”期间，长三角各区县碳排放的平均标准差逐渐增大，说明该时期长三角各区县碳排放差异达到最大。而到“十三五”时期，“生态环境质量总体改善”目标被首次提出，绿色发展贯穿于“十三五”经济社会发展各领域各环节，绿色理念成为地区发展主基调，长三角碳排放区县差异开始缩小。

上述三大因素对碳排放都同时起到推动和抑制两方面作用，城市群层面碳排放管理的要旨就是了解驱动因素发挥两方面作用的具体机理，并且设法创造使其发挥抑制作用的必要条件。下面以区域一体化措施、产业政策引导措施和碳减排市场机制设计为样本，说明区域碳减排管理可以采用的干预方法。

区域一体化通过提高城市技术水平进而影响碳排放的路径有以下三条：一是区域一体化促进创新要素在区域间自由流动的同时，也带动区域间创新网络的形成，有利于知识溢出和技术扩散以及新技术的产生。二是区域一体化意味着企业有机会扩大域外市场规模和范围，企业为了占据竞争优势和提高经济效益，具有更为强烈的产品升级或产品创新动力，从而加大技术创新投入。此外，地区间通过搭建创新服务平台和科创资源平台等载体，不仅增强了城市层面和企业层面的相互信任，而且使企业的创新风险大幅度降低，提高了企业的创新动力。三是随着长三角一体化政策的深入推进，区域间生态环境保护协作机制不断完善。环境标准的提高和环境监管的加强，会倒逼高污染企业进行生产方式转型升级，使用更先进的节能减排技术和清洁能源。企业通过生产工艺和技术装备水平绿色化、低碳化避免行政处罚或遭淘汰的同时，也带动了城市整体技术水平提升。

伴随长三角区域一体化进程的是清洁生产的推广铺开。长三角清洁生产率的提高和区域一体化的推进互相促进、互为表里，是城市群以市场减排机制与要素整合推动技术进步来形成良性循环的典型案例，也是产业政策正确引导的结果。在城市群碳减排管理中，产业政策对城市群减排的正面作用可以按照宏微观分为两大部分：一是城市之间的产业政策互相配合，形成了协同治理，发挥了城市群的集聚效应，促进协同发展、产业升级，从根本上推动了区域的低碳发展，是最长远、最根本的碳排放管理；二是产业规划有序地推动了产业转型和发展，为引导产业发展设置的环境规制成功地起到了引导企业技术转型的作用。

区域协同治理架构是区域一体化的坚实基础。区域协同治理架构包括区域共同治理的组织、区域共同治理的决策流程以及区域共同治理的社会参与体系。长三角的治理组织实际上由中央和地方两个层面共同构成：在国家层面，通过成立领导小组及办公室，统筹协调，制定事关未来发展的中长期发展规划，以顶层设计推动规划制定，以规划引领区域制度创新；在省级层面，通过成立区域合作办公室，形成国家统一主导下充分发挥各省市相互联合积极性、实现多层面多主体参与、体现统分结合特点、以网络化区域协同治理为核心的新型区域协同治理范式。在实际决策过程中，通过推动成立各类专家委员会、合作联盟、行业协会、企业家协会，形成市场性组织和社会性组织多元化参与治理的决策流程，将决策、执行有机统合。长三角地区所形成的这种区域治理范式是区域碳达峰管理的长远基石，是根本上调和经济发展与碳排放关系的创新创造。

微观上的产业引导政策通过影响企业行为来进行碳排放管理，主要以环境规制的形式体现，致力于引导地区形成低碳、清洁、可持续的产业结构。环境规制是常见的减排政策工具，通常包括碳市场、削减市场壁垒和调节政府补贴三种。环境规制与低碳发展的关系及其作用机制是复杂且有争议的议题，在长三角的具体实践中，环境规制被认为通过调节资源分配推动了技术创新，进而促进了地方产业与区域的低碳转型。

碳市场指划定好允许的总体排放水平后，以排放许可证的方式将其在企业中进行分配。如果企业的排放水平低于允许的排放水平，企业可以将剩余的配额出售给其他企业或者用来抵消本企业设施的过度排放。长三角以上海碳市场试点为核心，围绕区域协同减排建立了一系列行政联盟，在全国碳市场开市以前，最大化了上海碳市场试点对当地产业结构的塑造作用。2019 年，长三角便发起了长三角绿色供应链联盟。2022 年，上海环境能源交易所主持宣布推进长三角碳管理体系建设，利用上海环境能源交易所在碳市场方面的建设经验，协助打造城市群数字化、智能化碳排放管理平台，助力政府对区域内企业碳排放情况进行整体监管，帮助企业对自身排放进行有效管理，发展地方绿色金融服务平台，利用碳信用评级体系平台，帮助区域内企业实现绿色转型发展，推动绿色金融发展。

削减市场壁垒指在一些情况下，环境保护可以通过减少市场壁垒来实现。通常包括三种类型：一是市场创建，即政府积极促进新市场的发育；二是责任规章，即鼓励企业在决策中考虑潜在的气候损失；三是信息披露，要求并鼓励市场主体主动披露排放、排污信息，以此强化市场的功能。2019 年 11 月，《长三角生态绿色一体化发展示范区总体方案》公布，方案中明确提出进一步降低区域内彼此之间的市场壁垒，加速要素流动，构建更灵活的市场机制，建设信息更透明的交易平台，各级地区应积极配合做好市场维护和发掘工作。具体措施包括建立吸引社会资本投入生态环境保护的市场化机制，规范运用政府和社会资本合作模式，在一体化示范区建立土地使用权、排污权、用能权、产权、技术等要素综合交易平台，研究建立区域交易合作机制，推进信息、场所、专家等资源共享。

调节政府补贴指将排放标准纳入补贴获取门槛，以补贴激励企业自发选择革新生产技术。从理论上说，补贴可以在解决环境问题方面提供激励。然而在实践中，部分补贴反而被认为加剧了经济上的无效率和环境上的不可持续。在一些情况下，如果削减补贴，反而有利于整体产业的低碳发展。长三角的碳排放相关补贴主要通过绿色信贷和政府技术补贴两种形式发放。长三角多家企业成立了专攻低碳经济发展的核心业务部门，浦发银行成立"绿色信贷业务部门"，成为国内首家成立专业部门支持低碳经济发展的金融机构。绿色信贷支持的是企业的能效项目，企业能够通过提高能效降低成本，再以降低的成本来还款。目前，浦发银行推出的绿色贷款主要集中在锅炉改造、建筑节能、绿色照明等方面。上海市 2021 年出台了针对企业减排、进行节能改造的各种奖励措施，其中包括现金奖励。在政策的强力推动下，上海市 2021 年全年完成企业节能改造 522 项，减排效果明显。同年，浙江省财政针对节能项目共投入补助资金近 7 000 万元，以工业领域内的石化、机械、冶金、纺织印染等高耗能企业为主，由此带动企业节能减排直接投资达 27.44 亿元。根据测算，这一直接投资还带动了相关产业链的一系列投资超过 80 亿元。

已有的实证结果验证了环境规制对企业技术创新的双重影响：一方面，环境规制抬高了企业的排放成本，倒逼企业进行生产工艺改进，而补贴调节措施以排放为指标进行补贴分配，也有利于为减排效率高的企业提供资金支持，有利于产业的整体发展；另一方面，环境规制可能导致企业从原本用于创新的研发资金中拿出一部分进行减排改造，损害企业的技术竞争力。两种效应此消彼长，环境规制对技术进步与减排具体体现为促进还是抑制，取决于该城市所处的发展阶段与其他禀赋差异。就长三角整体而言，环境规制主要起到正面的减排和促进技术创新的作用。

第 4 节　城市碳排放管理案例

城市是最重要的经济单元，同时也是最重要的减排单元；城市是城市群发展的引擎，同时是落实城市群发展战略的执行者。我国自 2010 年起陆续设立了三批低碳城市试点，将城市作为我国碳排放管理的前沿阵地。城市碳排放管理的模式、方法相较于城市群层面更加具体、精细和灵活，也更贴近微观层面。相比于城市群区域协同治理、区域产业政策引导的碳排放管理模式，城市级的碳排放管理在顺应区域发展大势的同时，更加强调因地制宜，充分凸显出碳排放管理的交叉学科属性和系统理念。为了更好地对照说明国内外、不同区域的城市碳排放管理实践特点，本节对国外代表性城市的碳排放管理实践进行集中说明，同时选取了我国的北京和成都进行具体介绍。

一、伦敦碳减排管理

作为世界上最早实现工业化的城市，伦敦的城市区域规划较早体现了碳排放管理、生态环境管理的思想。

在成熟的城市碳排放管理顶层设计规划下，伦敦有序地对电力、建筑、工业部门进行清洁化改造，在低碳城市建设领域取得了显著成效。早期伦敦的碳排放主要集中于工业部门，如今主要集中于建筑和交通两个部门，建筑部门碳排放约占总排放的七成以上，交通部门碳排放占总排放的两成以上。在建筑部门碳排放管理方面，伦敦城区形成历程较长，在城市空间利用规划的过程中就打下了碳排放管理的良好基础，为我国众多扩张期城市的空间利用规划提供了有价值的参考。

在大伦敦城市设计过程中，一直以绿色、低碳的设计理论为准则。以绿色城市的理论对城市的绿化工程进行合理布局，增加城市的公共绿地空间，为城市“热岛”降温，改善城市的生态环境，适应环境的变化。通过低碳城市的设计，利用可再生能源和分散化的能源网络来减少碳足迹，减缓气候变化。在规划设计过程中，把经济发展规划、气候变化规划、交通规划、环境保护规划综合起来，促进经济逐渐向低碳经济转型，通过将可再生能源部门、循环经济、高科技产业、绿色商业部门和互联网经济等相互融合，形成新兴产业部门，促进城市的公共交通系统绿色化、产业生态化、商业绿色化，不断降低碳排放强度，提高资源的利用效率，减轻城市气候变化带来的压力。特别是政府设定的减排目标，即 2010—2013 年减排（包括住宅和非住宅建筑）1/4，2013—2016 年减排 2/5，到 2031 年争取实现零碳排放，使居民清楚政府的决心，同时也让居民提高减排意识，自觉在生活、消费中实现减排目标。

伦敦低碳城市成功的关键在于其理性的规划和执行有力的管理机构。从大伦敦空间战略规划的几次演变，到各个区域性专项规划，都体现了“理性”。最重要的是，规划不是盲目的，而深思熟虑的。一个规划从开始编制到最后成文，需要经过讨论规划编制的目的、确定编制的原则和目标、形成规划文本、公众参与讨论、最后修改规划文本几个阶段，其时间跨度短的二三年，长的达到十年之久。让居民都参与到这样的规划中来，经过长时间的思考，最终的规划是所有相关利益者的诉求，也就是所有人的理性选择。

理性的规划需要有好的执行机构。大伦敦都市圈包括 33 个行政地区，相互之间平级，并不存在上下级的管理关系。于是 1965 年成立大伦敦城市议会，但各行政区之间的矛盾，导致大伦敦城市议会在大伦敦管理上的协调力不能完全发挥，于是在 2000 年组建了大伦敦政府，并设立了大伦敦管理局，主要负责规划与管理。有了大伦敦政府的行政机构，并由大伦敦管理局行驶管理职能，大伦敦都市圈低碳城市建设过程有了组织保障。

伦敦低碳发展的重点是经济形态转型。伦敦曾是世界上最大的工业城市，要想转型是非常困难的。伦敦的产业转型主要分为三大步骤：第一步，将工业，特别是带有污染的工业迁移出去，这一过程在 20 世纪 40—50 年代完成。第二步，城市核心区大力发展商贸服务业和金融业来解决城市就业，这一过程在 20 世纪 90 年代以前完成。第三步，创新发展生态环境保护产业，这是近 20 年正在进行的。因此我们现在可以看到，伦敦已成为全球的金融中心之一、国际贸易重要港口、新兴环境保护产业的创新基地。都市圈的低碳城市建设并没有让伦敦去工业化后出现产业空心化，而是选择更具有价值、更能解决就业、更具有发展前景的新兴工业和服务业。

二、东京碳减排管理

东京是国际政治、文化、低碳建设的领先城市，是超大型城市的典型代表。战后，东京在经历了快速工业化与电子工业转型后，仍然保持了较高的低碳发展水平。对东京低碳城市建设历程的研究，有利于揭示经济发展与低碳发展的辩证关系，为中国城市的低碳城市建设探索提供经验。

日本是最早涉足低碳城市、低碳经济体概念的主要经济体之一。2006 年，日本政府提出“低碳社会”理念，其基本内涵为：减少碳排放，提倡节俭精神，通过简单的生活方式实现高质量的生活，从高消费社会向高质量社会转变，与自然和谐共存，保护生态环境。在低碳社会建设行列中，东京是日本最为成功的低碳城市典范之一，在大力开发与研究低碳能源、低碳科技、低碳交通、低碳建筑，以及提倡低碳工商业与低碳家庭生活方面等取得了很大成效。2006 年，东京都政府出台了“十年后的东京”计划，提出了到 2020 年碳排放量比 2000 年减少 25%

的目标，拉开了建设低碳社会的序幕；2007 年 6 月发布《东京气候变化战略——低碳东京十年计划的基本政策》，详细制定了城市应对气候变化的中长期战略。东京可持续发展委员会于 2021 年 3 月发布了《东京城市发展规划》，详细阐述了东京至 2040 年的发展目标与规划方针，可以视为东京城市发展步入可持续、高质量发展新阶段的重要标志。规划总体以“未来东京 2040”战略愿景为方向，提出东京的两大发展目标：运用尖端技术促进东京可持续发展，构建零碳东京；最大限度利用城市功能，促进全球人、物、信息在东京的自由交流互通，构建创新东京、打造东京品牌形象、构建东京独特竞争力。

东京低碳城市建设特色主要有以下几方面：第一是注重信息技术在低碳领域中的应用。“东京无所不在”计划主张应用先进技术将东京市内“场所”及“物品”赋予唯一的固有识别码，将真实世界的资讯或内容进行数字化处理后与虚拟现实空间结合。东京大学曾参与低碳信息化项目，将建筑内的空调、照明、电源、监控、安全设施等子系统联网，对电能控制和消耗进行动态、有效地配置和管理。传感技术和智能技术的应用大大减少了电能消耗，如当学生进入研究室时，其所经过的照明系统和其独享的空调设施会及时开启，而当其离开时，系统则会立即关闭。低碳信息化技术开拓了节能减排的低碳新领域，在提供便捷、个性化的资讯服务时，为低碳城市建设添砖加瓦，指引了新的突破方法与方向。在“未来东京”战略中也明确提出了要利用 AI、大数据、VR 等技术进一步帮助城市迈向智慧发展。第二是注重创新基地在零碳建设中的作用。创新基地计划指更积极地推动国际商业活动，推动商业交流、模式创新、技术创新，通过创新领导城市活力。打造人、物、信息高速交流网，根据地区特点，结合多种交通模式和尖端技术，计划建立世界上最便捷、易用的综合性道路交通网络、信息交通网络，通过绿色丰富的步行者空间道路，创造以人为中心的交通空间。

城市空间优化与产业转移是东京环境战略转型的核心。产业转移既是东京每一次环境战略转型的核心内容，也是环境质量达标和改善的关键。对东京可持续发展影响最大的产业转移是区域一体化下的产业转移与能源约束下的产业海外转移。早在 20 世纪 50 年代，日本就出台了《首都圈整治法》，明确将首都圈作为法定规划对象，并在随后的多次首都圈整治规划中，从区域一体化角度通盘考虑产业转移，涉及产业从最初的高污染重化工业、机械制造到商务流通，最后扩展到高端服务业。空间上由东京向区域内转移再向区域外转移。与此同时，东京向周边区域分散教育、文化等城市功能，支撑整个区域经济发展。截至 2019 年，东京第三产业占 GDP 的比重为 85. 40%。20 世纪 70 年代石油危机后，日本出台《节能法》限制国内高污染、高耗能企业发展，并鼓励这些产业向国外转移。

能源清洁化是东京低碳城市建设的关键。能源的清洁化、低碳化发展对东京创建低碳城市、建设全球环境负荷最小的城市具有重要意义。东京环境战略实施中始终伴随能源战略的转变，从煤主油从、煤炭向石油转换，再到石油危机后的能源多样化战略，最后到 21 世纪的清洁、低碳能源战略。20 世纪 60 年代初，得益于国际低价且稳定的石油供应，石油超越煤炭成为东京的第一大能源，这对解决当时的“黑烟事件”具有积极影响；20 世纪 70 年代，石油危机爆发促使日本实施能源多样化和节能战略，天然气海外进口增加，核电开发加速，可再生能源受到重视，节能措施不断引入，能源消费结构不断优化，促使东京环境质量在这一时期达标。到 21 世纪，东京提出低碳城市发展战略，重视太阳能与氢能源的开发和利用，目标是到 2020 年，东京的温室气体排放量在 2000 年的基础上降低 25%。东京重视环境教育发展，在中小学开设环境课程，并使之在城市废弃物管理、低碳发展等方面发挥积极的作用，同时乐于宣传气候变化可能带来的经济损失，日本民众对气候变化的关注度持续升高。

三、北京市碳减排管理

北京市是全国政治中心、文化中心、国际交往中心、科技创新中心。北京被列入第二批低碳城市试点，肩负着为不同类型地区探索低碳发展路径的使命，同时也是低碳发展方向上的领先者与积极探索者。

北京市是低碳试点城市中发达城市的典型代表。北京市具备众多有利于低碳发展的优势，包括第三产业占比高、能源结构较清洁，2019 年北京第三产业占比高达 83. 5%，煤炭在全市能源消费中比重仅为 1. 9%，城镇天然气管线达 2. 8 万千米，全市基本实现清洁供热。如图 8－4 所示，2017 年以来北京市碳排放总量上升趋势减缓，2020 年基本实现碳达峰。2020 年，北京碳强度比 2015 年下降 23% 以上，超额完成“十三五”规划目标，碳强度在全国省级地区中最低。北京市“十四五”规划中指出，大幅提高能源资源利用效率，实现碳排放稳中有降是北京市未来五年要完成的主要目标。

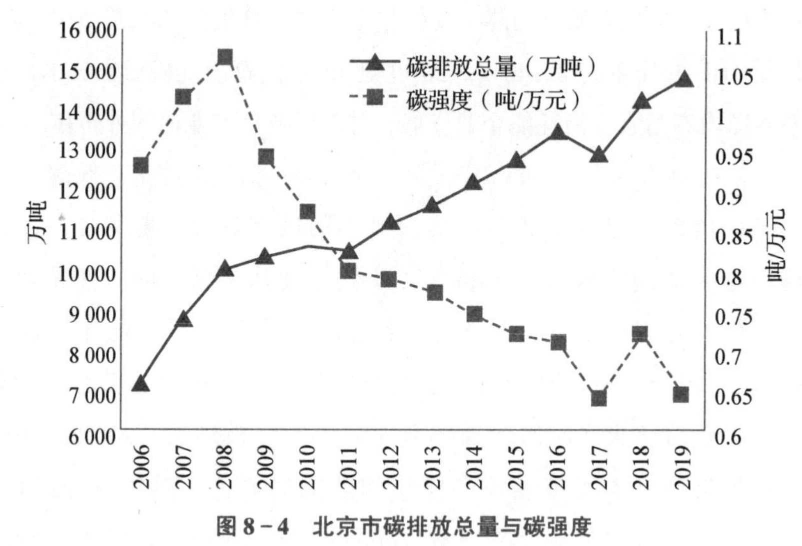

图 8-4　北京市碳排放总量与碳强度

资料来源：北京市统计年鉴.

成为低碳试点城市以来，北京市在低碳发展领域取得了许多突出成果，在全国起到了示范带头作用。北京市率先探索建立了重大项目碳排放评价制度，尝试在已有的固定资产投资项目节能评估基础上增加碳排放评价的内容，严格限制高碳产业项目准入。2015—2017 年北京市共完成碳排放评估项目 475 个，核减二氧化碳排放量 53 万吨，核减比例达到 8.8%。

北京市着力建设规范有序区域碳排放权市场并探索跨区交易。一是构建了“1+1+N”的制度政策体系。比如，北京市发布了《关于北京市在严格控制碳排放总量前提下开展碳排放权交易试点工作的决定》和《北京市碳排放权交易管理办法（试行）》，相关部门制定了核查机构管理办法、交易规则及配套细则、公开市场操作管理办法、配额核定方法等 17 项配套政策与技术支撑文件。二是探索建立跨区域碳交易市场。北京市积极与周边地区开展跨区碳交易工作。2014 年 12 月，北京市发改委、河北省发改委、承德市政府联合印发了《关于推进跨区域碳排放权交易试点有关事项的通知》，正式启动京冀跨区域碳排放权交易试点。2016 年 3 月，北京市发改委又与内蒙古发改委、呼和浩特市政府和鄂尔多斯市政府共同发布了《关于合作开展京蒙跨区域碳排放权交易有关事项的通知》，联合在北京市与呼和浩特和鄂尔多斯两市之间开展跨区域碳排放权交易。

在落实减排责任主体方面，北京市建立有效的目标责任分解和考核机制，将节能减碳目标纵向分解到市、区县、镇乡街道三个层面，横向分解到 17 个重点行业主管部门和市级考核重点用能单位，形成了“纵到底、横到边”的责任落实与压力传导体系。

在对外合作交流，共同开展减排活动方面，北京市通过成功主办三次“中美气候智慧型/低碳城市峰会”，充分利用峰会的交流平台和交流机制，宣传中国近年来的低碳发展成果，借鉴国外在低碳转型过程中的经验和教训，扩大中国城市管理者的国际化视野，触动城市低碳转型的内生动力。

在重点行业减排与能源结构优化方面，北京市积极推进国家生态文明建设示范区和“两山”实践创新基地创建。引导全社会践行绿色生产、生活和消费方式，形成良好的社会风尚。

（1）推动产业结构优化升级。严格执行新增产业禁止和限制目录，严控新增不符合首都功能定位的产业。分类有序疏解存量。全市三次产业构成由 2015 年的 0. 6∶19. 6∶79. 8，调整为 2019 年的 0. 3∶16. 2∶83. 5。

（2）持续优化能源结构。制定《北京市打赢蓝天保卫战三年行动计划》，不断压减煤炭消费量，实施农村地区村庄冬季清洁取暖改造，基本实现平原地区无煤化。2017 年，北京最后一座大型燃煤电厂停机备用，北京由此成为全国首个告别煤电、全部实施清洁能源发电的城市；2018 年，北京近 3 000 个村落实现了煤改清洁能源，北京平原地区基本实现“无煤化”。在大力推动大气污染治理工作的同时，北京的燃煤量大幅下降，这为全市碳达峰工作打下了基础。北京生态环境局相关负责人介绍，2020 年北京碳强度预计比 2015 年下降 23% 以上，超额完成“十三五”规划目标，碳强度为全国省级地区最低。2019 年全市可再生能源消费量达到 610. 3 万吨标准煤，占能源消费总量的 8. 2% 。

（3）构建市场导向的绿色技术创新体系。印发了《北京市构建市场导向的绿色技术创新体系实施方案》，强化节能领域科技创新，加大节能技术产品研发和推广力度。

（4）激活节能服务市场活力。搭建了节能服务中小微企业投融资综合服务平台，发挥行业协会、金融机构各自优势，推动绿色技术创新融资体系不断完善。

（5）推动节能技术创新。按年度发布节能技术产品及示范案例推荐目录，累计推广了 273 项先进适用的节能技术产品。

（6）积极推动绿色消费。实施新一轮为期三年的节能减排促消费政策，对 15 类节能减排商品给予补贴，灵活运用标准标识认证等政策，扩大节能类家电的市场占有率。

（7）在能源、土地利用、建筑、交通等重点排放行业开展创新专项行动。建筑方面，北京的近零排放项目利用最新技术，探索如何在保持室内舒适度的同时，大幅减少排放。

案例

中国建筑科学研究院建造的4 025平方米近零能耗试点建筑采用可再生能源系统，显著降低了总能耗。该建筑的屋顶由144组真空玻璃中温集热器组成，满足建筑年供暖需求的1/3。创新的地源热泵提供了冬季65%的供暖需求，也可以在夏季为建筑提供制冷。光伏太阳能系统为电热泵提供动力，也满足了整个建筑大部分的电力需求。试点建筑实现节能80%。此外，该项目还节省了大量的水资源和材料，提高了环境标准和舒适度，是中国建筑未来减排技术发展的标杆。

在土地利用方面，市政府鼓励植树造林，改善城市周边环境，同时建成了中国第一个垂直农场。北京市估计，房山区307公顷的林地每年将封存2 947吨二氧化碳，从而进一步避免因减少氮肥而产生的排放。通过参与全国碳排放交易市场，每公顷林地将获得政府补贴22 500元。该项目还帮助当地居民从森林中获取新的收入来源。除了创造110多个森林管理就业岗位，这些树木结出的李子、桃子等水果也可直接出售给北京居民。项目还吸引了外地游客来此欣赏全新的绿色环境。项目实施后，土壤侵蚀减半，氨排放明显下降。

案例

北京农众推出了全新的垂直农场，展现了未来的愿景，这是中国首个垂直农场。该设施利用智能空气循环系统，使真菌产生的二氧化碳实现低层循环到高层循环，从而提高蔬菜的光合速率。这种方法减少了对化肥的需求。在人工环境中种植食物的成本较高，其中照明占运营成本的80%。然而，由于使用了LED技术，北京农众工厂每年节省能源62.5%，节省成本1.42亿元，减少二氧化碳排放1 680吨。

社区综合治理方面，北京的低碳试点社区展示了可持续生活的图景。低碳社区试点计划于2014年启动，受到北京多个社区的热烈欢迎。该计划下的项目在规模和行业上各有不同，涵盖从能源和水的消耗到废弃物管理和回收等多种问题。具体项目实施工作由村级委员会负责，突出地方参与的重要性。北京师范大学的研究人员参与监测了三个试点社区的工作进展，并且估计仅这三个社区每年减少的碳排放就超过20万吨。蜜南社区的一个案例是“绿色餐厨屋”项目，每天处理

36 吨餐厨垃圾。该项目通过处理有机物质，将其转化为一种有价值的堆肥产品，免费提供给居民使用。该计划非常成功，北京的其他几个社区也在效仿蜜南社区的做法。

交通方面，北京市政府推广基于应用程序的拼车方式，致力于减少私家车出行和空气污染。

四、成都市碳减排管理

成都市的碳排放管理立足于其城市定位。作为我国西部地区的交通枢纽、文化名城、首个公园城市建设示范区，成都市不仅较为成功地实现了产业结构转型，而且正通过发掘旅游资源、发展服务业探索经济发展与减少排放的平衡点，为成渝城市群的长期可持续发展打下了坚实基础。

2016 年发布的《成渝城市群发展规划》中，成都市被定为国家中心城市，更将可持续发展写入城市发展规划之中。节约化石能源利用，减少碳排放是可持续发展内涵的一部分，建设低碳城市已经成为成都市的重要发展目标。

成都市能源消费增速低于 GDP 增速，经济发展态势良好。但由于是典型的能源输入型城市，能源结构主要依靠外部输入电力、天然气和石油。2020 年，成都市优质清洁能源占能源消费的比重达 60.66%，通过扩大禁煤区域，加大高排放设备淘汰和清洁生产能源改造力度，煤炭消费比重进一步降低，非化石能源占一次能源消费比重提高到 30.8%。2015 年煤炭燃料消费量为 448.05 万吨，占比为 34.69%；2020 年全市能源消费总量为 3 801 万吨标准煤，其中煤炭燃料消费量为 332.66 万吨，占比为 8.75%，下降明显。

从碳排放来看，图 8－5 展示了近年来成都市的碳排放总量变化。2015 年以来，成都市碳排放总量增长提速，相应的排放强度下降趋势反弹，2020 年的总排放量是 5 155.94 亿吨，其中煤品只占 17%，燃油占 54%，天然气占 29%，预计成都市未来碳排放存在平稳上升趋势，主要是伴随经济快速发展，油品和天然气消费碳排放增量导致。由于能源消费清洁化程度提高，能源消费碳排放总体较为平稳，给未来实现碳达峰和碳中和目标奠定了良好的基础。成都市能源结构中油品仍占较大份额，使石油加工、炼焦和核燃料加工业产量维持在较高水平；煤炭燃料消费占比逐年降低，占比较小，下降空间有限；电力和天然气占比仍有提升空间；风电、太阳能等新能源因地理位置因素缺乏大规模利用条件。成都市 2015—2019 年煤炭的消费需求逐年下降，由 2015 年的 13.71% 降至 2019 年的 8.39%。

成都市油品燃料消费长期维持在较高比例，从2015年的41.6%提高至2019年的43.44%，实现碳达峰的关键是通过产业结构的优化降低油品燃料的消费需求。交通运输产业内部结构中道路运输、航空业等高能耗运输方式占比不断提高，城市小汽车数量增长过快，耗油量增长迅速。由此可以看出，成都市交通运输部门过于依赖油品，交通运输领域用油增量对全市碳排放增量贡献率超过50%。

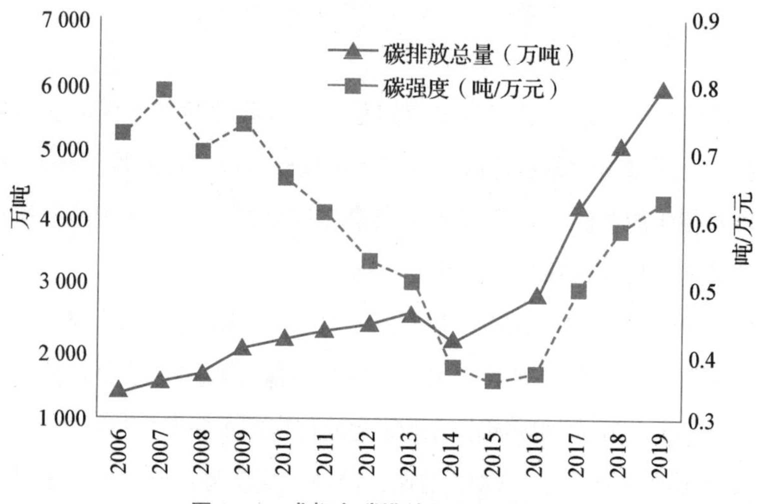

图8-5 成都市碳排放总量与碳强度

资料来源：中国能源统计年鉴.

在政策设计层面，成都市不断强化法规和制度建设，印发了《成都市生态文明建设2025规划》《成都市建设低碳城市工作方案》《成都市绿色建筑行动工作方案》等相关指导文件。在城市空间利用方面，从示范区建设实践来看，成都市在顶层设计、生态价值实现、优化空间布局以及营城模式革新方面做出了诸多探索，积累了丰富的实践案例。成都市大力构建城市轨道、公交和慢行“三网”融合的低碳交通体系，轨道交通运营里程达558公里，市域铁路公交化运营里程突破430公里，公交专用道里程达1 014公里，中心城区“5+1”区域（成华区、锦江区、青羊区、金牛区、武侯区和成都高新区）公交出行分担率提升至60%。

成都市全域统筹的生态碳汇体系已初步形成。一是生态环境日益改善，2016—2020年，成都市实现了森林面积、森林蓄积和森林覆盖率的“三增长”，全市森林面积由823.5万亩增加到864.3万亩，增加了40.8万亩。森林覆盖率由38.3%提升至40.2%，增长1.9%。龙泉山城市森林公园森林面积达到112.84万亩。启动了546个川西林盘生态管护与修复项目，累计建成各级绿道4 408公里。二是低碳生活方式日益普及。全市共享单车日均骑行次数超过185万人次，年减排二氧化碳约 2 万吨；“蓉 e 行”平台累计申报私家车自愿停驶 36.8 万天，智慧停车信息平台整合停车场 2 500 个、共享车位超 50 万个；出台生活垃圾管理条例，居民生活垃圾分类覆盖率超过 90%，在全国率先实现原生生活垃圾“零填埋”。三是产业发展方面。2021 年 8 月 19 日，成都市召开“突出创新驱动、强化功能支撑，以产业生态圈引领产业功能区高质量发展”新闻发布会，会上公布了产业生态圈优化调整情况。其中提到，成都将原智能制造产业生态圈进行细分，构建了“数字经济产业生态圈”和“人工智能产业生态圈”；将原会展经济、现代物流、现代金融、现代商贸、文旅（运动）等产业生态圈进行整合，构建了“先进生产性服务业生态圈”和“新消费产业生态圈”。

作为我国西部地区全新的增长极，成都市有望利用已有城市碳排放管理的经验，从城市空间规划等领域开创出全新路径，在少走弯路的同时，在低碳生活、低碳公园社区等领域探索出新的发展模式。

参考文献

[1] Ackiewicz M, Litynski J, Kemper J. Technical summary of bioenergy carbon capture and storage (BECCS) [C]. Carbon Sequestration Leadership Forum. 2018: 1-76.

[2] Al-Qayim K, Nimmo W, Pourkashanian M. Comparative techno-economic assessment of biomass and coal with CCS technologies in a pulverized combustion power plant in the United Kingdom[J]. International Journal of Greenhouse Gas Control, 2015, 43: 82-92.

[3] An R, Yu B, Li R, et al. Potential of energy savings and CO_2 emission reduction in China's iron and steel industry[J]. Applied Energy, 2018, 226: 862-880.

[4] Arnell N, Gosling S N. The impacts of climate change on river flood risk at the global scale[J]. Climatic Change, 2016, 134(3): 387-401.

[5] Asian Development Bank. Roadmap for carbon capture and storage demonstration and deployment in the People's Republic of China[R], 2015.

[6] Asoka A, Gleeson T, Wada Y, et al. Relative contribution of monsoon precipitation and pumping to changes in groundwater storage in India[J]. Nature Geoscience, 2017, 10(2): 109-117.

[7] Azarabadi H, Lackner K S. A sorbent-focused techno-economic analysis of direct air capture[J]. Applied Energy, 2019, 250: 959-975.

[8] Bennett R, Tambuwala N, Rajabifard A, et al. On recognizing land administration as critical, public good infrastructure [J]. Land Use Policy, 2013, 30 (1): 84-93.

[9] Bernauer T, Böhmelt T. International conflict and cooperation over freshwater resources[J]. Nature Sustainability, 2020, 3: 350-356.

[10] Black D, Henderson V. A theory of urban growth[J]. Journal of Political Economy, 1999, 107(2): 252-284.

[11] Board O S, National Academies of Sciences, Engineering, and Medicine. Negative emissions technologies and reliable sequestration: A research agenda[R]. 2019.

[12] Bongaarts J, IPBES. Summary for policymakers of the global assessment report on biodiversity and ecosystem services of the Intergovernmental Science-Policy Platform on Biodiversity and Ecosystem Services[J]. Population and Development Review, 2019, 45(3): 680-681.

[13] BP. Statistical review of world energy 2021[R]. 2021.

[14] BP. Statistical review of world energy 2022[R]. 2022.

[15] Budinis S, Krevor S, Dowell N M, et al. An assessment of CCS costs, barriers and potential[J]. Energy Strategy Reviews, 2018, 22: 61-81.

[16] Carlino G A, Chatterjee S, Hunt R M. Urban density and the rate of invention [J]. Journal of Urban Economics, 2007, 61(3): 389-419.

[17] CEC. The annual report of China power sector 2018[R]. 2017.

[18] CEEP-BIT. International oil price forecast and outlook research report [R]. 2018.

[19] Chenery H B, Syrquin M. Patterns of development, 1950-1970[R]. Oxford University Press, 1975.

[20] Chen J M, Yu B, Wei Y M. Energy technology roadmap for ethylene industry in China [J]. Applied Energy, 2018, 224: 160-174.

[21] Clark J. The sanative influence of climate[M]. Philadelphia: Ed. Barrington & Geo. D. Haswell, 1843.

[22] Cuthbert M O, Gleeson T, Moosdorf N, et al. Global patterns and dynamics of climate-groundwater interactions[J]. Nature Climate Change, 2019, 9: 137-141.

[23] Dahowski R T, Davidson C L, Li X C, et al. A \$70/tCO_2 greenhouse gas mitigation backstop for China's industrial and electric power sectors: Insights from a comprehensive CCS cost curve[J]. International Journal of Greenhouse Gas Control, 2012, 11: 73-85.

[24] Dahowski R, Li X, Davidson C, et al. Regional opportunities for carbon dioxide capture and storage in China: a comprehensive CO_2 storage cost curve and analysis of the potential for large scale carbon dioxide capture and storage in the People's Republic of China(No. PNNL-19091)[R]. Richland, WA: Pacific Northwest National Lab

(PNNL), 2009.

[25] de Graaf I E M, Gleeson T, et al. Environmental flow limits to global groundwater pumping[J]. Nature, 2019, 574: 90-94.

[26] Dematte, Jane E. Near-fatal heat stroke during the 1995 heat wave in Chicago[J]. Annals of Internal Medicine, 1998, 129(3): 173.

[27] Deutz S, Bardow A. Life-cycle assessment of an industrial direct air capture process based on temperature-vacuum swing adsorption[J]. Nature Energy, 2021, 6(2): 203-213.

[28] Diaz H F, Kovats R S, Mcmichael A J, et al. Climate and human health linkages on multiple timescales[M]//History and Climate. New York: Springer, 2001.

[29] Díaz S, Settele J, Brondízio E S, et al. Pervasive human-driven decline of life on Earth points to the need for transformative change[J]. Science, 2019, 366 (6471).

[30] Döll P, Trautmann T, Gerten D, et al. Risks for the global freshwater system at 1.5℃ and 2℃ global warming[J]. Environmental Research Letters, 2018, 3 (4): 044038.

[31] Duranton G. Puga D. Micro-foundations of urban agglomeration economies [J]. Handbook of Regional and Urban Economics, 2004, 4: 2063-2117.

[32] Fasihi M, Efimova O, Breyer C. Techno-economic assessment of CO_2 direct air capture plants [J]. Journal of cleaner production, 2019, 224: 957-980.

[33] Feenstra R C, Inklaar R, Timmer M P. The next generation of the Penn World Table[J]. American Economic Review, 2015, 105(10): 3150-3182.

[34] Fell H, Gilbert A, Jenkins J D, et al. Nuclear power and renewable energy are both associated with national decarbonization[J]. Nature Energy, 2022, 7(1): 25-29.

[35] Fuss S, Lamb W F, Callaghan M W, et al. Negative emissions—Part 2: costs, potentials and side effects [J]. Environmental Research Letters, 2018, 13 (6), 063002.

[36] Gantner V, Bobić T, Potonik k, et al. Persistence of heat stress effect in dairy cows[J]. Mljekarstvo, 2019, 69(1): 30-41.

[37] Gardner W J, Kark A J. Clinical diagnosis, management, and surveillance of exertional heat illness[J]. Medical Aspects of Harsh Environments, 2001, 1(7):

231–279.

[38] GCCSI. Bioenergy and carbon capture and storage[R]. Sydney: Global CCS Institute, 2019.

[39] Ghosh G C, Khan M J H, Chakraborty T K, et al. Human health risk assessment of elevated and variable iron and manganese intake with arsenic-safe groundwater in Jashore, Bangladesh[J]. Scientific Reports, 2020, 10: 5206.

[40] Global Carbon Project. The Global Carbon Budget 2021[DB/OL]. https://www.globalcarbonproject.org/carbonbudget/21/data.htm.

[41] Grass L, Burris J S. Effect of heat stress during seed development and maturation on wheat(Triticum durum) seed quality. I. Seed germination and seedling vigor [J]. Canadian Journal of Plant Science, 1995, 75(4): 821–829.

[42] Grossman G M, Krueger A B. The inverted-U: what does it mean? [J]. Environment and Development Economics, 1996, 1(1): 119–122.

[43] Guan D, Hubacek K, Weber C L, et al. The drivers of Chinese CO_2 emissions from 1980 to 2030[J]. Global Environmental Change, 2008, 18(4): 626–634.

[44] Guan Y, Shan Y, Huang Q, et al. Assessment to China's recent emission pattern shifts[J]. Earth's Future, 2021, 9(11): e2021EF002241.

[45] Hagenlocher M, Delmelle E, Casas I, et al. Assessing socioeconomic vulnerability to dengue fever in Cali, Colombia: statistical vs expert-based modeling[J]. International Journal of Health Geographics, 2013, 12: 36.

[46] Hales J R S. Effects of exposure to hot environments on the regional distribution of blood flow and on cardiorespiratory function in sheep[J]. Pflügers Archiv, 1973, 344: 133–148.

[47] Hanif A, Wahid A. Seed yield loss in mungbean is associated to heat stress induced oxidative damage and loss of photosynthetic capacity in proximal trifoliate leaf [J]. Pakistan Journal of Agricultural Sciences, 2018, 55(4): 777–786 .

[48] Harris J R, Todaro M P. Migration, unemployment and development: a two-sector analysis[J]. American Economic Review, 1970, 60(1): 126–142.

[49] Heidel K, Keith D, Singh A, et al. Process design and costing of an air-contactor for air-capture[J]. Energy Procedia, 2011, 4: 2861–2868.

[50] Henderson V. The urbanization process and economic growth: the so-what

question[J]. Journal of Economic Growth, 2003, 8(1): 47-71.

[51] Hendriks C, Graus W, van Bergen F. Global carbon dioxide storage potential and costs[R]. 2004.

[52] Hingston W H. The Climate of Canada and its relations to life and health [M]. Dawson, 1884.

[53] House K Z, Baclig A C, Ranjan M, et al. Economic and energetic analysis of capturing CO_2 from ambient air[J]. Proceedings of the National Academy of Sciences, 2011, 108(51): 20428-20433.

[54] Hudson J C. Diffusion in a central place system[J]. Geographical Analysis, 1969, 1(1): 45-58.

[55] IEA. Tracking SDG7: the energy progress report 2022[R/OL]. https://www.iea.org/reports/tracking-sdg7-the-energy-progress-report-2022.

[56] IEA. An energy sector roadmap to carbon neutrality in China[R/OL]. https://www.iea.org/reports/an-energy-sector-roadmap-to-carbon-neutrality-in-china.

[57] IEA. Energy efficiency 2020[R/OL]. https://www.iea.org/reports/energy-efficiency-2020.

[58] IEA. Energy technology perspectives 2020[R/OL]. https://www.iea.org/reports/energy-technology-perspectives-2020.

[59] IEA. CO_2 emissions from fuel combustion[R]. Paris, France: IEA, 2020.

[60] IEA. Net zero by 2050-a road map for the global energy sector [R]. Paris, France: IEA, 2021a.

[61] IEA. The potential for equipping China's existing coal fleet with carbon capture and storage[R]. Paris, France: IEA, 2016.

[62] IEA. The value of urgent action on energy efficiency[R/OL]. https://www.iea.org/reports/the-value-of-urgent-action-on-energy-efficiency.

[63] Immerzeel W W, Lutz A F, Andrade M, et al. Importance and vulnerability of the world's water towers[J]. Nature, 2020, 577: 364-369.

[64] Intergovernmental Panel on Climate Change(IPCC). Special report on global warming of 1.5℃[R]. Cambridge, UK: Cambridge University Press, 2018.

[65] Intergovernmental Panel on Climate Change. Climate change 2007: impacts, adaptation, and vulnerability[R]. Cambridge, UK: Cambridge University Press, 2014.

[66] Ioannou L G, Tsoutsoubi L, Samoutis G, et al. Time-motion analysis as a novel approach for evaluating the impact of environmental heat exposure on labor loss in agriculture workers[J]. Temperature, 2017, 4(3): 330-340.

[67] IPCC. Special report on emission scenarios. Contribution of Working Group Ⅲ to the Fourth Assessment Report of the Intergovernmental Panel on Climate Change [R]. Cambridge, UK: Cambridge University Press, 2000.

[68] IPCC. Climate change 2013: the physical science basis[R]. Cambridge, UK & New York, R USA,Cambridge University Press, 2013.

[69] IPCC. AR5 climate change 2014: mitigation of climate change[R]. Cambridge, UK: Cambridge University Press, 2014.

[70] IPCC. Global warming of 1.5℃[R]. Geneva, Switzerland: World Meteorological Organization,2018.

[71] IPCC. 2019 refinement to the 2006 IPCC guidelines for national greenhouse gas inventories[R]. Geneva, Switzerland: IPCC, 2019.

[72] IPCC. Climate change 2021: the physical science basis[R]. Cambridge, UK & New York, USA: Cambridge University Press, 2021.

[73] IPCC. Climate change 2022: impacts, adaptation, and vulnerability[R]. Cambridge, UK & New York, USA: Cambridge University Press, 2022.

[74] IRENA. Future of solar photovoltaic: deployment, investment, technology, grid integration and socio-economic aspects[R]. Abu Dhabi, United Arab Emirates: International Renewable Energy Agency, 2019a.

[75] IRENA. Future of wind: deployment, investment, technology, grid integration and socio-economic aspects[R]. Abu Dhabi, United Arab Emirates: International Renewable Energy Agency, 2019b.

[76] IRENA. Renewable power generation costs in 2020[R]. Abu Dhabi, United Arab Emirates: International Renewable Energy Agency, 2021a.

[77] IRENA. World energy transitions outlook 2022: 1.5℃ pathway[R]. Abu Dhabi, United Arab Emirates: International Renewable Energy Agency, 2022.

[78] IRENA. World energy transitions outlook: 1.5℃ pathway[R]. Abu Dhabi, United Arab Emirates: International Renewable Energy Agency, 2021b.

[79] Jasechko S, Perrone D, Befus K, et al. Global aquifers dominated by fossil

groundwaters but wells vulnerable to modern contamination[J]. Nature Geoscience, 2017, 10: 425-429.

[80] Joksimović-Todorović M, Davidović V, Hristov S, et al. Effect of heat stress on milk production in dairy cows[J]. Biotechnology in Animal Husbandry. 2011, 27(3): 1017-1023.

[81] Jorgenson D W. The development of a dual economy[J]. The Economic Journal, 1961, 71(282): 309-334.

[82] Joseph I M, Suthanthirarajan N, Namasivayam A. Effect of acute heat stress on certain immunological parameters in albino rats[J]. Indian Journal of Physiology and Pharmacol, 1991, 35(4): 269-71.

[83] Kärki J, Tsupari E, Arasto A. CCS feasibility improvement in industrial and municipal applications by heat utilisation[J]. Energy Procedia, 2013, 37: 2611-2621.

[84] Keith D W, Ha-Duong M, Stolaroff J K. Climate strategy with CO_2 capture from the air[J]. Climatic Change, 2006, 74(1): 17-45.

[85] Keith D W, Holmes G, Angelo D S, et al. A process for capturing CO_2 from the atmosphere[J]. Joule, 2018, 2(8): 1573-1594.

[86] Kikstra J S, Vinca A, Lovat F, et al. Climate mitigation scenarios with persistent COVID-19-related energy demand changes[J]. Nature Energy, 2021, 6: 1114-1123.

[87] Koelbl B S, Van Den Broek M A, Van Ruijven B J, et al. Uncertainty in the deployment of carbon capture and storage(CCS): a sensitivity analysis to techno-economic parameter uncertainty[J]. International Journal of Greenhouse Gas Control, 2014, 27: 81-102.

[88] Koko V. Effect of acute heat stress on rat adrenal glands: a morphological and stereological study[J]. Journal of Experimental Biology, 2004, 207(24): 4225-4230.

[89] Kulkarni A R, Sholl D S. Analysis of equilibrium-based TSA processes for direct capture of CO_2 from air[J]. Industrial & Engineering Chemistry Research, 2012, 51(25): 8631-8645.

[90] Lackner K S. Capture of carbon dioxide from ambient air[J]. The European Physical Journal Special Topics, 2009, 176(1): 93-106.

[91] Lewis W A. Economic development with unlimited supplies of labour[J]. The manchester school, 1954, 22(2): 139-191.

[92] Li Q, Chen Z A, Zhang J T, et al. Positioning and revision of CCUS technology development in China[J]. International Journal of Greenhouse Gas Control, 2016, 46: 282-293.

[93] Li X, Yu B. Peaking CO_2 emissions for China's urban passenger transport sector[J]. Energy Policy, 2019, 133: 110913.

[94] Liang Q M, Yao Y F, Zhao L T, et al. Platform for China energy & environmental policy analysis: a general design and its application [J]. Environmental Modelling & Software, 2014, 51: 195-206.

[95] Liddle B. Impact of population, age structure, and urbanization on carbon emissions/energy consumption: evidence from macro-level, cross-country analyses[J]. Population and Environment, 2014, 35(3): 286-304.

[96] Lorenzo A, Luc F, Alessandra B, et al. Future flood risk in Europe under high-end climate projections[C] //EGU General Assembly Conference Abstracts. 2015.

[97] Lorenzo R, Danilo D, Davide C, et al. Potential for sustainable irrigation expansion in a 3℃ warmer climate[J]. Proceedings of the National Academy of Sciences, 2020, 117(47): 29526-29534.

[98] Lucas Jr R E. On the mechanics of economic development[J]. Journal of Monetary Economics, 1988, 22(1): 3-42.

[99] Marai I F M, Ayyat M S, El-Monem U M A. Growth performance and reproductive traits at first parity of New Zealand white female rabbits as affected by heat stress and its alleviation under egyptian conditions[J]. Tropical Animal Health and Production, 2001, 33(6): 451-462.

[100] Martin B R. Foresight in science and technology[J]. Technology Analysis & Strategic Management, 1995, 7(2): 139-168.

[101] Mashaly M M, Hendricks G L, Kalama M A, et al. Effect of heat stress on production parameters and immune responses of commercial laying hens[J]. Poultry Science, 2004, 83(6): 889-894.

[102] McMichael A J. Planetary overload: global environmental change and the health of the human species[M]. Cambridge, UK: Cambridge University Press, 1995.

[103] Mekonnen M M, Hoekstra A Y. Four billion people facing severe water scarcity[J]. Science Advances 2016, 2(2): e1500323.

[104] Melvin A M, Larsen P, Boehlert B, et al. Climate change damages to Alaska public infrastructure and the economics of proactive adaptation[J]. Proceedings of the National Academy of Sciences, 2017, 114(2): 122-131.

[105] Miles I. The development of technology foresight: a review[J]. Technological Forecasting and Social Change, 2010, 77(9): 1448-1456.

[106] Miller R E, Blair P D. Input-output analysis: foundations and extensions [M]. New York, USA: Cambridge University Press, 2009.

[107] Minx J C, Lamb W F, Callaghan M W, et al. Fast growing research on negative emissions[J]. Environmental Research Letters, 2017, 12(3): 035007.

[108] Minx J C, Lamb W F, Callaghan M W, et al. Negative emissions—Part 1: research landscape and synthesis [J]. Environmental Research Letters, 2018, 13 (6): 063001.

[109] Munkejord S T, Hammer M, Løvseth S W. CO_2 transport: data and models-a review[J]. Applied Energy, 2016, 169: 499-523.

[110] Murdock H E, Gibb D, André T, et al. Renewables 2021-Global status report[R]. 2021.

[111] Nikulshina V, Hirsch D, Mazzotti M, et al. CO_2 capture from air and co-production of H_2 via the $Ca(OH)_2$-$CaCO_3$ cycle using concentrated solar power-thermodynamic analysis[J]. Energy, 2006, 31(12): 1715-1725.

[112] Northam R M. Urban geography[M]. New York, USA: John Wiley & Sons, 1979.

[113] Otto F E L, Wolski P, Lehner F, et al. Likelihood of Cape Town water crisis tripled by climate change[DB/OL]. https://www.worldweatherattribution.org/the-role-of-climate-change-in-the-2015-2017-drought-in-the-western-cape-of-south-africa.

[114] Pan X, Chen W, Clarke LE, et al. China's energy system transformation towards the 2℃ goal: implications of different effort-sharing principles[J]. Energy Policy, 2017, 103: 116-126.

[115] Pedersen P O. Innovation diffusion within and between national urban systems[J]. Geographical Analysis, 1970, 2(3): 203-254.

[116] Perrone D, Jasechko S. Deeper well drilling an unsustainable stopgap to groundwater depletion[J]. Nature Sustainability, 2019, 2: 773-782.

[117] Pesaran M H. Smith R. Estimating long-run relationships from dynamic heterogeneous panels[J]. Journal of Econometrics, 1995, 68(1): 79-113.

[118] Pesaran M H, Shin Y, Smith R P. Pooled mean group estimation of dynamic heterogeneous panels[J]. Journal of the American Statistical Association, 1999, 94(446): 621-634.

[119] Pokhrel Y, Felfelani F, Satoh Y, et al. Global terrestrial water storage and drought severity under climate change[J]. Nature Climate Change, 2021, 11: 226-233.

[120] Porter A L, Ashton B, Clar G, et al. Technology futures analysis: toward integration of the field and new methods [J]. Technological Forecasting and Social Change, 2004, 71(3): 287-303.

[121] Poumanyvong P, Kaneko S. Does urbanization lead to less energy use and lower CO_2 emissions? A cross-country analysis[J]. Ecological Economics, 2010, 70(2): 434-444.

[122] Pred A R. The spatial dynamics of US urban-industrial growth, 1800-1914: interpretive and theoretical essays[M]. Cambridge, MA: MIT Press, 1966.

[123] Ramsey J D, Burford C L, Beshir M Y, et al. Effects of workplace thermal conditions on safe work behavior[J]. Journal of Safety Research, 1983, 14(3): 105-114.

[124] Ranis G, Fei J C H. A theory of economic development[J]. American Economic Review, 1961, 51(4): 533-565.

[125] Ranjan M, Herzog H J. Feasibility of air capture[J]. Energy Procedia, 2011(4): 2869-2876.

[126] Robiou du Pont Y, Meinshausen M. Warming assessment of the bottom-up Paris Agreement emissions pledges[J]. Nature Communications, 2018, 9: 4810.

[127] Rogelj J, Luderer G, Pietzcker R C, et al. Energy system transformations for limiting end-of-century warming to below 1.5℃[J]. Nature Climate Change, 2015, 5: 519-527.

[128] Romanello M, McGushin A, Di Napoli C, et al. The 2021 report of the Lancet Countdown on health and climate change: code red for a healthy future[J]. Lancet, 2021, 398: 1619-1662.

[129] Romer P M. Increasing returns and long-run growth[J]. Journal of Political Economy, 1986, 94(5): 1002-1037.

[130] Rose J B, Huq A, Lipp E K. Health, climate and infectious disease: a global perspective[M]. American Society for Microbiology, 1752.

[131] Rubin E S, Davison J E, Herzog H J. The cost of CO_2 capture and storage [J]. International Journal of Greenhouse Gas Control, 2015, 40: 378-400.

[132] Samani A D, Bahadoran S, Hassanpour H, et al. Effect of induced heat stress on some of eggs quality criteria in commercial laying hens[J]. Iranian Journal of Veterinary Clinical Sciences, 2018, 12(1): 23-32.

[133] Savenije H H G. Water scarcity indicators: the deception of the numbers [J]. Physics & Chemistry of the Earth Part B: Hydrology Oceans & Atmosphere, 2000, 25(3): 199-204.

[134] SBTi. What are 'science-based targets'? [EB/OL]. https://sciencebased-targets. org/how-it-works.

[135] Schultz S. Approaches to identifying key sectors empirically by means of input-output analysis[J]. The Journal of Development Studies, 1977, 14(1): 77-96.

[136] Shahbaz M, Loganathan N, Muzaffar A T, et al. How urbanization affects CO_2 emissions of STIRPAT model in Malaysia? the application[J]. Renewable & Sustainable Energy Reviews, 2016, 57: 83-93.

[137] Shan Y, Guan D, Zheng H, et al. China CO_2 emission accounts 1997—2015[J]. Scientific Data, 2018, 5(1): 1-14.

[138] Shan Y, Huang Q, Guan D, et al. China CO_2 emission accounts 2016—2017[J]. Scientific Data, 2020, 7(1): 1-9.

[139] Shan Y, Liu J, Liu Z, et al. New provincial CO_2 emission inventories in China based on apparent energy consumption data and updated emission factors[J]. Applied Energy, 2016, 184: 742-750.

[140] Shi K F, Chen Y, Yu B L, et al. Modeling spatiotemporal CO_2(carbon dioxide) emission dynamics in China from DMSP-OLS nighttime stable light data using panel data analysis[J]. Applied Energy, 2016, 168: 523-533.

[141] Simon A J, Kaahaaina N B, Friedmann S J, et al. Systems analysis and cost estimates for large scale capture of carbon dioxide from air[J]. Energy Procedia, 2011, 4: 2893-2900.

[142] Sinha A, Darunte L A, Jones C W, et al. Systems design and economic

analysis of direct air capture of CO_2 through temperature vacuum swing adsorption using MIL-101(Cr)-PEI-800 and mmen-Mg2(dobpdc) MOF adsorbents[J]. Industrial & Engineering Chemistry Research, 2017, 56(3): 750–764.

[143] SME CLIMATE HUB. How it works[EB/OL]. https://businessclimatehub.org/#how-it-works.

[144] Smith L G, Kirk G J D, Jones P J, et al. The greenhouse gas impacts of converting food production in England and Wales to organic methods[J]. Nature Communications, 2019, 10: 4641.

[145] Socolow R, Desmond M, Aines R, et al. Direct air capture of CO_2 with chemicals: a technology assessment for the APS panel on public affairs[R]. Princeton: American Physical Society, 2011.

[146] Stephen Gordon. Econ 101: What you need to know about carbon taxes and cap-and-trade [EB/OL]. https://www.macleans.ca/economy/business/why-the-difference-between-carbon-taxes-and-cap-and-trade-isnt-as-important-as-you-think.

[147] Stern N. Stern Review: The economics of climate change[M]. Cambridge, UK: Cambridge University Press, 2006.

[148] Stolley P. Planetary overload: global environmental change and the health of the human species[J]. Joumal Public Health Policy, 1996, 17: 365–366.

[149] St-Pierre N R, Cobanov B, Schnitkey G. Economic losses from heat stress by US livestock industries[J]. Journal of Dairy Science, 2003, 86(supp): 52–57.

[150] Sun L, Dou H, Li Z, et al. Assessment of CO_2 storage potential and carbon capture, utilization and storage prospect in China[J]. Journal of the Energy Institute, 2018, 91(6): 970–977.

[151] Tan R R, Aviso K B, Bandyopadhyay S, et al. Continuous-time optimization model for source-sink matching in carbon capture and storage systems[J]. Industrial & Engineering Chemistry Research, 2020, 51(30): 10015–10020.

[152] Tang B, Li R, Yu B, et al. How to peak carbon emissions in China's power sector: a regional perspective[J]. Energy Policy, 2018, 120: 365–381.

[153] Tang B, Li R, Yu B, et al. Spatial and temporal uncertainty in the technological pathway towards a low-carbon power industry: a case study of China[J]. Journal of Cleaner Production, 2019a, 230: 720–733.

[154] Tang B, Li X, Yu B, et al. Sustainable development pathway for intercity passengertransport: a case study of China[J]. Applied Energy, 2019b, 254: 113632.

[155] Tang B, Wu Y, Yu B, et al. Co-current analysis among electricity-water-carbon for the power sector in China[J]. Science of The Total Environment, 2020, 745: 141005.

[156] Tawatsupa B, Lim L Y, Kjellstrom T, et al. Association between occupational heat stress and kidney disease among 37 816 workers in the Thai Cohort Study (TCS) [J]. Journal of Epidemiology, 2012, 22(3): 251-260.

[157] The Water Council. Kick-off summary report 8th world water forum[R]. Brasilia, Brasil: The Water Council, 2018.

[158] Todaro M P. A model of labor migration and urban unemployment in less developed countries[J]. American Economic Review, 1969, 59(1): 138-148.

[159] TPI. Overview of the TPI[EB/OL]. https://www.transitionpathwayinitiative.org/overview.

[160] UN Sustainable Development Knowledge Platform. Sustainable development goal 6: ensure availability and sustainable management of water and sanitation for all [R]. New York: UN, 2017.

[161] United Nations Environment Programme (UNEP). Emissions gap report 2020[R]. Nairobi: United Nations Environment Programme and UNEP DTU Partnership, 2020.

[162] Watts N, Amann M, Arnell N, et al. The 2020 report of the Lancet Countdown on health and climate change: responding to converging crises[J]. Lancet, 2021, 397: 129-170.

[163] Wei Y M, Han R, Liang Q M, et al. An integrated assessment of INDCs under shared socioeconomic pathways: an implementation of C3IAM[J]. Natural Hazards, 2018, 92(2): 585-618.

[164] Wei Y M, Han R, Wang C, et al. Self-preservation strategy for approaching global warming targets in the post-Paris Agreement era[J]. Nature Communications, 2020, 11: 1-13.

[165] Wei Y M, Kang J N, Liu L C, et al. A proposed global layout of carbon capture and storage in line with a 2℃ climate target[J]. Nature Climate Change, 2021,

11: 112-118.

[166] Wheeler C H. Cities and the growth of wages among young workers: evidence from the NLSY[J]. Journal of Urban Economics, 2006, 60(2): 162-184.

[167] WHO, UNICEF. Progress on drinking water, sanitation, and hygiene: 2017 update and SDG baselines[R]. Denmark: Phoenix Design Aid A/S, 2017.

[168] WRI, WBCSD. The greenhouse gas protocol: a corporate accounting and reporting standard[R]. World Business Council for Sustainable Development, World Resources Institute, 2004.

[169] WRI, WBCSD. Corporate value chain (Scope 3) accounting and reporting standard [R]. 2011.

[170] WRI, WBCSD. GHG protocol corporate accounting and reporting standard (Revised Edition) [R]. 2006.

[171] Ye B, Jiang J, Zhou Y, et al. Technical and economic analysis of amine-based carbon capture and sequestration at coal-fired power plants[J]. Journal of Cleaner Production, 2019, 222: 476-487.

[172] Yu B, Zhao G, An R. Framing the picture of energy consumption in China [J]. Natural Hazards, 2019, 99: 1469-1490.

[173] Zeman F S, Lackner K S. Capturing carbon dioxide directly from the atmosphere[J]. World Resource Review, 2004, 16(2): 157-172.

[174] Zeman F. Reducing the cost of Ca-based direct air capture of CO_2[J]. Environmental Science & Technology, 2014, 48(19): 11730-11735.

[175] Zhang C, Yu B, Chen J, et al. Green transition pathways for cement industry in China[J]. Resources, Conservation & Recycling, 2021, 166: 105355.

[176] Zhang S, Liu L, Zhang L, et al. An optimization model for carbon capture utilization and storage supply chain: A case study in Northeastern China[J]. Applied Energy, 2018, 231: 194-206.

[177] Zhang Z, Huisingh D. Carbon dioxide storage schemes: technology, assessment and deployment[J]. Journal of Cleaner Production , 2017, 142: 1055-1064.

[178] 陈彬，杨维思. 产业园区碳排放核算方法研究[J]. 中国人口·资源与环境，2017(3): 1-10.

[179] 陈操操，蔡博峰，孙粉，等. 京津冀与长三角城市群碳排放的空间聚集

效应比较[J]. 中国环境科学, 2017(11): 4371-4379.

[180] 程开明. 城市化, 技术创新与经济增长: 基于创新中介效应的实证研究[J]. 统计研究, 2009(5): 40-46.

[181] 杜祥琬. 核能技术发展战略研究[M]. 北京: 机械工业出版社, 2021.

[182] 樊静丽, 李佳, 晏水平, 等. 我国生物质能-碳捕集与封存技术应用潜力分析[J]. 热力发电, 2021(1): 7-17.

[183] 冯爱青, 高江波, 吴绍洪, 等. 气候变化背景下中国风暴潮灾害风险及适应对策研究进展[J]. 地理科学进展, 2016(11): 1411-1419.

[184] 高琛, 隋君霞, 周颖璐, 等. 黄芩苷对热应激小鼠睾丸氧化损伤的保护作用[J]. 农业生物技术学报, 2017 (9): 1470-1477.

[185] 国家统计局. 中国统计年鉴2021[M]. 北京: 中国统计出版社, 2021.

[186] 国家统计局能源统计司. 中国能源统计年鉴2019[M]. 北京: 中国统计出版社, 2020.

[187] 何一鸣. 国际气候谈判研究[M]. 北京: 中国经济出版社, 2012.

[188] 黄雅哲, 张梦晓, 胡佳慧, 等. 京津冀地区碳排放与经济发展的脱钩关系探究[C] //中国城市规划学会. 面向高质量发展的空间治理: 2021 中国城市规划年会论文集. 北京:中国建筑工业出版社, 2021.

[189] 姜克隽, 庄幸, 贺晨旻. 全球升温控制在2℃以内目标下中国能源与排放情景研究[J]. 中国能源, 2012 (2): 14-17, 47.

[190] 经济合作与发展组织 (OECD). 环境风险与保险: 保险在环境相关风险管理中作用的比较分析[M]. 李萱译. 北京: 中国金融出版社, 2016.

[191] 李晋, 谢璨阳, 蔡闻佳, 等. 碳中和背景下中国钢铁行业低碳发展路径[J]. 中国环境管理, 2022 (1): 48-53.

[192] 李克强. 协调推进城镇化是实现现代化的重大战略选择[J]. 行政管理改革, 2012(11): 4-11.

[193] 李善同. 城市化中国: 新阶段、新趋势、新思维[M]. 北京: 经济科学出版社, 2018.

[194] 蔺雪芹, 边宇,王岱. 京津冀地区工业碳排放效率时空演化特征及影响因素[J]. 经济地理, 2021 (6): 187-195.

[195] 刘明达, 蒙吉军, 刘碧寒. 国内外碳排放核算方法研究进展[J]. 热带地理, 2014 (2): 248-258.

[196] 刘起运，陈璋，苏汝劼. 投入产出分析[M]. 2版. 北京：中国人民大学出版社，2011.

[197] 刘占成，王安建，于汶加，等. 中国区域碳排放研究[J]. 地球学报，2010 (5)：727-732.

[198] 吕康娟，何云雪. 长三角城市群的经济集聚、技术进步与碳排放强度：基于空间计量和中介效应的实证研究[J]. 生态经济，2021 (1)：13-20.

[199] 能源转型委员会，落基山研究所. 碳中和目标下的中国钢铁零碳之路[R]. 2021.

[200] 钱纳里，赛尔昆. 发展的型式：1950—1970[M]. 李新华，徐公理，迟建平，译. 北京：经济科学出版社，1988.

[201] 全球能源互联网发展合作组织. 中国2060年前碳中和研究报告[R]. 北京：全球能源互联网发展合作组织，2021.

[202] 饶群. 长三角地区能源消费碳排放分析[J]. 水电能源科学，2011(5)：189-192.

[203] 日本经济产业省. 2050碳中和绿色增长战略[R]，2020.

[204] 生态环境部. 生态环境部举办积极应对气候变化政策吹风会[EB/OL]. (2020-09-27)[2021-01-20]. http://www.mee.gov.cn/ywdt/hjywnews/202009/t20200927_800752.shtml.

[205] 世界核协会. 世界核电厂运行实绩报告2022[R].

[206] 世界资源研究所. 零碳之路："十四五"开启中国绿色发展新篇章[R]. 北京：世界资源研究所，2021.

[207] 孙锌，孙亮，张红杰，等. 国外汽车碳排放标准进展及对我国的启示[J]. 中国标准化，2022(11)：77-83.

[208] 唐德才，刘昊，汤杰新. 长三角地区能源消耗与碳排放的实证研究：基于系统动力学模型[J]. 华东经济管理，2015 (9)：63-68.

[209] 汪旭颖，李冰，吕晨，等. 中国钢铁行业二氧化碳排放达峰路径研究[J]. 环境科学研究，2022(2)：339-346.

[210] 王广，张宏强，苏步新，等. 我国钢铁工业碳排放现状与降碳展望[J]. 化工矿物与加工，2021(12)：55-64.

[211] 魏后凯. 我国城镇化战略调整思路[J]. 中国经贸导刊，2011(7)：17-18.

[212] 魏一鸣，等. 气候工程管理：碳捕集与封存技术管理[M]. 北京：科学出版社，2020.

[213] 魏一鸣，廖华，余碧莹，等. 中国能源报告(2018)：能源密集型部门绿色转型研究[M]. 北京：科学出版社，2018.

[214] 魏一鸣，余碧莹，唐葆君，等. 中国碳达峰碳中和路径优化方法[J]. 北京理工大学学报(社会科学版)，2022(4)：1-10.

[215] 西蒙·库兹涅茨. 现代经济增长[M]. 戴睿，易诚，译. 北京：北京经济学院出版社，1989.

[216] 习近平在气候雄心峰会上的讲话[EB/OL]. (2020-12-13)[2021-11-20]. http://www.gov.cn/xinwen/2020-12/13/content_5569138.htm.

[217] 习近平在第七十五届联合国大会一般性辩论上的讲话[EB/OL]. (2020-09-22)[2021-11-20]. http://www.gov.cn/xinwen/2020-09/22/content_5546169.htm.

[218] 习近平在“领导人气候峰会”上的讲话[EB/OL]. (2021-04-22)[2021-11-20]. http://www.gov.cn/xinwen/2021-04/22/content_5601526.htm.

[219] 向蓉美. 投入产出法[M]. 成都：西南财经大学出版社，2012.

[220] 科学技术部社会发展科技司，中国21世纪议程管理中心. 中国碳捕集利用与封存技术发展路线图(2019)[M]. 北京：科学出版社，2019.

[221] 项目综合报告编写组.《中国长期低碳发展战略与转型路径研究》综合报告[J]. 中国人口·资源与环境，2020(11)：1-25.

[222] 谢文蕙，邓卫. 城市经济学[M]. 北京：清华大学出版社，1996.

[223] 谢园方，赵媛. 长三角地区旅游业能源消耗的 CO_2 排放测度研究[J]. 地理研究，2012(3)：429-439.

[224] 邢奕，崔永康，田京雷，等. 钢铁行业碳中和低碳技术路径探索[J]. 工程科学学报，2022(4)：801-811.

[225] 许广月，宋德勇. 中国碳排放环境库兹涅茨曲线的实证研究：基于省域面板数据[J]. 中国工业经济，2010(5)：37-47.

[226] 徐如浓，吴玉鸣. 长三角城市群碳排放、能源消费与经济增长的互动关系：基于面板联立方程模型的实证[J]. 生态经济，2016(12)：32-38.

[227] 杨雷，杨秀. 碳排放管理标准体系的构建研究[J]. 气候变化研究进展，2018(3)：281-286.

[228] 杨楠，李艳霞，吕晨，等. 唐山市钢铁行业碳排放核算及达峰预测[J].

环境工程，2020(11)：44-52.

[229] 杨万江，蔡红辉．近十年来国内城镇化动力机制研究述评[J]．经济论坛，2010(6)：18-20.

[230] 姚明涛，熊小平，赵盟，等．欧盟汽车碳排放标准政策实施经验及对我国的启示[J]．中国能源，2017 (8)：25-30,38.

[231] 叶懿安，朱继业，李升峰，等．长三角城市工业碳排放及其经济增长关联性分析[J]．长江流域资源与环境，2013(3)：257-262.

[232] 叶裕民．中国城市化之路：经济支持与制度创新[M]．北京：商务印书馆，2001.

[233] 于俊崇．中国能源研究概览[M]．上海：上海交通大学出版社，2020.

[234] 翟大宇，许悦．国际气候政治中的负外部性权力及其影响[J]．北京科技大学学报（社会科学版），2020(4)：71-78.

[235] 张洋，江亿，胡姗，等．基于基准值的碳排放责任核算方法[J]．中国人口·资源与环境，2020(11)：43-53.

[236] 政府间气候变化委员会(IPCC)．IPCC 国家温室气体清单指南(2006).

[237] 中国产业发展促进会生物质能产业分会，等．3060 零碳生物质能发展潜力蓝皮书[R]．2021.

[238] 中国核能行业协会．中国核能发展报告 2022[M]．北京：社会科学文献出版社，2022.

[239] 周一星．城市化与国民生产总值关系的规律性探讨[J]．人口与经济，1982(1)：28-33.

[240] 朱华．核电与核能[M]．浙江：浙江大学出版社，2019.

[241] 邹方政．四川省能源消费碳排放时空动态变化及影响研究[D]．成都：西华大学，2021.

中国人民大学出版社　管理分社

教师教学服务说明

中国人民大学出版社管理分社以出版工商管理和公共管理类精品图书为宗旨。为更好地服务一线教师，我们着力建设了一批数字化、立体化的网络教学资源。教师可以通过以下方式获得免费下载教学资源的权限：

★ 在中国人民大学出版社网站 www.crup.com.cn 进行注册，注册后进入“会员中心”，在左侧点击“我的教师认证”，填写相关信息，提交后等待审核。我们将在一个工作日内为您开通相关资源的下载权限。

★ 如您急需教学资源或需要其他帮助，请加入教师 QQ 群或在工作时间与我们联络。

中国人民大学出版社　管理分社

教师 QQ 群： 648333426(工商管理)　114970332(财会)　648117133(公共管理)
教师群仅限教师加入，入群请备注(学校+姓名)

联系电话： 010-62515735，62515987，62515782，82501048，62514760

电子邮箱： glcbfs@crup.com.cn

通讯地址： 北京市海淀区中关村大街甲 59 号文化大厦 1501 室（100872）

管理书社

人大社财会

公共管理与政治学悦读坊